装配式混凝土结构全流程图解：

设计·制作·施工

沙会清 主编

邢 乾 杨晓方 副主编

化学工业出版社

·北 京·

内 容 简 介

本书主要介绍了装配式混凝土结构设计、制作、施工等内容，内容包括：装配式建筑概述、装配式建筑混凝土剪力墙结构设计、装配式建筑混凝土框架结构设计、某装配式建筑混凝土结构深化设计实例、装配式建筑混凝土结构预制构件、装配式建筑混凝土结构预制构件制作相关规定、装配式建筑混凝土结构预制构件制作设备及工具、装配式建筑混凝土结构预制构件制作过程、装配式建筑混凝土结构预制构件存放与运输、装配式建筑混凝土结构预制构件常见质量问题及处理、装配式建筑混凝土结构现场施工基本要求规范、装配式建筑混凝土结构施工现场吊装、装配式建筑混凝土结构施工现场装配、装配式建筑混凝土结构施工现场灌浆连接、装配式建筑混凝土结构施工防水工艺、装配式建筑混凝土结构施工现场质量检验与控制、装配式建筑混凝土结构施工安全措施、装配式建筑混凝土结构施工常见质量问题及处理、装配式建筑混凝土结构施工实例详解等。本书在讲解过程中，力求用构造图、现场施工图等直观图示进行讲解，将装配式构件预制与安装技术经验和技巧及各种建筑类型案例用简练的语言表现出来，让读者能轻松掌握装配式混凝土结构从设计到施工全流程的技术要点和技巧。

本书适合工程建设及其相关行业从业人员阅读和参考，包括从事建筑材料、建筑结构、建筑施工、建筑设计、建筑管理和建筑营销的专业人员；从事建筑材料和土木工程材料质量检验工作的人员；从事住宅产业化和装配式建筑的研究、管理和政策制定人员等。

图书在版编目（CIP）数据

装配式混凝土结构全流程图解：设计·制作·施工/
沙会清主编. —北京：化学工业出版社，2022.7
ISBN 978-7-122-41232-4

Ⅰ.①装… Ⅱ.①沙… Ⅲ.①装配式混凝土结构-
图解 Ⅳ.①TU37-64

中国版本图书馆 CIP 数据核字（2022）第 063451 号

责任编辑：彭明兰　　　　　　　　　　文字编辑：冯国庆
责任校对：杜杏然　　　　　　　　　　装帧设计：史利平

出版发行：化学工业出版社（北京市东城区青年湖南街 13 号　邮政编码 100011）
印　　装：河北京平诚乾印刷有限公司
787mm×1092mm　1/16　印张 23　字数 572 千字　2022 年 8 月北京第 1 版第 1 次印刷

购书咨询：010-64518888　　　　　　售后服务：010-64518899
网　　址：http://www.cip.com.cn
凡购买本书，如有缺损质量问题，本社销售中心负责调换。

定　　价：98.00 元　　　　　　　　　　　　　　　　版权所有　违者必究

前言

装配式建筑混凝土结构是目前我国大力推广的结构形式，从 2016 年 2 月中共中央国务院印发《关于进一步加强城市规划管理若干意见》起，国务院先后出台了《关于大力发展装配式建筑的指导意见》和《关于促进建筑业持续健康发展的意见》等文件，这些文件对建设行业的发展，特别是装配式建筑发展提出了总体要求、工作目标和重要任务。在 2017 年住房和城乡建设部提出，发展装配式建筑必须坚持六个基本原则：以形成标准体系为核心；以开发装配式建筑配套的好机具为重点；以建筑设计为龙头，统筹推进不同专业、不同环节的协调发展；以保证建筑功能和质量为前提；以打造现代产业工人队伍为基础；以稳中求进作为推动工作的总基调。配合装配式建筑的全面推进，需要加快推进建筑设计、施工、装修一体化步伐，积极推广标准化、集成化、模块化的装修模式。要积极在装配式建筑施工中应用 BIM 技术，提高建筑领域各专业之间的协同设计能力。

发展装配式建筑不仅是落实中央提出的加快推进绿色发展方式和绿色生活方式的重要载体及战略举措，而且装配式混凝土结构和现浇混凝土结构符合绿色施工的节地、节能、节材、节水和环境保护等要求，降低对环境的负面影响，包括降低噪声、防止扬尘，减少环境污染，清洁运输，减少场地干扰，节约水、电、材料等资源和能源，循序可持续发展，是提升建筑品质的必由之路。

本书以装配式建筑工程建设及其相关行业从业人员为读者群体，以当下国家及行业对装配式建筑最新政策为依据，以装配式实际建筑方式和方法及案例为核心，对装配式建筑的设计、构件制作及其施工做了全流程针对性介绍，具体特点如下。

① 根据最新规范、文件编写。

② 结合 BIM 信息技术应用现代化建设理念。

③ 分类分流程讲解，使读者根据所需而读。

④ 系统讲解，从设计到生产再到装修一体化流程讲解。

⑤ 图文并茂，力求用构造图、现场施工图及直观图示进行讲解，易懂实用。

本书由沙会清主编，邢乾、杨晓方副主编，杨连喜、张秋月、杨素红、张一参编。

本书在编写过程中，得到了装配式建筑相关技术与施工人员的大力支持，也参考了大量其他学者的技术资料，在此一并表示感谢。

由于水平及时间所限，书中难免有疏漏之处，希望广大读者朋友批评指正，欢迎在阅读时将发现的问题反馈给我们，以便修订完善，将不胜感激。

编　者

2022 年 3 月

目录

第一章

装配式建筑概述

第一节 ▶▶

装配式建筑简介

一、装配式建筑的概念

　　装配式建筑是指一种利用现代科技手段将建筑业中落后的传统手工业生产方式转变成一种社会化生产的建筑类型。装配式建筑是实现建筑工业化的一种形式，包括工业建筑工业化、住宅建筑工业化以及公共建筑工业化。

　　装配式建筑如图 1-1 所示。

图 1-1　装配式建筑

二、装配式混凝土结构的类型及形式

1. 类型

　　由预制混凝土构件通过可靠的连接方式进行连接并与现场后浇混凝土、水泥基灌浆料形成整体的装配式混凝土结构称为装配整体式混凝土结构，简称装配式混凝土结构（图 1-2）。装配式混凝土结构具有较好的整体性和抗震性，是目前大多数多层和高层装配式建筑采用的结构形式。

图1-2 装配式混凝土结构

装配式混凝土结构的常见类型有装配式混凝土框架结构、装配式混凝土剪力墙结构、装配式混凝土框架-现浇剪力墙结构等。

装配式混凝土框架结构，即全部或部分框架梁、柱采用预制构件建成的装配式混凝土结构（图1-3）。

装配式混凝土剪力墙结构是指全部或部分剪力墙采用预制墙板建成的装配式混凝土结构，如图1-4所示。

装配式混凝土框架-现浇剪力墙结构由装配整体式框架结构和现浇剪力墙（或现浇核心筒）两部分组成。这种结构形式中的框架部分采用与预制装配整体式框架结构相同的预制装配技术，使用预制装配框架技术在高层及超高层建筑中得以应用，筒体结构、框架-剪力墙结构等建筑都可以采用装配式。

图1-3 装配式混凝土框架结构

图1-4 装配式混凝土剪力墙结构

2. 形式

（1）承重墙结构

承重墙结构包括承重侧墙结构、承重正立面墙结构以及承重组合墙结构（图1-5）。承重墙结构主要用于民用住宅及酒店等。墙面可以直接刷涂料而省去抹灰过程，外立面墙的造型及隔热等可按建筑要求直接预制好。

（2）框架结构

框架结构包括无侧向约束框架结构和有侧向约束框架结构，框架结构主要用于商业建筑、学校、医院、停车场及体育设施等。大跨度的梁-柱框架结构能方便将来建筑物用途的改变。

（3）箱形结构

箱形结构（图1-6）是指由底板、顶板、外侧墙及一定数量纵横较均匀布置的内隔墙构成的整体刚度很好的结构。它一方面承受着上部结构传来的荷载和不均匀地基反力引起的整体弯曲，同时其顶板和底板还分别受到顶板荷载与地基反力引起的局部弯曲。在分析箱形基础整体弯曲时，其自重按均布荷载处理；在进行底板弯曲计算时，应扣除底板自重。

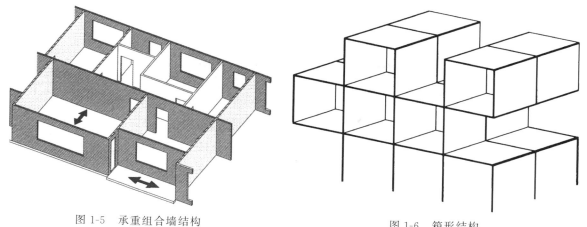

图 1-5　承重组合墙结构

图 1-6　箱形结构

3. 装配式结构形式的建造图例

装配式结构形式的建造图例如图 1-7～图 1-10 所示。

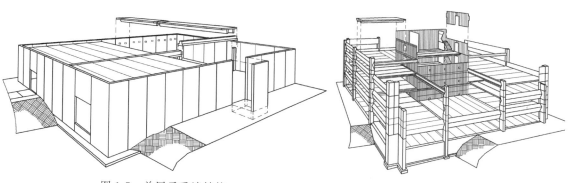

图 1-7　单层承重墙结构

图 1-8　内剪力墙外框架结构

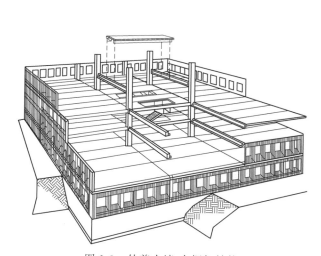

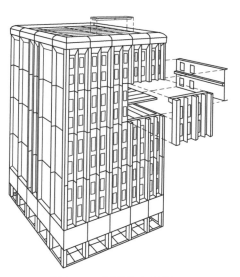

图 1-9　外剪力墙-内框架结构

图 1-10　多层承重墙结构

第二节 ▶▶

国内外装配式建筑的发展状况

一、国内装配式建筑发展情况

1. 国内装配式混凝土框架结构

国内许多学者关于预制框架结构及节点形式的研究成果也较为丰富。目前国内应用较为广泛的装配式混凝土结构体系主要包括世构体系和润泰体系，PPAS（预制预应力装配式结构）体系和鹿岛体系也得到了一定的应用，这几种体系都属于装配整体式的节点形式。

（1）世构体系

世构体系（SCOPE）技术是一种预制预应力混凝土装配整体式框架结构体系，这种技术源于法国。其较具特色的一点在于节点区设置了 U 形钢筋，其目的是通过在键槽区域与钢绞线的搭接从而实现节点两端的连接，提高节点和结构的抗震性能。世构体系边节点形式如图 1-11 所示，世构体系施工现场如图 1-12 所示。

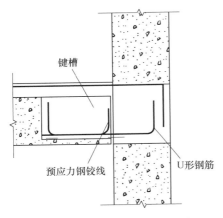

图 1-11　世构体系边节点形式　　　　　图 1-12　世构体系施工现场

为了更好地与国内的规范相接轨，将世构体系应用于实际工程中，东南大学和相关科研机构对该类节点以及改进的节点形式进行了拟静力试验与缩尺的动力试验，东南大学的冯健教授团队研究表明世构体系具有良好的延性和抗震性能。

（2）延性节点研究

国内各高校如同济大学、东南大学、合肥工业大学、北京工业大学等在延性节点研究方面取得了一些有价值的成果。

基于此项目，赵斌等采用足尺模型对现浇高强混凝土节点、高强预制混凝土后浇整体式节点和预制高强全装配式螺栓节点进行了试验研究。高强预制混凝土结构全装配式梁柱节点如图 1-13 所示，试验加载架如图 1-14 所示。试验结果表明：高强预制混凝土后浇节点具有与现浇框架结构接近的抗震性能，而全装配式节点的抗震能力与其他两种节点存在明显的差异。

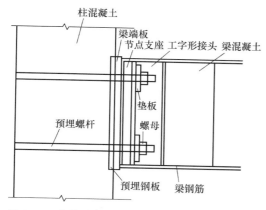

图 1-13　高强预制混凝土结构全装配式梁柱节点

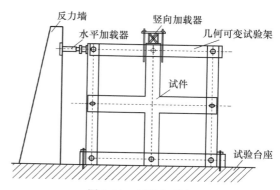

图 1-14　试验加载架

如图 1-15 所示为一个三层两跨预制混凝土框架结构 1/5 缩尺振动台试验模型，梁柱的连接采用螺栓连接的预制节点形式（图 1-16）。振动台试验表明：整个结构刚度较小，节点处破坏较为严重，但节点连接件并未遭到较大的破坏，预制柱在振动试验结束后也未产生较大的裂缝。

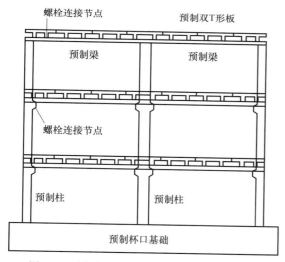

图 1-15　同济大学预制框架振动台试验模型

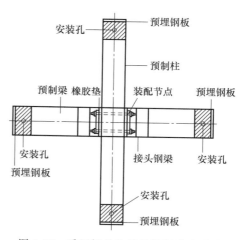

图 1-16　采用螺栓连接的预制节点形式

同济大学的林宗凡设计了 4 个预制全装配式框架节点，其设计机理包括拉-压屈服机理、摩擦滑移机理以及非线性弹性反应机理。其中拉-压屈服试件的节点构造如图 1-17（a）所示，另外一个摩擦滑移试件的节点构造如图 1-17（b）所示，在用带螺纹头的高强钢筋连接梁柱前，向梁柱间浇灌高强纤维加筋浆体，拧紧连接件后，向孔洞内灌浆，试验结果证明此类节点均实现了延性节点设计的思想。

蔡小宁提出一种新型的装配混凝土框架节点形式，该节点通过顶底角钢进行耗能。在地震作用下，结构可以通过预应力筋的自复位能力恢复到正常状态，实现良好的抗震效果。陈申一和梁培新对非对称混合连接节点形式展开了相关理论和试验研究。种迅等对采用部分无黏结后张预应力节点形式的框架结构也进行了相关研究。

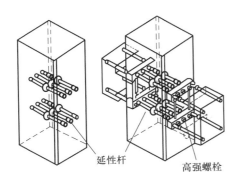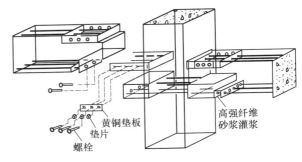

（a）拉-压屈服试件的节点构造　　　　　　（b）摩擦滑移试件的节点构造

图 1-17　具有自身特性的延性节点

2. 国内装配式混凝土剪力墙结构

装配式混凝土剪力墙结构的核心问题是竖向钢筋的连接。列入相关标准的有采用套筒灌浆连接、单根钢筋浆锚搭接连接的装配整体式剪力墙，以及双面叠合剪力墙。

张军等将全预制钢筋混凝土装配整体式结构（NPC）技术体系应用到实际工程中，该体系竖向构件之间采用浆锚连接，水平构件与竖向构件之间采用预留钢筋叠合现浇连接。陈耀钢对南通市海门中南世纪城 33 号楼中的节点性能进行了测试，试验中外周剪力墙节点由于插筋数量较少导致延性不足而发生了剪切破坏，增加插筋数量能够提高其延性。

刘晓楠等对 NPC 体系 T 形外墙、梁、板节点进行低周反复荷载试验，研究表明 NPC 体系的承载能力以及抗震耗能能力可以实现等同现浇，同时由于插筋的存在也在一定程度上提高了节点的刚度、延性以及承载力。朱张峰和郭正兴研究了装配整体式剪力墙结构墙板节点的抗震性能，对四个墙板节点进行了低周反复荷载试验，并通过有限元模拟加以验证，研究结果表明装配整体式墙板节点的抗震性能良好，可以作为装配式剪力墙的抗震防线。

姜洪斌等基于钢筋锚固试验结论，按照 100％ 的搭接接头率确定钢筋搭接长度，设计了 108 个预制混凝土结构插入式预留孔灌浆钢筋搭接试件（图 1-18），并对试件进行单向拉伸试验，得到了插入式预留孔灌浆钢筋搭接连接的破坏形式以及钢筋直径、混凝土强度、搭接长度的影响规律，计算分析并给出合理的搭接长度。此外还分析了螺旋箍筋约束下纵筋搭接连接的受力机理，并给出了考虑螺旋箍筋配箍率的纵筋搭接长度计算方法。

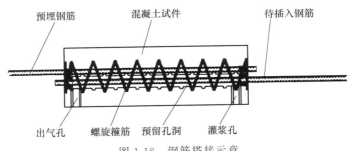

图 1-18　钢筋搭接示意

清华大学的钱稼茹等对预制剪力墙竖向钢筋的不同连接方式进行了深入研究，研究表明：竖向钢筋留洞浆锚间接搭接能有效传递钢筋应力，使用此种连接的预制剪力墙试件与现浇剪力墙试件的破坏形态有所不同，除剪力墙底部形成水平通缝外，墙体中竖向钢筋接头处和预留洞高度处也形成了水平裂缝，并发展成为主裂缝，最终此高度端部混凝土压碎破坏；套筒浆锚连接、套筒浆锚间接搭接均可以有效地传递竖向钢筋应力，竖向分布钢筋和地梁以套筒浆锚间接搭接方式进行连接的试件，其承载力及变形能力都要优于竖向分布钢筋不连接的试件，其裂缝分布也更接近现浇墙试件，在套筒高度范围内配置箍筋可以提高剪力墙的变形能力；采用套箍连接的试件抗震耗能能力差，不建议在工程中应用。

李爱群、王维等指出水平接缝和竖向接缝是装配整体式钢筋混凝土剪力墙结构的关键部位，水平接缝的主要作用是传递竖向荷载、承受水平剪力，竖向接缝的作用是确保预制剪力墙之间的相互作用，竖向接缝会影响结构的变形和耗能能力。地震作用下装配整体式钢筋混凝土剪力墙结构主要靠结构构件连接处的损伤和结构构件损坏来消耗能量，将水平接缝处竖向钢筋进行有效连接，或将竖向接缝设计成装配式耗能接缝，将有效提高装配式结构的抗震性能。

杨勇根据结合面抗剪试验推导了预制混凝土剪力墙竖向结合面的受剪承载力公式，然后通过低周反复荷载试验给出了带有竖向结合面的一字形预制混凝土剪力墙的斜截面受剪承载力公式。

预制叠合剪力墙结构吸收了现浇混凝土结构与预制混凝土结构的优点，因而受到越来越多的科研单位及学者的重视。潘陵娣等对预制叠合剪力墙进行了低周反复荷载试验，试验结果表明内表面采用不同处理方式的预制构件破坏模式相似，都能保证预制部分和现浇部分同步工作。此外，还根据国内外理论公式计算了墙体的受剪承载力，并与试验结果做对比，建议采用日本规范公式计算预制叠合墙的受剪承载力。

种迅等还对两个剪跨比为1.6的叠合板式剪力墙试件进行了拟静力试验，研究其水平拼缝部位采用强连接时的抗震性能。研究结果表明插筋面积较大的试件可以实现强连接，其塑性部位由水平拼缝上移至墙板内部，抗震性能与现浇钢筋混凝土剪力墙相近；插筋面积较小的试件，其塑性部位也是首先出现在水平拼缝处，水平拼缝的开裂宽度较小；两个试件的屈服荷载相差不大，但插筋面积较大的试件峰值荷载较大，两个试件的变形能力均能满足抗震规范要求。

刘家彬等设计了一种U形闭合筋用于装配式剪力墙结构竖向连接（图1-19），并对U形闭合筋连接的装配式混凝土剪力墙试件进行了低周反复荷载试验以评价其抗震性能。试验结果表明：U形闭合筋连接试件与现浇试件在试验过程中裂缝开展情况不同，但最终的破坏形态基本相同；两个试件的滞回曲线都比较饱满，骨架曲线走势基本相同，耗能能力接近，均能够满足延性要求；U形闭合筋试件与现浇试件相比，初期刚度和开裂荷载有所降低，但峰值荷载有所提高；装配式混凝土剪力墙结构采用U形闭合筋连接可以达到与现浇结构相当的抗震耗能

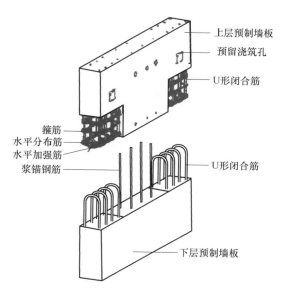

上层预制墙板
预留浇筑孔
U形闭合筋
箍筋
水平分布筋
水平加强筋
浆锚钢筋
U形闭合筋
下层预制墙板

图1-19　U形闭合筋连接示意

能力。

　　张锡治等提出了预制墙体齿槽式拼装工法（图1-20），并对3片剪跨比为2.13的剪力墙试件进行了拟静力试验，其中1片为现浇剪力墙，另外2片为齿槽式连接预制剪力墙。试验结果表明：在一定轴压比下，齿槽式连接预制剪力墙与现浇剪力墙的破坏形态基本相同；齿槽区域竖向分布钢筋自由搭接剪力墙试件的滞回曲线饱满，受剪承载力与现浇试件基本相同，其延性能够满足抗震要求。此外还对8片剪跨比为0.54的1/2缩尺齿槽式连接试件进行了单调推覆加载试验。研究结果表明：轴压比对试件的裂缝开展影响很大，轴压比较大时，裂缝主要沿对角线方向开展；轴压比较小时，裂缝主要沿齿槽接合面开展；设置暗柱和增加轴压比均可提高齿槽式连接剪力墙的受剪承载力，齿槽长度对齿槽式连接剪力墙的受剪承载力影响较小。并基于试验结果及现有研究成果，提出了装配式剪力墙齿槽式连接的受剪承载力计算公式，计算结果与试验结果能够较好地吻合。

　　赵斌等通过螺栓-钢连接件-套筒将上下墙体连接成一个整体（图1-21），并进行了低周反复荷载试验，研究结果表明：预制墙最终发生受弯破坏，与普通墙相比，其水平受剪承载力略高，延性和耗能稍差，两者的极限位移角相近；水平接缝能够提供可靠的连接，预制剪力墙总体抗震性

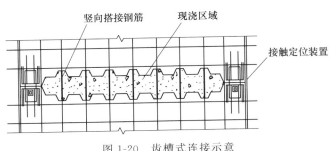

图1-20　齿槽式连接示意

能良好；套筒布置与搭接钢筋直径对墙片水平受剪承载力的影响较大。

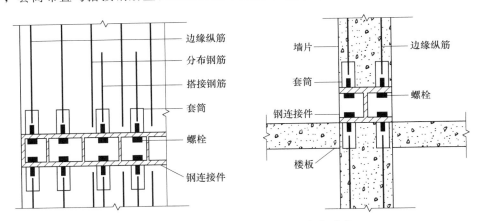

图1-21　"螺栓-钢连接件-套筒"连接示意

　　孙建等通过连接钢框和高强度螺栓将带有内嵌边框的纵横向预制剪力墙连接起来，拼装成工字形剪力墙（图1-22）。为了研究该装配式剪力墙的抗震性能，分别进行了单调加载试验和低周反复荷载试验，研究结果表明：该装配式剪力墙的承载力较高，延性以及耗能能力良好；高强螺栓的直径、连接边框钢板的厚度会影响该类型剪力墙的抗侧刚度和峰值荷载；内嵌边框既可以传递分布钢筋应力，又能约束混凝土，提高剪力墙的延性。

　　东南大学的冯健等提出了一种便于施工的预制剪力墙集束连接形式（图1-23）；冯飞通过低周反复荷载试验证明了该连接具有良好的抗震性能。张晶研究了集束连接剪力墙结构的

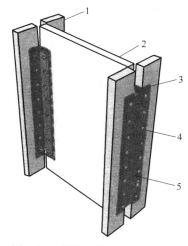

图 1-22　螺栓连接工字形剪力墙
1—翼缘墙板；2—腹板墙板；3—内嵌边框；
4—高强螺栓；5—连接钢框

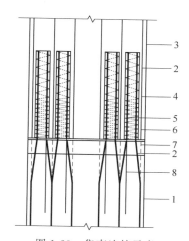

图 1-23　集束连接示意
1—下层预制剪力墙；2—下层预制剪力墙中伸入孔
道的上部竖向钢筋；3—上层预制剪力墙；4—上层预制
剪力墙下部的预留孔道；5—孔道外侧预先设置的
变螺距的螺旋箍筋；6—上层预制剪力墙内的竖向
钢筋；7—直径不小于 8mm 的短钢筋；8—下层
预制剪力墙上部设置的附加竖向钢筋

抗剪机理，根据拉压杆模型推导了预制剪力墙受剪承载力的简化公式，并与试验结果对比验证了拉压杆模型的合理性。随后冯健等对上述连接方式持续改进，形成了便于施工、受力合理的竖向钢筋集中约束搭接连接构造。刘广对集束连接预制剪力墙进行了抗震性能试验研究，研究结果表明：去除波纹管不能提高预制剪力墙的承载力，但可以提高其耗能能力和延性；在预留孔高度处附加钢筋可以减小裂缝宽度，但未改变裂缝的最终形态。

二、国外装配式建筑发展情况

1. 国外装配式混凝土剪力墙结构

美国装配式剪力墙应用较多，预制预应力混凝土协会（PCI）设计手册推荐将建筑需要的墙体设计为剪力墙，作为抗侧力构件以简化框架连接构造。相关规范认可三个等级的构造要求的预制混凝土墙。普通预制混凝土剪力墙仅可用于地震风险较低的建筑物，且仅需要结构整体性的构造，每片剪力墙竖向可以只有两个连接，这是非常方便的。对于中等地震风险，必须采用有延性连接要求的中等预制剪力墙。在地震风险较高的建筑物中，必须采用特殊钢筋混凝土剪力墙，此时，荷载标准不区分整体现浇剪力墙和预制墙，当剪力墙预制时，除了适用于中等预制剪力墙的延性构造要求外，还必须满足现浇墙的构造要求。

德国的双面叠合剪力墙适用于自动化流水线生产，安装十分方便，我国引进了多条生产线，并列入设计标准。

第二次世界大战结束后，欧洲大量应用预制混凝土大板结构，如图 1-24 所示，该结构在接缝处易产生应力集中，变形也不连续，整体抗震性能与现浇结构相比较差，其抗震性能取决于墙板之间的接缝连接。预制混凝土大板结构的接缝主要有水平接缝和竖向接缝。

Clough 等通过对 3 个缩尺构件进行动力试验揭示了预制混凝土大板结构的破坏机理，

试验表明：混凝土大板结构中竖向接缝的耗能作用显著，水平接缝极大影响了结构的连续性及整体性。尽管预制混凝土大板结构的接缝处连接较弱，但是具有相当大的安全系数，在中震下仍能保持弹性。尽管末端带有翼墙的试件发生了较大变形，但是尚未倒塌，具有承受大震的潜力。

　　UPT 剪力墙结构如图 1-25 所示，该结构利用后张拉预应力钢筋或钢绞线将上下剪力墙连接起来，从而保证结构的整体性。UPT 剪力墙结构的耗能能力不足，在地震作用下该结构可以发生很大的非线性位移而几乎没有损伤破坏，据此 Kurama 提出在 UPT 剪力墙中采用阻尼器以降低结构的侧向位移。

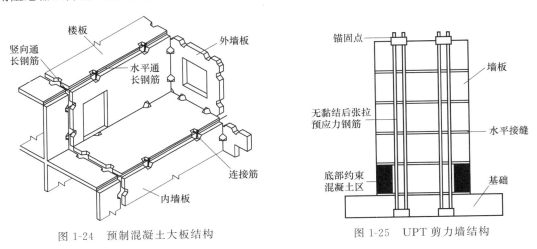

图 1-24　预制混凝土大板结构　　　　　图 1-25　UPT 剪力墙结构

　　Bora 等提出一种新型预制剪力墙连接方式，其连接示意如图 1-26 所示，通过此种连接可以有效限制由基础传递给上部剪力墙的力，避免锚固部位发生脆性破坏，同时还可以降低对剪力墙截面的厚度需求。

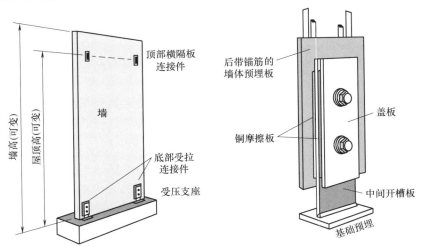

图 1-26　新型预制剪力墙与约束基础连接示意

　　Peikko 公司提出了一种便于预制剪力墙安装的连接方式，如图 1-27 所示，其连接原理和连接方法类似于螺栓连接，在连接预制剪力墙构件时，螺栓连接器主要承受剪力和拉力，其应力分别由底板、侧板、钢筋来传递。Vimmr 通过研究证实了这种连接的可靠性，并给

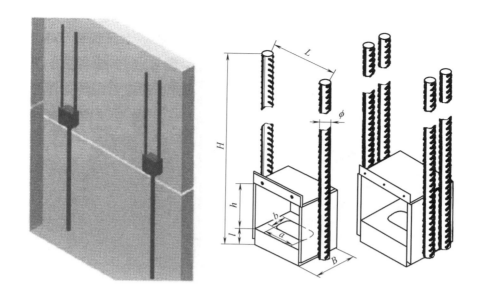

图 1-27　螺栓连接示意

L—连接器宽度；H—侧面钢筋高度；φ—侧面钢筋直径；B—连接器宽度；h—连接器侧板高度；

l—厚度；a—地板槽宽度；b—地板槽长度

出螺栓用于锯齿状键槽接触面时的抗剪强度计算公式。

2. 国外装配式混凝土剪力墙结构

日本的预制混凝土框架结构的研究应用水平较高，其设计理念类似于我国的装配整体式混凝土框架结构，结合隔震减震技术，建成了许多超高层建筑。其预制构件的生产水平、安装质量较高。日本政府法规对装配式混凝土结构的监管十分严格。

通过 PRESSS（Precast Seismic Structural Systems）等项目研究，日本在预制装配研究及应用方面成果显著，现已形成 KSI、鹿岛等结构体系以及较为完备的施工工法。

（1）KSI 体系

KSI 体系将骨架和填充体明确分离，可以延长住宅的可使用寿命，如图 1-28 所示。该

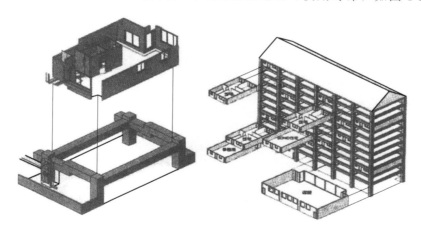

图 1-28　KSI 住宅的示意

体系包括四大要素：高耐久性的结构体，无次梁的大型楼板，公用的排水管设置在住宅外面，电线与结构体分离。KSI体系在日本具有较广泛的应用。

（2）鹿岛体系

鹿岛体系采用PCa装配式技术。鹿岛体系所采用的节点核心区以及预制构件均在工厂实现预制，预制过程中需要在梁端和柱端预留出钢筋，以确保在现场与其他预制构件通过灌浆技术进行连接，如图1-29所示。但这种节点由于具有较高的精度要求，从而提高了预制构件制作的难度，也增加了制作及施工的成本，因而并没有得到较大范围的推广。

除了相关理论的研究外，日本在预制框架节点形式和施工工法方面也形成了较为成熟的体系，较为常见的施工工法包括压着工法和PCaPC拼装技术，如图1-30所示为采用PCaPC拼装技术梁柱连接示意图。《预制建筑技术集成》❶ 介绍了日本在预制装配领域的相关施工工法和建造技术，日本主流混凝土预制工法的分类如图1-31所示。

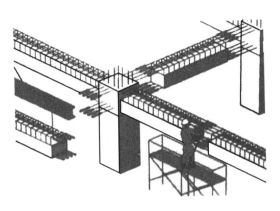

图1-29　鹿岛体系节点构造示意及成品

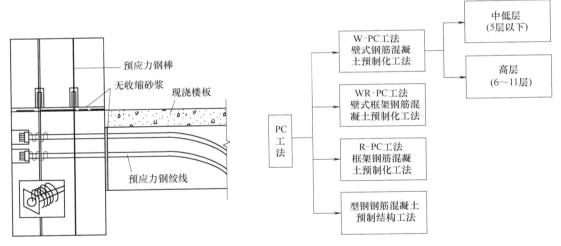

图1-30　采用PCaPC拼装技术梁柱连接示意

图1-31　日本主流混凝土预制工法的分类

3. 国外装配式混凝土框架结构

（1）美国

美国预制装配混凝土结构的发展较为成熟，这是由于预制预应力混凝土协会（PCI）对预制装配式建筑进行了长期的研究并形成了较为丰硕的成果，推动了预制装配规范体系逐步完善，出版了多本预制混凝土相关资料，对整个行业的发展起到了极大的推动作用。

采用长线台座生产的先张法预应力构件是美国普遍使用的预制构件，主要有预应力双T板、预应力空心板、预应力实心板等水平构件（图1-32，其中阴影部分为叠合层），以及预

❶　社团法人建筑协会. 预制建筑技术集成［M］. 薛伟辰，胡伟，译. 北京：中国建筑工业出版社，2012.

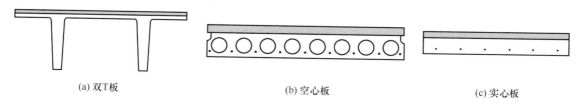

| (a) 双T板 | (b) 空心板 | (c) 实心板 |

图 1-32　预制水平构件示例

制梁、墙、柱等竖向构件。推荐使用大跨度水平构件，形成了多层停车场、预制体育场看台结构等多种成熟的体系。早期的装配式混凝土结构主要用于高度不高、抗震风险不高的建筑。

美国西部地震多发，因此西部地区规范的抗震要求最为严格。2000 年，美国发布了统一的国家规范 IBC 2000（基于 NEHRP 1997 建议条款和 UBC 规范），在早期的地震法规中被很大程度上忽略了的预制混凝土结构直接包含在条款中，许多此类规定被之后的混凝土结构规范 ACI 318-02 采用。框架分为普通、中等和特殊三个等级，按照地震风险不同选用。高地震风险区域的大多数设计采用基于整体现浇混凝土结构的仿效设计。仿效设计并不要求节点构造模仿现浇混凝土结构，美国 PCI 设计手册和 ACI Committe 550 Report 中介绍了一些符合仿效设计概念的装配式节点形式。

从 1990 年起，美国和日本便开展了预制抗震结构体系 PRESSS 项目研究，其最终目的是为预制装配混凝土结构的设计和使用提供相关建议，确保该结构形式在不同设防要求下均能保持良好的抗震性能。PRESSS 项目最终在理论和试验的基础上推荐了如表 1-1 所示的几种连接形式。

表 1-1　PRESSS 项目推荐的连接示意图

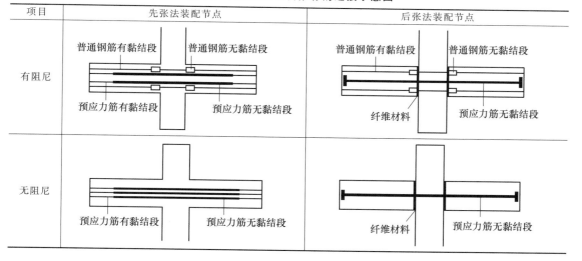

1999 年，通过采用 PRESSS 项目所建议的节点形式的一个五层预制混凝土结构模型的振动试验得以开展。在框架中分别采用了包括混合连接、只采用普通钢筋和不采用后张法预应力筋等多种连接形式。试验结果表明整个结构抗震性能较好，动力荷载下基底的抗剪能力完全满足抗震规范要求。

（2）欧洲

法国 PPB 技术应用较为广泛。目前的产品体系包括预应力混凝土（PC）梁、PC 板、SC（多层建筑）、PE 体系（框架结构）、预制 PC 楼梯、PC 壳屋面以及 PC 窗框架。

全装配式的梁柱连接形式的试验研究受到许多欧洲研究者的重视。1991 年，欧共体发起了旨在研究通过设计控制半刚性节点力学性能的方法的研究项目。

直到 1999 年，有 23 个国家加入了该项目，取得了较为显著的成果。如图 1-33 所示为其中一种采用接触面板的复合节点形式，目的为开发合适的分析工具来预测类似节点形式的力学性能。位于奥地利的采用钢结构和混凝土混合结构形式的维也纳千年塔（图 1-34）为该项目的成果之一，整个项目的建造成本节省了约 20%。

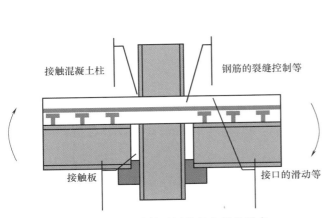

图 1-33　采用接触面板的复合节点形式

图 1-34　维也纳千年塔

第二章

装配式建筑混凝土剪力墙结构设计

装配式建筑剪力墙结构设计基本要求

一、基本规定

① 抗震设计时，对同一层内既有现浇墙肢，也有预制墙肢的装配整体式剪力墙结构，现浇墙肢水平地震作用弯矩、剪力宜乘以不小于 1.1 的增大系数。

② 装配整体式剪力墙结构的布置应满足下列要求：

a. 应沿两个方向布置剪力墙；

b. 剪力墙的截面宜简单、规则，预制墙的门窗洞口宜上下对齐、成列布置。

③ 抗震设计时，高层装配整体式剪力墙结构不应全部采用短肢剪力墙；抗震设防烈度为 8 度时，不宜采用具有较多短肢剪力墙的结构。当采用具有较多短肢剪力墙的结构时，应符合下列规定：

a. 在规定的水平地震作用下，短肢剪力墙承担的底部倾覆力矩不宜大于结构底部总地震倾覆力矩的 50%；

b. 房屋适用高度应比装配整体式剪力墙结构的最大适用高度适当降低，抗震设防烈度为 7 度和 8 度时宜分别降低 20m。

注：短肢剪力墙是指截面厚度不大于 30mm、各肢截面高度与厚度之比的最大值大于 4 但不大于 8 的剪力墙；具有较多短肢剪力墙的结构是指，在规定的水平地震作用下，短肢剪力墙承担的底部倾覆力矩不小于结构底部总地震倾覆力矩的 30% 的剪力墙结构。

④ 抗震设防烈度为 8 度时，高层装配整体式剪力墙结构中的电梯井筒宜采用现浇混凝土结构。

二、预制剪力墙构造要求

① 预制剪力墙宜采用一字形，也可采用 L 形、T 形或 U 形；开洞预制剪力墙洞口宜居中布置，洞口两侧的墙肢宽度不应小于 200mm，洞口上方连梁高度不宜小于 250mm。

② 预制剪力墙的连梁不宜开洞；当需开洞时，洞口宜预埋套管，洞口上、下截面的有效高度不宜小于梁高的 1/3，且不宜小于 200mm；被洞口削弱的连梁截面应进行承载力验

算，洞口处应配置补强纵向钢筋和箍筋，补强纵向钢筋的直径不应小于 12mm。

③ 预制剪力墙开有边长小于 800mm 的洞口且在结构整体计算中不考虑其影响时，应沿洞口周边配置补强钢筋；补强钢筋的直径不应小于 12mm，截面面积不应小于同方向被洞口截断的钢筋面积；该钢筋自孔洞边角算起伸入墙内的长度，非抗震设计时不应小于 l_a，抗震设计时不应小于 l_{aE}（图 2-1）。

④ 当采用套筒灌浆连接时，自套筒底部至套筒顶部并向上延伸 300mm 范围内，预制剪力墙的水平分布筋应加密（图 2-2），加密区水平分布筋的最大间距及最小直径应符合表 2-1 的规定，套筒上端第一道水平分布钢筋距离套筒顶部不应大于 50mm。

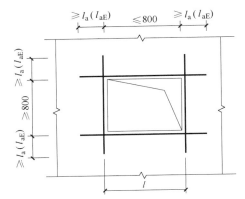

图 2-1 预制剪力墙洞口补强钢筋配置示意

l_a—钢筋锚固长度；l_{aE}—受拉钢筋长度；
l—钢筋长度

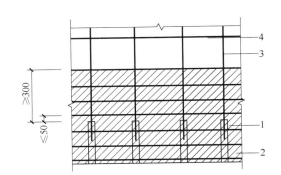

图 2-2 钢筋套筒灌浆连接部位
水平分布钢筋的加密构造示意

1—灌浆套筒；2—水平分布钢筋加密区域（阴影区域）；
3—竖向钢筋；4—水平分布钢筋

表 2-1 加密区水平分布钢筋的要求

抗震等级	最大间距/mm	最小直径/mm
一、二级	100	8
三、四级	150	8

⑤ 端部无边缘构件的预制剪力墙，宜在端部配置 2 根直径不小于 12mm 的竖向构造钢筋；沿该钢筋竖向应配置拉筋，拉筋直径不宜小于 6mm、间距不宜大于 250mm。

⑥ 当预制外墙采用夹芯墙板时，应满足下列要求：

a. 外叶墙板厚度不应小于 50mm，且外叶墙板应与内叶墙板可靠连接；

b. 夹芯外墙板的夹层厚度不宜大于 120mm；

c. 当作为承重墙时，内叶墙板应按剪力墙进行设计。

三、剪力墙连接设计要求

① 楼层内相邻预制剪力墙之间应采用整体式接缝连接，且应符合下列规定。

a. 当接缝位于纵横墙交接处的约束边缘构件区域时，约束边缘构件的阴影区域（图 2-3）宜全部采用后浇混凝土，并应在后浇段内设置封闭箍筋。

b. 当接缝位于纵横墙交接处的构造边缘构件区域时，构造边缘构件宜全部采用后浇混

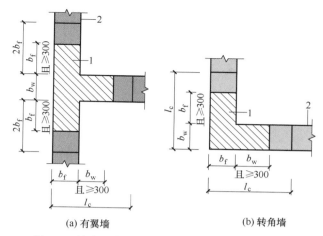

(a) 有翼墙　　　　　　(b) 转角墙

图 2-3　约束边缘构件阴影区域全部后浇构造示意

1—后浇段；2—预制剪力墙

b_w—剪力墙厚度；b_f—转角处暗柱厚度；l_c—约束边缘构件沿墙肢的长度

凝土（图 2-4）；当仅在一面墙上设置后浇段时，后浇段的长度不宜小于 300mm（图 2-5）。

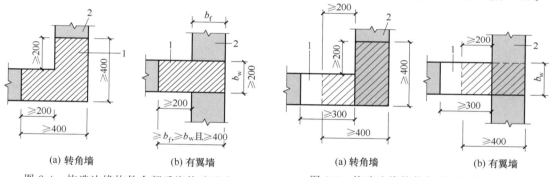

(a) 转角墙　　　(b) 有翼墙　　　　　(a) 转角墙　　　　(b) 有翼墙

<table>
<tr><td> 图 2-4　构造边缘构件全部后浇构造示意 </td><td> 图 2-5　构造边缘构件部分后浇构造示意 </td></tr>
<tr><td> （阴影区域为构造边缘构件范围） </td><td> （阴影区域为构造边缘构件范围） </td></tr>
<tr><td> 1—后浇段；2—预制剪力墙 </td><td> 1—后浇段；2—预制剪力墙 </td></tr>
</table>

　　c. 边缘构件内的配筋及构造要求应符合现行国家标准《建筑抗震设计规范（2016 年版）》（GB 50011—2010）的有关规定；预制剪力墙的水平分布钢筋在后浇段内的锚固、连接应符合现行国家标准《混凝土结构设计规范（2015 年版）》（GB 50010—2010）的有关规定。

　　d. 非边缘构件位置，相邻预制剪力墙之间应设置后浇段，后浇段的宽度不应小于墙厚且不宜小于 200mm；后浇段内应设置不少于 4 根竖向钢筋，钢筋直径不应小于墙体竖向分布筋直径且不应小于 8mm；两侧墙体的水平分布筋在后浇段内的锚固、连接应符合现行国家标准《混凝土结构设计规范（2015 年版）》（GB 50010—2010）的有关规定。

　　② 屋面以及立面收进的楼层，应在预制剪力墙顶部设置封闭的后浇钢筋混凝土圈梁（图 2-6），并应符合下列规定。

　　a. 圈梁截面宽度不应小于剪力墙的厚度，截面高度不宜小于楼板厚度及 250mm 的较大值；圈梁应与现浇或者叠合楼、屋盖浇筑成整体。

　　b. 圈梁内配置的纵向钢筋不应少于 $4\phi12$，且按全截面计算的配筋率不应小于 0.5% 和水平分布筋配筋率的较大值，纵向钢筋竖向间距不应大于 200mm；箍筋间距不应大于

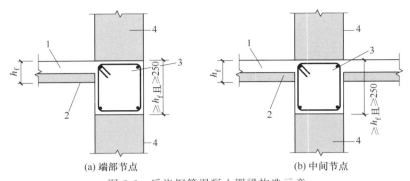

(a) 端部节点　　　　　　　　　　(b) 中间节点

图 2-6　后浇钢筋混凝土圈梁构造示意

1—后浇混凝土叠合层；2—预制板；3—后浇圈梁；4—预制剪力墙；h_f—截面高度

200mm，且直径不应小于 8mm。

③ 各层楼面位置，预制剪力墙顶部无后浇圈梁时，应设置连续的水平后浇带（图 2-7）。水平后浇带应符合下列规定。

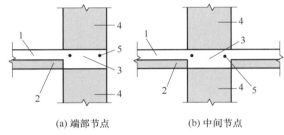

(a) 端部节点　　　　(b) 中间节点

图 2-7　水平后浇带构造示意

1—后浇混凝土叠合层；2—预制板；3—水平后浇带；
4—预制墙板；5—纵向钢筋

a. 水平后浇带宽度应取剪力墙的厚度，高度不应小于楼板厚度；水平后浇带应与现浇或者叠合楼、屋盖浇筑成整体。

b. 水平后浇带内应配置不少于 2 根连续纵向钢筋，其直径不宜小于 12mm。

④ 预制剪力墙底部接缝宜设置在楼面标高处，并应符合下列规定。

a. 接缝高度宜为 20mm。

b. 接缝宜采用灌浆料填实。

c. 接缝处后浇混凝土上表面应设置粗糙面。

⑤ 上下层预制剪力墙的竖向钢筋，当采用套筒灌浆连接和浆锚搭接连接时，应符合下列规定。

a. 边缘构件竖向钢筋应逐根连接。

b. 预制剪力墙的竖向分布钢筋，当仅部分连接时（图 2-8），被连接的同侧钢筋间距不应大于 600mm，且在剪力墙构件承载力设计和分布钢筋配筋率计算中不得计入不连接的分布钢筋；不连接的竖向分布钢筋直径不应小于 6mm。

c. 一级抗震等级剪力墙以及二、三级抗震等级底部加强部位，剪力墙的边缘构件竖向钢筋宜采用套筒灌浆连接。

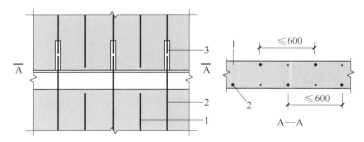

图 2-8　预制剪力墙竖向分布钢筋连接构造示意

1—不连接的竖向分布钢筋；2—连接的竖向分布钢筋；3—连接接头

⑥ 预制剪力墙相邻下层为现浇剪力墙时，预制剪力墙与下层现浇剪力墙中竖向钢筋的连接应符合本规程第⑤条的规定，下层现浇剪力墙顶面应设置粗糙面。

⑦ 在地震设计状况下，剪力墙水平接缝的受剪承载力设计值应按下式计算。

$$V_{uE} = 0.6 f_y A_{sd} + 0.8N$$

式中　f_y——垂直穿过结合面的钢筋抗拉强度设计值；

　　　N——与剪力设计值 V 相应的垂直于结合面的轴向力设计值，压力时取正，拉力时取负；

　　　A_{sd}——垂直穿过结合面的抗剪钢筋面积。

⑧ 预制剪力墙洞口上方的预制连梁宜与后浇圈梁或水平后浇带形成叠合连梁（图 2-9），叠合连梁的配筋及构造要求应符合现行国家标准《混凝土结构设计规范（2015 年版）》（GB 50010—2010）的有关规定。

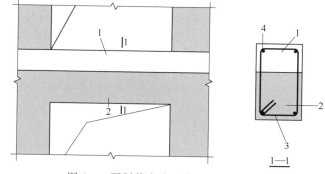

⑨ 楼面梁不宜与预制剪力墙在剪力墙平面外单侧连接；当楼面梁与剪力墙在平面外单侧连接时，宜采用铰接。

⑩ 预制叠合连梁的预制部分宜与剪力墙整体预制，也可在跨中拼接或在端部与预制剪力墙拼接。

⑪ 当预制叠合连梁端部与预制剪力墙在平面内拼接时，接缝构造应符合下列规定。

图 2-9　预制剪力墙叠合连梁构造示意
1—后浇圈梁或后浇带；2—预制连梁；3—箍筋；4—纵向钢筋

a. 当墙端边缘构件采用后浇混凝土时，连梁纵向钢筋应在后浇段中可靠锚固 [图 2-10 (a)] 或连接 [图 2-10 (b)]。

b. 当预制剪力墙端部上角预留局部后浇节点区时，连梁的纵向钢筋应在局部后浇节点区内可靠锚固 [图 2-10 (c)] 或连接 [图 2-10 (d)]。

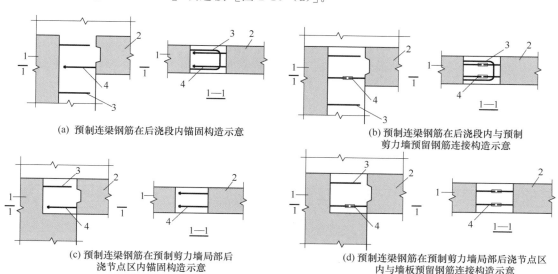

(a) 预制连梁钢筋在后浇段内锚固构造示意

(b) 预制连梁钢筋在后浇段内与预制剪力墙预留钢筋连接构造示意

(c) 预制连梁钢筋在预制剪力墙局部后浇节点区内锚固构造示意

(d) 预制连梁钢筋在预制剪力墙局部后浇节点区内与墙板预留钢筋连接构造示意

图 2-10　同一平面内预制连梁与预制剪力墙连接构造示意
1—预制剪力墙；2—预制连梁；3—边缘构件箍筋；4—连梁下部纵向受力钢筋锚固或连接

⑫ 当采用后浇连梁时，宜在预制剪力墙端伸出预留纵向钢筋，并与后浇连梁的纵向钢筋可靠连接（图 2-11）。

当预制剪力墙洞口下方有墙时，宜将洞口下墙作为单独的连梁进行设计（图 2-12）。

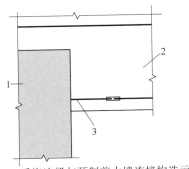

图 2-11　后浇连梁与预制剪力墙连接构造示意
1—预制墙板；2—后浇连梁；3—预制

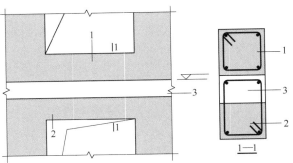

图 2-12　预制剪力墙洞口下墙与叠合连梁的关系示意
1—洞口下墙；2—预制连梁；3—后浇圈梁或水平后浇带

四、多层剪力墙结构设计要求

1. 一般规定

① 装配式多层剪力墙结构房屋的高宽比不宜大于表 2-2 的规定。

表 2-2　房屋最大高宽比

抗震设防烈度/度	6	7	8
最大高宽比	3.5	3.0	2.5

② 装配式多层剪力墙结构的抗震等级应符合下列规定：

a. 对丙类装配式多层剪力墙结构，抗震设防烈度为 8 度时取三级，抗震设防烈度为 6 度和 7 度时取四级；

b. 对乙类装配式多层剪力墙结构，确定结构抗震措施时，抗震等级应按①中的规定提高一级采用。

③ 装配式多层剪力墙结构中，预制剪力墙水平接缝和竖向接缝可采用干式连接或湿式连接，并应根据接缝的性能采用相应的结构整体分析模型。

④ 装配式多层剪力墙结构应采用纵、横墙共同承重的结构体系，并应符合下列规定：

a. 墙体宜均匀对称布置，平面内宜对齐，竖向应上下连续；

b. 不宜采用不规则的平面；

c. 承重墙间距不宜超过表 2-3 的规定；

d. 房屋层高不宜大于 4.5m。

表 2-3　承重墙间距　　　　　　　　　　　　　　　　单位：m

屋盖形式	地震设防烈度为 6 度和 7 度	地震设防烈度为 8 度
预制叠合楼盖	15	11
全预制楼盖	11	9

2. 结构分析

① 当建筑结构体形不满足相应规程要求时，装配式多层剪力墙结构应进行罕遇地震作用下的弹塑性变形验算。

② 预制剪力墙之间竖向接缝采用连接构造时，结构整体分析可采用下列假定：

a. 在非地震作用下，内力和变形验算可采用无竖向接缝的结构整体计算模型；

b. 在多遇地震作用下，变形验算可采用无竖向接缝的结构整体计算模型；

c. 在多遇地震及设防烈度地震作用下，进行构件和接缝承载力计算时，宜分别采用无竖向接缝和沿竖向接缝将剪力墙划分为独立计算单元两种方法建立结构整体计算模型，并应取内力包络结果进行设计；

d. 在进行罕遇地震作用下的弹塑性分析时，可采用沿竖向接缝将剪力墙划分为独立的计算单元建立结构整体计算模型。

③ 预制剪力墙之间竖向接缝采用螺栓连接、钢板焊接连接等干式连接做法时，进行结构整体分析时可沿竖向接缝将剪力墙划分为独立的计算单元，且宜建立连接节点单元，连接节点单元特性可根据试验结果确定。

④ 当剪力墙之间水平接缝满足承载力及构造要求时，结构整体分析可采用无水平接缝的结构整体计算模型。

3. 预制剪力墙设计

① 剪力墙截面厚度应符合下列规定：

a. 当房屋高度不大于 10m 且不超过 3 层时，外墙厚度不宜小于 140mm，内墙厚度不宜小于 120mm；

b. 当房屋高度大于 10m 或超过 3 层时，剪力墙截面厚度不宜小于 140mm；

c. 外墙厚度不宜小于层高的 1/25，内墙厚度不宜小于层高的 1/30；

d. 无端柱或翼墙时，外墙厚度不宜小于层高的 1/20，内墙厚度不宜小于层高的 1/25。

② 当预制剪力墙截面厚度不小于 140mm 时，应配置双排双向分布钢筋。当预制剪力墙截面厚度小于 140mm 时，可配置单排双向分布钢筋网。剪力墙中水平及竖向分布筋的配筋率不宜小于 0.15%；钢筋直径不应小于 6mm，间距不宜大于 300mm。

③ 预制剪力墙在重力荷载代表值作用下产生的轴力设计值的轴压比不宜大于 0.3；当预制剪力墙在重力荷载代表值作用下产生的轴力设计值的轴压比大于 0.3 时，预制剪力墙的墙肢应设置构造边缘构件。

④ 当预制剪力墙的水平或竖向尺寸大于 800mm 时，剪力墙的洞边、构件端部、纵横墙交接处应设置构造柱（图 2-13），并应符合下列规定：

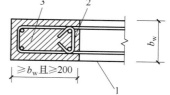

图 2-13　构造柱构造

1—预制墙；2—拉筋；
3—构造柱；b_w—剪力墙厚度

a. 构造柱的截面高度不宜小于剪力墙的厚度，且不宜小于 200mm；

b. 构造柱的截面宽度应与剪力墙的厚度相同；

c. 构造柱内应配置纵向受力钢筋和构造箍筋，纵向钢筋配筋量应满足承载力要求，且应符合表 2-4 的规定，构造柱的箍筋可采用封闭箍筋或拉筋。

表 2-4　构造柱配筋

抗震等级	底层			其他层		
	纵筋最小量	箍筋/mm		纵筋最小量	箍筋/mm	
		最小直径	最大间距		最小直径	最大间距
三级	4φ12	6	150	4φ10	6	200
四级	4φ10	6	200	4φ8	6	250

⑤ 预制剪力墙的截面承载力设计应符合现行国家标准《混凝土结构设计规范（2015 年版）》（GB 50010—2010）的有关规定。

⑥ 除本章规定外，预制剪力墙的构造还应符合现行行业标准《装配式混凝土结构技术规程》（JGJ 1—2014）关于预制剪力墙构件的有关规定。

4. 连接设计

① 预制剪力墙水平接缝宜设置在楼面标高处，并应符合下列规定。

a. 接缝厚度宜为 20mm，接缝应采用坐浆或灌浆料填实。

b. 接缝处应设置连接节点，连接节点可采用单排钢筋灌浆套筒连接、浆锚搭接连接、焊接连接、螺栓连接等，连接节点间距不宜大于 1m；连接构造应符合 JGJ 1—2014 的规定。

c. 应在水平接缝上对应于构件中构造柱的位置设置连接节点，可采用 1 根或 2 根连接钢筋或螺栓；连接钢筋或螺栓截面面积不应小于构造柱的纵筋总面积；构件端部连接节点的连接钢筋或螺栓距离构件边缘不应大于 100mm。

d. 连接节点内，连接钢筋或预埋件应在剪力墙中可靠锚固，锚固区域宜设置横向加强钢筋。

e. 穿过接缝的连接钢筋及螺栓数量应满足接缝受剪承载力的要求，且连接钢筋或螺栓的总截面面积不应小于剪力墙中竖向钢筋总截面面积，连接钢筋及螺栓直径不宜小于 14mm。

② 在多遇地震及风荷载组合作用下，预制剪力墙水平接缝受剪承载力应符合下列规定。

$$V \leqslant V_{uE}$$
$$V_{uE} = 0.6 f_y A_{sd} + 0.6N$$

式中　V——预制剪力墙水平接缝剪力设计值；

V_{uE}——预制剪力墙水平接缝受剪承载力设计值；

f_y——垂直穿过结合面的连接钢筋或螺栓抗拉强度设计值；

N——与剪力设计值 V 相应的垂直于结合面的轴向力设计值，压力时取正，拉力时取负；

A_{sd}——垂直穿过结合面的抗剪钢筋截面面积。

③ 在设防烈度地震作用组合下，预制剪力墙水平接缝受剪承载力应符合下列规定。

$$V_k \leqslant V_{uEk}$$
$$V_{uEk} = 0.6 f_{yk} A_{sd} + 0.6 N_k$$

式中　V_k——预制剪力墙水平接缝剪力标准值，不考虑与抗震等级有关的增大系数；

V_{uEk}——预制剪力墙水平接缝受剪承载力标准值；

f_{yk}——垂直穿过结合面的连接钢筋或螺栓抗拉强度标准值；

N_k——与剪力标准值 V_k 相应的垂直于结合面的轴向力标准值，压力时取正，拉力时取负。

④ 装配式多层剪力墙结构纵横墙交接处及楼层内相邻承重剪力墙之间可采用水平钢锚环灌浆连接（图 2-14），并应符合下列规定。

a. 竖向接缝处应设置后浇段，后浇段横截面面积不宜大于 $0.01m^2$，且截面边长不宜小于 100mm；后浇段应采用自密实混凝土灌实。

b. 预制剪力墙侧边宜采用预埋螺纹套筒并现场连接钢锚环的形式，螺纹套筒应在剪力墙内可靠锚固；钢锚环宜采用一体锻造且其直径不宜小于 12mm，锚环内径不宜小于

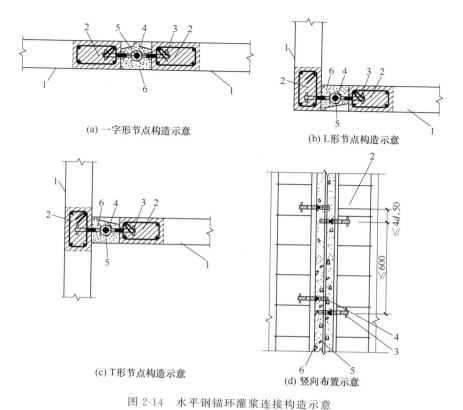

(a) 一字形节点构造示意

(b) L形节点构造示意

(c) T形节点构造示意

(d) 竖向布置示意

图 2-14　水平钢锚环灌浆连接构造示意

1—纵向预制墙体；2—构造柱；3—预埋螺纹套筒；4—钢锚环；5—节点后插纵筋；6—接缝灌浆

50mm；锚环竖向间距不宜大于 600mm；同一竖向接缝两侧预制剪力墙预留水平钢锚环中，左右相邻水平钢锚环的竖向距离不宜大于 $4d$（d 为水平钢锚环的直径），且不应大于 50mm；竖向接缝内应配置直径不小于 10mm 的后插纵筋，且应插入剪力墙侧边的钢锚环内，当墙肢承载力计算不计入后插纵筋的贡献时，上下层后插纵筋可不连接。

c. 穿过竖向接缝的锚环总抗拉承载力设计值不应小于墙体水平钢筋总抗拉承载力设计值。

d. 预制剪力墙侧边应设置抗剪键槽或者粗糙面；抗剪键槽宜沿墙体高度均匀布置，且键槽宽度宜与键槽间距相同，键槽深度不宜小于 20mm；粗糙面凹凸深度不应小于 6mm。

⑤ 装配式多层剪力墙结构纵横墙交接处及楼层内相邻承重剪力墙之间可采用钢丝绳套连接（图 2-15），并应符合下列规定。

a. 竖向接缝处应设置后浇段，后浇段横截面面积不宜大于 0.01m^2，且截面边长不宜小于 100mm；后浇段应采用自密实混凝土灌实。

b. 预制剪力墙侧边宜采用预埋钢丝绳套并在现场拉出进行连接，钢丝绳套应在墙体边缘构造柱内可靠锚固；钢丝绳直径不宜小于 6mm；绳套竖向间距不宜大于 600mm；同一竖向接缝两侧预制剪力墙伸出的钢丝绳套应搭接，且在搭接区域内配置直径不小于 10mm 的后插纵筋。

c. 穿过竖向接缝的钢丝绳套总抗拉承载力设计值不应小于墙体水平钢筋总抗拉承载力设计值。

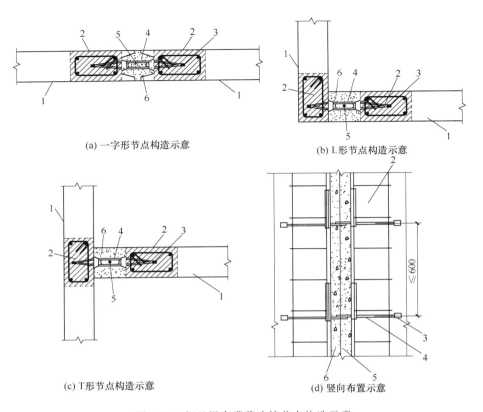

(a) 一字形节点构造示意

(b) L形节点构造示意

(c) T形节点构造示意

(d) 竖向布置示意

图 2-15　钢丝绳套灌浆连接节点构造示意

1—纵向预制墙体；2—构造柱；3—绳套锚固端；4—绳套搭接段；5—节点后插纵筋；6—接缝灌浆

　　d. 预制剪力墙侧边应设置抗剪键槽或者粗糙面，键槽深度不宜小于 20mm，粗糙面凹凸深度不应小于 6mm。

　　⑥ 当剪力墙竖向接缝采用水平钢锚环及水平钢丝绳套连接时，可不进行竖向接缝受剪承载力的验算。

　　⑦ 预制剪力墙之间竖向接缝采用螺栓连接（图 2-16）时，应符合下列规定。

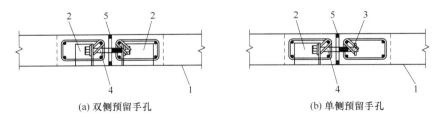

(a) 双侧预留手孔

(b) 单侧预留手孔

图 2-16　螺栓连接节点构造

1—剪力墙；2—预留手孔；3—预埋螺纹套筒；4—连接螺杆；5—安装间隙

　　a. 接缝处可采用一侧预埋螺纹套筒、另一侧预留安装手孔，现场插入螺杆进行连接；也可采用两侧均预留手孔，现场插入螺杆进行连接。

　　b. 预埋的螺纹套筒应在剪力墙内可靠锚固。

　　c. 预留螺栓连接手孔尺寸应满足安装螺杆的施工安装空间要求，且预留螺栓连接手孔高度不宜大于100mm，预留螺栓连接手孔宽度不宜大于200mm；安装螺栓后手孔应采用细石混凝土填实，手孔周围宜设置加强钢筋。

　　d. 螺栓宜采用单排居中布置，螺栓侧面边距不宜小于60mm，距墙顶或墙底不宜大于300mm；螺栓间距不宜大于600mm。

　　e. 竖向接缝安装间隙宜为15～25mm。

　　f. 螺栓连接节点的承载力宜通过试验确定。

　　g. 可采用C级普通螺栓，螺栓直径不宜小于16mm。

　　⑧ 预制剪力墙之间竖向接缝采用焊接连接（图2-17）时，应符合下列规定。

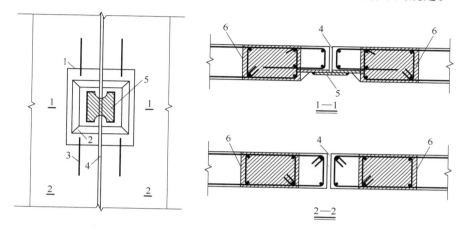

图2-17　接缝焊接节点示意

1—预埋连接钢板；2—凹槽；3—锚筋；4—安装缝隙；5—后焊连接钢板；6—构造柱

　　a. 接缝处可采用剪力墙侧面预埋钢板、现场附加钢板或角钢焊接连接；可采用角焊缝，角焊缝应符合现行国家标准《钢结构设计标准》（GB 50017—2017）的有关规定。

　　b. 预埋钢板在墙内应可靠锚固，锚固承载力不应小于连接钢板或角钢的承载力。

　　c. 连接节点宜布置在墙体的上端或下端，距墙顶或墙底宜为100～300mm。

　　d. 竖向接缝宜为10～20mm。

　　e. 节点承载力宜按现行国家标准《钢结构设计标准》（GB 50017—2017）的有关规定进行计算。

　　⑨ 当房屋层数大于3层时，楼盖设计应符合下列规定：

　　a. 屋面、楼面宜采用预制叠合板，预制叠合板与预制剪力墙的连接应符合现行行业标准《装配式混凝土结构技术规程》（JGJ 1—2014）的有关规定；

　　b. 当抗震等级为三级时，应在屋面设置封闭的后浇钢筋混凝土圈梁，圈梁设计应符合现行行业标准《装配式混凝土结构技术规程》（JGJ 1—2014）的有关规定。

　　⑩ 预制剪力墙洞口上方的预制连梁宜与后浇混凝土圈梁或水平后浇带形成叠合连梁；叠合连梁的配筋、构造应符合现行国家标准《混凝土结构设计规范（2015年版）》（GB 50010—2010）的有关规定。

　　⑪ 预制剪力墙与基础的连接应符合下列规定：

　　a. 基础顶面应设置现浇混凝土圈梁，圈梁上表面应设置粗糙面；

　　b. 剪力墙竖向接缝内的纵向钢筋应在基础内可靠锚固，且宜伸入基础底部。

第二节 ▶▶

剪力墙结构构造设计要点

一、剪力墙整体设计

刚性楼板在水平力作用下会在受力方向上产生平移〔图 2-18（a）〕，平移的大小与所有剪力墙的刚度总和相关。如果剪力墙的刚度中心与外力中心不重合，刚性楼板将会绕着刚度中心扭转〔图 2-18（b）〕。水平荷载中心在不同的荷载组合下可能不是同一个点，比如风荷载及地震作用。水平荷载中心与剪力墙刚度中心之间的距离就是水平力抵抗系统的偏心距。

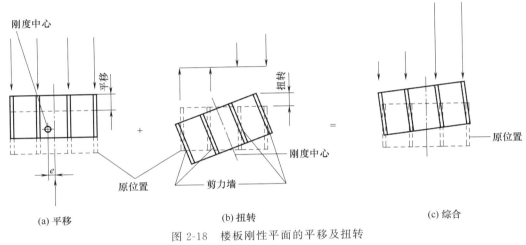

(a) 平移   (b) 扭转   (c) 综合

图 2-18　楼板刚性平面的平移及扭转

e—剪力墙刚度中心与外力中心的距离

要尽量把剪力墙设计成独立整体墙，而不是分开组合的墙，这样会节省连接的费用以及减少由多片墙连接在一起组合成一大片剪力墙时由于体积变化而产生的约束力。

如果倾覆弯矩引起某一独立的、非耦合的剪力墙中出现超大的拉力，可以把多片墙体连接在一起。连接多片独立的竖向墙体能够显著地提高剪力墙抵抗水平力的能力和减少墙中的拉力。把墙板与墙板的连接布置在墙中段位置以减少由于体积变化而产生的内力。

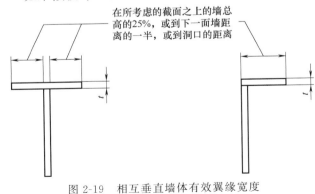

图 2-19　相互垂直墙体有效翼缘宽度

t—有效翼缘宽度

将相互垂直的剪力墙连接在一起可以提高剪力墙的刚度，端部的剪力墙可看作另一个方向剪力墙的翼缘。如果墙体之间的连接有足够的强度传递内力而成为刚接，那么有效翼缘宽度可参照图 2-19。总体上说，翼缘可以提高剪力墙的抗弯刚度，但对抗剪刚度影响小。在有些结构中，把垂直于剪力墙方向的非承重墙体连接到剪力墙，通过增加竖向恒荷载的办法来提高其抵抗水平力引起的倾覆弯矩作

(图 2-19 中文字：在所考虑的截面之上的墙总高的25%，或到下一面墙距离的一半，或到洞口的距离)

用的能力。

注：以上墙翼缘宽度的建议适合单层建筑物及独立墙体，而对多层建筑物会低估有效翼缘宽度及剪力墙刚度。在确定多层建筑物中剪力墙的有效翼缘宽度时应考虑剪滞效应。

由多片预制墙体组合而成的承重剪力墙，其水平接口和竖向接口需要传递内力。图 2-20 给出了三种不同情况下主要外力和接口处的内力及应力分布情况。在剪力墙结构中，要综合考虑墙中力的叠加、预制墙体的多种组合形式以及墙体之间的连接方式。

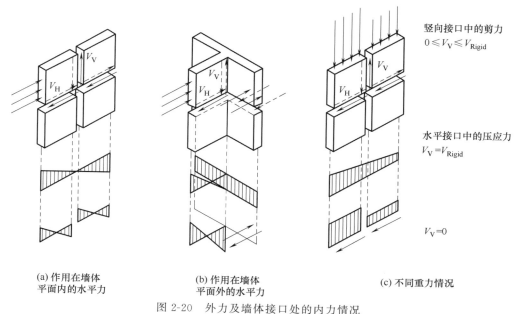

(a) 作用在墙体平面内的水平力　　(b) 作用在墙体平面外的水平力　　(c) 不同重力情况

图 2-20　外力及墙体接口处的内力情况

V_V—水平力；V_H—竖向接口中的剪力；V_{Rigid}—压应力

二、预制构件设计

① 对持久设计状况，应对预制构件进行承载力、变形、裂缝控制验算。

② 对地震设计状况，应对预制构件进行承载力验算。

③ 对制作、运输和堆放安装等短暂设计状况下的预制构件验算，应符合《混凝土结构工程施工规范》（GB 50666—2011）的相关规定。

抗震设计时装配整体式剪力墙结构构件及节点的承载力抗震调整系数 γ_{RE} 应取 0.85；当只考虑竖向地震作用组合时，承载力抗震调整系数 γ_{RE} 应取 1.0；预埋件锚筋截面计算的承载力抗震调整系数 γ_{RE} 应取 1.0。

预制构件在制作、运输和堆放安装等短暂设计状况下的验算应选取相应阶段的荷载设计值，采用合理的计算简图进行计算，构件自重应乘以脱模吸附系数或动力系数。通常脱模吸附系数取 1.5，构件运输、吊运时动力系数取 1.5，构件翻转、安装的动力系数取 1.2。当有可靠经验时，可适当调整脱模系数和动力系数。安装阶段还应根据具体情况适当考虑风荷载的影响。

预制板式楼梯的一端可采用可滑动构造，梯段板底应配置通长纵向钢筋，板面宜配置通长纵向钢筋；当两端都不能滑动时，板面应配置通长纵向钢筋。

阳台、空调室外机搁板、挑檐等悬挑构件可与相邻楼板、屋面板合并设计成大型构件。合并设计时应注意满足运输对单个构件尺寸的限制以及单件质量不宜过大（一般不超过5t）。多数工程中考虑到降低工厂模具制作难度和费用，以及便于吊装、运输等因素而采用构件分开预制、现场连接，此时预制悬挑构件的负弯矩钢筋应伸入相邻楼板、屋面板现浇叠合层中可靠锚固。

　　用于固定连接件的预埋件不宜兼作吊件、临时支撑用的预埋件。当兼用时，应经验算以同时满足各种设计工况的要求。

三、边缘构件

　　设置边缘构件约束的剪力墙的承载能力、延性及耗能能力显著优于没设置边缘构件的剪力墙，边缘构件可以结合相邻预制剪力墙的连接，尽可能设计成后浇混凝土形式。约束边缘构件位于纵横墙交界处时，约束边缘构件的阴影区域（图 2-21）宜全部采用在现场浇筑的后浇混凝土形式，并应在后浇段内配置封闭箍筋。

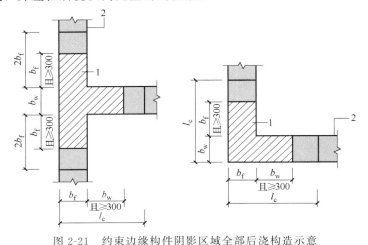

图 2-21　约束边缘构件阴影区域全部后浇构造示意

1—后浇段；2—预制剪力墙

b_w—剪力墙厚度；b_f—转角处暗柱厚度；l_c—约束边缘构件沿肢的长度

　　构造边缘构件位于纵横墙交接处时，宜全部采用现场浇筑的后浇混凝土形式（图 2-22）。当只在一面墙上设置后浇段时，后浇段的长度不宜小于 300mm（图 2-23）。

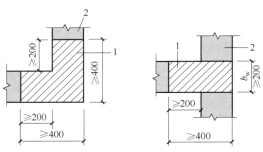
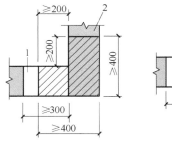
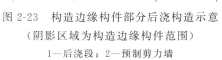

图 2-22　构造边缘构件全部后浇构造示意
（阴影区域为构造边缘构件范围）
1—后浇段；2—预制剪力墙
b_w—剪力墙厚度

图 2-23　构造边缘构件部分后浇构造示意
（阴影区域为构造边缘构件范围）
1—后浇段；2—预制剪力墙
b_w—剪力墙厚度

1. 套筒灌浆连接

套筒灌浆连接是在预制混凝土墙板内预埋的金属套筒中插入钢筋并灌注水泥基灌浆料而实现钢筋连接的方式，在日本及欧美等国家已有长期、大量的成功实践经验。

对于套筒灌浆连接，实际操作时是将两根钢筋分别从套筒两端插入，套筒内注满水泥基灌浆料，通过灌浆料的传力作用实现钢筋对接。接头由灌浆套筒、硬化后的灌浆料、连接钢筋三者共同组成。

在国内现行规范中，套筒灌浆连接适用于所有预制剪力墙钢筋连接的情况，包括一级抗震等级剪力墙和二、三级抗震等级剪力墙的底部加强部位，以及剪力墙边缘构件的竖向钢筋等。竖向钢筋采用套筒灌浆连接时，接头应满足《钢筋机械连接技术规程》（JGJ 107—2016）中Ⅰ级接头的性能要求。

套筒灌浆连接包括全灌浆套筒连接和半灌浆套筒连接两种类型。前者是两端都采用套筒灌浆连接的套筒（图 2-24）；后者是一端采用套筒灌浆连接方式，另一端采用机械连接方式（如螺旋方式）连接的套筒（图 2-25）。

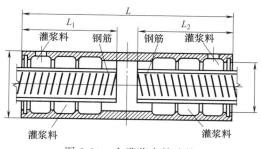

图 2-24　全灌浆套筒连接

L—全套筒长度；L_1，L_2—半灌浆套筒长度

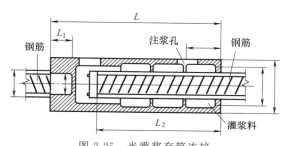

图 2-25　半灌浆套筒连接

L—半灌浆套筒长度；L_1—螺栓长度；L_2—半灌浆套筒钢

预制剪力墙中钢筋接头处套筒外侧钢筋的混凝土保护层厚度不应小于 15mm，预制柱中钢筋接头处套筒外侧箍筋的混凝土保护层厚度不应小于 20mm。套筒之间的净距不应小于 25mm。

自套筒底部至套筒顶部并向上延伸 300mm 的范围内，预制剪力墙的水平分布钢筋应加密（图 2-26），加密区水平分布钢筋的最大间距及最小直径应符合表 2-5 的规定，套筒上端第一道水平分布钢筋距离套筒顶部不应大于 50mm。

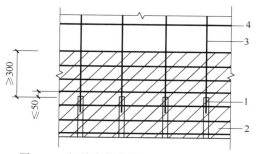

图 2-26　钢筋套筒灌浆连接部位水平分布钢筋的加密构造示意

1—灌浆套筒；2—水平分布钢筋加密区域（阴影区域）；3—竖向钢筋；4—水平分布钢筋

表 2-5　加密区水平分布钢筋的要求

抗震等级	最大间距/mm	最小直径/mm
一、二级	100	8
三、四级	150	8

2. 浆锚搭接连接

浆锚搭接连接是在预制混凝土构件中预留孔道，在孔道中插入需搭接的钢筋，并灌入水

泥基灌浆料而实现的钢筋搭接连接方式。常见浆锚搭接连接方式主要有插入式预留孔灌浆钢筋搭接连接（图 2-27）和金属波纹管浆锚搭接连接（图 2-28）。设螺旋箍筋可约束浆锚搭接连接接头。

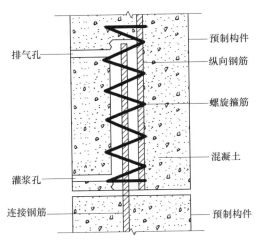

图 2-27　插入式预留孔灌浆钢筋搭接连接

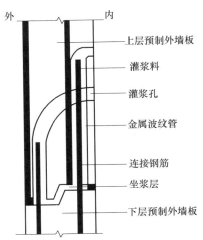

图 2-28　金属波纹管浆锚搭接连接

竖向钢筋采用浆锚搭接连接时，对预留孔的成孔工艺、孔道形状、长度等要求以及灌浆料和被连接钢筋等，都应进行力学性能和适用性的试验验证。直径大于 20mm 的钢筋不宜采用浆锚搭接连接，直接承受动力荷载构件的纵向钢筋不应采用浆锚搭接连接。当剪力墙边缘构件采用浆锚搭接连接时，房屋最大适用高度应比规范规定的最大值降低 10m。钢筋伸入金属波纹管内的长度不得小于 $1.2l_{aE}$；预埋金属波纹管的直线段长度应比浆锚钢筋的长度增加 30mm；孔道上部应根据灌浆要求设置合理弧度；预埋金属波纹管的内径不宜小于 40mm 和 $2.5d$（d 为伸入孔道的连接钢筋直径）的较大值，孔道之间的水平净间距不宜小于 50mm；孔道外壁到剪力墙外表面的净间距不宜小于 30mm；灌浆材料应采用水泥基灌浆料，性能需要符合有关规定。

设螺旋箍筋改善浆锚搭接连接的受力时，螺旋箍筋宜采用圆环形，且应沿金属波纹管直线段全长布置；螺旋箍筋保护层厚度不应小于 15mm，螺旋箍筋之间的净距不宜小于 25mm，其下端距混凝土墙板底面之间的净距不宜大于 25mm；螺旋箍筋开始和结束的位置应有水平段，长度不小于一圈半。

竖向钢筋浆锚搭接连接有每根竖向钢筋都浆锚搭接连接、"梅花形"浆锚搭接连接、单排浆锚搭接连接等多种。需要注意的是，不同的浆锚搭接连接对应不同的连接钢筋伸入长度。

四、接缝设计

预制剪力墙墙板通常在楼层标高处设置水平接缝。接缝处的压力通过灌浆料、后浇混凝土或坐浆材料直接传递；接缝处不宜承受拉力，如出现拉力应由钢筋连接或预设埋件传递。接缝处的剪力由结合面混凝土的黏结强度、粗糙面、键槽以及钢筋的摩擦抗剪、销栓抗剪作用共同提供，其受剪承载力按下式设计。

（1）持久设计状况

$$\gamma_0 V_{jd} \leqslant V_u$$

（2）地震设计状况

$$V_{jdE} \leqslant \frac{V_{uE}}{\gamma_{RE}}$$

在剪力墙底部加强部位，还应满足下式要求。

$$\eta_j V_{mua} \leqslant V_{uE}$$

式中　γ_0——结构重要性系数，安全等级为一级时不应小于 1.1，安全等级为二级时不应小于 1.0；

V_{jd}——持久设计状况下接缝剪力设计值；

V_u——持久设计状况下剪力墙底部接缝受剪承载力设计值；

V_{jdE}——地震设计状况下接缝剪力设计值；

V_{uE}——地震设计状况下剪力墙底部接缝受剪承载力设计值，$V_{uE} = 0.6 f_y A_{sd} + 0.8N$；

V_{mua}——被连接剪力墙端部按实配钢筋面积计算的斜截面受剪承载力设计值；

η_j——接缝受剪承载力增大系数，抗震等级为一、二级取 1.2，抗震等级为三、四级取 1.1；

f_y——垂直穿过结合面的钢筋抗拉强度设计值；

N——与剪力设计值 V 相应的垂直于结合面的轴向力设计值，压力时取正，拉力时取负；

A_{sd}——垂直穿过结合面的抗剪钢筋面积。

接缝的正截面受压、受弯承载力计算方法与现浇结构相同。

预制剪力墙的顶部和底部与后浇混凝土的结合面、侧面与后浇混凝土的结合面都应设置粗糙面，侧面与后浇混凝土的结合面也可设置键槽。键槽深度 t 不宜小于 20mm，宽度 w 不宜小于深度的 3 倍且不宜大于深度的 10 倍，键槽间距宜等于键槽宽度，键槽端部斜面倾角不宜大于 30°。粗糙面的面积不宜小于结合面的 80%，预制墙端的粗糙面凹凸深度不应小于 6mm。

非边缘构件位置侧面相接，应在相邻预制剪力墙构件之间设置后浇段，后浇段的宽度不应小于墙厚且不宜小于 200mm；后浇段内应设置不少于 4 根竖向钢筋，钢筋直径不应小于墙体竖向分布筋直径且不小于 8mm；两侧墙体的水平分布钢筋在后浇段内的锚固、连接应符合现行国家标准《混凝土结构设计规范（2015 年版）》（GB 50010—2010）的有关规定。

屋面及立面收进的楼层，应在预制剪力墙的顶部设置封闭的后浇钢筋混凝土圈梁（图 2-29），圈梁截面宽度一般可取剪力墙的厚度，截面高度可取楼板厚度及 250mm 的较大值；圈梁应与现浇楼、屋盖或叠合楼、屋盖浇筑成整体。圈梁配筋不应少于 $4\phi12$，同时按全截面计算的配筋率不应小于 0.5% 和水平分布筋配筋率的较大值，纵筋竖向间距不应大于 200mm；箍筋间距不应大于 200mm，且直径不应小于 8mm。

各层楼面位置，预制剪力墙顶部没有设置后浇圈梁时，应设置连续的水平后浇带（图 2-30）；水平后浇带宽度应取剪力墙的厚度，高度不小于楼板厚度；水平后浇带应与现浇楼、屋盖或叠合楼、屋盖浇筑成整体。水平后浇带内应配置不少于 2 根连续纵筋，其直径不宜小于 12mm。

预制剪力墙底部接缝宜设置在楼面标高处，且接缝高度宜为 20mm，并采用灌浆料填实，接缝处后浇混凝土的上表面应设置粗糙面或键槽。

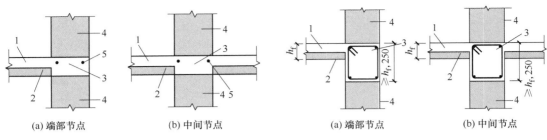

图 2-29 后浇钢筋混凝土圈梁构造示意

1—后浇混凝土叠合层；2—预制板；

3—后浇圈梁；4—预制剪力墙；5—纵向钢筋

图 2-30 水平后浇带构造示意

1—后浇混凝土叠合层；2—预制板；3—水平后浇带；

4—预制墙板；h_i—截面高度

从便于预制和运输出发，预制墙板大多采用一字形，当楼层内相邻预制剪力墙之间采用接缝连接时，接缝按剪力墙的平面相交情况可分为 T 形、L 形及一字形等形式，接缝内应设置封闭箍筋，其构造应保证剪力墙连接的整体性。

预制墙板接缝处后浇混凝土强度等级不应低于预制墙板的混凝土强度等级。多层剪力墙结构中墙板水平接缝用坐浆材料的强度等级应大于被连接预制墙板的混凝土强度等级。

预制墙板中外露预埋件应凹入构件表面，凹入深度不宜小于 10mm。

五、水平力分析

采用刚性楼板时，水平力是按照每片剪力墙的刚度按比例分配的。建筑物要分别承受两个相互垂直方向上的水平力。

当剪力墙组的刚度中心和受力中心重合时，任意剪力墙所抵抗的力为

$$F_i = \left(\frac{K_i}{\sum K} \right) V_x$$

式中　F_i——由单片剪力墙 i 所抵抗的水平力；

　　　　K_i——剪力墙 i 的刚度；

　　　　$\sum K$——所有剪力墙的刚度总和；

　　　　V_x——全部水平力。

如果所分析的剪力墙组的刚度中心与受力中心不重合，那么在分析时必须考虑偏心扭转的影响，扭转刚度可按近似分析方法计算。

在 y 轴方向受力的情况下某一单片墙在某一层高上所分配的 y 方向力，按照以下公式计算。

$$F_y = \frac{V_y K_y}{\sum K_y} + \frac{T_{V_y} x K_y}{\sum K_y x^2 + \sum K_x y^2}$$

在 y 轴方向受力的情况下某一单片墙在某一层高上所分配的 x 方向力，按照以下公式计算。

$$F_x = \frac{T_{V_y} y K_x}{\sum K_y x^2 + \sum K_x y^2}$$

式中　　　V_y——考虑层上所受的水平力；

K_x，K_y——考虑墙的 x 方向及 y 方向的刚度；

$\sum K_x$，$\sum K_y$——在所考虑层上所有墙的 x 方向及 y 方向的刚度总和；

x——墙与刚度中心的 x 方向距离；

y——墙与刚度中心的 y 方向距离；

T_{V_y}——水平力对墙组刚度中心产生的偏心扭矩。

对于剪力墙组的刚度中心与受力中心不重合时水平力在各剪力墙中的分配，可以参考示例。

【示例】 如图 2-31 所示，所有剪力墙高为 2400mm，厚为 200mm。假定墙的上下两端均由刚性横隔板约束，D 墙、E 墙和 B 墙不连接。

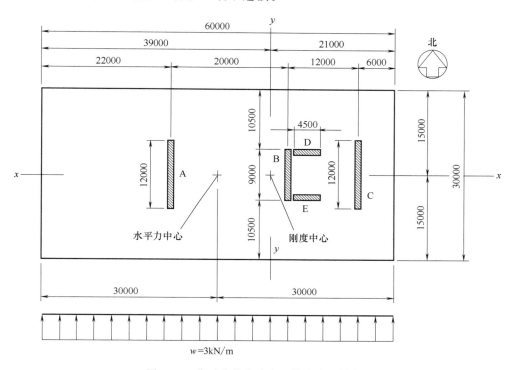

图 2-31 非对称剪力墙布置剪力分配算例

在南北方向上墙的高度和长度的比为：2.4/9＝0.2667＜0.3，所以进行水平力分配分析时可以忽略墙的抗弯刚度。因墙体为同一材质和厚度，水平力按墙的长度加权分配。

（1）全部水平力

$$V_y = 60 \times 3 = 180 \text{（kN）}$$

（2）确定剪力墙组的刚度中心

$$\bar{x} = \frac{12000 \times 22000 + 9000 \times 42000 + 12000 \times 54000}{12000 + 9000 + 12000} = 39000 \text{（mm）（距左边）}$$

$\bar{y} = 15000\text{mm}$，为结构物南北向中心线位置，因为 D 墙和 E 墙在南北方向上对称地布置在结构物中心线两侧。

（3）偏心扭矩

$$T = 180 \times \frac{\left(39000 - \dfrac{60000}{2}\right)}{10^3} = 1620 \text{（kN · m）}$$

（4）确定剪力墙组对刚度中心的抗扭转刚度

$$I_p = I_{xx} + I_{yy}$$

对东西向墙体：

$$I_{xx} = \sum l y^2 = 2 \times 4500 \times 4500^2 = 182250 \times 10^6 \ （mm^3）$$

对南北向墙体：

$$I_{yy} = \sum l x^2 = 12000 \times (39000 - 22000)^2 + 9000 \times (42000 - 39000)^2 +$$
$$12000 \times (54000 - 39000)^2$$
$$= 6249000 \times 10^5 \ (mm^3)$$
$$I_p = 182250 \times 10^6 + 6249000 \times 10^6 = 6431250 \times 10^6 \ (mm^3)$$

（5）南北向墙体的剪力

$$F_y = \frac{V_y l}{\sum l} + \frac{T x l}{I_p}$$

A 墙：

$$F_A = \frac{180 \times 12000}{33000} + \frac{1620 \times (39000 - 22000) \times 12000 \times 10^3}{6431250 \times 10^6} = 65.5 + 51.4 = 116.9 \ (kN)$$

B 墙：

$$F_B = \frac{180 \times 9000}{33000} + \frac{1620 \times (-3000) \times 9000 \times 10^3}{6431250 \times 10^6} = 49.1 - 6.8 = 42.3 \ (kN)$$

C 墙：

$$F_C = \frac{180 \times 12000}{33000} + \frac{1620 \times (-15000) \times 12000 \times 10^3}{6431250 \times 10^6} = 65.5 - 45.3 = 20.2 \ (kN)$$

（6）东西向墙体的剪力

$$F_x = \frac{T y l}{I_p}$$

$$F_D = F_E = \frac{1620 \times 4500 \times 4500 \times 10^3}{6431250 \times 10^6} = 5.1 \ (kN)$$

六、刚度设计

在有刚性楼板的建筑物中，水平力按各剪力墙的相对刚度进行分配。剪力墙的总刚度包括抗弯刚度、抗剪刚度。单片墙的刚度可表示为

$$r = \frac{1}{\Delta}$$

式中　Δ——墙的弯曲及剪切变形的总和。

对于由相同材料构成的矩形截面剪力墙结构，当墙的高度和长度比小于0.3时，墙的抗弯刚度可以忽略，水平力将按照剪力墙的水平截面面积分配。当墙的高度和长度比大于3.0时，墙的抗剪刚度可以忽略，水平力按照墙的截面惯性矩来分配。

当墙的高度和长度比为0.3～3.0时，剪切变形和弯曲变形都要考虑，见以下公式。

$$\frac{1}{\sum K_i} = \frac{1}{\sum K_{si}} + \frac{1}{\sum K_{fi}}$$

式中　$\sum K_i$——墙在第 i 层的刚度总和；

$\sum K_{si}$——墙在第 i 层的抗剪刚度总和；

$\sum K_{fi}$——墙在第 i 层的抗弯刚度总和。

为了简化剪力墙的刚度计算，可以采用等效截面惯性矩的方法。等效截面惯性矩 I_{eq} 是把弯曲变形和剪切变形之和按照弯曲变形计算而采用的近似截面惯性矩。表 2-6 比较了在几种工况及约束情况下的位移及等效截面惯性矩，假设剪切模量 $G=0.4E$。

剪力墙的抗剪面积并不是考虑剪力墙的总面积，就像 T 形梁中只有腹板部分用于抵抗剪力一样，垂直于水平力方向的墙以及组合墙中的翼缘部分不会用于抵抗水平力，这些墙的面积不应计算在内，但是这些墙在组合墙中的布置会对抗弯刚度及有效截面惯性矩有影响。通常的做法是只要墙体之间的竖向连接具有抵抗剪力 VQ/I 的能力，就会把相互连接的组合墙当作整体来计算。

表 2-6　剪力墙位移及等效截面惯性矩

工况	弯曲或剪切引起的挠度		等效截面惯性矩 I_{eq}	
	弯曲	剪切	单层	多层
	$\dfrac{Ph^3}{3EI}$	$\dfrac{2.78Ph}{A_wE}$ $(A_w=lt)$	$\dfrac{I}{1+\dfrac{8.34I}{A_wh^2}}$	$\dfrac{I}{1+\dfrac{13.4I}{A_wh^2}}$
	$\dfrac{Wh^3}{8EI}$ $W=wh$	$\dfrac{1.39Wh}{A_wE}$ $W=wh$	—	$\dfrac{I}{1+\dfrac{23.6I}{A_wh^2}}$

对于由多片预制墙体竖向堆积，并且由水平接口连接而成的剪力墙，按全部水平截面计算的惯性矩对确定墙的相对刚度来说已足够准确。当然对水平接口形成塑性铰以后的表现有些不确定，建议采用位移增大系数，这样会更准确地反映此时刚度的折减。

由多片预制墙体通过竖向接口连接而成的剪力墙，由于连接形式的不同会有不同的结构性能。墙的竖向接口可以分为柔性连接和刚性连接。柔性连接是指那些设计成延性大样以及在荷载作用下屈服的连接。这种连接需要在结构产生包括非弹性变形需求时依然能保持墙体的竖向承载力。即使在屈服以后，墙体将依然提供防止倾覆的恒荷载。用这种连接形成的墙体在计算时可以保守地简化成相互独立的墙体，连接屈服以后，每片墙体至少还有各自的承载能力。采用柔性连接的竖向接口确定了非弹性性能和耗能的位置，因而对减少主要水平力抵抗构件的附带损害是非常有益的。

在另外一些情况下，墙的竖向接口必须或应该采用刚性连接。这种连接的设计荷载应采用 VQ/I 乘以一个系数计算，以保证连接在考虑缺乏延性系数的情况下仍能保持弹性。这种连接可以通过在现浇节点中由两边墙中预留的甩筋及销栓钢筋相互搭接锚固而成，这种连接的强度会超过墙体整体浇筑情况。采用刚性竖向接口连接的预制墙体组合，在结构受力分析时要考虑和整体浇筑墙一样的刚度。

双面叠合剪力墙结构设计

一、双面叠合剪力墙结构的构造

双面叠合剪力墙的预制构件混凝土强度不应低于C30，空腔内后浇混凝土的强度不应低于预制混凝土构件，且宜高于预制混凝土构件一个强度等级（5MPa）。

双面叠合剪力墙墙身的构造要求如表2-7所示。

表 2-7　双面叠合剪力墙墙身的构造要求

项目	双面叠合剪力墙	单叶预制墙板	备注
墙肢	厚度不宜小于 200mm	厚度不宜小于 50mm	预制墙板内外叶内表面应设置粗糙面，粗糙面凹凸深度不应小于 4mm
空腔净距	不宜小于 100mm		
配筋	宜选用不低于 HRB400 级的热轧钢筋。钢筋直径不应小于 8mm,间距不宜大于 200mm		
混凝土保护层厚度	预制混凝土墙板的混凝土保护层应符合现行国家标准《混凝土结构设计规范》（GB 50010—2010)的规定		
	内、外叶预制混凝土墙板的钢筋位于中间空腔一侧的保护层厚度不宜小于 10mm		
竖向和水平分布钢筋的配筋率	二、三级时不应小于 0.25%		
	四级和非抗震设计时不应小于 0.20%		钢筋间距均不应大于 200mm
	顶层叠合剪力墙、长形平面房屋的楼梯间和电梯间叠合剪力墙、端开间纵向叠合剪力墙以及端山墙的水平和竖向分布钢筋的配筋率均不应小于 0.25%		
分布钢筋间距	不宜大于 250mm		
分布钢筋直径	不应小于 8mm		预制板设置的水平和竖向分布筋距预制部分边缘的水平距离不应大于 40mm
	不宜大于叠合剪力墙截面宽度的 1/10		
地下室外墙	后浇混凝土的厚度不应小于 200mm		

双面叠合剪力墙结构可采用预制混凝土叠合连梁（图 2-32），也可采用现浇混凝土连梁。连梁配筋及构造应符合现行国家标准《混凝土结构设计规范（2015 年版)》（GB 50010—2010）和《装配式混凝土结构技术规程》（JGJ 1—2014）的有关规定。

叠合剪力墙两端和洞口两侧应设置边缘构件，其中二、三级叠合剪力墙应在底部加强部位及相邻上一层设置约束边缘构件，其余情况设置构造边缘构件。

双面叠合剪力墙结构约束边缘构件内的配筋及构造要求应符合现行国家标准《建筑抗震设计规范（2016 年版)》（GB 50011—2010）和《高层建筑混凝土结构技术规程》（JGJ 3—2010）的有关规定，并应符合：

① 约束边缘构件（图 2-33）阴影区域宜全部采用后浇混凝土，并在后浇段内设置封闭箍筋，其中暗柱阴影区域可采用叠合暗柱或现浇暗柱；

② 约束边缘构件非阴影区的拉筋可由叠合墙板内的桁架钢筋代替，桁架钢筋的面积、直径、间距应满足拉筋的相关规定。

双面叠合剪力墙构造边缘构件内的配筋及构造要求应符合现行国家标准《建筑抗震设计

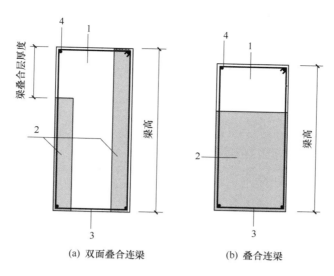

图 2-32 预制混凝土叠合连梁示意

1—后浇部分；2—预制部分；3—连梁箍筋；4—连接钢筋

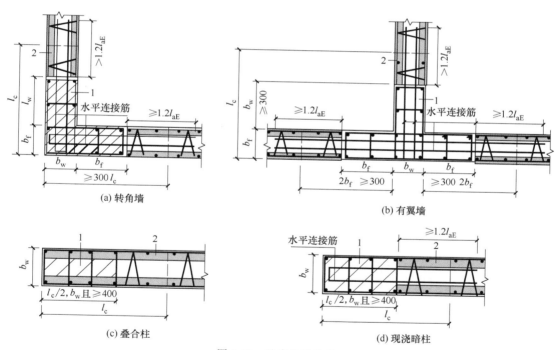

图 2-33 约束边缘构件

1—后浇段；2—双面叠合剪力墙

b_w—剪力墙厚度；b_f—转角处暗柱厚度；l_c—约束边缘构件沿肢的长度；l_{aE}—受拉钢筋长度；l_w—剪力墙长度

规范》和《高层建筑混凝土结构技术规程》的有关规定。构造边缘构件（图 2-34）宜全部采用后浇混凝土，并在后浇段内设置封闭箍筋，其中暗柱可采用叠合暗柱或现浇暗柱。

在非边缘构件位置的相邻双面叠合剪力墙之间应设置后浇段，后浇段的宽度不应小于墙厚且不宜小于 200mm，后浇段内应设置不少于 4 根竖向钢筋，钢筋直径不应小于墙体竖向

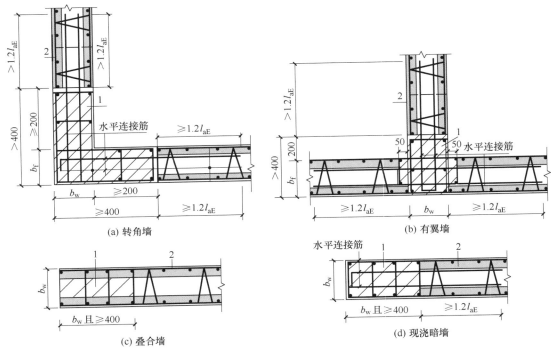

图 2-34　构造边缘构件

1—后浇段；2—双面叠合剪力墙

b_w—剪力墙厚度；b_f—转角处暗柱厚度；l_{aE}—受拉钢筋长度

分布筋直径且不应小于 8mm；两侧墙体与后浇段之间应采用水平连接钢筋连接，水平连接钢筋应符合以下规定。

① 水平连接钢筋在双面叠合剪力墙中的锚固长度不应小于 $1.2l_{aE}$（图 2-35）。

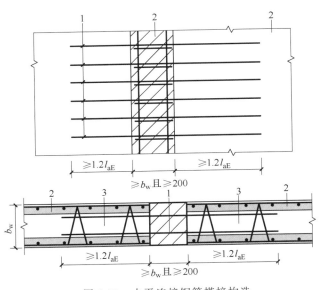

图 2-35　水平连接钢筋搭接构造

1—连接钢筋；2—预制部分；3—现浇部分

b_w—剪力墙厚度；l_{aE}—受拉钢筋长度

② 水平连接钢筋的间距宜与叠合剪力墙预制墙板中水平分布钢筋的间距相同，且不宜大于 200mm；水平连接钢筋的直径不应小于叠合剪力墙预制墙板中水平分布钢筋的直径。

双面叠合剪力墙结构边缘构件应设置封闭箍筋并采用现浇混凝土，边缘构件纵筋及箍筋的实际配筋量均应按计算结果放大 1.2 倍配置。

对于采用钢筋桁架的双面叠合剪力墙，钢筋桁架的设置应满足运输、吊装和现浇混凝土施工的要求，并应符合以下规定。

① 钢筋桁架宜竖向设置，单片叠合剪力墙墙肢内不应少于 2 榀。

② 钢筋桁架中心间距不宜大于

400mm，且不宜大于竖向分布筋间距的 2 倍；钢筋桁架距叠合剪力墙预制墙板边的水平距离不宜大于 150mm；钢筋桁架上、下弦钢筋中心至预制混凝土墙板内侧的距离不应小于 15mm。

③ 钢筋桁架的上弦钢筋直径不宜小于 10mm，下弦钢筋及腹杆钢筋直径不宜小于 6mm。

④ 钢筋桁架应与两层分布筋网片可靠连接，连接方式可采用焊接。

双面叠合剪力墙之间的水平缝宜设置在楼面标高处，水平接缝处应设置竖向连接钢筋，连接钢筋应通过计算确定，且截面面积不应小于预制混凝土墙板内的竖向分布钢筋面积，并应符合以下规定。

a. 底部加强部位，连接钢筋应交错布置，上下端头错开位置不应小于 500mm（图 2-36）；其他部位，连接钢筋在上下层墙板中的锚固长度不应小于 $1.2l_{aE}$（图 2-37）；非抗震设计时，连接钢筋锚固长度不应小于 $1.2l_a$。l_a、l_{aE} 分别为非抗震设计和抗震设计时受拉钢筋的锚固长度，应符合现行国家标准《混凝土结构设计规范（2015 年版）》（GB 50010—2010）的规定。

b. 竖向连接钢筋的间距不应大于叠合剪力墙预制墙板中竖向分布钢筋的间距，且不宜大于 200mm；竖向连接钢筋的直径不应小于叠合剪力墙预制墙板中竖向钢筋的直径。

c. 水平缝高度不宜小于 50mm，也不宜大于 70mm，水平缝处后浇混凝土应与墙中间空腔内混凝土一起浇筑密实。

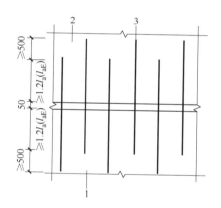

图 2-36　底部加强部位竖向连接
钢筋搭接构造

1—下层叠合剪力墙；2—上层叠合剪力墙；
3—竖向连接钢筋
l_a—钢筋锚固长度；l_{aE}—受拉钢筋长度

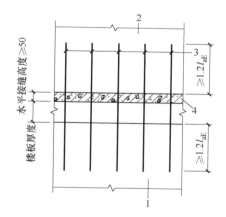

图 2-37　竖向连接钢筋搭接构造

1—下层叠合剪力墙；2—上层叠合剪力墙；
3—竖向连接钢筋；4—楼层水平接缝
l_a—钢筋锚固长度；l_{aE}—受拉钢筋长度

二、双面叠合剪力墙结构设计要点

在各种设计状况下，叠合剪力墙结构可采用与现浇混凝土结构相同的方法进行结构分析，其承载能力极限状态及正常使用极限状态的作用效应分析可采用弹性方法。

对同一层内既有现浇墙肢也有叠合墙肢的叠合剪力墙结构，现浇墙肢水平地震作用下的弯矩、剪力宜乘以不小于 1.1 的增大系数。在结构内力与位移计算时，应考虑现浇楼板或叠合楼板对梁刚度的增大作用，中梁可根据翼缘情况近似取 1.3～2.0 的增大系数，边梁可根据翼缘情况取 1.0～1.5 的增大系数。内力和变形计算时，应计入填充墙对结构刚度的影响。

当采用轻质墙板填充墙时，可采用周期折减的方法考虑其对结构刚度的影响，周期折减系数可取 0.8～1.0。

叠合剪力墙结构的作用及作用组合应符合现行国家标准《建筑结构荷载规范》（GB 50009—2012）、《建筑抗震设计规范（2016 年版）》（GB 50011—2010）、《高层建筑混凝土结构技术规程》（JGJ 3—2010）《混凝土结构设计规范（2015 年版）》（GB 50010—2010）、《混凝土结构工程施工规范》（GB 50666—2011）和《装配式混凝土建筑技术标准》（GB/T 51231—2016）的有关规定。还应验算预制混凝土墙板在叠合剪力墙空腔中浇筑混凝土时的强度和稳定性。

叠合剪力墙用作地下室外墙时，应按承载力极限状态计算叠合剪力墙预制混凝土墙板的竖向分布钢筋和水平接缝处的竖向连接钢筋；按正常使用极限状态进行正截面裂缝宽度验算，并满足现行国家标准《混凝土结构设计规范》的要求。

叠合剪力墙的计算条件按表 2-8 采用。

表 2-8　叠合剪力墙的计算条件

类别	计算截面厚度	单层墙体高度
双面叠合剪力墙	取全截面厚度	根据叠合剪力墙的边界条件、截面厚度、受力和稳定性计算确定
夹芯保温叠合剪力墙	取内叶预制混凝土墙板厚度与后浇混凝土厚度之和	

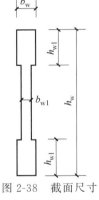

图 2-38　截面尺寸

b_w—I 形截面腹板宽度；

b_{w1}—I 形截面翼缘宽度；

h_{w1}—I 形截面受压区翼缘的高度；h_w—I 形截面的高度

叠合剪力墙正截面轴心受压承载力计算应按现行《混凝土结构设计规范》的有关规定进行。矩形、T 形、I 形偏心受压叠合剪力墙墙肢的正截面承载力和斜截面承载力应按现行《建筑抗震设计规范》《高层建筑混凝土结构技术规程》的有关规定进行计算。双面叠合剪力墙水平接缝处的正截面承载力计算可考虑预制混凝土墙板的受压作用，但不应考虑预制混凝土墙板的受拉作用。

偏心受压截面叠合剪力墙水平接缝处正截面承载力可按组成墙肢分别计算（图 2-38），各墙肢的计算应符合下列规定。

持久、短暂设计状况：

$$N \leqslant A_s' f_y' - A_s \sigma_s - N_{sw} + N_c$$

$$N\left(e_0 + h_{w0} - \frac{h_w}{2}\right) \leqslant A_s' f_y'(h_{w0} - a_s') - M_{sw} + M_c$$

当 $x > h_{w1}$ 时：

$$N_c = \alpha_1 f_c b_w h_{w1} + \alpha_1 f_c (x - h_{w1}) b_{w1}$$

$$M_c = \alpha_1 f_c b_w h_{w1}\left(h_{w0} - \frac{h_{w1}}{2}\right) + \alpha_1 f_c b_{w1}\ (x - h_{w1})\ \left(h_{w0} - \frac{x - h_{w1}}{2} - h_{w1}\right)$$

当 $x < h_{w1}$ 时：

$$N_c = \alpha_1 f_c b_w x$$

$$M_c = \alpha_1 f_c b_w x\left(h_{w0} - \frac{x}{2}\right)$$

当 $x < \xi_b h_{w0}$ 时：

$$\sigma_s = f_y$$

$$N_{sw} = (h_{w0} - 1.5x) b_w f_{yw} \rho_w$$

$$M_{sw} = \frac{1}{2}(h_{w0} - 1.5x)^2 b_w f_{yw} \rho_w$$

当 $x > \xi_b h_{w0}$ 时：

$$\sigma_s = \frac{f_y}{\xi_b - \beta_1} \times \frac{x}{h_{w0} - \beta_1}$$

$$N_{sw} = 0$$

$$M_{sw} = 0$$

$$\xi_b = \frac{\beta_1}{1 + \frac{f_y}{E_s \varepsilon_{cu}}}$$

式中　A_s——受拉区纵向钢筋截面面积；

A_s'——受压区纵向钢筋截面面积；

a_s'——受压区端部钢筋合力点到受压区边缘的距离；

b_w——I 形截面腹板宽度；

e_0——偏心距，$e_0 = M/N$；

f_y——受拉钢筋强度设计值；

f_y'——受压钢筋强度设计值；

f_{yw}——竖向分布钢筋强度设计值；

f_c——混凝土轴心抗压强度设计值；

h_{w1}——I 形截面受压区翼缘的高度；

h_{w0}——I 形截面有效高度，$h_{w0} = h_w - a_s'$；

ρ_w——竖向分布钢筋配筋率，计算面积时不考虑预制部分的面积；

α_1——受压区混凝土矩形应力图的应力与混凝土轴心抗压强度设计值的比值（当混凝土强度等级不超过 C50 时取 1.0；当混凝土强度等级为 C80 时取 0.94；当混凝土强度等级在 C50 和 C80 之间时，可按线性内插取值）；

β_1——受压区混凝土矩形应力图高度调整系数（当混凝土强度等级不超过 C50 时取 0.8；当混凝土强度等级为 C80 时取 0.74；当混凝土强度等级在 C50 和 C80 之间时，可按线性内插取值）；

ξ_b——界限相对受压区高度，计算时，按现浇混凝土强度等级确定；

ε_{cu}——混凝土极限压应变，应按现行国家标准《混凝土结构设计规范（2016 年版）》（GB 50010—2010）的有关规定采用，当预制和现浇混凝土强度等级不同时，取现浇混凝土等级对应的极限压应变。

在地震设计状况时，以上的持久及短暂设计公式右端均应除以承载力抗震调整系数 γ_{RE}，γ_{RE} 取 0.85。当采用叠合连梁与叠合剪力墙边缘构件连接时，应进行叠合连梁梁端竖向接缝的受剪承载力计算。

采用叠合墙作地下室外墙时，应分别计算叠合墙的竖向钢筋和水平接缝处的接缝连接钢筋，并按正常使用极限状态进行裂缝宽度验算。叠合墙竖向连接钢筋应按平面外受弯构件计算确定，且其抗拉承载力不应小于叠合墙单侧预制混凝土墙板内竖向分布钢筋抗拉承载力的 1.1 倍。

预制构件的配筋设计应综合考虑结构整体性和便于工厂化生产及现场连接。

双面叠合剪力墙中预制构件的连接方式应能保证结构的整体性，且传力可靠、构造简单、施工方便；预制构件的连接节点和接缝应受力明确、构造可靠，并应满足承载力、刚度、延性和耐久性等要求。

集束连接剪力墙结构设计

一、集束连接剪力墙结构构造设计

对于预制剪力墙，当采用集中约束搭接连接时除本节规定外，其他构造要求应符合现行国家标准《装配式混凝土建筑技术标准》（GB/T 51231—2016）、现行行业标准《装配式混凝土结构技术标准》（JGJ 1—2014）的相关规定。

集中约束搭接连接的灌浆材料应采用无收缩水泥基灌浆料，1 天龄期的强度不宜低于 25MPa，28 天龄期的强度不应低于 60MPa，其余条件应满足现行国家标准《水泥基灌浆材料应用技术规范》（GB/T 50448—2015）中 Ⅱ 类水泥基灌浆材料的要求。

坐浆材料宜采用无收缩灌浆料，1 天龄期的强度不宜低于 25MPa，28 天龄期的强度不应低于 60MPa，其余条件应满足现行国家标准《水泥基灌浆材料应用技术规范》（GB/T 50448—2015）中 Ⅱ 类水泥基灌浆材料的要求。

集中约束搭接连接预留孔道采用的金属波纹管应符合现行行业标准《预应力混凝土用金属波纹管》（JG/T 225—2020）的规定。

如图 2-39 所示为竖向钢筋集中约束搭接连接示意。预制剪力墙下部设置预留连接孔道，孔道外侧设置螺旋箍筋或焊接环箍，下层预制墙的上部竖向钢筋弯折后伸入预留孔道，注入灌浆料，与上层预制墙的竖向钢筋搭接连接。伸入预留孔道的竖向钢筋应对称设置，竖向钢筋之间的净间距不应小于 25mm，与孔道壁的净间距宜为 15mm。边缘构件部位每孔增加一根同直径的附加竖向钢筋。下部墙体弯折之后的空缺部位设置短钢筋。

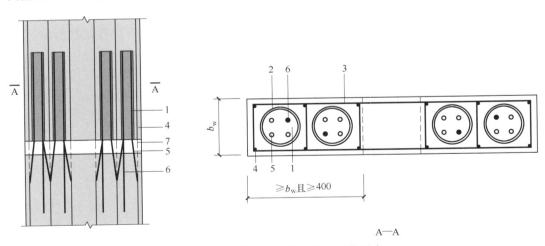

图 2-39　竖向钢筋集中约束搭接连接示意

1—预留孔道；2—螺旋箍筋；3—箍筋；4—上层预制墙竖向钢筋；

5—下层预制墙伸入孔道竖向钢筋；6—附加竖向钢筋；7—短钢筋

b_{w}—孔道宽度

剪力墙纵向钢筋采用套筒灌浆连接、浆锚搭接连接、机械连接、焊接连接、绑扎搭接连接逐根连接钢筋时，应符合现行国家标准《装配式混凝土建筑技术标准》（GB/T 51231—

2016）、现行行业标准《装配式混凝土结构技术规程》（JGJ 1—2014）的规定。

采用竖向钢筋集中约束搭接连接的钢筋直径不宜大于 18mm，预留孔在墙体厚度方向居中设置，其直径应满足下列要求：

① 当剪力墙的截面厚度为 200mm 时，预留孔金属波纹管直径不应小于 110mm，不宜大于 130mm；

② 当剪力墙的截面厚度为 250mm 时，预留孔金属波纹管直径不应小于 160mm，不宜大于 180mm；

③ 当剪力墙的截面厚度为 300mm 时，预留孔金属波纹管直径不应小于 180mm，不宜大于 230mm。

边缘构件部分预留孔道高度为 $l_{lE}+50mm$，其余部分预留孔道高度为 $1.2l_{aE}+50mm$。

预制剪力墙内预留孔道外侧设置螺旋箍筋，范围同预留孔高度。其缠绕直径大于预留孔道外径 10mm，下部 1/2 螺距为 50mm，上部 1/2 螺距为 100mm。螺旋箍筋采用 HRB400 钢筋制作，连接纵筋直径为 12mm、14mm 时，螺旋箍筋直径采用 6mm，连接纵筋直径为 16mm、18mm 时，螺旋箍筋直径采用 8mm。

当采用竖向钢筋集中约束搭接连接时，暗柱竖向钢筋搭接长度范围内箍筋、拉筋间距应不大于 5d（d 为搭接钢筋较小直径）和 100mm 的较小值。

预制剪力墙上部竖向钢筋可弯折两次，弯折角不应大于 1/6，伸出部分垂直于楼面。当现浇连梁、圈梁截面高度或水平后浇带截面高度范围内截面高度不能满足弯折角要求时，竖向钢筋应在预制剪力墙内上端预先弯折。

屋面以及立面收进的楼层，应在剪力墙顶部设置封闭的后浇钢筋混凝土圈梁（图 2-40），并应符合下列规定。

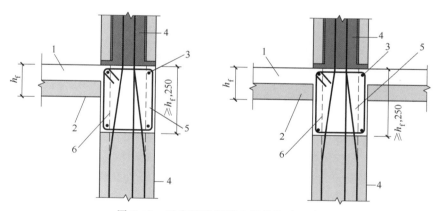

图 2-40　后浇钢筋混凝土圈梁构造示意
1—叠合板后浇层；2—预制楼板；3—纵向钢筋；4—预制剪力墙；5—后浇圈梁；6—直径 8mm 短钢筋
h_f—楼板厚度

① 圈梁截面宽度不应小于剪力墙的厚度，截面高度不宜小于楼板厚度及 250mm 的较大值；圈梁应与现浇或者叠合楼盖或屋盖浇筑成整体。

② 圈梁内配置的纵筋不小于 4φ12，且按全截面计算的配筋率不应小于 0.5% 与水平分布筋配筋率的较大值，纵筋竖向间距不应大于 200mm；箍筋间距不应大于 200mm 且直径不应小于 8mm。

③ 纵筋弯折范围应设置直径 8mm 的短钢筋，短钢筋上端与后浇楼面顶平，下端从剪力

墙竖向钢筋起弯点向下延伸 200mm。

各层楼面位置，剪力墙顶部无后浇圈梁时，应设置连续的水平后浇带（图 2-41）；水平后浇带应符合下列规定。

① 水平后浇带宽度应取剪力墙的厚度，高度宜同楼板厚度；水平后浇带应与现浇或者叠合楼盖浇筑成整体。

② 水平后浇带内应配置不少于 2 根连续纵向钢筋，其直径不宜小于 12mm。

③ 纵筋弯折范围应设置直径 8mm 的短钢筋，短钢筋上端与后浇楼面顶平，下端从剪力墙竖向钢筋起弯点向下延伸 200mm。

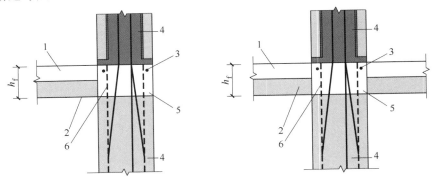

图 2-41　水平后浇带构造示意

1—叠合板后浇层；2—预制板；3—纵向钢筋；4—预制墙板；5—水平后浇带；6—直径 8mm 短钢筋

边缘构件部分每个预留孔内应设置 4 根钢筋，宜设置直径及伸出长度与其相同的附加钢筋，其面积不少于总面积的 25%。附加钢筋应设置在预制墙中并满足锚固长度要求。

当剪力墙接缝位于边缘构件区域时，应符合现行国家标准《装配式混凝土建筑技术标准》（GB/T 51231—2016）、现行行业标准《装配式混凝土结构技术规程》（JGJ 1—2014）的相关规定。

当剪力墙接缝不在约束边缘构件区域时，纵向钢筋连接选用集中约束搭接连接的预制剪力墙的边缘构件宜采用暗柱和翼墙（图 2-42），并应符合现行行业标准《高层建筑混凝土结构技术标准》（JGJ 1—2014）的相关规定。

当剪力墙接缝不在构造边缘构件区域时，纵向钢筋连接采用集中约束搭接连接的预制剪力墙的边缘构件范围宜按图 2-43 确定，并应符合现行行业标准《高层建筑混凝土结构技术标准》（JGJ 3—2010）的相关规定。

对于预制剪力墙的竖向分布钢筋，当采用集中约束搭接连接时，可采用每预留孔 4 根钢筋搭接连接，也可采用每预留孔 2 根钢筋搭接连接（图 2-44）。每预留孔 2 根钢筋搭接连接时，预留孔直径不宜小于 90mm；螺旋箍筋缠绕直径大于预留孔道外径 10mm，螺距为 100mm；孔道中心间距不大于 720mm，且在剪力墙构件承载力设计和分布钢筋配筋率计算中不得计入不连接的分布钢筋；不连接的竖向分布钢筋直径不应小于 6mm。

预制剪力墙与后浇混凝土、灌浆料、坐浆材料的结合面应设置粗糙面、键槽，并应符合下列规定。

① 预制墙板的顶部和底部与后浇混凝土的结合面应设置粗糙面。

② 预制墙板侧面与后浇混凝土的结合面应设置粗糙面，也可设置键槽（图 2-45）。键槽深度 t 不宜小于 20mm，宽度 w 不宜小于深度的 3 倍且不宜大于深度的 10 倍，键槽间距宜等于键槽宽度，键槽端部斜面倾角不宜大于 30°。

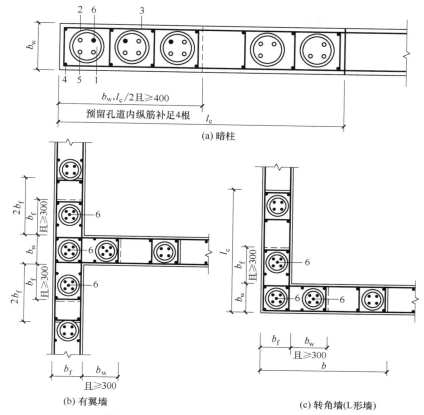

(a) 暗柱

(b) 有翼墙　　　　　　　　　　　　(c) 转角墙(L形墙)

图 2-42　预制剪力墙的约束边缘构件示意

1—预留孔道；2—螺旋箍筋；3—箍筋；4—上层预制墙竖向钢筋；5—下层预制墙伸入孔道竖向钢筋；6—附加竖向钢筋

b_w—剪力墙厚度；b_f—转角处暗柱厚度；l_c—约束边缘构件沿肢的长度

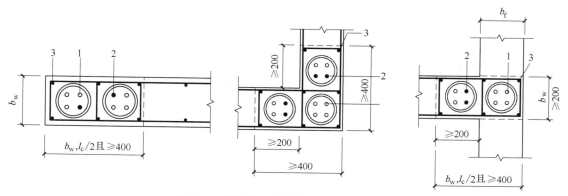

图 2-43　预制剪力墙的构造边缘构件示意

1—下层预制墙伸入孔道竖向钢筋；2—附加竖向钢筋；3—上层预制墙竖向钢筋

b_w—剪力墙厚度；b_f—转角处暗柱厚度；l_c—约束边缘构件沿肢的长度

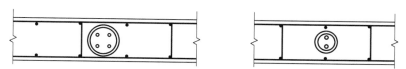

图 2-44　预制剪力墙的竖向分布钢筋搭接示意

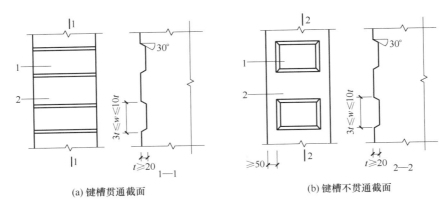

(a) 键槽贯通截面　　　　　　　　　　　(b) 键槽不贯通截面

图 2-45　墙端键槽构造示意

1—键槽；2—墙端面

t—键槽深度；w—键槽宽度

开洞预制剪力墙、开洞预制剪力墙的连梁构造应符合现行国家标准《装配式混凝土建筑技术标准》（GB/T 51231—2016）、现行行业标准《装配式混凝土结构技术规程》（JGJ 1—2014）的规定。

预制剪力墙底部接缝宜设置在楼面标高处，并应符合下列规定：

① 接缝高度宜为 20mm。

② 接缝宜采用灌浆料填实。

预制剪力墙相邻下层为现浇剪力墙时，预制剪力墙与下层现浇剪力墙中竖向钢筋的连接应符合本节的有关规定，下层现浇剪力墙顶面应设置粗糙面。预制剪力墙中的集中约束搭接预留孔道，预制过程中可采用金属波纹管成型。金属波纹管可在成孔后旋出，也可永久留置预制构件中。

二、集束连接剪力墙结构设计要点

集束连接剪力墙结构设计应符合现行国家标准和规范以及《高层建筑混凝土结构技术规程》（JGJ 3—2010）的有关规定。

第五节 ▶▶

装配式剪力墙结构设计常见问题

一、外隔墙受力与计算模型不符

① 图 2-46 中，梁带隔墙中的外隔墙会直接传力给下一层梁，并逐渐累加至以下几层，实际受力与计算模型不符合，本工程在重新进行拆分时，将 400mm 长现浇部分转移，剪力墙下面隔一定间距布置 20mm 厚垫块，梁带隔墙下不布置，很好地解决了以上问题，如图 2-47 所示。

② 问题。图 2-48 中楼梯间外墙采用现浇时，会产生施工周期延长，成本增加等问题。

③ 处理。本工程在重新进行设计时，加大楼梯间相邻板厚，让预制楼梯梯段两侧的剪力墙全部为预制，很好地解决了以上问题，拆墙方法如图 2-49 所示。

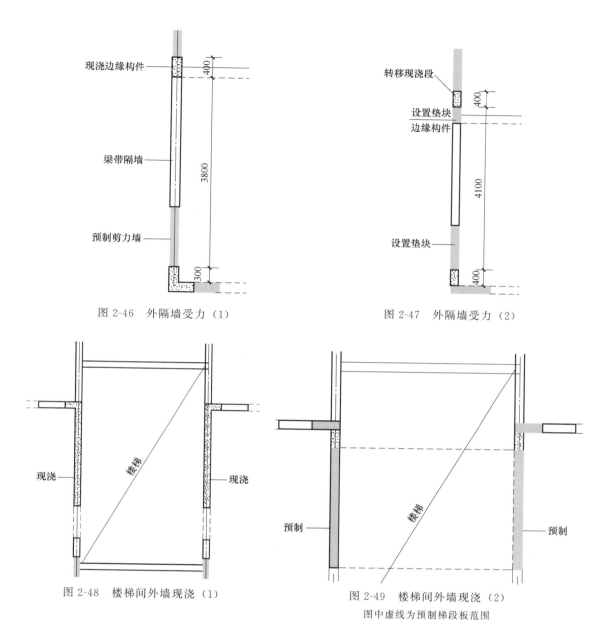

图 2-46　外隔墙受力（1）

图 2-47　外隔墙受力（2）

图 2-48　楼梯间外墙现浇（1）

图 2-49　楼梯间外墙现浇（2）
图中虚线为预制梯段板范围

二、隔墙留缝现浇段增长

① 问题为预制化率不高。

②《装配式混凝土结构技术规程》（JGJ 1—2014）中规定构造边缘构件可以采用"预制＋构造"的施工方法，经相关研究，把技术应用到构造边缘构件中，通过在预制剪力墙上开缺口，能提高结构预制化率，采用新的拆墙工艺设计原则后，墙板优化如图 2-50 和图 2-51 所示。

注：图 2-50 中现浇长度为 700mm，是因为现浇段附近（预制部分）有垂直相交的梁带隔墙，为了让隔墙不留缝，人为加长了现浇段；现浇段长度，有的产业化公司为了方便施工取 500mm，而不取 400mm。

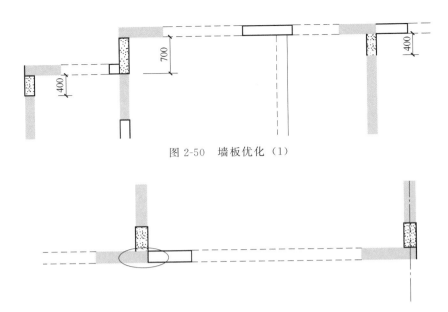

图 2-50　墙板优化（1）

图 2-51　墙板优化（2）

三、剪力墙结构中板拆分不合理

1. 拆板问题

某实际工程中，根据供应商提供的数据，板最大宽度只能做到 2400mm，且该工程板厚≤140mm，尽量做成 130mm。根据计算，当叠合板厚度取 130mm（70mm 预制＋60mm 现浇），预应力筋采用 4.8mm 螺旋肋钢丝时，板最大长度一般不应超过 4800mm。

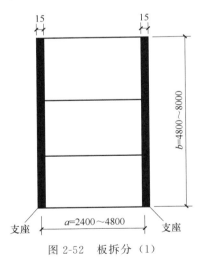

图 2-52　板拆分（1）

2. 原因分析

由于该剪力墙结构中很少有次梁，基本上为大开间板且左右及上下板块之间具有对称性，总结出如下拆板原则。

① 当板短边 $a = 2400 \sim 4800$mm，长边 $b = a = 8000$mm 时，一般以长边为支座比较经济，板在安全的前提下，让力流的传递途径短，这样比较节省。在拆分时，由于剪力墙结构中除了走廊外，其他开间很少 > 8000mm，所以一般每块板的宽度可为：$b/2$ 或 $b/3$，在满足板宽≤2400mm 时尽量让板块更少，如图 2-52 所示。

② 当板短边长为 1200～2400mm，长边很长时，则可以以长边为支座，预应力筋沿着板长跨方向，但不伸入梁中，板受力钢筋沿着短方向布置，如图 2-53 所示。

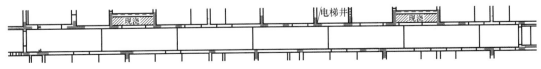

图 2-53　板拆分（2）

③ 当短边尺寸不小于 2400mm，长边尺寸不大于 4800mm 时，此时可以布置一块单独的单向预应力板，但板四周都是梁时，可以以长边为支座，让力流的传递途径短，这样比较节省。当四周支座有剪力墙与梁时，应该让支座尽量为剪力墙，这样传力直接，能增加结构的安全性，如图 2-54 所示。

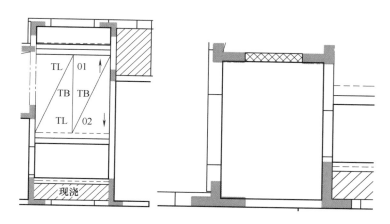

图 2-54　板拆分（3）

④ 拆分板时，尽量避免隔墙在板拼装缝处。在实际工程中，若允许板厚（预制＋现浇）可以做到 160～180mm，在板宽不大于 2400mm 时，板的最大跨度可以做到 7.0m 左右（板连续）。此处拆板原则会与以上原则有很大的不同，一般可以以"短边"为支座，能减小拆分板的数量，减少生产、运输及装配时的成本。不同的产业化公司有不同的拆板原则，某产业化公司拆板时，以 2400mm 与 1100mm 宽的单向预应力叠合板为模数，外加宽度为 2000mm 左右的 1～2 种机动板宽，板侧铰缝连接板规格可为 200mm 或 300mm，尽量密拼，总板厚为 130～180mm，最大跨度不超过 7.2m（板连续时），则拆板原则又和以上拆板原则有很大不同，一般以短边为支座，最好的办法是建筑户型尺寸应进行模块化设计，尽量与拆板原则一致，方便拆板、生产及装配。

四、预制梁端接缝抗剪验算遗漏或补强措施设计不合理

（1）问题

① 设计仅验算接缝抗剪承载力，未进行强接缝抗剪验算，或强接缝抗剪验算时未按梁端实配箍筋进行计算。

② 预制梁端接缝抗剪补强钢筋直接采用加大支座负筋的方式，不符合"强剪弱弯"的抗震概念设计要求。

（2）处理方法

① 施工图设计阶段应考虑预制梁接缝抗剪验算，可采用附加短钢筋或采用接驳螺杆等相关措施，如图 2-55 所示。若设置附加短钢筋的补强措施，应考虑梁端现浇层厚度、短钢筋净距、混凝土浇筑时防移位措施。

② 施工图设计时箍筋在满足计算值及构造要求的前提下不宜过放大，以使梁端更容易满足强接缝抗剪验算。

五、预制剪力墙与现浇边缘构件附加箍筋遗漏

（1）问题

设计未清晰表达预制墙水平外伸钢筋与现浇边缘构件箍筋连接关系，如图 2-56 所示。

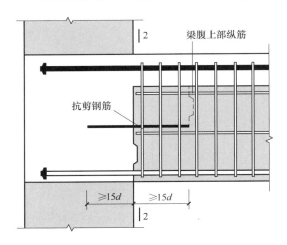

图 2-55　梁端抗剪钢筋补强构造

图 2-56　边缘构件处附加箍筋遗漏

（2）处理方法

① 主体结构设计应明确现场附加连接钢筋的规格和数量；

② 专项设计应提供装配图，明确注明附加箍筋规格、数量及安装顺序。

六、预埋件尺寸偏差

（1）问题

复合在 PC 构件中的各种线盒、管道、吊点、预留孔洞等中心点位移、轴线位置超过规范允许偏差值。这类问题非常普遍，虽然对结构安全没有影响，但严重影响外观和后期装饰装修工程施工。

设计不够细致，存在尺寸冲突；定位措施不可靠，容易移位；工人施工不够细致，没有固定好；混凝土浇筑过程中被振捣棒碰撞；抹面时没有认真采取纠正措施。

（2）预防措施

深化设计阶段应采用 BIM 模型进行埋件放样和碰撞检查；采用磁盒、夹具等固定预埋件，必要时采用螺钉拧紧；加强过程检验，切实落实"三检"制度；浇筑混凝土过程中避免振动棒直接碰触钢筋、模板、预埋件等；在浇筑混凝土完成后，认真检查每个预埋件的位置，及时发现问题，进行纠正。

（3）处理方法

混凝土预埋件、预留孔洞不应有影响结构性能和装饰装修的尺寸偏差。对超过尺寸允许偏差要求且影响结构性能、装饰装修的预埋件，需要采取补救措施，如多余部分切割、不足部分填补、偏位严重的挖掉重植等。有的严重缺陷，应由施工单位提出技术处理方案，并经设计单位及监理（建设）单位认可后进行处理。对经处理后的部位，应重新验收。

七、缺棱、掉角

（1）问题

构件边角破损，影响到尺寸测量和建筑功能。

设计配筋不合理，边角钢筋的保护层过大；施工（出池、运输、安装）过程中混凝土强度偏低，易破损；构件或模具设计不合理，边角尺寸太小或易损；拆模操作过猛，边角受外力或重物撞击；脱模剂没有涂刷均匀，导致拆模时边角粘连被拉裂；出池、倒运、码放、吊装过程中，因操作不当引起构件边角等位置磕碰。

（2）预防措施

优化构件和模具设计，在阴角、阳角处应尽可能做倒角或圆角，必要时增加抗裂构造配筋；控制拆模、码放、运输、吊装强度，移除模具的构件，混凝土绝对强度不应小于20MPa；拆模时应注意保护棱角，避免用力过猛；脱模后的构件在吊装和安放过程中，应做好保护工作；加强质量管理，有奖有罚。

（3）处理方法

对崩边、崩角尺寸较大（超过20mm）位置，首先进行破损面清理，去除浮渣，然后用结构胶涂刷结合面，使用加专用修补剂的水泥基无收缩高强砂浆进行修补（修补面较大应加构造配筋或抗裂纤维），修补完成后保湿养护不少于48小时，最后做必要的表面修饰。

第六节 ▶▶

某装配式建筑剪力墙结构设计实例

一、项目简介

×××项目为住宅产业现代化示范工程，工程位于××市×××经济开发区，总建筑面积约8万平方米，共有6栋15～17层的装配整体式剪力墙结构住宅楼。工程采用的预制构件有预制墙体、PCF板、叠合梁、叠合板、预制楼梯、预制阳台等，结构预制率达53%，装配率达78%。

① 预制构件种类多，深化设计量大，总包协调难度高。

② 工程质量要求高，争创"鲁班奖"。

③ 结构预制率高，装配施工难度大。

④ 工期紧，构件生产供应与现场进度衔接要求高。

通过标准化设计、工厂化生产、装配化施工、一体化装修和信息化管理，达到工期、质量、安全及成本总体受控的目的。

二、施工图设计标准化

对于施工图，需考虑工业化建筑进行标准化设计，通过标准化的模数、标准化的构配件（表2-9）、合理的节点连接，进行模块组装，最后形成多样化及个性化的建筑整体。

1. 节点标准化设计

预制构件与预制构件、预制构件与现浇结构之间节点的设计，需参考国家规范图集并考虑现场施工的可操作性，保证施工质量，同时避免复杂连接节点造成现场施工困难。

表 2-9　构配件数量

构件类型	构件总量/个	模具数量/个	构件类型	构件总量/个	模具数量/个
外墙板	4018	13	叠合阳台	800	1
内墙板	564	2	楼梯	188	2
PCF板	1504	3	空调板	500	2
叠合梁	2914	10	合计	18056	48
叠合板	7568	15			

（1）预制外墙套筒连接区竖向节点设计

采用半灌浆套筒，预制墙板内钢筋通过机械与灌浆套筒进行连接，下属墙体外伸钢筋插入上层墙体套筒空胶内，然后注入高强灌浆料进行锚固。

墙体外侧采用弹性防水密封胶条进行封堵，防止注浆料从外侧渗漏，同时可保证上下层墙体之间保温的连续性，如图 2-57 所示。

（2）预制外墙非套筒连接区竖向节点大样（图 2-58）

非套筒区域直接通过注入高强灌浆料连接，现浇板面筋伸入预制外墙进行弯折锚固。

墙体顶部设计箍帽保证墙体箍筋的闭合。

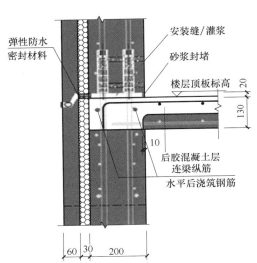

图 2-57　预制外墙套筒连接区竖向节点大样　　　图 2-58　预制外墙非套筒连接区竖向节点大样

（3）预制墙体水平后浇段节点

预制外墙板墙体一侧预留钢筋为开口箍，出筋长度为 180mm。

后浇段内墙体箍筋为分离式，便于后浇段区域箍筋的绑扎，如图 2-59 所示。

（4）PCF 板加固节点设计

PCF 板与混凝土后浇段通过保温拉结件粘接连接，PCF 板与两侧预制外墙连接通过设置 L 形连接角铁，角铁型号为 140mm×10mm，长 100mm。

转角 PCF 板安装时通过角铁进行初步的固定，保证 PCF 板与相邻两侧外墙之间的平整度及拼缝，如图 2-60 所示。

2. 叠合板连接设计

叠合板与端支座之间水平方向设计搭接 10mm，墙体可对叠合板起到部分支撑作用，同时可以防止漏浆，如图 2-61 所示。

叠合板与叠合板拼缝处预留 120mm 宽、5mm 厚的凹槽，通过此凹槽预留因楼板标高控制偏差或楼板厚度偏差引起的错台问题，后期装修时在凹槽内铺设网格布作为加强措施进行装饰面的施工，保证楼板的整体平整度，如图 2-62 所示。

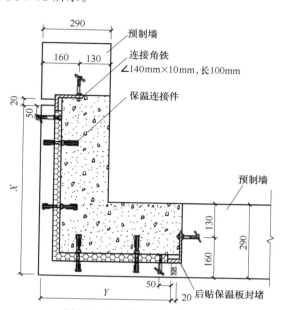

图 2-60　∟形 PCF 板加固节点

X—角铁竖向长度；Y—角铁横向长度

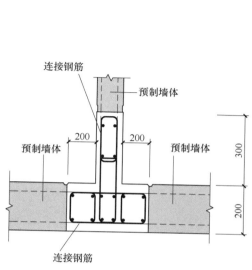

图 2-59　预制墙体水平后浇段节点

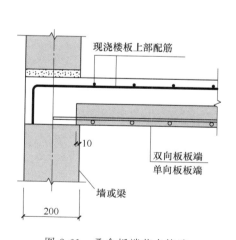

图 2-61　叠合板端节点构造

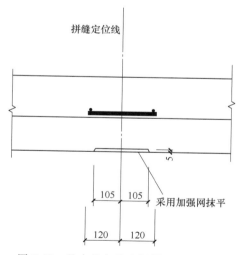

图 2-62　叠合板与叠合板拼缝节点处理

3. 阳台、空调板节点设计

预制阳台及空调板为悬挑结构，与楼板采用甩筋方式连接。预制阳台上部钢筋伸入楼面现浇板，与面筋绑扎连接。预制阳台与预制外墙内叶板搭接 10mm，如图 2-63 所示。

4. 预制楼梯节点设计

预制楼梯节点设计如图 2-64 和图 2-65 所示。

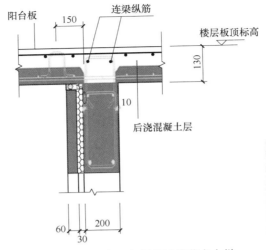

图 2-63　阳台、空调板连接节点大样

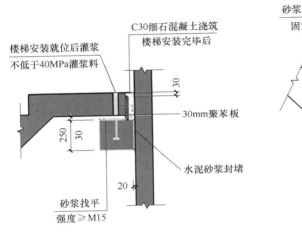

图 2-64　固定铰施工详图

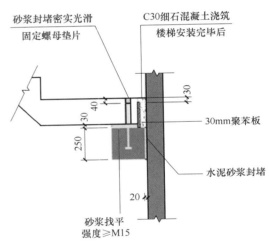

图 2-65　滑动铰施工详图

5. 门窗部位节点设计

① 预制外墙门洞左右两侧及上部设置防腐木砖，用于门的固定，在底部设置一道加强钢梁加强墙体的整体刚度，保证墙体吊装过程中不因墙体自重发生损坏。

② 门窗部位节点设计（图 2-66 和图 2-67）。

③ 在窗洞上下口和侧部都设置企口、防腐木，防腐木尺寸为 100mm×60mm×50mm，内穿锚筋一端锚固入内墙，另一端锚固入外墙，50mm 厚的防腐木入外叶墙 15mm、入内叶墙 5mm，如图 2-68 所示。

④ 窗框固定在防腐木上，窗框与预制构件之间的缝隙用发泡剂填充并用硅酮（聚硅氧烷）耐候密封胶封堵。窗户四边留有 20mm 企口，如图 2-69 所示。

6. 预留洞口节点设计

① 外挂架预留孔采用喇叭口形：其中内叶墙内侧面、内叶墙外侧面、外叶墙外侧面处孔径分别为 30mm、40mm、60mm，如图 2-70 所示。

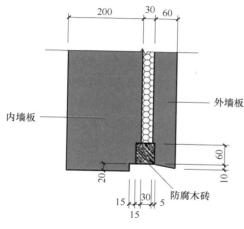

图 2-66　窗洞上口滴水详图

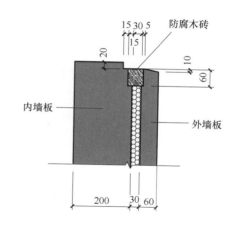

图 2-67　窗洞下口滴水详图

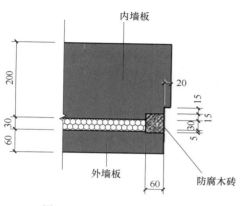

图 2-68　窗洞口侧边细部构造

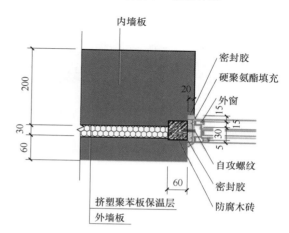

图 2-69　窗框缝处理

② 在预制外墙板上预留向下倾斜的洞口。空调孔洞预留在预制墙板中。

预制外墙及保温板部位 $DN75$ PVC 直接头提前在预构件中预埋，后浇墙板 $DN75$ PVC 管在现场连接，如图 2-71 所示。

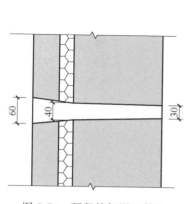

图 2-70　预留挂架洞口做法

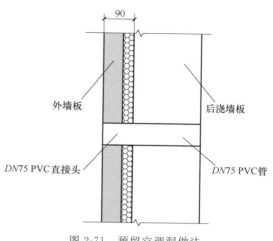

图 2-71　预留空调洞做法

7. 预制外墙拼缝处节点处理

① 外墙从内至外依次为现浇混凝土、挤塑聚苯板保温层、混凝土外叶板、聚乙烯泡沫塑料棒、建筑耐候密封胶，保温层之间选用弹性防水密封材料封堵。

聚乙烯泡沫塑料棒塞入指定深度，保证建筑耐火密封胶打入一定深度，起到密封作用，如图 2-72 所示。

② 外墙由内至外依次为现浇混凝土、岩棉封堵、防水空腔、聚乙烯泡沫塑料棒、建筑耐候密封胶，如图 2-73 所示。

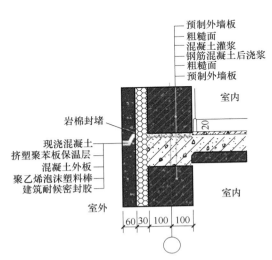

图 2-72 外墙水平缝节点

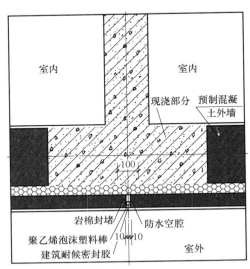

图 2-73 外墙垂直缝节点

第三章

装配式建筑混凝土框架结构设计

第一节 ▶▶

装配式建筑混凝土框架结构设计基本要求

一、一般规定

① 除《装配式混凝土结构技术规程》（JGJ 1—2014）另有规定外，装配整体式框架结构可按现浇混凝土框架结构进行设计。

② 装配整体式框架结构中，预制柱的纵向钢筋连接应符合下列规定：

a. 当房屋高度不大于 12m 或层数不超过 3 层时，可采用套筒灌浆、浆锚搭接、焊接等连接方式；

b. 当房屋高度大于 12m 或层数超过 3 层时，宜采用套筒灌浆连接。

③ 装配整体式框架结构中，预制柱水平接缝处不宜出现拉力。

二、承载力计算

① 对一至三级抗震等级的装配整体式框架，应进行梁柱节点核心区抗震受剪承载力验算；对四级抗震等级可不进行验算。梁柱节点核心区抗震受剪承载力验算和构造应符合现行国家标准《混凝土结构设计规范（2015 年版）》（GB 50010—2010）和《建筑抗震设计规范（2016 年版）》（GB 50011—2010）中的有关规定。

② 叠合梁端竖向接缝的受剪承载力设计值应按下列公式计算。

a. 持久设计状况

$$V_{u} = 0.07 f_{c} A_{cl} + 0.10 f_{c} A_{k} + 1.65 A_{sd} \sqrt{f_{c} f_{y}}$$

b. 地震设计状况

$$V_{uE} = 0.04 f_{c} A_{cl} + 0.06 f_{c} A_{k} + 1.65 A_{sd} \sqrt{f_{c} f_{y}}$$

式中　A_{cl}——叠合梁端截面后浇混凝土叠合层截面面积；

f_{c}——预制构件混凝土轴心抗压强度设计值；

f_{y}——垂直穿过结合面钢筋抗拉强度设计值；

A_{k}——各键槽的根部截面面积（图 3-1）之和，按后浇键槽根部截面和预制键槽根

部截面分别计算，并取两者
的较小值；

A_{sd}——垂直穿过结合面所有钢筋的
面积，包括叠合层内的纵向
钢筋。

③ 在地震设计状况下，预制柱底水平
接缝的受剪承载力设计值应按下列公式
计算。

当预制柱受压时
$$V_{uE} = 0.8N + 1.65A_{sd}\sqrt{f_c f_y}$$

当预制柱受拉时

$$V_{uE} = 1.65A_{sd}\sqrt{f_c f_y \left[1 - \left(\frac{N}{A_{sd} f_y}\right)^2\right]}$$

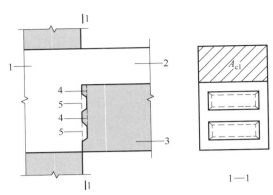

图 3-1　叠合梁端受剪承载力计算参数示意

1—后浇节点区；2—后浇混凝土叠合层；3—预制梁；

4—预制键槽根部截面；5—后浇键槽根部截面

式中　f_c——预制构件混凝土轴心抗压强度设计值；

f_y——垂直穿过结合面钢筋抗拉强度设计值；

N——与剪力设计值 V 相应的垂直于结合面的轴向力设计值，取绝对值进行计算；

A_{sd}——垂直穿过结合面所有钢筋的面积；

V_{uE}——地震设计状况下接缝受剪承载力设计值。

④ 混凝土叠合梁的设计应符合本规程和现行国家标准《混凝土结构设计规范》（GB
50010—2010）中的有关规定。

三、构造设计

① 装配整体式框架结构中，当采用叠合梁时，框架梁的后浇混凝土叠合层厚度不宜小
于 150mm（图 3-2），次梁的后浇混凝土叠合层厚度不宜小于 120mm；当采用凹口截面预制
梁时［图 3-2（b）］，凹口深度不宜小于 50mm，凹口边厚度不宜小于 60mm。

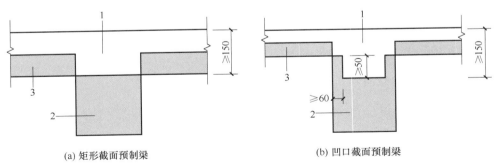

(a) 矩形截面预制梁　　　　　　(b) 凹口截面预制梁

图 3-2　叠合框架梁截面示意

1—后浇混凝土叠合层；2—预制梁；3—预制板

② 叠合梁的箍筋配置应符合下列规定。

a. 抗震等级为一、二级的叠合框架梁的梁端箍筋加密区宜采用整体封闭箍筋
［图 3-3（a）］。

b. 采用组合封闭箍筋的形式［图 3-3（b）］时，开口箍筋上方应做成135°弯钩；非抗震

设计时，弯钩端头平直段长度不应小于 5d（d 为箍筋直径）；抗震设计时，平直段长度不应小于 10d。现场应采用箍筋帽封闭开口箍，箍筋帽末端应做成 135°弯钩；非抗震设计时，弯钩端头平直段长度不应小于 5d；抗震设计时，平直段长度不应小于 10d。

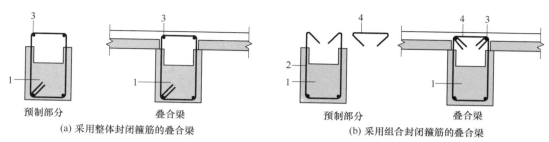

图 3-3　叠合梁箍筋构造示意
1—预制梁；2—开口箍筋；3—上部纵向钢筋；4—箍筋帽

③ 叠合梁可采用对接连接（图 3-4），并应符合下列规定：

a. 连接处应设置后浇段，后浇段的长度应满足梁下部纵向钢筋连接作业的空间需求；

b. 梁下部纵向钢筋在后浇段内宜采用机械连接、套筒灌浆连接或焊接连接；

c. 后浇段内的箍筋应加密，箍筋间距不应大于 5d（d 为纵向钢筋直径），且不应大于 100mm。

④ 主梁与次梁采用后浇段连接时，应符合下列规定。

a. 在端部节点处，次梁下部纵向钢筋伸入主梁后浇段内的长度不应小于 12d。次梁上部纵向钢筋

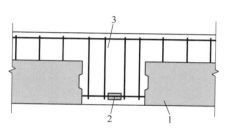

图 3-4　叠合梁连接节点示意
1—预制梁；2—钢筋连接接头；
3—后浇段

应在主梁后浇段内锚固。当采用弯折锚固 [图 3-5（a）] 或锚固板时，锚固直段长度不应小于 0.6l_{ab}；当钢筋应力不大于钢筋强度设计值的 50% 时，锚固直段长度不应小于 0.35l_{ab}；弯折锚固的弯折后直段长度应小于 12d（d 为纵向钢筋直径）。

b. 在中间节点处，两侧次梁的下部纵向钢筋伸入主梁后浇段内长度不应小于 12d（d 为纵向钢筋直径）；次梁上部纵向钢筋应在现浇层内贯通 [图 3-5（b）]。

⑤ 预制柱的设计应符合现行国家标准《混凝土结构设计规范（2015 年版）》（GB 50010—2010）的要求，并应符合下列规定：

a. 柱纵向受力钢筋直径不宜小于 20mm；

b. 矩形柱截面宽度或圆柱直径不宜小于 400mm，且不宜小于同方向梁宽的 1.5 倍；

c. 柱纵向受力钢筋在柱底采用套筒灌浆连接时，柱箍筋加密区长度不应小于纵向受力钢筋连接区域长度与 500mm 之和；套筒上端第一道箍筋距离套筒顶部不应大于 50mm（图 3-6）。

⑥ 采用预制柱及叠合梁的装配整体式框架中，柱底接缝宜设置在楼面标高处（图 3-7），并应符合下列规定：

a. 后浇节点区混凝土上表面应设置粗糙面；

b. 柱纵向受力钢筋应贯穿后浇节点区；

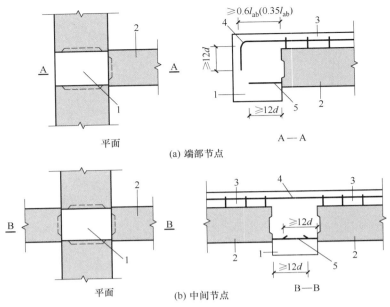

(a) 端部节点

(b) 中间节点

图 3-5　主次梁连接节点构造示意

1—主梁后浇段；2—次梁；3—后浇混凝土叠合层；4—次梁上部纵向钢筋；5—次梁下部纵向钢筋

l_{ab}—基本锚固长度；d—纵向钢筋直径

　　c. 柱底接缝厚度宜为 20mm，并应采用灌浆料填实。

　　⑦ 梁、柱纵向钢筋在后浇节点区内采用直线锚固、弯折锚固或机械锚固的方式时，其锚固长度应符合现行国家标准《混凝土结构设计规范（2015 年版）》（GB 50010—2010）中的有关规定；当梁、柱纵向钢筋采用锚固板时，应符合现行行业标准《钢筋锚固板应用技术规程》（JGJ 256—2011）中的有关规定。

　　⑧ 采用预制柱及叠合梁的装配整体式框架节点，梁纵向受力钢筋应伸入后浇节点区内锚固或连接，并应符合下列规定。

　　a. 对框架中间层中节点，节点两侧的梁下部纵向受力钢筋宜锚固在后浇节点区内 [图 3-8（a）]，也可采用机械连接或焊接的方式直接连接 [图 3-8（b）]；梁的上部纵向受力钢筋应贯穿后浇节点区。

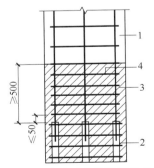

图 3-6　钢筋采用套筒灌浆连接时

柱底箍筋加密区域构造示意

1—预制柱；2—套筒灌浆连接接头；

3—箍筋加密区（阴影区域）；4—加密区箍筋

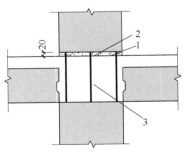

图 3-7　预制柱底接缝构造示意

1—后浇节点区混凝土上表面粗糙面；

2—接缝灌浆层；3—后浇区

b. 对框架中间层端节点，当柱截面尺寸不满足梁纵向受力钢筋的直线锚固要求时，宜采用锚固板锚固（图 3-9），也可采用 90°弯折锚固。

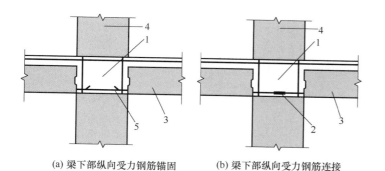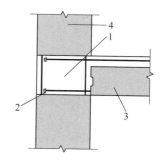

(a) 梁下部纵向受力钢筋锚固　　　(b) 梁下部纵向受力钢筋连接

图 3-8　预制柱及叠合梁框架中间
层中节点构造示意

1—后浇区；2—梁下部纵向受力钢筋连接；3—预制梁；
4—预制柱；5—梁下部纵向受力钢筋锚固

图 3-9　预制柱及叠合梁框架
中间层端节点构造示意

1—后浇区；2—梁纵向受力钢筋锚固；
3—预制梁；4—预制柱

c. 对框架顶层中节点，梁纵向受力钢筋的构造应符合本条第 a 款的规定。柱纵向受力钢筋宜采用直线锚固；当梁截面尺寸不满足直线锚固要求时，宜采用锚固板锚固（图 3-10）。

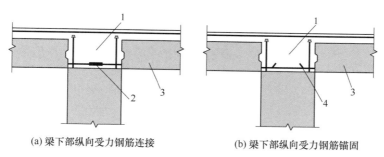

(a) 梁下部纵向受力钢筋连接　　　　(b) 梁下部纵向受力钢筋锚固

图 3-10　预制柱及叠合梁框架顶层中节点构造示意

1—后浇区；2—梁下部纵向受力钢筋连接；3—预制梁；4—梁下部纵向受力钢筋锚固

d. 对框架顶层端节点，梁下部纵向受力钢筋应锚固在后浇节点区内，且宜采用锚固板的锚固方式；梁、柱及其他纵向受力钢筋的锚固应符合下列规定。

ⓐ 柱宜伸出屋面并将柱纵向受力钢筋锚固在伸出段内 [图 3-11（a）]，伸出段长度不宜小于 500mm，伸出段内箍筋间距不应大于 $5d$（d 为柱纵向受力钢筋直径），且不应大于 100mm；柱纵向钢筋宜采用锚固板锚固，锚固长度不应小于 $40d$；梁上部纵向受力钢筋宜采用锚固板锚固。

ⓑ 柱外侧纵向受力钢筋也可与梁上部纵向受力钢筋在后浇节点区搭接 [图 3-11（b）]，其构造要求应符合现行国家标准《混凝土结构设计规范（2015 年版）》（GB 50010—2010）中的规定；柱内侧纵向受力钢筋宜采用锚固板锚固。

ⓒ 采用预制柱及叠合梁的装配整体式框架节点，梁下部纵向受力钢筋也可伸至节点区

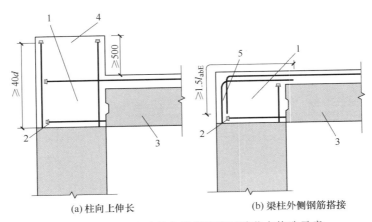

(a) 柱向上伸长　　　　　(b) 梁柱外侧钢筋搭接

图 3-11　预制柱及叠合梁框架顶层端节点构造示意

1—后浇区；2—梁下部纵向受力钢筋锚固；3—预制梁；4—柱延伸段；5—梁柱外侧钢筋搭接

l_{abE}—抗震基本锚固长度

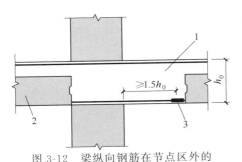

图 3-12　梁纵向钢筋在节点区外的
后浇段内连接示意

1—后浇段；2—预制梁；3—纵向受力钢筋连接

h_0—梁横截面有效高度

外的后浇段内连接（图 3-12），连接接头与节点区的距离不应小于 $1.5h_0$（h_0 为梁截面有效高度）。

四、多层装配式建筑框架结构设计

1. 一般规定

① 采用装配式多层框架结构时，丙类建筑的抗震等级应按表 3-1 确定，乙类建筑应按表 3-1 规定的抗震等级提高一级采取抗震措施。

② 当框架梁柱节点采用干式连接时，可采用刚性节点或半刚性节点，且在节点处宜采用柱贯通、预制梁在柱侧连接的形式。

表 3-1　装配式多层框架结构丙类建筑的抗震等级

抗震设防烈度/度	6	7	8
抗震等级/级	四	三	二

③ 当干式连接梁柱的刚性节点采用柱贯通、预制梁在柱侧连接的形式时，节点及接缝的设计应符合下列规定。

a. 节点初始转动刚度应符合下列规定。

$$S_{j,ini} \geqslant 25E_c \frac{I_b}{L_b}$$

式中　I_b——与节点相连的梁截面抗弯惯性矩，mm^4；

L_b——与节点相连的梁的跨度（取到节点中心线），mm；

E_c——梁混凝土弹性模量，MPa

$S_{j,ini}$——节点初始转动刚度，N·mm，可根据试验结果确定，取节点弯矩为实测受弯屈服承载力 2/3 时的节点转动割线刚度。

b. 梁端接缝承载力应符合下列规定。

$$M_{jR} \geqslant M_{jR,d}，且\ M_{jR} \geqslant \eta M_{bua}$$

$$V_{jR} \geqslant V_{jR,d}，且\ V_{jR} \geqslant \frac{\eta(M_b^l + M_b^r)}{l_n} + V_{Gb}$$

式中 M_{jR}，V_{jR}——梁端接缝受弯、受剪承载力设计值；

   $M_{jR,d}$，$V_{jR,d}$——梁端接缝弯矩、剪力设计值；

       M_{bua}——与节点相连的梁按实配钢筋计算的截面受弯承载力设计值；

   M_b^l，M_b^r——梁左右端逆时针、顺时针方向组合的弯矩设计值，一级框架两端弯矩均为负弯矩时，绝对值较小的弯矩应取零；

       l_n——梁的净跨；

       V_{Gb}——梁在重力荷载代表值作用下，按简支梁分析的梁端截面剪力设计值；

        η——弯矩及剪力增大系数，抗震等级为一至四级时分别取 1.3、1.2、1.1、1.1。

④ 对于干式连接梁柱半刚性节点，当采用柱贯通、梁断开的形式时，节点设计应符合下列规定。

a. 节点初始刚度应符合下列规定。

$$S_{j,ini} < 25E_c\frac{I_b}{L_b}，且\ S_{j,ini} \geqslant 10E_c\frac{I_b}{L_b}$$

b. 梁端接缝承载力应符合下列规定。

$$M_{jR} \geqslant M_{jR,d}，且\ V_{jR} \geqslant V_{jR,d}$$

⑤ 框架结构应进行多遇地震作用下的节点及构件承载力验算和结构层间变形验算。采用半刚性梁柱节点的框架结构，还应进行罕遇地震作用下的层间变形验算。

⑥ 采用刚性梁柱节点的框架结构，在进行弹性及弹塑性分析时，可不计入节点变形的影响。

⑦ 采用半刚性梁柱节点的框架结构，在进行弹性及弹塑性分析时，应考虑节点变形的影响，并应符合下列规定。

a. 弹性分析模型中，梁柱节点的转动刚度可按下列公式计算。

$$当\ M_{jd} < \frac{2}{3}M_{jR}\ 时，\ S_j = S_{j,ini}$$

$$当\ M_{jd} \geqslant \frac{2}{3}M_{jR}\ 时，\ S_j = \frac{S_{j,ini}}{2}$$

式中 M_{jd}——节点弯矩设计值；

       M_{jR}——梁端接缝受弯承载力设计值，可根据《装配式混凝土结构技术规程》（JGJ 1—2014）的规定计算或者根据试验确定；

        S_j——节点转动刚度；

     $S_{j,ini}$——节点初始转动刚度，可根据试验结果确定，取梁端弯矩为实测受弯屈服承载力 2/3 时的节点转动割线刚度。

b. 弹塑性分析模型中，梁柱节点的弯矩-转角关系可根据试验结果确定，并可简化为二折线或者三折线模型。

⑧ 框架结构中的干式连接柱脚应采用刚性节点，并应符合下列规定。

a. 节点初始转动刚度应符合下列规定。

$$S_{j,ini} \geqslant 25E_c \frac{I_c}{H_c}$$

式中　I_c——首层柱截面抗弯惯性矩，mm^4；

H_c——首层柱高，可取至节点中心线，mm；

E_c——柱混凝土弹性模量，MPa；

$S_{j,ini}$——节点初始转动刚度，N·mm，可根据试验结果确定，取柱脚弯矩为实测受弯屈服承载力 2/3 时的转动割线刚度。

b. 柱底接缝承载力应符合下列规定。

$$M_{jR} \geqslant M_{jR,d}，且\ M_{jR} \geqslant \eta M_{cua}$$

$$V_{jR} \geqslant V_{jR,d}，且\ V_{jR} \geqslant \frac{\eta(M_{cua}^b + M_{cua}^t)}{H_n}$$

式中　M_{jR}，V_{jR}——柱底接缝受弯、受剪承载力设计值，可根据本节规定计算或者根据试验确定；

$M_{jR,d}$，$V_{jR,d}$——柱底接缝弯矩、剪力设计值；

M_{cua}——首层柱按实配钢筋计算的截面受弯承载力设计值；

M_{cua}^b，M_{cua}^t——偏心受压柱的上下端顺时针或逆时针方向实配的正截面抗震受弯承载力所对应的弯矩值，根据实配钢筋面积、材料强度标准值和轴压力等确定；

H_n——柱的净高；

η——弯矩及剪力增大系数，抗震等级为一至四级时分别取 1.3、1.2、1.1、1.1。

⑨ 结构内力和变形计算时，应计入内隔墙及外围护墙对结构刚度的影响，计入方法应符合下列规定：

a. 应按照实际情况计入外围护墙板对结构刚度的影响；

b. 当采用轻质内隔墙时，可采用周期折减的方法考虑其对结构刚度的影响，周期折减系数可根据内隔墙数量、刚度及内隔墙与主体结构连接的强弱取 0.7～0.9。

2. 螺栓连接的框架结构

① 梁柱采用螺栓连接的框架结构中，宜采用多层通长预制柱；柱水平接缝宜设置在弯矩较小处，水平接缝处柱纵向受力钢筋可采用套筒灌浆连接或机械连接。采用套筒灌浆连接时，应符合现行行业标准《装配式混凝土结构技术规程》（JGJ 1—2014）的有关规定，采用机械连接时，应符合现行行业标准《钢筋机械连接技术规程》（JGJ 107—2016）的有关规定。

② 梁柱节点可采用设置牛腿的螺栓连接构造形式，并应符合下列规定：

a. 当采用全预制梁时［图 3-13（a）］，可在梁顶和梁底设置螺栓连接器与节点内的预埋钢筋连接；

b. 当采用预制叠合梁时［图 3-13（b）］，可在梁底设置螺栓连接器与节点内的预埋钢筋进行连接，梁的上部纵筋可采用螺纹套筒等机械连接形式与节点内的预埋钢筋连接，且接头应符合现行行业标准《钢筋机械连接技术规程》（JGJ 107—2016）中 I 级接头的性能要求；

c. 节点内的预埋钢筋应在柱内可靠锚固，边节点预埋钢筋可在柱内弯折锚固或者机械锚固，中间节点预埋钢筋可贯穿柱截面；

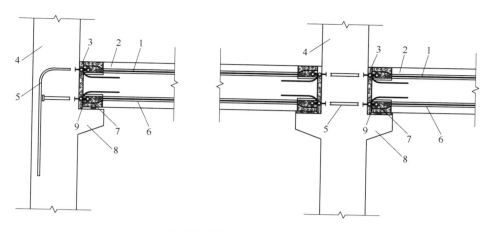

(a) 全预制混凝土梁端节点

1—梁上部纵筋；2—预制梁；3—灌浆接缝；4—预制柱；5—节点内预埋钢筋；

6—梁下部纵筋；7—螺栓连接器；8—牛腿；9—连接螺栓

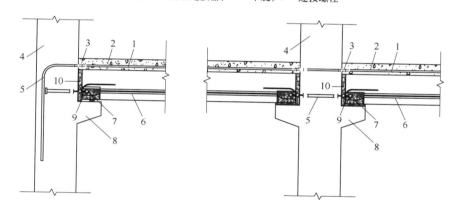

(b) 叠合混凝土梁端节点

1—梁上部纵筋；2—后浇层；3—钢筋接头；4—预制柱；5—节点内预埋钢筋；

6—梁下部纵筋；7—螺栓连接器；8—牛腿；9—连接螺栓；10—接缝灌浆

图 3-13　带牛腿的刚性螺栓连接节点示意

d. 梁端螺栓连接器与梁内的纵向受力钢筋应可靠连接；

e. 梁端与柱侧面的接缝宽度不宜小于 20mm，并应采用灌浆料填实；

f. 可采用预制钢筋混凝土牛腿或钢牛腿，梁在牛腿上的搁置部位应设置垫块，并应满足梁端转动变形的要求，牛腿宽度不宜小于梁宽。

③ 梁端与柱采用螺栓连接器连接时，梁端受弯承载力计算应符合下列规定。

a. 在持久设计状况及地震设计状况下，可按照现行国家标准《混凝土结构设计规范（2015 年版）》（GB 50010—2010）的有关规定计算正截面受弯承载力；混凝土受压强度应取梁、柱及接缝灌浆材料受压强度的较小值，拉力应全部由螺栓承担。

b. 在短暂设计状况下，当灌浆料未达到设计强度时，可根据连接螺栓拉压力和中心间距确定受弯承载力。

c. 单个螺栓连接的受拉承载力设计值可根据试验结果或现行有关产品标准确定。

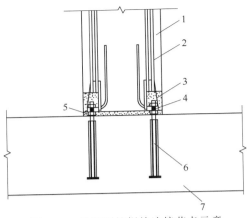

图 3-14　柱脚刚性螺栓连接节点示意

1—预制柱；2—柱纵筋；3—螺栓连接器；4—连接螺栓；5—接缝灌浆；6—基础内预埋螺栓；7—基础

④ 当梁端支承于柱身牛腿时，梁端剪力宜全部由牛腿承担，并应根据现行国家标准《混凝土结构设计规范（2015年版）》（GB 50010—2010）或《钢结构设计标准》（GB 50017—2017）计算牛腿受剪承载力。

⑤ 柱脚刚性节点采用螺栓连接器连接（图3-14）时，应符合下列规定：

a. 可在柱底侧面设置螺栓连接器与基础内伸出的预留螺栓连接，基础内的预埋螺栓应在基础内可靠锚固；

b. 螺栓连接器与柱内的纵向受力钢筋应可靠连接；

c. 螺栓连接器及螺栓的数量应通过计算确定；

d. 柱底接缝宽度不宜小于50mm且应满足

施工安装的要求，接缝应采用灌浆料填实。

⑥ 采用螺栓连接的柱脚应进行受弯承载力计算，并应符合下列规定。

a. 在持久设计状况及地震设计状况下，可按照现行国家标准《混凝土结构设计规范（2015年版）》（GB 50010—2010）的有关规定计算正截面受弯承载力；混凝土受压强度应取梁、柱及接缝灌浆材料受压强度的较小值，拉力应全部由螺栓承担。

b. 在短暂设计状况下，当灌浆料未达到设计强度时，可根据连接螺栓抗拉压力和轴向间距确定受弯承载力。

c. 单个螺栓连接的受拉承载力设计值可根据试验结果或现行有关产品标准确定。

⑦ 螺栓连接柱脚的受剪承载力可按下式计算。

$$V_{Ed} = nV_{Ed}^1 + \mu N_{Ed}$$

式中　V_{Ed}——采用螺栓连接的柱脚抗剪承载力设计值；

　　　n——受压侧螺栓数量；

　　　V_{Ed}^1——单个螺栓抗剪承载力设计值；

　　　μ——柱底钢板和灌浆层之间的摩擦系数，可取0.20；

　　　N_{Ed}——柱轴力设计值，压力时取正，拉力时取0。

⑧ 仅采用螺栓连接的柱脚，当受剪承载力不符合规定时，可采用嵌入式柱脚形式（图3-15），螺栓布置及受弯承载力计算应符合规定，埋入深度不宜小于柱截面边长的较大值。

⑨ 当施工阶段柱底接缝灌浆料未达到设计强度时，应对柱底连接节点进行风荷载和自重作用下的承载力验算，且宜按由连接螺栓承担全部的设计内力进行验算。

3. 装配整体式框架结构

① 除本规程另有规定外，装配整体式框架结构设计应符合现行行业标准《装配式混凝

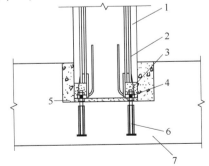

图 3-15　嵌入式刚性螺栓连接柱脚节点示意

1—预制柱；2—柱纵筋；3—螺栓连接器；4—连接螺栓；
5—后浇混凝土；6—基础内预埋螺栓；7—基础

土结构技术规程》（JGJ 1—2014）的有关规定。

② 叠合梁的钢筋配置应符合下列规定。

a. 抗震等级为二级的叠合框架梁的梁端箍筋加密区宜采用整体封闭箍筋；当叠合梁受扭矩作用且侧面没有楼板约束时，宜采用整体封闭箍筋，而且整体封闭箍筋的搭接部分宜设置在预制部分［图 3-16（a）］。

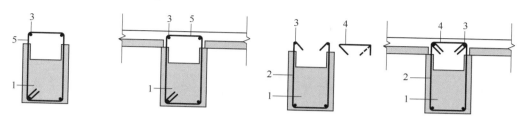

(a) 采用整体封闭箍筋的叠合梁   (b) 采用组合封闭箍筋的叠合梁

图 3-16　叠合梁箍筋构造示意

1—预制梁；2—开口箍筋；3—上部纵向钢筋；4—箍筋帽

b. 当采用组合封闭箍筋［图 3-16（b）］时，开口箍筋上方两端弯钩不应小于 135°，对框架梁箍筋的弯钩直段长度不应小于 10d，对次梁箍筋的弯钩直段长度不应小于 5d；现场应采用箍筋帽封闭开口箍，箍筋帽可做成一端 135° 弯钩，另一端 90° 弯钩，但 135° 弯钩和 90° 弯钩应沿纵向受力钢筋方向——交错设置，框架梁箍筋弯钩直段长度均不应小于 10d，次梁箍筋 135° 弯钩直段长度不应小于 5d，90° 弯钩直段长度不应小于 10d（d 为箍筋直径）。

c. 组合封闭箍筋宜采用双肢箍，且框架梁箍筋加密区段内的箍筋肢距不应大于 400mm。

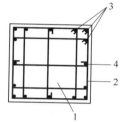

图 3-17　柱配筋构造示意

1—预制柱；2—箍筋；

3—纵向受力钢筋；

4—纵向附加构造钢筋

③ 预制柱纵向受力钢筋宜集中于四角位置配置且宜对称布置（图 3-17），纵筋间距不应大于 400mm。柱中可设置纵向附加构造钢筋，且钢筋直径不宜小于 12mm 和箍筋直径；当正截面承载力计算不计入附加构造钢筋时，附加构造钢筋可不伸入框架节点。

第二节 ▶▶

框架结构叠合梁设计

一、叠合梁构造

① 抗震等级为一、二级的叠合框架梁的梁端箍筋加密区宜采用整体封闭箍筋；当叠合梁受扭时宜采用整体封闭箍筋，且整体封闭箍筋的搭接部分宜设置在预制部分［图 3-18（a）］。

② 当采用组合封闭箍筋的形式时［图 3-18（b）］，开口箍筋上方两端应做成 135° 弯钩，框架梁弯钩平直段长度不应小于 10d（d 为箍筋直径）；现场应采用箍筋帽封闭开口箍，箍筋帽宜两端做成 135° 弯钩，也可做成一端 135° 弯钩，另一端 90° 弯钩，但 135° 弯钩和 90° 弯钩应沿纵向受力钢筋方向交错设置，框架梁弯钩平直段长度不应小于 10d（d 为箍筋直径），次梁 135° 弯钩平直段长度不应小于 5d，90° 弯钩平直段长度不应小于 10d。

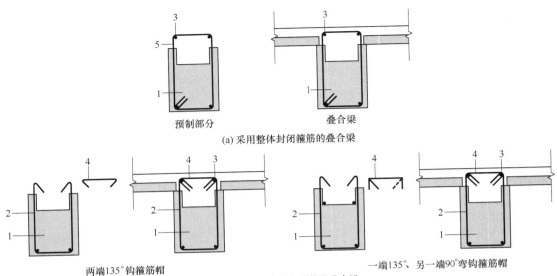

(a) 采用整体封闭箍筋的叠合梁

两端135°钩箍筋帽

一端135°、另一端90°弯钩箍筋帽

(b) 采用组合封闭箍筋的叠合梁

图 3-18　采用组合封闭箍筋的叠合梁

1—预制梁；2—开口箍筋；3—上部纵向钢筋；4—箍筋帽；5—封闭箍筋

③ 框架梁箍筋加密区长度内的箍筋肢距：一级抗震等级，不宜大于 200mm 和 20 倍箍筋直径的较大值，且不应大于 300mm；二、三级抗震等级，不宜大于 250mm 和 20 倍箍筋直径的较大值，且不应大于 350mm；四级抗震等级，不宜大于 300mm，且不应大于 400mm。

在装配整体式框架结构中，当采用叠合梁时，框架梁的后浇混凝土叠合层厚度不宜小于 150mm［图 3-19（a）］，次梁的后浇混凝土叠合层厚度不宜小于 120mm；当采用凹口截面预制梁时［图 3-19（b）］，凹口深度不宜小于 50mm，凹口边厚度不宜小于 60mm。

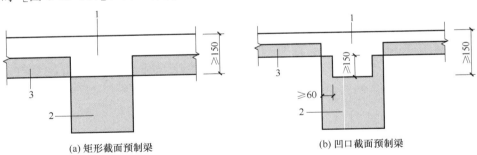

(a) 矩形截面预制梁

(b) 凹口截面预制梁

图 3-19　叠合框架梁截面示意图

1—后浇混凝土叠合层；2—预制梁；3—预制板

预应力混凝土叠合梁的截面及配筋构造应满足表 3-2 中的相关要求。

表 3-2　预应力混凝土叠合梁的截面及配筋构造

分项	构造要求
底部纵筋	（1）梁底角部应设置普通钢筋，两侧应设置腰筋 （2）梁端部应设置保证钢绞线位置的带孔模板 （3）钢绞线的分布宜分散、对称；其混凝土保护层厚度（指钢绞线外边缘至混凝土表面的距离）不应小于 55 mm；下部纵向钢绞线水平方向的净间距不应小于 35mm；各层钢绞线之间的净间距不应小于 25mm （4）梁跨度较小时可不配置预应力筋 （5）采用先张法预应力技术

分项	构造要求	
箍筋形式	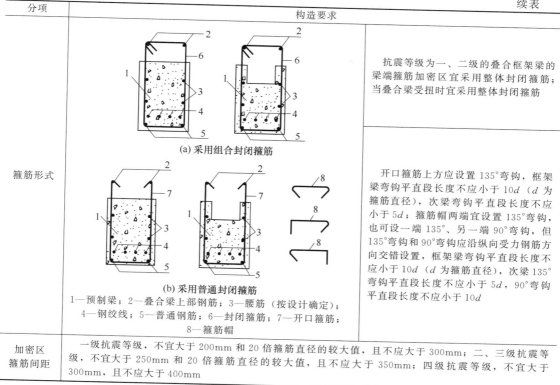 (a) 采用组合封闭箍筋 (b) 采用普通封闭箍筋 1—预制梁；2—叠合梁上部钢筋；3—腰筋（按设计确定）； 4—钢绞线；5—普通钢筋；6—封闭箍筋；7—开口箍筋； 8—箍筋帽	抗震等级为一、二级的叠合框架梁的梁端箍筋加密区宜采用整体封闭箍筋；当叠合梁受扭时宜采用整体封闭箍筋<hr>开口箍筋上方应设置 135°弯钩，框架梁弯钩平直段长度不应小于 10d（d 为箍筋直径），次梁弯钩平直段长度不应小于 5d；箍筋帽两端宜设置 135°弯钩，也可设一端 135°、另一端 90°弯钩，但 135°弯钩和 90°弯钩应沿纵向受力钢筋方向交错设置，框架梁弯钩平直段长度不应小于 10d（d 为箍筋直径），次梁 135°弯钩平直段长度不应小于 5d，90°弯钩平直段长度不应小于 10d
加密区箍筋间距	一级抗震等级，不宜大于 200mm 和 20 倍箍筋直径的较大值，且不应大于 300mm；二、三级抗震等级，不宜大于 250mm 和 20 倍箍筋直径的较大值，且不应大于 350mm；四级抗震等级，不宜大于 300mm，且不应大于 400mm	

二、叠合梁设计要点

叠合梁按受力性能又可分为"一阶段受力叠合梁"和"二阶段受力叠合梁"两类。前者是指施工阶段在预制梁下设有可靠支撑，能保证施工阶段作用的荷载不使预制梁受力而全部传给支撑，待叠合层后浇混凝土达到一定强度后，再拆除支撑，而由整个截面来承受全部荷载；后者则是指施工阶段在简支的预制梁下不设支撑，施工阶段作用的全部荷载完全由预制梁承担。对于施工阶段不加支撑的叠合梁，其内力应按两个阶段计算：

① 叠合层混凝土未达到设计强度之前的阶段，荷载由预制梁承担，预制梁按简支结构计算；

② 叠合层混凝土达到设计强度之后的阶段，叠合梁按整体梁计算。

叠合梁设计的另一个关键问题是梁端结合面的抗剪计算。叠合梁端结合面主要包括框架梁与节点区的结合面、梁自身连接的结合面以及次梁与主梁的结合面等几种类型。结合面的受剪承载力的组成主要包括：新旧混凝土结合面的黏结力、键槽的抗剪承载力、后浇混凝土叠合层的抗剪承载力、梁纵向钢筋的销栓抗剪承载力。

第三节 ▶▶

框架结构预制柱设计

一、预制柱构造

① 矩形柱截面边长不宜小于 400mm，圆形截面柱直径不宜小于 450mm，且不宜小于同

方向梁宽的 1.5 倍。

② 柱纵向受力钢筋在柱底连接时，柱箍筋加密区长度不应小于纵向受力钢筋连接区域长度与 500mm 之和；当采用套筒灌浆连接或浆锚搭接连接等方式时，套筒或搭接段上端第一道箍筋距离套筒或搭接段顶部不应大于 50mm（图 3-20）。

③ 柱纵向受力钢筋直径不宜小于 20mm，纵向受力钢筋的间距不宜大于 200mm 且不应大于 400mm。柱的纵向受力钢筋可集中于四角配置且宜对称布置。柱中可设置纵向辅助钢筋且直径不宜小于 12mm 和箍筋直径；当正截面承载力计算不计入纵向辅助钢筋时，纵向辅助钢筋可不伸入框架节点（图 3-21）。

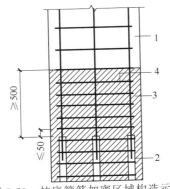 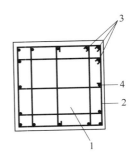

图 3-20　柱底箍筋加密区域构造示意

1—预制柱；2—灌浆套筒连接接头（或钢筋搭接区域）；

3—箍筋加密区（阴影区域）；4—加密区箍筋

图 3-21　柱集中配筋构造平面示意

1—预制柱；2—箍筋；3—纵向受力钢筋；

4—纵向辅助钢筋

④ 预制柱可采用连续复合箍筋。装配整体式框架中的预制柱的纵向钢筋连接还应符合下列规定。

① 当房屋高度不大于 12m 或层数不超过 3 层时，预制柱的纵向钢筋可采用套筒灌浆连接、螺栓连接、焊接连接、基于 UHPC 搭接连接等方式。

② 当房屋高度大于 12m 或层数超过 3 层时，预制柱的纵向钢筋宜采用套筒灌浆连接、螺栓连接、基于 UHPC 搭接连接等方式。

预制柱构件可参照图 3-22 进行深化设计。

二、预制柱设计要点

1. 柱脚抵抗弯矩的能力

没有剪力墙的建筑物可能要依靠柱脚的固定连接来抵抗水平力。基础抵抗弯矩的能力取决于基础的扭转特性。柱脚的总扭转角是一个包括基础和地基的扭转变形、柱脚钢板的弯曲以及柱脚锚栓的拉伸变形的函数，如图 3-23 所示。

柱脚的总转角为

$$\phi_b = \phi_f + \phi_{bp} + \phi_{ab}$$

式中　ϕ_b——总转角；

ϕ_f——基础和地基间转角；

ϕ_{bp}——柱脚钢板转角；

ϕ_{ab}——柱脚锚栓转角。

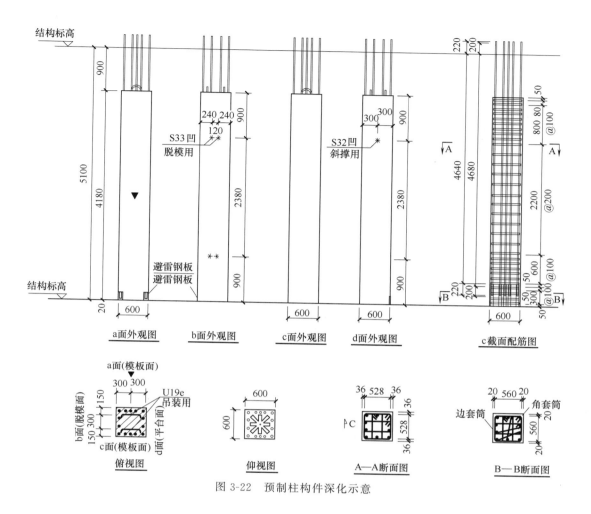

图 3-22   预制柱构件深化示意

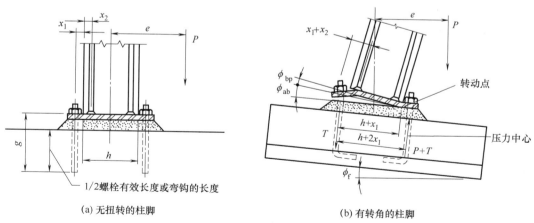

图 3-23   用于导出柱脚扭转系数的简图

如果竖向力足够大而使锚栓中不会出现拉力，那么有 ϕ_{bp} 和 ϕ_{ab} 为零，以上公式变为

$$\phi_b = \phi_f$$

扭转特性可以表示为柔性或者刚性系数的表达式。

$$\phi = \gamma M = \frac{M}{K}$$

式中 M——所施加弯矩，$M = Pe$；

e——所施加竖向力 P 的偏心距；

γ——柔性系数；

K——刚性系数，$K = 1/\gamma$。

如果柱脚钢板弯曲以及锚栓的应变如图 3-23 所示，则柱脚的柔性系数可以进行分解，总的柱脚扭转角变为

$$\phi_b = M(\gamma_f + \gamma_{bp} + \gamma_{ab}) = Pe(\gamma_f + \gamma_{bp} + \gamma_{ab})$$

$$\gamma_f = \frac{1}{K_s I_f}$$

$$\gamma_{bp} = \frac{(x_1 + x_2)^3 \left(\dfrac{2e}{h + 2x_1} - 1\right)}{6e E_s I_{bp}(h + x_1)}$$

$$\gamma_{ab} = \frac{g\left(\dfrac{2e}{h + 2x_1} - 1\right)}{2e E_s A_b(h + x_1)}$$

式中 γ_f——基础和地基相互作用的柔性系数；

γ_{bp}——柱脚钢板的柔性系数；

γ_{ab}——柱脚锚栓的柔性系数；

K_s——由实验测得的地基反力系数；

I_f——基础的平面惯性矩（平面尺寸）；

E_s——钢板的弹性模量；

I_{bp}——柱脚钢板的截面惯性矩（竖向截面尺寸）；

A_b——柱脚抗拔锚栓的总面积；

h——柱子在弯曲方向上的宽度；

x_1——柱表面距锚栓中心的距离，锚栓在柱外边为正，锚栓在柱里边为负；

x_2——柱表面到柱脚钢板柱中锚固点的距离；

g——考虑拉伸的柱脚锚栓长度，基本锚固长度的一半加上由钢筋做成的锚栓的凸出部分或者是弯钩的长度加上光滑锚栓的凸出部分。

柱脚的扭转可引起柱上荷载的额外偏心，所引起的附加弯矩应加到由水平力引起的弯矩中。当 e 小于 $h/2 + x_1$ 时，上式中的 γ_{bp} 和 γ_{ab} 小于零，表示柱和基础之间没有扭转，只需考虑由地基变形产生的扭转。

2. 柱脚的固定度

柱脚的固定度是指柱脚的扭转刚度和柱脚及柱子总扭转刚度的比值。

$$F_b = \frac{K_b}{K_b + K_c}$$

$$K_b = \frac{1}{\gamma_b}$$

$$K_c = 4E_c \frac{I_c}{h_s}$$

式中　F_b——柱脚的固定度（表示为%）；

　　　E_c——柱混凝土弹性模量；

　　　I_c——柱截面惯性矩；

　　　h_s——柱高。

第四节 ▶▶

框架结构节点设计

一、梁-柱连接

常用的梁-柱连接方式有整浇式节点和牛腿式节点等。

1. 整浇式节点

整浇式节点是柱与梁通过后浇混凝土形成的刚性节点，这种节点的优点是梁、柱构件外形简单，制作和吊装方便，节点整体性好。

在预制柱叠合梁框架节点中，梁钢筋在节点中的锚固及连接方式是决定施工可行性以及节点受力性能的关键。梁、柱构件受力钢筋应尽量采用较粗直径、较大间距的布置方式，节点区的主筋较少，有利于节点的装配施工，保证施工质量。在设计过程中，应充分考虑施工装配的可行性，合理确定梁、柱截面尺寸和钢筋的数量、间距及位置。梁、柱纵向钢筋在后浇节点区内采用直线锚固、弯折锚固或机械锚固的方式时，其锚固长度应符合现行国家标准《混凝土结构设计规范（2015年版）》（GB 50010—2010）中的有关规定；当梁、柱纵向钢筋采用锚固板时，应符合现行行业标准《钢筋锚固板应用技术规程》（JGJ 256—2011）中的有关规定。

① 框架梁预制部分的腰筋不承受扭矩时，可不伸入梁、柱节点核心区。

② 对框架中间层中节点，节点两侧的梁下部纵向受力钢筋宜锚固在后浇节点核心区内 [图3-24（a）]，也可采用机械连接或焊接的方式连接 [图3-24（b）]；梁的上部纵向受力钢筋应贯穿后浇节点核心区。

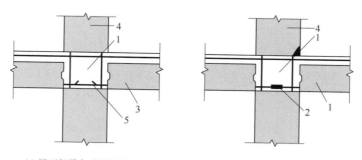

(a) 梁下部纵向受力钢筋锚固　　　　　(b) 梁下部纵向受力钢筋连接

图3-24　预制柱及叠合梁框架中间层中节点构造示意

1—后浇区；2—梁下部纵向受力钢筋连接；3—预制梁；4—预制柱；5—梁下部纵向受力钢筋锚固

③ 对框架中间层端节点，当柱截面尺寸不满足梁纵向受力钢筋的直线锚固要求时，宜采用锚固板锚固（图3-25），也可采用90°弯折锚固。

④ 对框架顶层中节点，梁纵向受力钢筋的构造应符合现行国家标准《装配式混凝土建

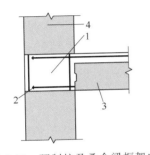

图 3-25 预制柱及叠合梁框架中
间层端节点构造示意

1—后浇区；2—梁纵向钢筋锚固板锚固；
3—预制梁；4—预制柱

筑技术标准》（GB/T 51231—2016）规定。柱纵向受力钢筋宜采用直线锚固；当梁截面尺寸不满足直线锚固要求时，宜采用锚固板锚固（图 3-26）。

⑤ 对框架顶层端节点，柱宜伸出屋面并将柱纵向受力钢筋锚固在伸出段内（图 3-27），柱纵向钢筋宜采用锚固板的锚固方式，此时锚固长度不应小于 $0.6l_{abE}$。伸出段内箍筋直径不应小于 $d/4$（d 为柱中心受力钢筋的最大直径），伸出段内箍筋间距不应大于 $5d$（d 为柱纵向受力钢筋的最小直径）且不应大于 100mm；梁纵向受力钢筋应锚固在后浇节点区内，且宜采用锚固板的锚固方式，此时锚固长度不应小于 $0.6l_{abE}$。

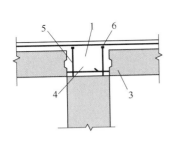

(a) 梁下部纵向受力钢筋锚固

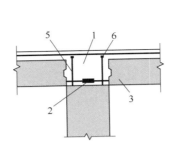

(b) 梁下部纵向受力钢筋连接

图 3-26 预制柱及叠合梁框架顶层中节点构造示意

1—后浇区；2—梁下部纵向受力钢筋连接；3—预制梁；
4—梁下部纵向受力钢筋锚固；5—柱纵向受力钢筋；6—锚固板

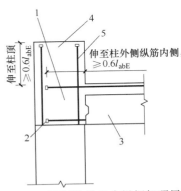

图 3-27 预制柱及叠合梁框架顶层端
节点构造示意

1—后浇区；2—梁下部纵向受力钢筋锚固；

3—预制梁；4—柱延伸段；5—柱纵向受力钢筋

l_{abE}——抗震基本锚固长度

根据《装配式混凝土建筑技术标准》（GB/T 51231—2016），采用叠合梁及预制柱的装配式框架中节点，两侧叠合梁底部水平钢筋采用挤压套筒连接时，可在核心区外一侧梁端后浇段内连接（图 3-28），也可在核心区外两侧梁端后浇段内连接（图 3-29），连接接头距柱

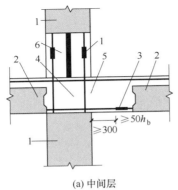

(a) 中间层

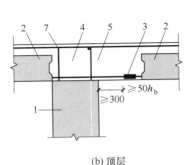

(b) 顶层

图 3-28 框架中节点叠合梁底部水平钢筋在一侧梁端后浇段内挤压套筒连接示意

1—预制柱；2—叠合梁预制底梁；3—挤压套筒；4—后浇核心区；5—梁端后浇段；6—柱底后浇段；7—锚固板

h_b——叠合梁截面高度

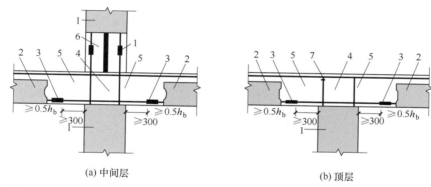

(a) 中间层　　　　　　　　　　(b) 顶层

图 3-29　框架中节点叠合梁底部水平钢筋在两侧梁端后浇段内挤压套筒连接示意

1—预制柱；2—叠合梁预制底梁；3—挤压套筒；4—后浇核心区；5—梁端后浇段；6—柱底后浇段；7—锚固板

h_b——叠合梁截面高度

边不小于 $0.5h_b$（h_b 为叠合梁截面高度）且不小于 300mm，叠合梁后浇叠合层顶部的水平钢筋应贯穿后浇核心区。梁端后浇段的箍筋还应满足下列要求。

① 箍筋间距不宜大于 75mm。

② 抗震等级为一、二级时，箍筋直径不应小于 10mm；抗震等级为三、四级时，箍筋直径不应小于 8mm。

2. 牛腿式节点

牛腿凭借较高的承载力及其可靠的竖向传力方式，成为应用较为广泛的一种干连接形式。这种节点形式分为明牛腿和暗牛腿两种。

对于暗牛腿，有很多种做法，如型钢暗牛腿、混凝土暗牛腿等。型钢暗牛腿连接（图 3-30）传力明确，变形性能良好，具有很好的应用前景。该节点将型钢直接伸出来而不用混凝土包裹直接做成暗牛腿，梁端的剪力可以直接通过牛腿传递到柱子上，梁端的弯矩可以通过梁端和牛腿顶部设置的预埋件传递。当剪力较大时，用型钢做成的牛腿还可以减小暗牛腿的高度，相应地增加梁端缺口梁的高度以增加抗剪能力。

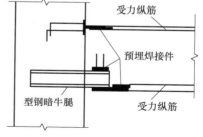

图 3-30　型钢暗牛腿连接

明牛腿节点主要用于厂房等工业建筑，是一种常用的框架节点形式。此类节点主要由牛腿支撑竖向荷载及梁端剪力，大部分牛腿节点设计中被看成铰接节点。除现浇混凝土中可做成牛腿节点外，螺栓、焊接等方式也常用于牛腿连接。

焊接牛腿连接（图 3-31）：该焊接连接的抗震性能不理想，在反复地震荷载作用下焊缝处容易发生脆性破坏，所以其能量耗散性能较差。但是焊接连接的施工方法避免了现场现浇混凝土，也不必进行必要的养护，可以节省工期。开发变形性能较好的焊接连接构造也是当前干式连接构造的发展方向。

螺栓牛腿连接（图 3-32）：牛腿有很好的竖向承载力，但需要较大的建筑空间，影响建筑外观，因此主要用于一些厂房建筑中；也有用型钢等做成暗牛腿连接的，可以减小空间的使用。牛腿连接配合焊接及螺栓，形成的节点形式多样，可做成刚接形式，也可做成铰接形式，适用范围更广。

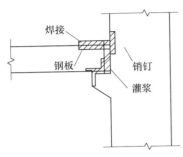

图 3-31　焊接牛腿连接

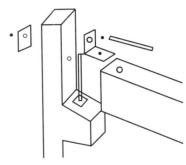

图 3-32　螺栓牛腿连接

二、梁-梁连接

1. 叠合梁对接

① 连接处应设置后浇段，后浇段的长度应满足梁下部纵向钢筋连接作业的空间需求。

② 梁下部纵向钢筋在后浇段内宜采用机械连接、套筒灌浆连接或焊接连接。

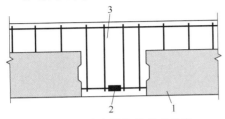

图 3-33　叠合梁连接节点示意

1—预制梁；2—钢筋连接接头；3—后浇段

③ 后浇段内的箍筋应加密，箍筋间距不应大于 $5d$（d 为纵向钢筋直径），且不应大于 100mm。

叠合梁连接节点示意如图 3-33 所示。

2. 次梁与主梁后浇段连接

对于叠合楼盖结构，次梁与主梁的连接可采用后浇混凝土节点，即主梁上预留后浇段，混凝土断开而钢筋连通，以便穿过和锚固次梁钢筋。次梁与主梁宜采用铰接连接，也可采用刚接连接。

① 在端部节点处，次梁下部纵向钢筋深入主梁后浇段内的长度不应小于 $12d$。次梁上部纵向钢筋应在主梁后浇段内锚固。当采用弯折锚固［图 3-34（a）］或锚固板时，锚固直段

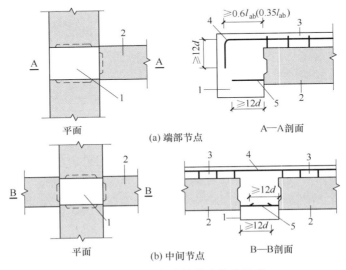

(a) 端部节点

(b) 中间节点

图 3-34　主次梁连接节点构造示意

1—主梁后浇段；2—次梁；3—后浇混凝土；4—次梁上部纵向钢筋；5—次梁下部纵向钢筋

l_ab—基本锚固长度

长度不应小于 $0.6l_{ab}$；当钢筋应力大于钢筋强度设计值的 50% 时，锚固直段长度不应小于 $0.6l_{ab}$；当钢筋应力不大于钢筋强度设计值的 50% 时，锚固直线段长度不应小于 $0.35l_{ab}$；弯折锚固的弯折后直段长度不应小于 $12d$（d 为纵向钢筋直径）。

② 在中间节点处，两侧次梁的下部纵向钢筋深入主梁后浇段内长度不应小于 $12d$（d 为纵向钢筋直径）；次梁上部纵向钢筋应在现浇层内贯通［图 3-34（b）］。

3. 次梁与主梁企口连接

当次梁与主梁采用铰接连接时，可采用企口连接或钢企口连接形式，采用企口连接时应符合国家现行标准的有关规定。

① 钢企口两侧应对称布置抗剪栓钉，钢板厚度不应小于栓钉直径的 0.6 倍；预制主梁与钢企口连接处应设置预埋件；次梁端部 1.5 倍梁高（h）范围内，箍筋间距不应大于 $100mm$，如图 3-35 所示。

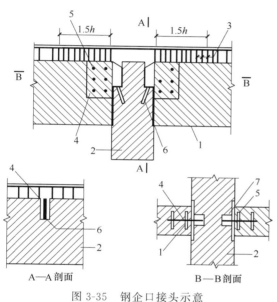 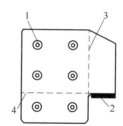

A—A 剖面   B—B 剖面

图 3-35　钢企口接头示意

1—预制次梁；2—预制主梁；3—次梁端部加密箍筋；
4—钢板；5—栓钉；6—预埋件；7—灌浆料

图 3-36　钢企口示意

1—栓钉；2—预埋件；
3—截面 A；4—截面 B

② 钢企口接头（图 3-36）的承载力验算，应符合现行国家标准规定：

a. 钢企口接头应能够承受施工及使用阶段的荷载；

b. 应验算企口截面 A 处在施工及使用阶段的抗弯、抗剪强度；

c. 应验算钢企口截面 B 处在施工及使用阶段的抗弯强度；

d. 凹槽内灌浆料未达到设计强度前，应验算钢企口外挑部分的稳定性；

e. 应验算栓钉的抗剪强度；

f. 应验算钢企口搁置处的局部受压承载力。

③ 抗剪栓钉的布置，应符合下列规定：

a. 栓钉杆直径不宜大于 $19mm$，单侧抗剪栓钉排数及列数均不应小于 2；

b. 栓钉间距不应小于杆径的 6 倍且不宜大于 $300mm$；

c. 栓钉至钢板边缘的距离不宜大于 $50mm$，至混凝土构件边缘的距离不应小于 $200mm$；

d. 栓钉钉头内表面至连接钢板的净间距不宜小于 30mm；

e. 栓钉顶面的保护层厚度不应小于 25mm。

④ 主梁与钢企口连接处应设置附加横向钢筋，相关计算及构造要求应符合现行国家标准《混凝土结构设计规范》的有关规定。

三、柱-柱连接

目前常用的柱-柱连接中受力钢筋的连接方式有套筒灌浆连接、机械连接、钢筋焊接等。以下根据相关规范主要介绍套筒灌浆连接和挤压套筒连接的构造要求。

1. 套筒灌浆连接

套筒灌浆连接方式在欧美、日本等国家和地区有长期、大量的实践经验，国内也有充分的试验研究、一定的应用经验及相关产品的标准和技术规程。当房屋层数较多时，如房屋高度大于 12m 或层数超过 3 层时，柱的纵向钢筋采用套筒灌浆连接可以保证结构的安全。

当采用套筒灌浆连接时，预制柱中钢筋接头处套筒外侧箍筋的混凝土保护层厚度不应小于 20mm；为保证施工过程中套筒之间的混凝土可以浇筑密实，套筒之间的净距不应小于 20mm。

采用套筒灌浆技术的柱-柱连接要素为钢筋、混凝土粗糙面、键槽。由于后浇混凝土、灌浆料或坐浆料与预制构件结合面的黏结抗剪强度往往低于预制构件本身混凝土的抗剪强度，因此，接缝一般采用强度等级高于构件的后浇混凝土、灌浆料或坐浆料。

① 预制柱顶及后浇节点区顶面应做成粗糙面，凹凸深度不小于 6mm。

② 预制柱底面应设置键槽。

③ 预制柱底面与后浇核心区之间应设置接缝，接缝厚度为 15mm，并应采用灌浆料填实。

2. 挤压套筒连接

① 套筒上端第一道箍筋距离套筒顶部不应大于 20mm，柱底部第一道箍筋距柱底面不应大于 50mm，箍筋间距不宜大于 75mm。

② 抗震等级为一、二级时，箍筋直径不应小于 10mm；抗震等级为三、四级时，箍筋直径不应小于 8mm。

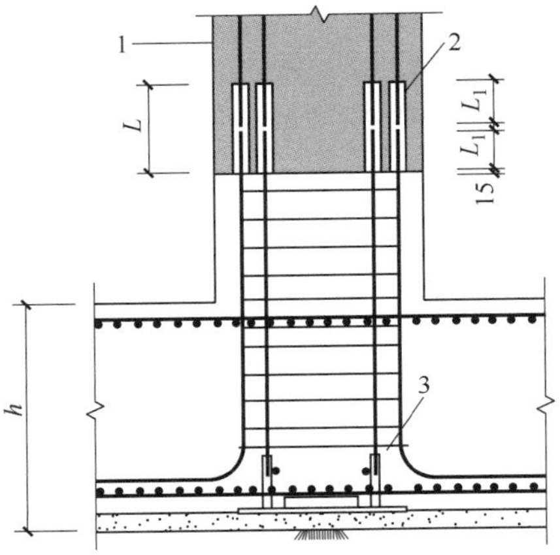

图 3-37 预制柱与现浇基础的连接示意
1—预制柱；2—灌浆套筒；3—主筋定位架
h—基础高度；L—钢筋套筒连接器全长；
L_1—预制固定端；L_2—现场插入端

四、底层柱-基础连接

① 连接位置宜伸出基础顶面尺寸应为 1 倍柱截面高度。

② 基础内的框架柱插筋下端宜做成直钩，并伸至基础底部钢筋网上，同时应满足锚固长度的要求，宜设置主筋定位架辅助主筋定位。

③ 预制柱底应设置键槽，基础伸出部分的顶面应设置粗糙面，凹凸深度不应小于 6mm。

④ 柱底接缝厚度为 15mm，并应采用灌浆料填实（图 3-37）。

框架结构接缝设计

一、预制柱底水平接缝受剪承载力

预制柱底水平接缝受剪承载力的组成包括：新旧混凝土结合面的黏结力、粗糙面或键槽的抗剪能力、轴压产生的摩擦力、柱纵向钢筋的销栓抗剪作用或摩擦抗剪作用，其中后者为抗剪承载力的主要组成部分。在反复地震荷载作用下，混凝土黏结作用及粗糙面的受剪承载力丧失较快，计算时不考虑。当柱受压时，计算轴压产生的摩擦力，柱底接缝灌浆层上下表面接触的混凝土均有粗糙面及键槽构造，因此摩擦系数取 0.8。当柱受拉时，没有轴压力产生的摩擦力，且由于钢筋受拉，计算钢筋销栓作用时，需要根据钢筋中的拉应力结果对销栓受剪承载力进行折减。因此在柱全截面受拉的情况下，不宜采用装配式构件。

（1）当预制柱受压时

$$V_{uE} = 0.8N + 1.65A_{sd}\sqrt{f_c f_y}$$

（2）当预制柱受拉时

$$V_{uE} = 1.65A_{sd}\sqrt{f_c f_y \sqrt{\left[1 - \left(\frac{N}{A_{sd}f_y}\right)^2\right]}}$$

式中　　V_{uE}——地震设计状况下接缝受剪承载力设计值；

　　　　f_c——预制构件混凝土轴心抗压强度设计值；

　　　　f_y——垂直穿过结合面钢筋抗拉强度设计值；

　　　　N——与剪力设计值 V 相应的垂直于结合面的轴向力设计值，取绝对值进行计算；

　　　　A_{sd}——垂直穿过结合面除预应力筋外的所有钢筋的面积，包括叠合层内的纵向钢筋。

【示例 3-1】 以某实际工程中的柱为例，如图 3-38 所示。矩形柱截面计算参数：$b = 800$mm，$h = 1000$mm；混凝土强度等级为 C45，$f_c = 21.10$N/mm²，$f_t = 1.80$N/mm²；钢筋采用 HRB400，$f_y = 360$N/mm²；柱截面的纵向钢筋面积为 $A_s = 314.16 \times 8 + 490.87 \times 10 = 7422$（mm²）；由计算结果查得柱的轴向力设计值为 4051kN，与此轴向力相应的柱底剪力设计值为 $V = 234.78$kN。

二、叠合梁端竖向接缝受剪承载力

叠合梁端竖向接缝主要包括框架梁与节点区的接缝、梁自身连接的接缝以及次梁与主梁的接缝几种类型。叠合梁端竖向接缝受剪承载力的组成主要包括：新旧混凝土结合面的黏结力、键槽的抗剪能力、后浇混凝土叠合层的抗剪能力、梁纵向钢筋的销栓抗剪作用。

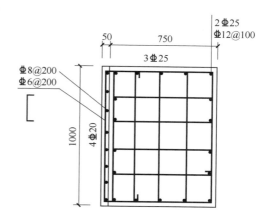

图 3-38　柱截面尺寸及配筋

在反复地震荷载作用下，对后浇层混凝土部分的受剪承载力进行折减，参照混凝土斜截面受剪承载力设计方法，折减系数取 0.6。

混凝土叠合梁端竖向接缝的受剪承载力设计值应按下列公式计算。

（1）持久设计状况

$$V_u = 0.07 f_c A_{c1} + 0.10 f_c A_k + 1.65 A_{sd} \sqrt{f_c f_y}$$

（2）地震设计状况

$$V_{uE} = 0.04 f_c A_{c1} + 0.06 f_c A_k + 1.65 A_{sd} \sqrt{f_c f_y}$$

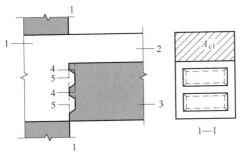

图 3-39　叠合梁端受剪承载力计算示意

1—后浇节点区；2—后浇混凝土叠合层；3—预制梁；

4—预制键槽根部截面；5—后浇键槽根部截面

式中　A_{c1}——叠合梁端截面后浇混凝土叠合层截面面积；

f_c——预制构件混凝土轴心抗压强度设计值；

f_y——垂直穿过结合面钢筋抗拉强度设计值；

A_k——各键槽的根部截面面积之和（图 3-39），按后浇键槽根部截面和预制键槽根部截面分别计算，并取两者的较小值；

A_{sd}——垂直穿过结合面除预应力筋外的所有钢筋的面积，包括叠合层内的纵向钢筋。

【示例 3-2】　选取某实际工程项目中的次梁为例计算，次梁截面尺寸详如图 3-40 所示。混凝土强度等级为 C35，$f_c = 16.7 \text{N/mm}^2$，$f_t = 1.57 \text{N/mm}^2$；采用热处理带肋高强度钢筋，抗拉强度设计值为 500MPa。次梁端部伸入主梁底部配筋 2 根（直径 25mm），上部 5 根（直径 25mm），由计算结果查得梁端剪力设计值为 360kN。

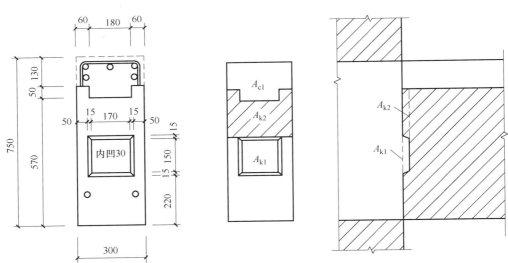

图 3-40　次梁截面尺寸

A_{c1}—叠合梁端截面后浇混凝土叠合层截面面积；A_{k1}—键槽内凹面积；A_{k2}—键槽根部截面面积

（1）持久设计状态

$$V_u = 0.07 f_c A_{c1} + 0.10 f_c A_k + 1.65 A_{sd} \sqrt{f_c f_y}$$

其中

$$A_{c1} = 130 \times 300 + 50 \times 180 = 48000 \ (\text{mm}^2)$$

$$A_{k1} = 180 \times 200 = 36000 \ (\text{mm}^2)$$

$$A_{k2} = (570 - 220 - 180) \times 300 = 51000 \ (\text{mm}^2)$$

$$A_k = \min \{A_{k1}, A_{k2}\} = 36000 \ (\text{mm}^2)$$

$$A_{sd} = 7 \times 490 = 3436 \ (\text{mm}^2)$$

可知梁端受剪承载力设计值为

$$V_u = 0.07 \times 16.7 \times 48000 + 0.10 \times 16.7 \times 36000 + 1.65 \times 3436 \times \sqrt{16.7 \times 500}$$
$$= 634292 \ (\text{N}) = 634.3 \ (\text{kN})$$

（2）地震设计状况

$$V_{uE} = 0.04 f_c A_{c1} + 0.06 f_c A_k + 1.65 A_{sd} \sqrt{f_c f_y}$$
$$= 0.04 \times 16.7 \times 48000 + 0.06 \times 16.7 \times 36000 + 1.65 \times 3436 \times \sqrt{16.7 \times 500}$$
$$= 586196 \ (\text{N}) = 586.2 \ (\text{kN})$$

满足要求。

三、接缝正截面承载力

（1）持久设计状况

$$\gamma_0 V_{jd} \leqslant V_u$$

（2）地震设计状况

$$V_{jdE} \leqslant \frac{V_{uE}}{\gamma_{RE}}$$

在梁、柱端部箍筋加密区及剪力墙底部加强部位，还应符合以下规定。

$$\eta_j V_{mua} \leqslant V_{uE}$$

式中　γ_0——结构重要性系数，安全等级为一级时不应小于 1.1，安全等级为二级时不应小于 1.0；

　　V_{jd}——持久设计状况下接缝剪力设计值；

　　V_{jdE}——地震设计状况下接缝剪力设计值；

　　V_u——持久设计状况下梁端、柱端、剪力墙底部接缝受剪承载力设计值；

　　V_{uE}——地震设计状况下梁端、柱端、剪力墙底部接缝受剪承载力设计值；

　　V_{mua}——被连接构件端部按实配钢筋面积计算的斜截面受剪承载力设计值；

　　η_j——接缝受剪承载力增大系数，取 1.2；

　　γ_{RE}——承载力抗震调整系数。

四、叠合板受剪承载力计算

未配置抗剪钢筋的叠合板，水平叠合面的受剪承载力可按照下式计算。

$$\frac{V}{bh_0} \leqslant 0.4 \ (\text{N/mm}^2)$$

式中　V——叠合板验算截面处的剪力；

　　b——叠合板宽度；

　　h_0——叠合板有效高度。

第六节 ▶▶

装配式建筑框架结构设计常见问题及原因分析

一、叠合楼板布置及配筋设计不合理

1. 问题

① 结构设计未考虑预制桁架钢筋叠合楼板规格的标准化，仍在填充墙下布置次梁，导致预制桁架钢筋叠合楼板板型过多，降低了装配效率。

② 预制桁架钢筋叠合楼板板底纵筋间距种类过多，导致预制桁架钢筋叠合楼板模具种类偏多，如图 3-41 所示。

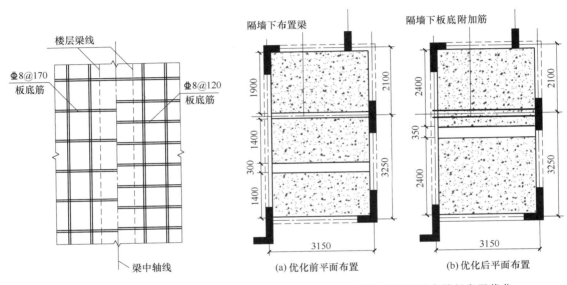

图 3-41　叠合板底筋间距不满足 50mm 模数要求

图 3-42　预制钢筋桁架叠合楼板布置优化

2. 处理

① 内隔墙下不布置次梁时，可采用预制底板中附加加强筋的方式，如图 3-42 所示。

② 预制桁架钢筋叠合楼板尺寸选择宜在满足运输要求前提下，尽量将构件尺寸做大，以减少构件数量，提高装配效率。

③ 通过调整现浇段宽度，进而修正预制桁架钢筋叠合楼板宽度，使预制桁架钢筋叠合楼板规格达到规范标准。

④ 钢筋间距应满足标准化、模数化要求，钢筋间距宜为 200mm、150mm、100mm。

二、竖向构件两个方向斜支撑相互影响

1. 问题

① 预制墙板布置比较集中，导致多方向斜撑相互交叉，如图 3-43 所示。

② 构件斜撑位置设计时未考虑相互之间的干涉影响。

③ 构件支撑的固定埋件在现场安装时存在一定偏差。

2. 处理

① 合理选择斜撑形式，尽量减少斜撑数量，少采用长斜撑＋墙板底部定位件支撑方式，如图 3-44 所示。预制墙板宜尽量分散布置，避免斜撑干涉。

图 3-43　预制竖向构件斜撑相互干涉　　　　图 3-44　墙板底部定位件

② 深化设计时应对构件支撑相互影响进行放样核对，对复杂、易碰撞部位宜采用 BIM 事先校核，以避免斜撑相互干涉。

③ 控制固定埋件的现场安装误差，支撑点应严格按设计进行定位。

三、梁柱节点核心区筋平挠

1. 问题

① 框架梁、柱截面偏小，钢筋密集，难以错开，易发生碰撞，如图 3-45（a）所示。

② 设计时未对梁柱节点核心区的配筋构造进行事先放样。

2. 处理

① 结构设计时应选择合理的截面，统筹考虑钢筋数量，尽量按照"大直径、大间距"的原则。

② 设计时，两方向梁高度差不宜小于 100mm，方便梁底筋空间避让。

③ 在规范和计算允许的条件下，尽量减少梁纵筋进入支座的数量。

④ 梁柱节点核心区的梁钢筋可采用分离式灌浆套筒等钢筋直接连接方式减少钢筋碰撞，如图 3-45（b）所示。

⑤ 梁柱核心区可采用梁纵筋水平或竖向避让方式减少钢筋碰撞，如图 3-45（c）和（d）所示。

⑥ 对于复杂节点，应采用 BIM 建模检验节点区梁柱钢筋避让情况，宜提供安装步骤拆解图。

四、预制柱保护层取值未考虑灌浆套筒连接的特点

1. 问题

在装配整体式框架（框架-剪力墙、框架-核心筒）结构中，如图 3-46 所示，竖向构件采用灌浆套筒连接时，因灌浆套筒直径大于竖向构件纵筋直径，按照灌浆套筒取保护层厚度进行设计时，纵筋保护层厚度会增大，在结构分析参数输入时未考虑此情况。

(a) 梁、柱核心区钢筋碰撞　　　　　　　(b) 灌浆套筒连接

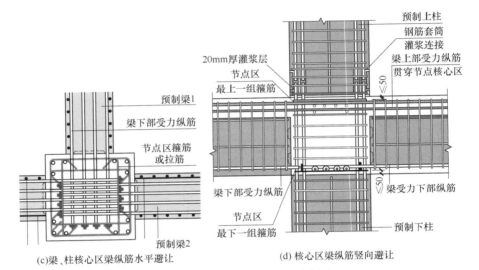

(c)梁、柱核心区梁纵筋水平避让　　　　(d) 核心区梁纵筋竖向避让

图 3-45　梁、柱节点钢筋连接做法

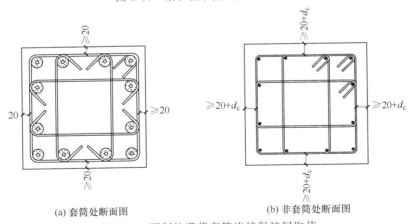

(a) 套筒处断面图　　　　　　　　　　(b) 非套筒处断面图

图 3-46　预制柱灌浆套筒连接保护层取值

$d_c = $（套筒外径－竖向纵筋直径）/2

2. 处理

柱纵筋保护层厚度应根据灌浆套筒外层箍筋保护层厚度推算而得，结构分析时应根据此

实际情况合理取值。

五、建筑体型小尺寸出现凹凸

1. 问题

日常的建筑平面设计，为了使建筑立面不显得单调，往往在进行单体平面设计时在相邻开间做出小尺寸凹凸设计，尺寸往往仅有 700～800mm。由于考虑到预制构件的成型率，要求构件最小宽度不应小于 200mm 方能顺利脱模而不发生构件断裂，根据 JGJ 1—2014 中的规定，"洞口两侧的墙肢宽度不应小于 200mm"，因此凹凸处扣除洞口两侧的墙肢宽度后仅剩 800－200×20＝400（mm），如果进一步扣除用于现浇连接的接头长度，洞口尺寸将所剩无几，会影响此窗户的正常使用，如图 3-47 所示。

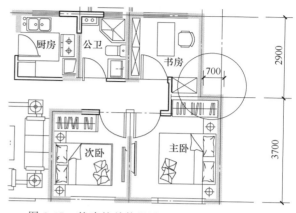

图 3-47 某建筑单体设计凹凸尺寸平衡有出入

2. 处理

调整建筑平面凹凸变化处的尺寸，使得墙肢长度不宜小于 1200mm，墙肢在扣除现浇连接接头长度，保留窗洞口两侧各 200mm 最小墙肢宽度后，还有 600mm 左右可以安装窗扇，满足窗户的采光和正常使用尺寸要求。

六、厨房、卫生间降板设计

1. 问题

建筑施工图设计时，由于考虑到房间日常使用是否带水的问题，往往将带水房间的地面设计成低于室内房间地面，厨房一般设计成结构标高比周边房间低 20～30mm，如果卫生间安装蹲便器，往往设计成结构标高比周边房间低 250～350mm。预制叠合楼板叠合层厚度不宜低于 60mm，后浇层厚度不应小于 60mm。以厨房的结构楼板为参照，楼板整体厚度为 120mm，如果周边房间楼板结构层比厨房楼板厚 30mm，则房间的结构楼板厚度要做到 150mm，实际并不经济；如果周边房间的楼板结构层比厨房楼板厚 20mm，要实现板面标高高差 30mm，则需要将两块相邻的楼板板底标高错开 10mm，那么就会导致板底标高抬高的叠合楼板与下方支撑端的墙顶或者梁面出现 10mm 高差，混凝土浇筑时不用模板封堵严密将出现漏浆问题，影响结构成型质量，且后期施工需要进行修补打磨，费力费时。

卫生间沉箱降板区比周边房间低 350mm，加上沉箱底板 100mm，总厚度 450mm，往往需要在降板区域周边设置边梁，因此在进行施工图设计时若没有充分考虑好卫生间边梁的搭接关系，容易出现边梁与周边结构梁搭接后，边梁梁底凸出结构梁底的情况，或者为了使结构梁满足次梁端部搭接构造要求，需要增加梁断面高度至 550～600mm，进而影响室内净空高度，如图 3-48 和图 3-49 所示。

2. 处理

预制装配式建筑拆分设计时，厨房一般设计成结构标高比周边房间低 20mm 是比较恰当的，因为厨房楼板预埋管线少，整体厚度做 120mm，周边房间的楼板厚度有强弱电套管

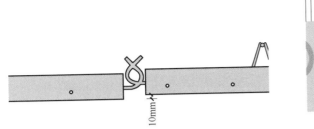

图 3-48　叠合楼板板底高差

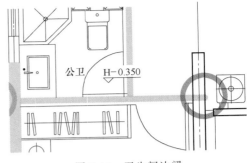

图 3-49　卫生间边梁

预留预埋的空间要求，整体厚度设计成 140mm，两者的板厚差值刚好为 20mm，且可以保证相邻的楼板板底是平整的，不会有板底高差造成的支模和混凝土浇筑的问题。卫生间的降板设计，需要根据卫生间湿区范围，考虑长边方向的梁的支撑问题，宜在两端设置一段墙肢，这么设计可以合理控制卫生间周边边梁的截面高度，且可以有效实现梁底的结构锚固，有助于提升预制装配率。

七、阳台落地窗两侧短墙设计矛盾

1. 问题

为了获得良好的采光、开阔视野，增加户内活动空间，设计师往往在客厅与室外阳台之间设计一道落地门窗作为分隔室内外的分界线。从平面上看，落地窗两侧的墙肢越短，意味着落地窗面积越大，采光越好，为了门窗安装固定，需要保留满足最小长度要求的墙肢。当采用预制装配式建筑时，考虑到构件的成型和完整性，通常要求门窗洞口的墙肢有效长度不应小于 200mm，墙肢应有一定长度才不至于构件过于单薄而在脱模或者运输、安装过程中出现断裂。因此，建筑平面设计和装配式构件设计之间就存在一定的矛盾，如图 3-50 和图 3-51 所示。

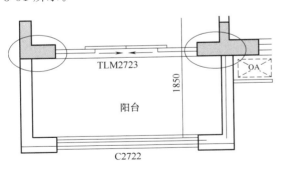

图 3-50　落地窗平面图

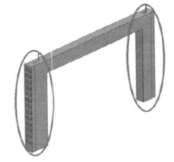

图 3-51　落地窗预制构件

2. 处理

为了满足预制构件制作要求，同时兼顾考虑建筑采购需要，通常"n"字形构件采用一体成型时门洞两侧墙肢不宜小于 400mm，同时需要在构件的两个阴角和下部开口部位采取工装模具加固处理。如果不采用一体成型，则可以考虑仅预制窗洞梁，现浇两侧墙肢的方式来实现。

第七节 ▶▶

装配式建筑框架结构设计实例

一、某办公楼项目装配式框架结构设计

1. 概况

本项目位于××市××区内环区域，建筑面积为 4.67 万平方米，由三幢低层商业楼、一幢办公塔楼及相关配套组成，其中办公塔楼单体预制率不低于 39%。项目以装配式幕墙体系、优良的建筑工艺、合理地使用空调，合力打造出××市第一个装配整体式框架-现浇核心结构的高层办公楼建筑。

本项目为简化现场工序，提高生产与装配效率，减少柱、梁构件的截面变化，统一预制叠合楼板规格与构造，同时结合 BIM 技术，对连接节点进行精细化钢筋安装模拟。

此项目消防分析图、交通分析图、总平面图如图 3-52～图 3-54 所示。

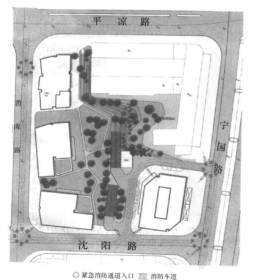

❖紧急消防通道入口 ▨ 消防车道

图 3-52　消防分析图

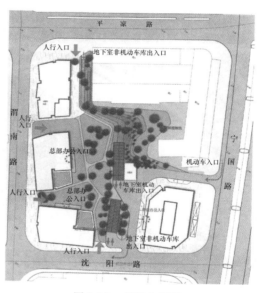

图 3-53　交通分析图

本项目的南侧、西侧、北侧均邻近××区的老旧居民小区，本项目的高层商业办公楼对北侧的居民楼将会有一定的影响。通过严格的日照计算分析，在方案阶段严格控制高层建筑的影响范围线，减轻对地块周边的居民造成的日照遮挡。

2. 办公塔楼设计基本要求

① 通过对塔楼角度的扭转，最大化黄浦江和浦东陆家嘴天际线视野，实现景观资源最大化，提高价值。

② 由于基地东边的高架桥，建筑左右两部分的材质一虚一实，使建筑形体高挑，更适应周边环境。

③ 考虑到塔楼与高架桥和园区内部的关系，塔楼的两个切角更适应周边的环境和场地边界线。

图 3-54　总平面图

3. 塔楼装配式方案整合

从建筑方案阶段就开始将装配式标准化理念深入落实。通过对塔楼平面柱网及次梁的整合，将塔楼部分的预制主梁截面控制为两种尺寸，即 500mm×750mm、500mm×650mm；将次梁优化为一种，即 400mm×650mm，如图 3-55 所示。

根据不同高度范围将结构柱统一为三种尺寸，分别是 1000mm×1000mm、1000mm×800mm、800mm×800mm，同一层内通过柱布置方向的不同来平衡结构两个方向的刚度，减少规格的同时保证建筑受力性能，如图 3-56 所示。

4. 本项目装配式技术难点与解决办法

（1）技术难点

设计完成时国家相应规范尚未正式执行：《装配式混凝土结构技术规程》（JGJ 1—2014）于 2014 年 10 月 1 日起实施。

（2）措施

针对装配式结构分析时采用的措施（通过抗震专项评审确定以下原则）。

① 在整体设计时采用等同现浇的方法进行结构分析。

② 周期折减系数：框架-核心筒结构可取 0.85（0.80～0.90）。

③ 梁刚度增大系数：边梁按 1.3，中梁不大于 2。

④ 针对既有现浇也有预制竖向抗侧力构件的楼层，现浇抗侧力构件地震作用放大 1.1 倍。

⑤ 混凝土保护层厚度：柱取 35mm（钢筋中心距构件表面 55～60mm）。

⑥ 顶层柱不宜出现偏心受拉状况。

⑦ 进行柱底、梁端抗剪验算。

本项目土地出让合同中要求建筑单体预制装配率不低于 25%；装配式建筑面积落实比例不低于 100%。由于多层商业办公楼工程立面复杂、平面布置不规则、工业化程度不高，

××市××区重大工程建设指挥部办公室结合项目实际情况，为体现装配式建筑工业化特点，集中采用预制构件并有效提升标准化程度，决定对装配指标做调整，选择高层办公塔楼集中应用预制构件，单体预制率不低于38%（满足总体装配率不低于25%）。

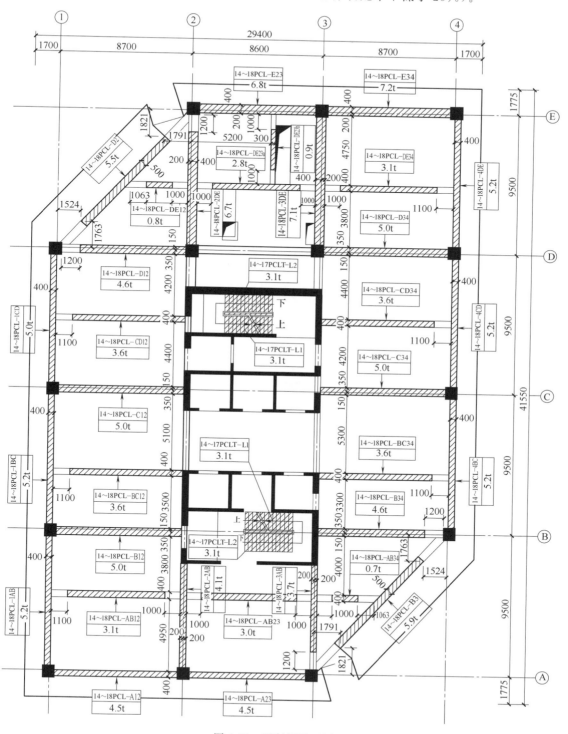

图 3-55　预制梁平面图

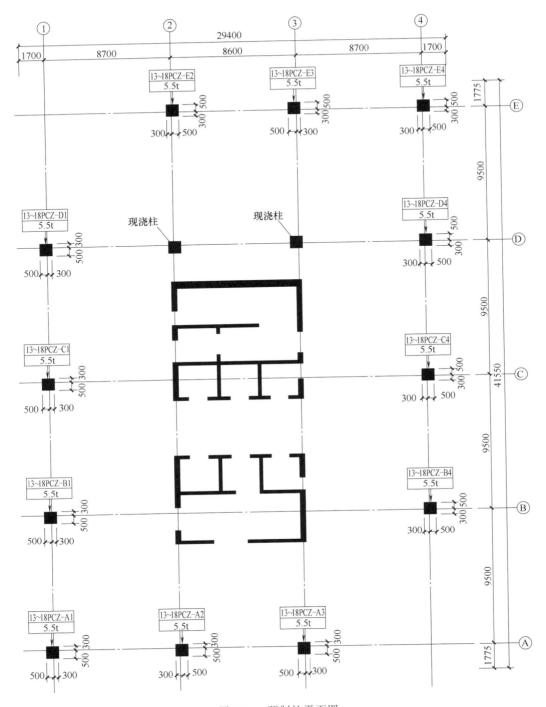

图 3-56　预制柱平面图

合理的预制构件布置如下。

① 预制范围：四层及以上为预制。

② 预制构件类型：预制框架柱、核心筒外叠合梁、叠合楼板、楼梯。

③ 竖向连接：灌浆套筒连接。

④ 主次梁连接：次梁采用后浇段连接。

⑤ 梁柱连接：梁柱预制，节点核心区现浇，提前三维建模模拟钢筋避让。

⑥ 单体预制率：38%。

5. 设计图预制构件布置图

预制构件布置图、预制构件示意、预制楼板平面图、预制构件吊装顺序图如图 3-57～图 3-60 所示。

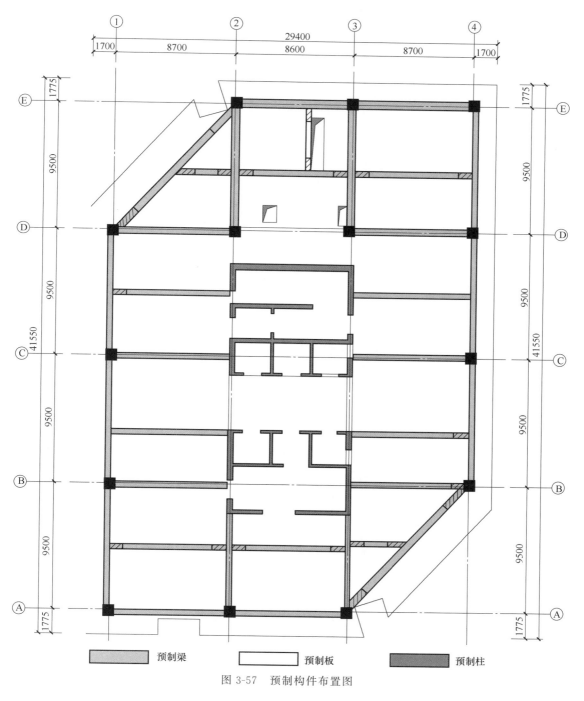

图 3-57　预制构件布置图

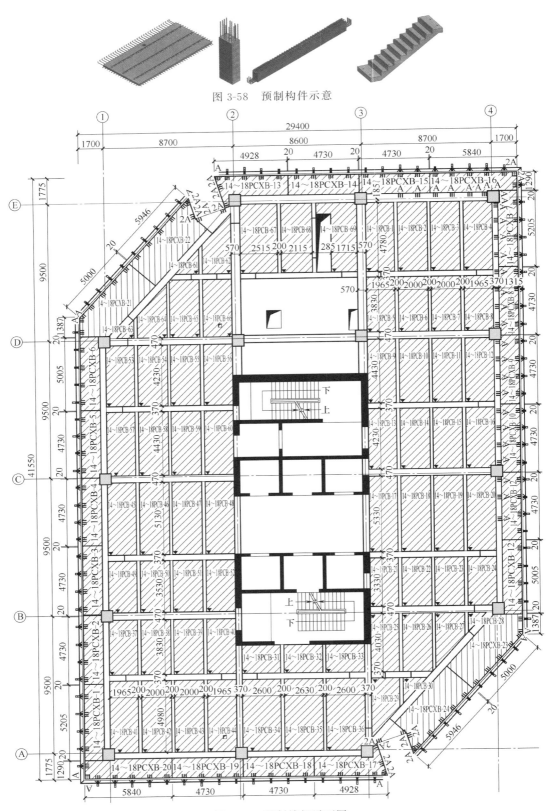

图 3-58　预制构件示意

图 3-59　预制楼板平面图

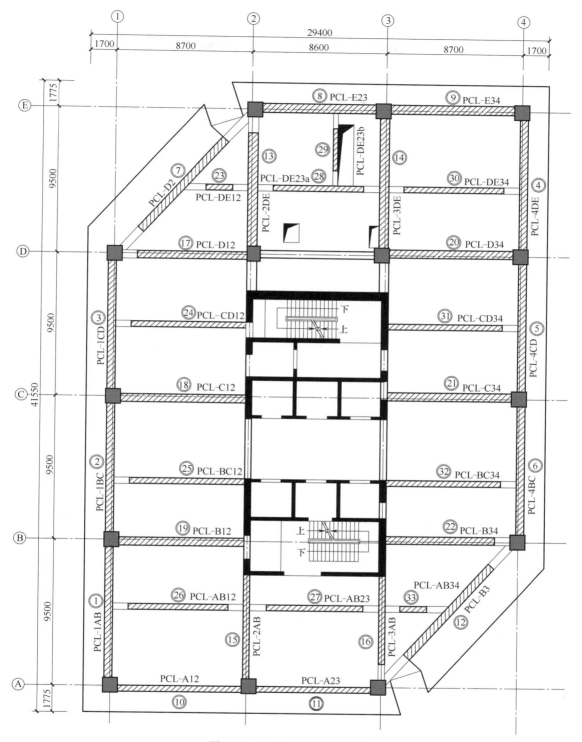

图 3-60 预制构件吊装顺序图

6. 精细化的节点设计

① 梁主筋与墙暗柱纵筋错开布置，避免碰撞，如图 3-61 所示。

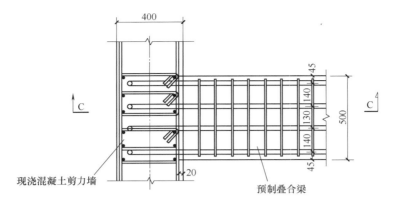

图 3-61　钢筋排布细化图（一）

② 梁构造腰筋及部分底筋不伸入墙、柱内，优化钢筋排布，如图 3-62 所示。

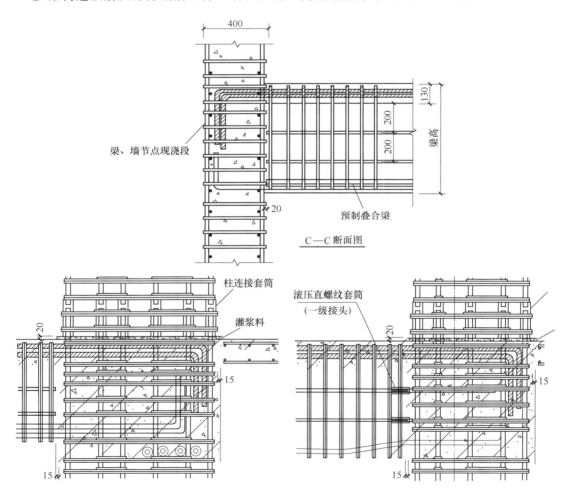

图 3-62　钢筋排布细化图（二）

③ 柱截面变化时设计为单面收进，保证柱纵筋上下贯通，如图 3-63 所示。

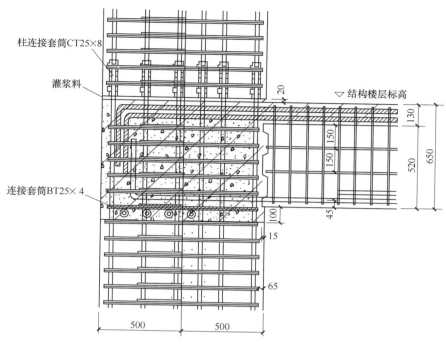

图 3-63　钢筋排布细化图（三）

④ 梁不与柱贴边，贴边将造成梁连接套筒与柱纵筋碰撞。

7. 技术创新点

（1）预制构件编号体系

本项目创立全新的预制构件编号体系，以"层数＋构件名称拼音首字母＋类别＋质量"为预制构件进行编号，为后续项目的 PC 设计提供了案例和技术经验，如图 3-64 所示。

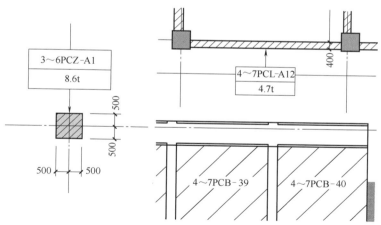

图 3-64　预制构件编号示意

（2）非抗扭腰筋不伸入支座

框架梁与柱、墙连接时，非抗扭构造腰筋不伸入柱、墙内，便于施工，如图 3-65 所示。

（3）分体式梁灌浆套筒应用

本项目的预制叠合梁纵向受力钢筋采用灌浆套筒连接，灌浆套筒分为整体式梁套筒和分

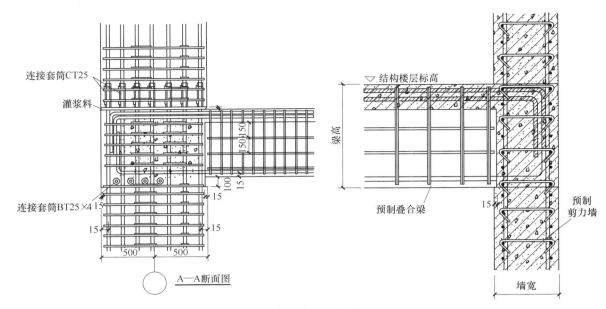

图 3-65　钢筋排布细化图（四）

体式梁套筒两类。其中 4～7 层框架梁及主次梁采用整体式套筒连接；8～18 层框架梁采用分体式灌浆套筒连接。采用分体式套筒可以有效降低因连接节点位置的操作空间过小带来的对施工的影响。

　　其中采用钢筋套筒连接的叠合梁纵向受力钢筋的直径为 22～28mm 不等，一共使用各类套筒 1741 个（表 3-3）。

表 3-3　梁套筒使用情况一览

整体式套筒/个				分体式套筒/个		合计/个
GT4 20	GT4 22	GT4 25	GT4 28	GT4 25	GT4 28	1741
44	168	754	476	8	291	

　　（4）变截面柱处理

　　在预制装配式框架结构中，预制柱的变截面处理与传统现浇柱的做法有较大不同。预制柱变截面位置最核心的问题是：变截面位置相对应的收头钢筋该如何处理？

　　根据规范要求，变截面收头钢筋可采用弯锚固或采用锚固板锚固两种锚固形式。采用弯锚，虽然从材料成本角度来看要比锚固板锚固成本更低，但考虑框架节点现浇位置的钢筋比较密集，同时结合预制构件的生产工艺，弯锚要比锚固板锚固的生产和施工难度更大。本项目中对于所有的变截面柱的收头钢筋均采用锚固板连接，此方式在实际的施工中取得了良好的效果。

8. BIM 技术应用

　　本项目在建筑方案阶段就综合考虑了构件的生产加工、运输、吊装及现场安装施工的技术合理性和经济性。结合项目的实际难点，采用了全过程的 BIM 辅助设计。对项目中的主要构件包括预制柱、预制梁、叠合板等进行节点碰撞检查和模拟施工。

　　对于项目中出现的斜梁相交复杂节点进行 BIM 施工模拟，解决了实际操作的空间要求，对构件吊装顺序进行施工模拟，最大限度地降低了预制构件的安装难度。

（1）模拟实验

本项目中针对套筒灌浆质量的影响因素特别做了灌浆作业的验证性实验。实验中取三组试件，试件尺寸为1000mm×1000mm×150mm，30kg的灌浆料兑4kg左右的水，进行充分搅拌，然后进行压力注浆实验。试件在灌浆40min后起吊试件，观察结果如下：离灌浆孔较近部分已经湿润，较远处白色表示未达到最高高度，也就是未完全密实，如图3-66所示。

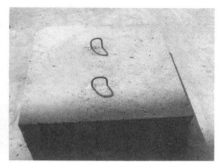

图3-66 灌浆现场模拟实验

根据实验结果得出影响灌浆密实性的主要因素有灌浆速度、施工环境温度以及灌浆料的拌和均匀程度。

结合这几点主要因素对本项目提出保证灌浆质量的要求。

① 控制注浆流速。在实际施工中要求注浆机的机械旋转加压装置保证转速均匀、连续。

② 避免因注浆压力不均匀而造成浆液的流速变化，且流速降为原流速的70%。

③ 减少施工环境温度变化。在注浆作业时避免选择在中午气温变化大的时间段施工。

④ 当环境温度高于35℃时应安排在下午的时间段进行灌浆作业。

⑤ 注浆作业应采用定岗定员制。注浆作业的操作人员应进行专业的岗前培训，持证后方可上岗。

⑥ 对于注浆材料的配合比，应通过灌浆料厂家进行现场指导。

⑦ 按配比要求：灌浆密封材料与水的比例为1:（0.13～0.15），水泥基密封材料放入搅拌桶中，并加水采用手持式搅拌机搅拌3～5min。

（2）现场试验

实际灌浆试验采用预制柱一边单侧灌浆，灌浆料由一边流向另一边，以透气孔出浆为灌浆是

图3-67 预制柱现场试验

否完成的判断标准。通过试验发现：灌浆速度要控制，过快会导致浆液流淌不均匀，有气泡；透气孔的PVC管一定不要露出混凝土面，否则影响透气孔排气，导致灌浆不密实，如图3-67所示。

9. 项目效果有效节约人工成本

与4号办公楼（装配结构）平面布置、面积类似的1号楼（现浇结构），实际现场人工数量对比，装配结构的人工可节约1/3，且实际工期相同。

二、某住宅楼装配式混凝土结构设计（某欧洲建筑）

1. 工程概况

三巴旺组屋工程的结构设计由新加坡建屋发展局发包，该工程位于三巴旺规划区内，共4栋13层的住宅楼，310个住宅单元，还包括一个6层地上停车场和其他附属设施。工程所处的场地类别为"D"，按照新加坡抗震设计指南BC3的规定，工程中住宅塔楼的分析及设计需要考虑地震作用，而停车场楼由于其总高度小于20m，所以在设计时不需要考虑地震作用。住宅塔楼的一层为敞开式空间，层高为3.6m；二至十三层为居民住宅，层高为2.8m。停车场一楼为坡道和幼儿园的预留空间，2A/2B～5A/5B，6A层为停车场，顶层为屋顶花园。工程中选用了直径分别为500mm、600mm、700mm、800mm、900mm、1000mm、1100mm的混凝土灌注桩。由于住宅塔楼的结构平面布置的不规则性，在地震作用下某些特定区域的墙、柱中会出现拉力，相应的墙、柱现浇。对出现上拔力的混凝土灌注桩的配筋做特别的规定。各种直径的灌注桩承载力及配筋情况见表3-4。需要注意：对于灌注桩的最小纵向配筋，EC2给出了以下规定：当桩的横截面积 $A_c \leqslant 0.5\text{m}^2$ 时，$A_{s,\min} \geqslant 0.005A_c$；当 $0.5\text{m}^2 < A_c \leqslant 1.0\text{m}^2$ 时，$A_{s,\min} \geqslant 25\text{cm}^2$；当 $A_c > 1.0\text{m}^2$ 时，$A_{s,\min} \geqslant 0.0025A_c$。表3-4中的灌注桩配筋是根据作用于桩顶的水平力和地勘报告计算得出的。

表3-4　各种直径的灌注桩（混凝土强度C32/C40）承载力及配筋情况

桩型		桩径	未乘系数的承载力/t	受压承载力/t		抗拔承载力		桩主筋		桩箍筋
				DA1-C1	DA1-C2	DA1-C1	DA1-C2	配筋	筋长/m	
K		$\phi500$	147	203	158	—	—	8ϕ20	12～18	ϕ10@175
A		$\phi600$	212	294	227	—	—	10ϕ32	12～18	ϕ10@175
B		$\phi700$	288	399	309	—	—	14ϕ25	12～18	ϕ10@175
C		$\phi800$	377	523	405	—	—	19ϕ20	12～18	ϕ10@175
D		$\phi900$	477	661	512	—	—	13ϕ20	12～20	ϕ10@200
E		$\phi1000$	589	817	633	—	—	15ϕ20	12～23	ϕ10@200
F		$\phi1100$	712	987	765	—	—	16ϕ20	12～18	ϕ10@200
R		$\phi500$	147	203	158	33t	—	8ϕ20	通长	ϕ10@175
S		$\phi600$	212	294	227	48t	—	10ϕ32	通长	ϕ10@175

桩型		桩径	未乘系数的承载力/t	受压承载力/t		抗拔承载力		桩主筋		桩箍筋
				DA1-C1	DA1-C2	DA1-C1	DA1-C2	配筋	筋长/m	
U		$\phi700$	288	399	309	85t	—	$14\phi25$	通长	$\phi10@175$
V		$\phi800$	377	523	405	210t	—	$19\phi20$	通长	$\phi10@175$
W		$\phi900$	477	661	512	242t	—	$12\phi25$	通长	$\phi10@200$
X		$\phi1000$	589	817	633	293t	—	$14\phi25$	通长	$\phi10@200$

新加坡建屋发展局对政府组屋项目的结构选型有着严格的要求，所有的政府组屋项目只有采用装配式混凝土结构才能够获得批准建造。经过与建屋发展局协调，工程中的住宅塔楼的一层（地面层）设计成300mm厚的无梁板结构；标准层和屋面层采用150mm厚的预制预应力叠合板（70mm预制板＋80mm现浇结构层）、总高度为500mm的半预制的外圈及分户的叠合梁、150mm厚的全预制的各种外围挑板以及一些全现浇的住户单元的内部梁。塔楼中的竖向构件，包括所有的外围墙（侧面墙和正立面墙等）、外圈的柱、人防筒、垃圾道、雨水道、走廊护墙和分户隔墙等预制。楼梯的踏步板预制，平台板现浇。卫生间（包括其中的墙、板以及所有内部设施等）在工厂整体预制，用于支撑整体卫生间的梁也预制。塔楼109A的标准层平面如图3-68所示。

多层停车场的一层（地面层）采用350mm厚的无梁板结构，墙柱位置的加厚托板600mm厚；2A/2B层及相关坡道的保护层厚度应为65mm，以满足4h防火要求。采用了200mm厚的预制预应力板DPK51h和DPK61h，现浇层厚度为80～140mm，预制预应力叠合板设计成多跨连续。3A/3B、4A/4B、5A/5B、6A层及相关坡道由于只需满足1.5h防火要求，采用了型号为360MV4的空心楼板以及75～135mm厚的现浇叠合层。屋面层由于需要支撑包含800～1000mm厚覆土的屋顶花园荷载，采用了型号为420MV4的空心楼板以及75～225mm厚的现浇叠合层，现浇叠合层的厚度不同是为了形成板上表面的结构坡度。空心楼板和叠合层按单跨设计。停车场楼的柱、承重墙和梁，由于具有较高的配筋率，预制连接困难，采用了现浇做法。停车场各层的停车护栏墙和附带的花草种植箱等预制。停车场楼2A/2B层及3A/3B层平面布置分别如图3-69和图3-70所示。

工程中空心楼板的混凝土强度等级为C40/C50，其他所有结构构件的混凝土强度等级均为C32/C40。墙柱水平接口处的钢筋套筒中所用的灌浆强度等级为C57/C70。工程中所用的钢筋和钢筋网片的强度为WA500或WB500，钢绞线的强度为$1860kN/m^2$。

2. 塔楼预制混凝土构件设计

（1）预制混凝土外圈梁及外挂墙

根据新加坡建屋发展局的要求，所有建筑住宅单元的外圈梁及外墙板必须预制，外墙板中的窗框等必须在预制工厂安装好。工程中对外圈梁采取了半预制的办法，梁的外侧及板下部分预制，梁板接口处现浇，梁的箍筋须同时满足抵抗梁所受竖向剪力以及梁的现浇部分和

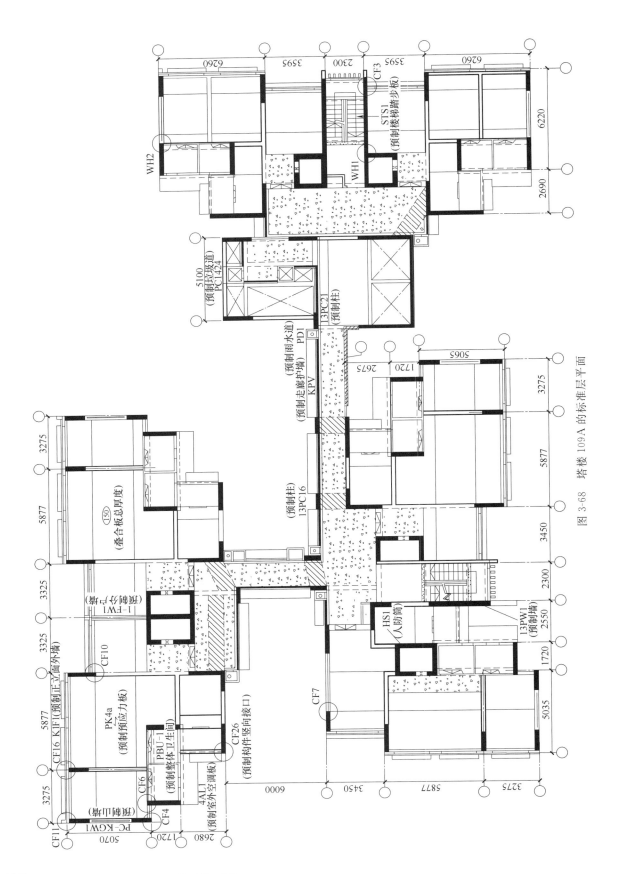

图 3-68 塔楼 109 A 的标准层平面

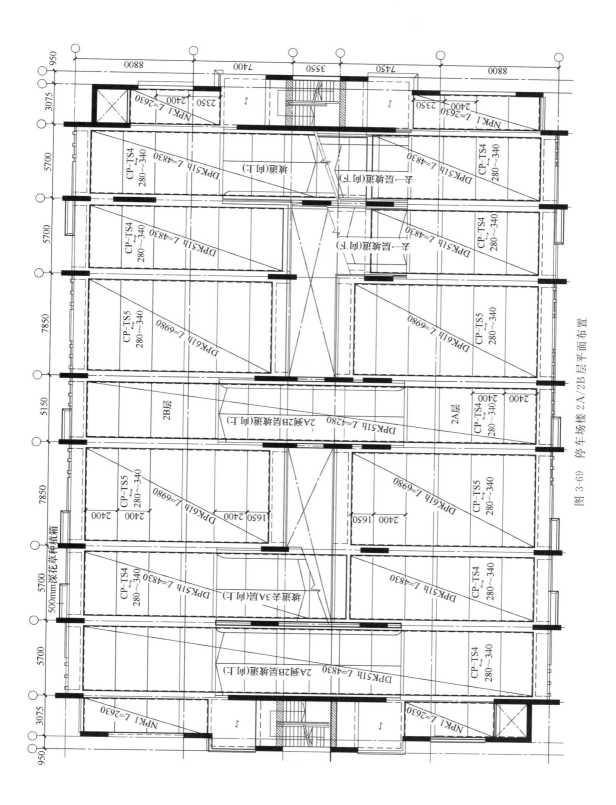

图 3-69　停车场楼 2A/2B 层平面布置

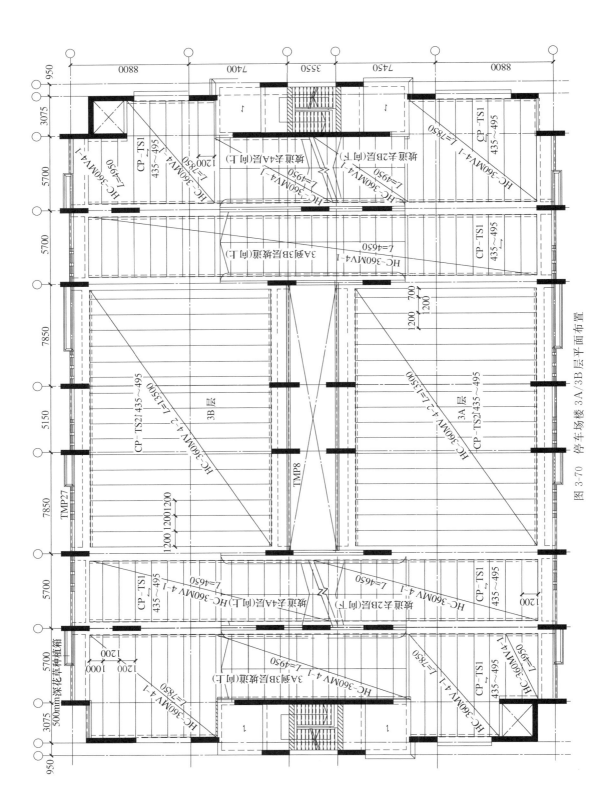

图 3-70 停车场楼 3A/3B 层平面布置

预制部分叠合面处的水平剪力的要求。依据欧洲混凝土结构设计规范 EC2，如果梁所配箍筋能够抵抗叠合面的水平剪力，即满足要求，那么梁的现浇部分和预制部分就能协同工作，其工作性能与全现浇梁相同。非承重的外墙板依照建筑要求分为 150mm、250mm 两种厚度，在 250mm 厚的外墙板中加入了 75mm 厚的聚苯板以减轻墙体的重量和增强隔热效果。为了减少水平接口和施工方便，外墙板及其上面梁的预制部分在工厂浇筑在一起。

预制正立面外墙板 K1F1 和预制柱（或现浇柱）通过预留甩筋和现浇混凝土接口部分连

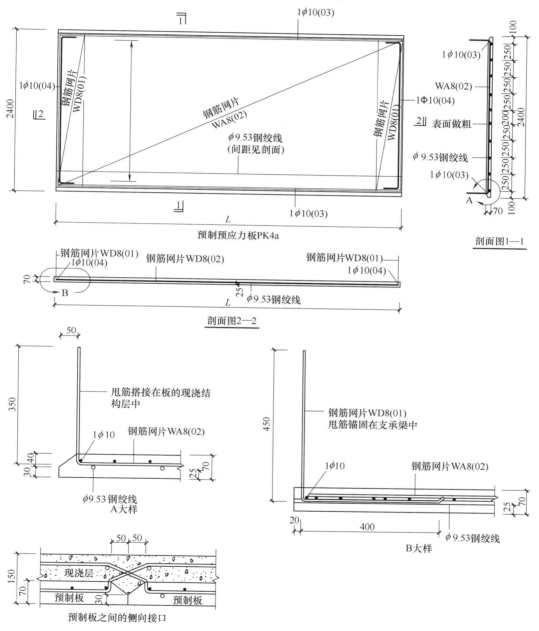

图 3-71　预制预应力板 PK4a 详图

WD8 表示直径为 8mm，强度为 500N/mm² 的，双向间距均为 100mm 的钢筋网片；

WA8 表示直径为 8mm，强度为 500N/mm²，双向间距均为 200mm 的钢筋网片

接在一起，能有效保证预制墙体和柱之间的结合严密。梁的下部受拉主筋在墙柱支座处采用水平环筋，柱中的一部分纵筋会穿过水平环筋以起到销栓作用，梁的上部钢筋在施工现场放置。连接接口详图参考 CF1 和 CF16。预制侧面墙 PC-KGW1 和上部的支承梁以及一端的柱预制在一起，和另一端的预制柱通过竖向接口 WH2 连接。

（2）混凝土叠合板

通常在钢筋混凝土结构物中楼板处的混凝土用量最多，减少楼板厚度能有效地减少结构物的混凝土用量及减轻结构自重。在楼板中施加预应力是减少跨度较大板厚度的有效方法，一方面预应力的应用能够有效控制板的挠度，另一方面由于采用了高强钢绞线，普通钢筋的用量会大大减少，经济效益明显。本工程中塔楼楼板全部采用叠合板结构，板厚 150mm，包括 70mm 厚的预制预应力板（部分跨度小的为非预应力预制板）及 80mm 厚的现浇结构层。对叠合楼板的设计，要校核叠合面的设计水平剪应力小于允许剪应力从而保证预制和现浇部分能够形成整体并协同工作。工程中的预制叠合板采用了强度等级为 C32/C40 的混凝土以及直径为 9.53mm 的钢绞线（$f_{pk} = 1860\text{N/mm}^2$），普通钢筋采用钢筋网片 WA8 和 WD8（$f_{vk} = 500\text{N/mm}^2$），预应力的施加方法为先张法。预制预应力板 PK4a 详图如图 3-71 所示。预制预应力板 PK4a 的标准宽度为 2400mm，如根据结构平面布置需要其他宽度的预制板时，板中所需钢绞线的数量应按比例调整。

（3）混凝土人防筒（防空壕）

如图 3-71 所示，每个住宅单元均配有人防筒体，而人防筒体本身有很多特殊的要求，如采用现浇的方法会降低整个建筑物的施工速度。工程中采用了留孔预制的办法，孔洞一方面可以减轻起吊及运输的重量，另一方面可以在孔洞中现场放置竖向受力钢筋，然后浇筑混凝土，进而使人防筒体形成有效的抗侧力构件。预制人防筒体 HS1 详图如图 3-72 所示。

（4）预制混凝土柱

根据新加坡建屋发展局的要求，有表面暴露于建筑物外面的柱均应预制以减少施工时所需的外围护及模板支撑。工程中根据柱的自重、运输能力以及梁柱接口处的钢筋连接要求情况，对预制柱分别做了单层或双层预制。预制柱 13PC21 详图见图 3-73。

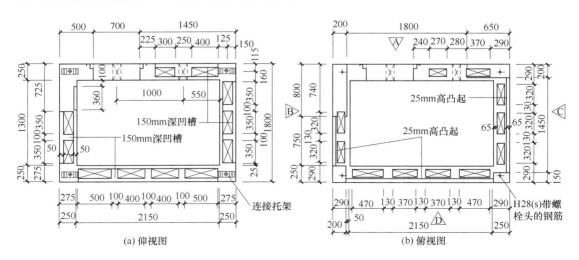

（a）仰视图　　　　　　　　　（b）俯视图

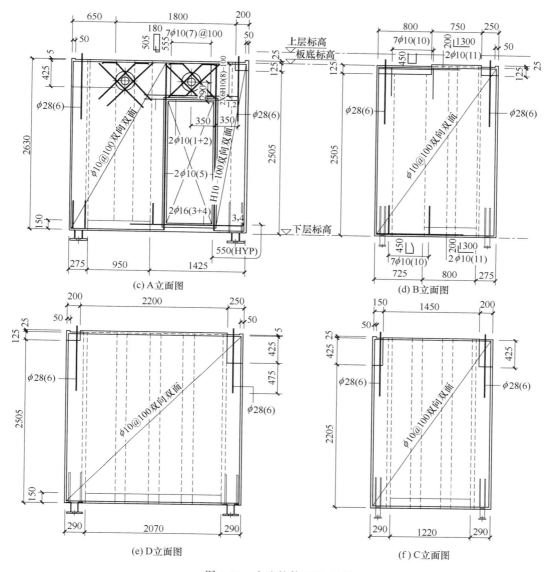

图 3-72　人防筒体 HS1 详图

（5）预制混凝土墙

新加坡建屋发展局对承重剪力墙的预制要求和柱一样，如果有表面暴露于建筑物外面的承重剪力墙均要求采用预制。工程中依据承重墙的自重、尺寸以及运输能力，将墙板做成单层预制。

（6）预制混凝土楼梯

楼梯的踏步如采用现浇法施工，则模板支撑复杂、施工步骤多、工作量大，采用预制的办法就相对简单。工程中楼梯平台板采用现浇方式，踏步板采用预制方式。设计师认为踏步板简支应在平台板上，预制及现浇的接口部分用销栓钢筋连接。预制楼梯踏步板 STS1 详图如图 3-74 所示；踏步板与平台板的连接如图 3-75 所示。

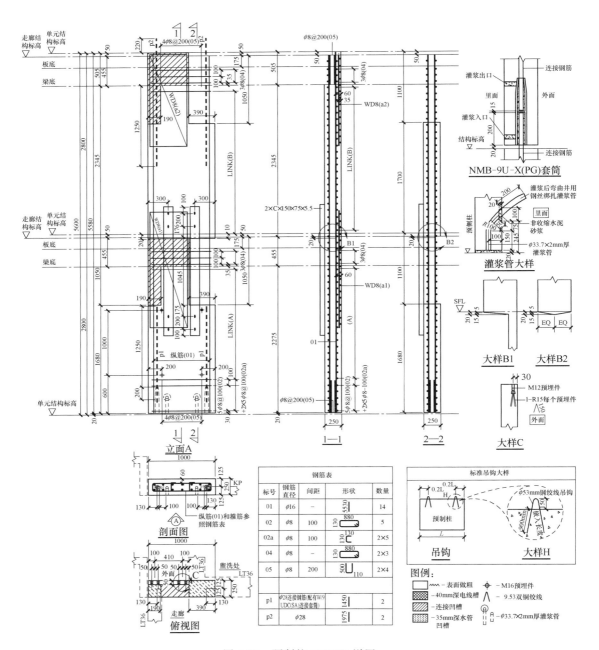

图 3-73　预制柱 13PC21 详图

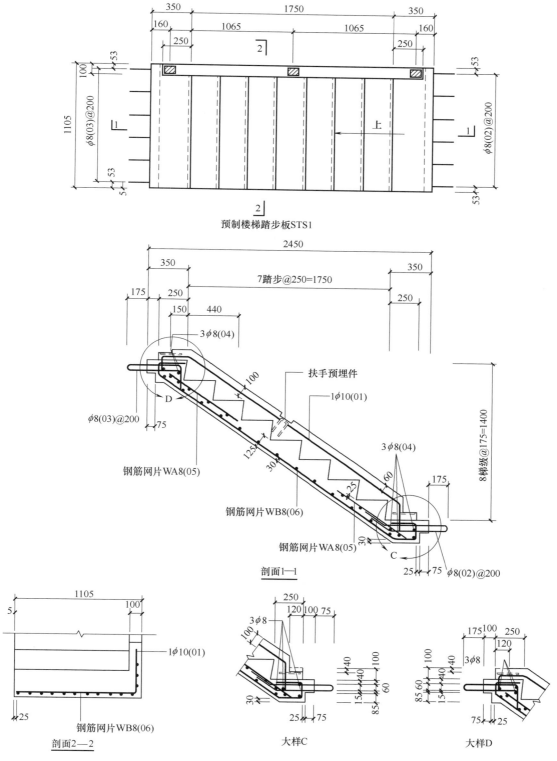

图 3-74　预制楼梯踏步板 STS1 详图

WB8 表示直径为 8mm，强度为 500N/mm²，主向间距为 100mm，次向间距为 200mm 的钢筋网片

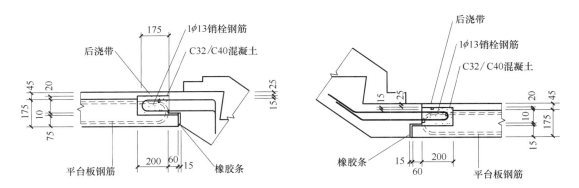

图 3-75 踏步板与平台板的连接

（7）预制混凝土整体卫生间

由于卫生间中预埋电线，上水及下水管道比较多，结构板中需预留多个孔洞，尺寸及位置要求严格，施工工序繁杂，适合在工厂整体预制，以便更好地控制质量和精度。整体卫生间可以由多种材料制成，本工程中采用的是整体钢筋混凝土结构形式。钢筋混凝土结构板直接作为卫生间的底板，两个侧面的混凝土墙为承重剪力墙，其他钢筋混凝土围护墙为非承重墙。水管埋置在混凝土墙的预留槽中而不是浇筑在混凝土墙中，以方便将来维修。卫生间中的瓷砖及各种设施等均在工厂做好。

（8）预制混凝土垃圾道和雨水道

新加坡的政府组屋采用室外集中布置垃圾道的办法收集生活垃圾。垃圾道采用预制混凝土方形管道形式。为了美观，雨水管由预制混凝土管道围护。

（9）预制混凝土室外空调板

室外空调板和支撑预制卫生间的梁整体预制。预制混凝土室外空调板 AL1 详图见图 3-76。

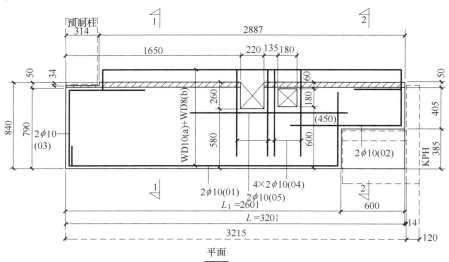

平面

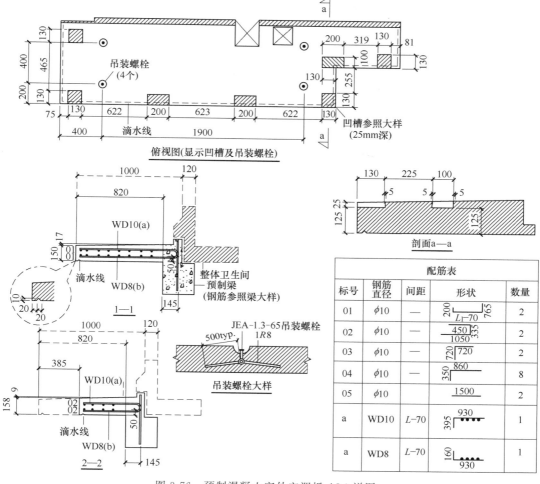

图 3-76　预制混凝土室外空调板 AL1 详图

3. 塔楼预制混凝土构件连接节点详图

如图 3-77 和图 3-78 所示为预制构件的竖向连接节点详图。

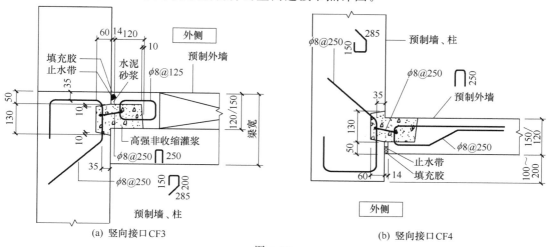

(a) 竖向接口CF3　　　　　　　　　(b) 竖向接口CF4

图 3-77

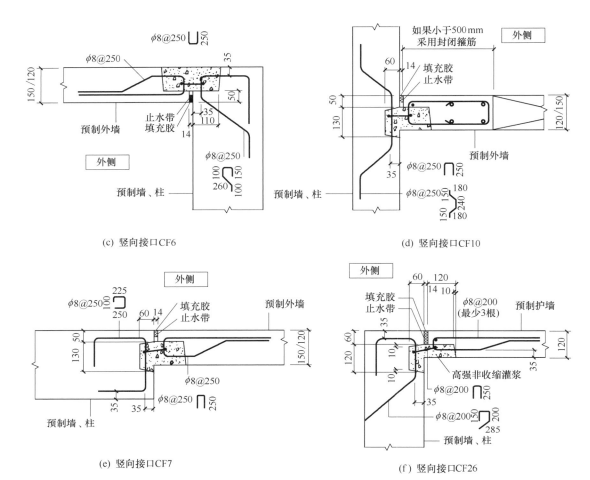

(c) 竖向接口CF6

(d) 竖向接口CF10

(e) 竖向接口CF7

(f) 竖向接口CF26

图 3-77 预制构件的竖向连接节点详图 1

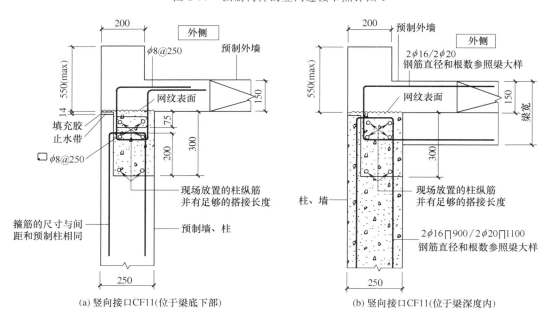

(a) 竖向接口CF11(位于梁底下部)

(b) 竖向接口CF11(位于梁深度内)

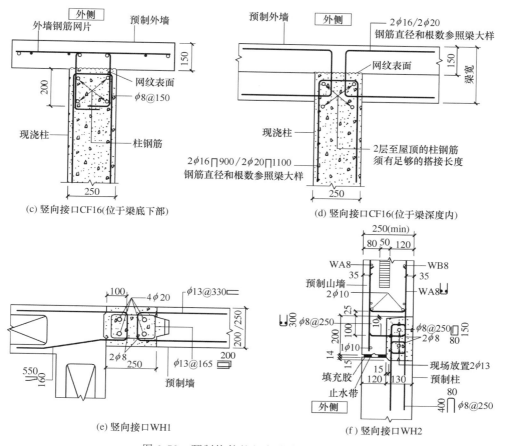

图 3-78　预制构件的竖向连接节点详图 2

预制构件的水平连接如图 3-79 所示。

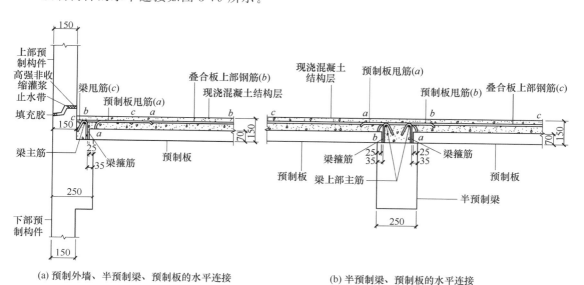

图 3-79　预制构件的水平连接

第四章

某装配式建筑混凝土结构深化设计实例

某装配式建筑深化设计示例（框架结构）如下。

一、工程概况

工程位于上海市浦东新区，为装配整体式混凝土框架结构、预制外挂墙板体系，具体见表4-1。

表4-1　工程概况

楼号	装配式结构体系	抗震等级	地上层数	装配范围	预制率	装配率	备注
1号楼	装配式框架结构	三级	2层	1~2层	62.31%		

① 预制的构件类型有：预制柱、预制叠合板底板、预制梁、预制外挂墙板、预制楼梯。
② 本项目采用钢模或木模板；窗为后安装窗；建筑保温采用内保温；施工采用脚手架。

二、设计依据

1. 本工程遵循的主要规范、规程、标准

《混凝土结构设计规范》（2015年版）（GB 50010—2010）。

《建筑抗震设计规范》（2016年版）（GB 50011—2010）。

《混凝土结构工程施工规范》（GB 50666—2011）。

《建筑结构荷载规范》（GB 50009—2012）。

《混凝土结构工程施工质量验收规范》（GB 50204—2015）。

《装配式混凝土建筑技术标准》（GB/T 51231—2016）。

《装配式建筑评价标准》（GB/T 51129—2017）。

《建筑结构可靠性设计统一标准》（GB 50068—2018）。

《装配式混凝土结构技术规程》（JGJ 1—2014）。

《钢筋套筒灌浆连接应用技术规程》（JGJ 355—2015）。

《预制混凝土外挂墙板应用技术标准》（JGJ/T 458—2018）。

上海地方标准《装配整体式混凝土结构施工及质量验收规程》（DGJ 08-2117—2012）。

上海地方标准《装配整体式混凝土公共建筑设计规程》（DGJ 08-2154—2014）。

上海地方标准《装配整体式混凝土居住建筑设计规程》（DG/TJ 08-2071—2016）。

上海地方标准《装配整体式混凝土结构预制构件制作与质量检验规程》（DGJ 08-2069—2016）。

上海地方标准《预制混凝土夹心保温外墙板应用技术标准》（DG/TJ 08-2158—2017）。

其他现行法律、法规、规范、规程中的相关规定。

2. 主要配套图集

《装配式混凝土结构表示方法及示例》（15G107-1）。

《装配式混凝土结构连接节点构造》（15G310-1～2）。

《预制混凝土剪力墙外墙板》（15G365-1）。

《预制混凝土剪力墙内墙板》（15G365-2）。

《桁架钢筋混凝土叠合板（60mm厚底板）》（15G366-1）。

《预制钢筋混凝土板式楼梯》（15G367-1）。

《预制钢筋混凝土阳台板、空调板及女儿墙》（15G368-1）。

《装配式混凝土剪力墙结构住宅施工工艺图解》（16G906）。

《混凝土结构施工图平面整体表示方法制图规则和构造详图》（16G101-1～2）。

《预制混凝土外墙挂板》（16J110-2）。

《装配整体式混凝土住宅构造节点图集》（DBJ T08-116—2013）。

《装配整体式混凝土构件图集》（2016 沪 G105）。

《装配式混凝土结构连接节点构造图集》（2019 沪 G106）。

3. 政府主要文件

《关于进一步加强本市装配整体式混凝土结构工程钢筋套筒灌浆连接施工质量管理的通知》［沪建安质监（2018）47 号］。

《上海市装配式建筑单体预制率和装配率计算细则》（沪建建材〔2019〕765 号）。

《关于进一步明确装配式建筑实施范围和相关工作要求的通知》（沪建建材〔2019〕97 号）。

《上海市装配整体式混凝土建筑防水技术质量管理导则》（沪建质安〔2020〕20 号）。

4. 其他

建筑、结构、机电、装修及幕墙等相关图纸及结构计算书；构件厂及总包的书面提资文件。

三、编号说明

① 金属件：GT××——灌浆套筒，××为直径；TT××——直螺纹套筒，××为直径。

② 预埋件：U××——吊钩、栏杆等埋件编号；S××——预埋，如 S1；NDB××——牛担板编号。

四、预制构件主要荷载（作用）取值

① 预制构件运输、吊运时，动力系数宜取 1.5；构件翻转及安装过程的就位、临时固定时，动力系数可取 1.2。

② 预制构件脱模时，动力系数及脱模吸附力取值为：动力系数不小于 1.2；吸附力应根据构件和模具的实际情况取用，且不宜小于 $1.5kN/m^2$。

③ 预制叠合底板施工叠合层时施工活荷载按实际情况取用，且不宜小于 $1.5kN/m^2$。

④ 预制构件中预埋件施工安全系数：临时支撑预埋件及连接件安全系数取 3；普通预埋吊件及连接件安全系数取 4；多用途预埋吊件的安全系数取 5。

⑤ 其他荷载详见结构设计施工总说明，作用组合应根据国家现行标准的相关规定确定。

五、预制构件的主要连接方式

本项目预制框架柱采用套筒灌浆连接；预制主、次梁采用钢企口连接；叠合板采用密拼接缝连接；预制外挂墙板采用旋转式外挂板，与主体结构的连接采用点支承的连接节点，下部节点为承重节点。

六、材料要求

① 混凝土：预制构件混凝土强度等级应满足结构施工图的要求，且应不低于 C30，预制构件间的后浇连接节点的混凝土强度等级不应低于预制构件的混凝土强度等级；混凝土的配合比除满足设计强度要求外，还需根据预制构件的生产工艺、养护措施等因素确定。其他要求详见结构设计施工总说明。

② 钢筋：预制构件采用的钢筋详见主体结构，抗震等级为一至三级的框架和斜撑构件（含梯段，不包括简支预制梯段）的纵向受力普通钢筋应采用牌号带 E 的钢筋，钢筋的抗拉强度实测值与屈服强度实测值的比值不应小于 1.25；钢筋的屈服强度实测值与屈服强度标准值的比值不应大于 1.3，且钢筋在最大拉力下的总伸长率实测值不应小于 9%。

③ 吊装用内埋式螺母或吊杆的材料应符合国家现行相关标准及产品应用技术手册的规定：预制构件的吊环应采用未经冷加工的 HPB300 级钢筋制作（吊环直径不大于 14mm）或 Q235B 圆钢（吊环直径 16mm 及以上）制作，吊环锚入混凝土的深度不应小于 30d 且设置 180°弯钩，并焊接或绑扎在钢筋龙骨上（d 为吊环直径）。

④ 钢筋锚固板的材料应符合现行行业标准《钢筋锚固板应用技术规程》（JGJ 256—2011）的规定；钢制埋件、安装用螺栓、型钢等辅材材料应符合现行国家标准《钢结构设计标准》（GB 50017—2017）的规定。

⑤ 钢筋灌浆连接接头采用的套筒应符合现行行业标准《钢筋连接用灌浆套筒》（JG/T 398—2019）的规定，钢筋套筒灌浆连接接头连接采用的灌浆料应符合现行行业标准《钢筋连接用套筒灌浆料》（JG/T 408—2019）的规定，套筒及灌浆料还需满足《钢筋套筒灌浆连接应用技术规程》（JGJ 355—2015）的相关要求；套筒及灌浆梁材料性能要求见表 4-2～表 4-5，套筒及灌浆料的适配性应通过钢筋连接接头形式检验确定。

表 4-2　球墨铸铁灌浆套筒的材料性能

项　目	性能指标	项　目	性能指标
抗拉强度 σ_b/MPa	≥550	球化率/%	≥85
断后伸长率 δ_s/%	≥5	硬度（HBW）	180～250

表 4-3　钢质灌浆套筒的材料性能

项目	性能指标	项目	性能指标
屈服强度 σ_s/MPa	≥355	断后伸长率 δ_s/%	≥16
抗拉强度 σ_b/MPa	＞/600		

表 4-4　灌浆料的技术性能

检测项目		性能指标
流动度/mm	初始	≥300
	30min	≥260
抗压强度/MPa	1d	≥35
	3d	≥60
	28d	≥85

表 4-5　灌浆料拌合物的工作性能要求

竖向膨胀率/%		3h	>/0.02
		24h 与 3h 差值	0.02~0.5
最大氯离子含量/%			≤0.03
泌水率/%			0

⑥ 预制墙底部接缝采用坐浆方法填实时，应选用专用的坐浆料，其强度等级应高于被连接构件混凝土强度等级（不低于 C40），且应满足下列要求：砂浆流动度 130~170mm，1天抗压强度值 30MPa；预制构件接缝处灌浆空间封堵应采用专用密封砂浆，1天抗压强度值 10MPa，28天抗压强度值 50MPa；预制楼梯与主体结构的找平层采用干硬性砂浆，其强度等级不低于 M15。

⑦ 预制夹芯保温外墙中的连接件宜采用符合现行标准的 FRP（纤维增强塑料）和不锈钢连接件，纤维增强塑料的材料力学性能指标要求为：拉伸强度≥700MPa，拉伸弹模≥42GPa，抗剪强度≥30MPa。不锈钢连接件的材料力学性能指标要求为：屈服强度≥380MPa，拉伸强度≥500MPa，拉伸弹性模量≥190GPa，抗剪强度≥300MPa。

⑧ 外墙板接缝采用的防水密封胶应选用耐候性密封胶，密封胶应与混凝土具有相容性，并具有低温柔性、防霉性、防火性及耐水性等性能，其他性能应满足现行行业标准《混凝土接缝用建筑密封胶》（JC/T 881—2017）的规定。

⑨ 夹芯保温外墙板接缝处填充用保温材料的燃烧性能应满足现行国家标准《建筑材料及制品燃烧性能分级》（GB 8624—2012）中 A 级的要求。

⑩ 外墙板接缝处止水条性能指标应符合现行国家标准《高分子防水材料　第 2 部分：止水带》（GB 18173.2—2014）中 J 型的规定。

⑪ 外墙板接缝处密封胶的背衬材料宜选用聚乙烯塑料棒或发泡氯丁橡胶，直径不小于缝宽的 1.5 倍。

⑫ 受力预埋件的锚板及锚筋材料应符合《混凝土结构设计规范》[GB 50010—2010（2015 年版）]的有关规定。专用预埋件及拉结材料应符合国家现行有关标准的规定。

⑬ 预制构件采用的钢材应符合现行国家标准《钢结构设计标准》（GB 50017—2017）以及行业标准《钢结构焊接规范》（GB 50661—2011）、《钢结构工程施工质量验收标准》（GB 50205—2020）、《碳素结构钢》（GB/T 700—2006）的规定；连接用焊接材料，螺栓、锚栓和铆钉等紧固件的材料应符合《钢结构设计标准》（GB 50017—2017）、《钢结构焊接规范》（GB 50661—2011）和《钢筋焊接及验收规程》（JGJ 18—2012）等的规定。

⑭ 预埋件应进行防腐防锈处理并应满足现行国家标准《工业建筑防腐蚀设计标准》（GB/T 50046—2018）、《涂覆涂料前钢材表面处理表面清洁度的目视评定》（GB/T 8923—2014）的有关规定。

⑮ 预装的门窗框应有产品合格证和出厂检验报告，门窗框（副框）安装在预制构件中时，应在模具上设置弹性限位件进行固定，并采取包裹等保护措施。

本项目需要实施现场专人质量监督和抽查的特殊环节主要有：预制构件在构件生产单位的生产过程、出厂检验及验收环节；预制构件进入施工现场的质量复检和资料验收环节；预制构件安装与连接的施工环节如套筒灌浆施工等；预制构件外墙防水密封胶施工及验收。

相关施工图如图 4-1~图 4-18 所示。

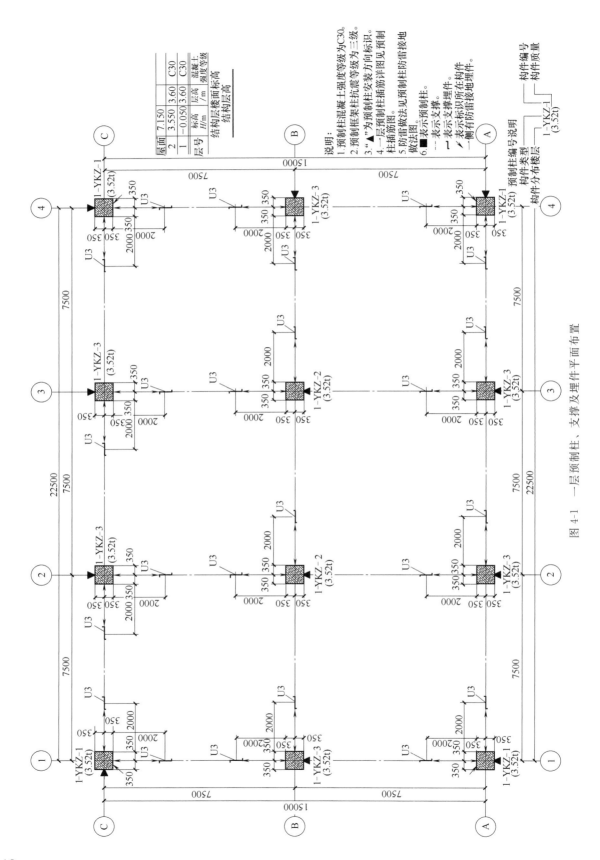

图 4-1　一层预制柱、支撑及埋件平面布置

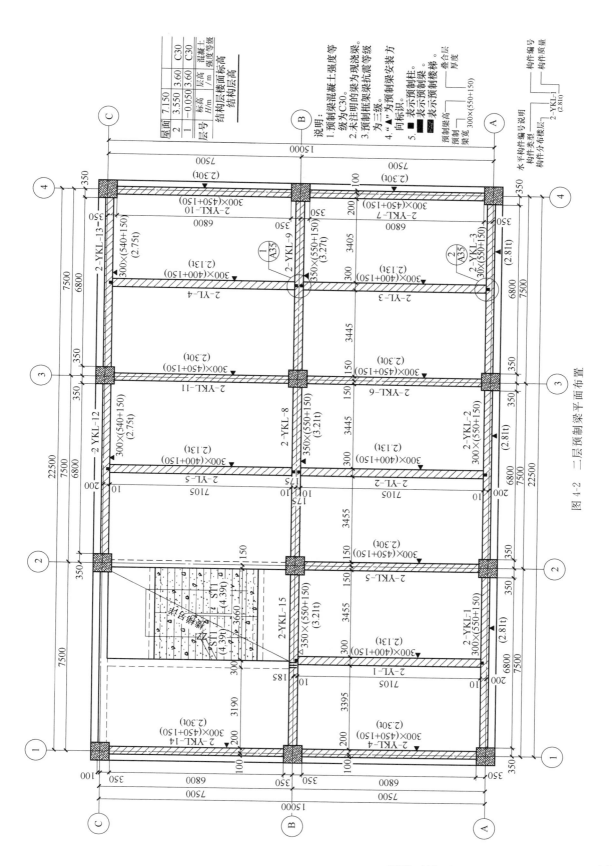

图 4-2　二层预制梁平面布置

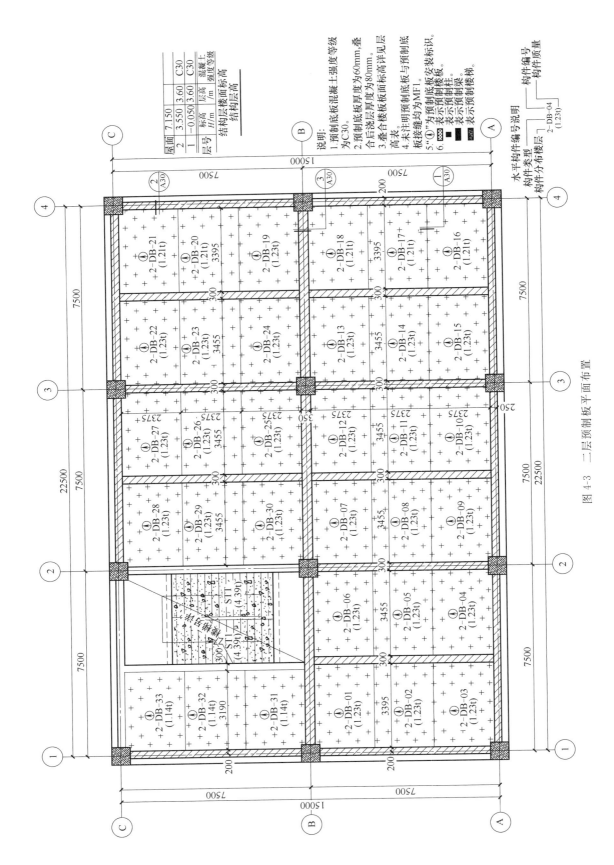

图 4-3 二层预制板平面布置

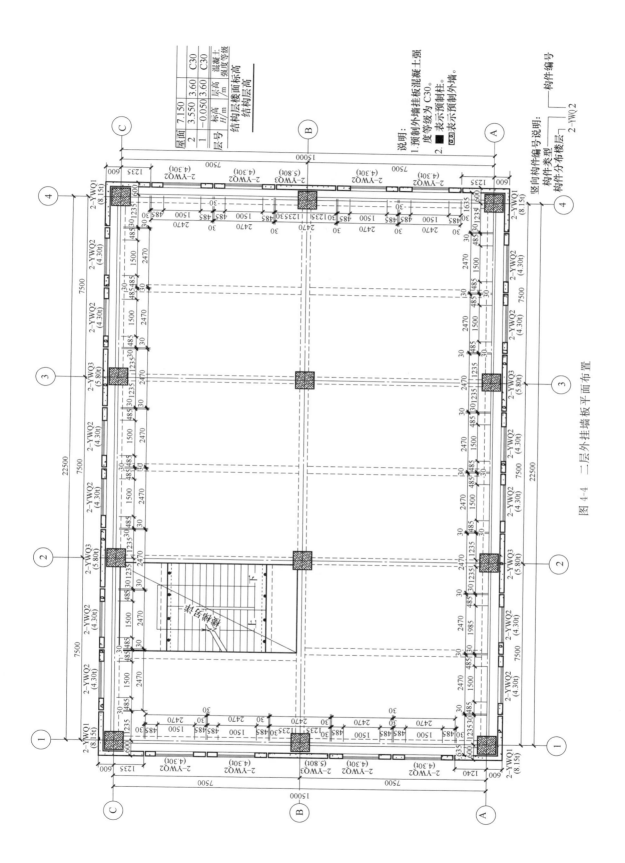

图 4-4 二层外挂墙板平面布置

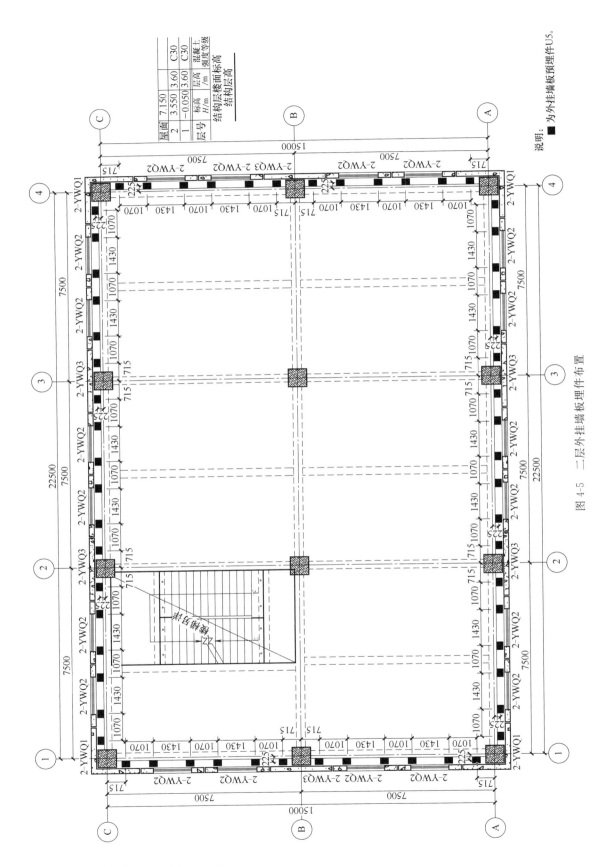

图 4-5　二层外挂墙板埋件布置

说明：■为外挂墙板预埋埋件 U5。

层号	标高	层高 H/m	混凝土强度等级
屋面	7.150		
2	3.550	3.60	C30
1	−0.050	3.60	C30
结构层楼面标高 结构层高			

预制梁统计表

编号	所属楼层	宽×高/mm	梁长/mm	体积/m³	质量/t	数量/个
2-YKL-1	二层	300×550	6800	1.12	2.81	1
2-YKL-2	二层	300×550	6800	1.12	2.81	1
2-YKL-3	二层	300×550	6800	1.12	2.81	1
2-YKL-4	二层	300×450	6800	0.92	2.30	1
2-YKL-5	二层	300×450	6800	0.92	2.30	1
2-YKL-6	二层	300×450	6800	0.92	2.30	1
2-YKL-7	二层	300×450	6800	0.92	2.30	1
2-YKL-8	二层	350×550	6800	1.31	3.27	1
2-YKL-9	二层	350×550	6800	1.31	3.27	1
2-YKL-10	二层	300×450	6800	0.92	2.30	1
2-YKL-11	二层	300×540	6800	1.10	2.75	1
2-YKL-12	二层	300×540	6800	1.10	2.75	1
2-YKL-13	二层	300×450	6800	0.92	2.30	1
2-YKL-14	二层	300×450	6800	0.92	2.30	1
2-YL-1	二层	300×400	7105	0.85	2.13	1
2-YL-2	二层	300×400	7105	0.85	2.13	1
2-YL-3	二层	300×400	7105	0.85	2.13	1
2-YL-4	二层	300×400	7105	0.85	2.13	1
2-YL-5	二层	300×400	7105	0.85	2.13	1

预制柱统计表

编号	所属楼层	柱高/mm	柱截面尺寸/mm	体积/m³	质量/t	数量/个
1-YKZ-1	一层	2880	700×700	1.41	3.52	3
1-YKZ-2	一层	2880	700×700	1.41	3.52	3
1-YKZ-3	一层	2880	700×700	1.41	3.52	6

预制外挂墙统计表

编号	所属楼层	宽×高/mm	墙厚/mm	体积/m³	质量/t	数量/个
1-YWQ1	一层	3470×3600	200	2.49	6.22	4
1-YWQ2	一层	2470×3600	200	1.17	2.92	20
1-YWQ3	一层	2470×3600	200	1.77	4.43	6
2-YWQ1	二层	3470×4550	200	3.26	8.15	4
2-YWQ2	二层	2470×4550	200	3.46	4.30	20
2-YWQ3	二层	2470×4550	200	2.32	5.80	6

预制底板统计表

叠合板编号	所属楼层	长×宽/mm	体积/m³	质量/t	数量/个
2-DB-01	二层	3395×2375	0.48	1.21	1
2-DB-02	二层				
2-DB-03	二层				
2-DB-04	二层	3455×2375	0.49	1.23	1
2-DB-05	二层				
2-DB-06	二层				
2-DB-07	二层	3455×2375	0.49	1.23	1
2-DB-08	二层				
2-DB-09	二层				
2-DB-10	二层	3455×2375	0.49	1.23	1
2-DB-11	二层				
2-DB-12	二层				
2-DB-13	二层	3455×2375	0.49	1.23	1
2-DB-14	二层				
2-DB-15	二层				
2-DB-16	二层	3455×2375	0.49	1.23	1
2-DB-17	二层				
2-DB-18	二层				
2-DB-19	二层	3399×2375	0.48	1.21	1
2-DB-20	二层				
2-DB-21	二层				
2-DB-22	二层	3455×2375	0.49	1.23	1
2-DB-23	二层				
2-DB-24	二层				
2-DB-25	二层	3455×2375	0.49	1.23	1
2-DB-26	二层				
2-DB-27	二层				
2-DB-28	二层	3455×2375	0.49	1.23	1
2-DB-29	二层				
2-DB-30	二层				
2-DB-31	二层	3190×2375	0.45	1.14	1
2-DB-32	二层				
2-DB-33	二层				

预制楼梯统计表

编号	所属楼层	梯段长/mm	梯段宽/mm	体积/m³	质量/t	数量/个
ST1	一层、二层	3980	1760	1.75	4.39	4

图4-6 预制构件相关统计表

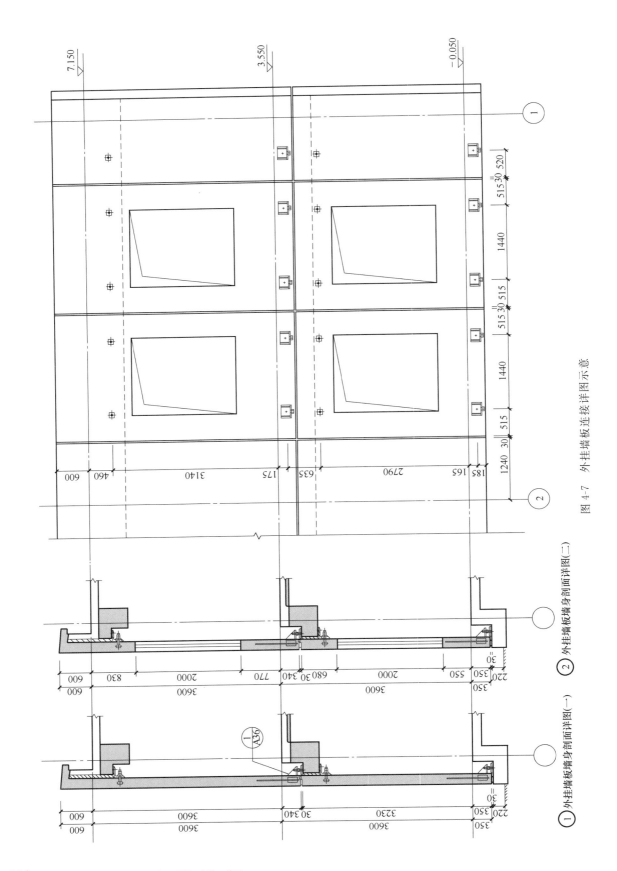

图 4-7　外挂墙板连接详图示意

① 外挂墙板墙身剖面详图(一)　　② 外挂墙板墙身剖面详图(二)

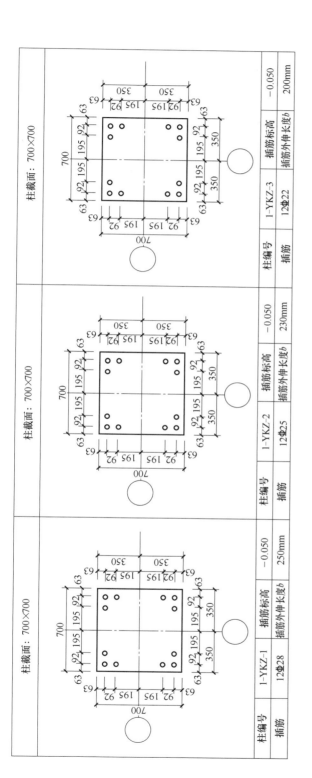

柱编号	1-YKZ-1		柱编号	1-YKZ-2		柱编号	1-YKZ-3	
插筋	12Φ28		插筋	12Φ25		插筋	12Φ22	
插筋标高	-0.050		插筋标高	-0.050		插筋标高	-0.050	
插筋外伸长度b	250mm		插筋外伸长度b	230mm		插筋外伸长度b	200mm	
柱截面：700×700			柱截面：700×700			柱截面：700×700		

说明：
1.预制柱连接用插筋应采用专用定位钢板等措施确保定位准确。
2.连接用插筋中心位置允许偏差0～+3mm，外伸长度允许偏差0～+15mm。

柱临时支撑示意图

插筋做法示意图

图4-8　预制柱插筋详图

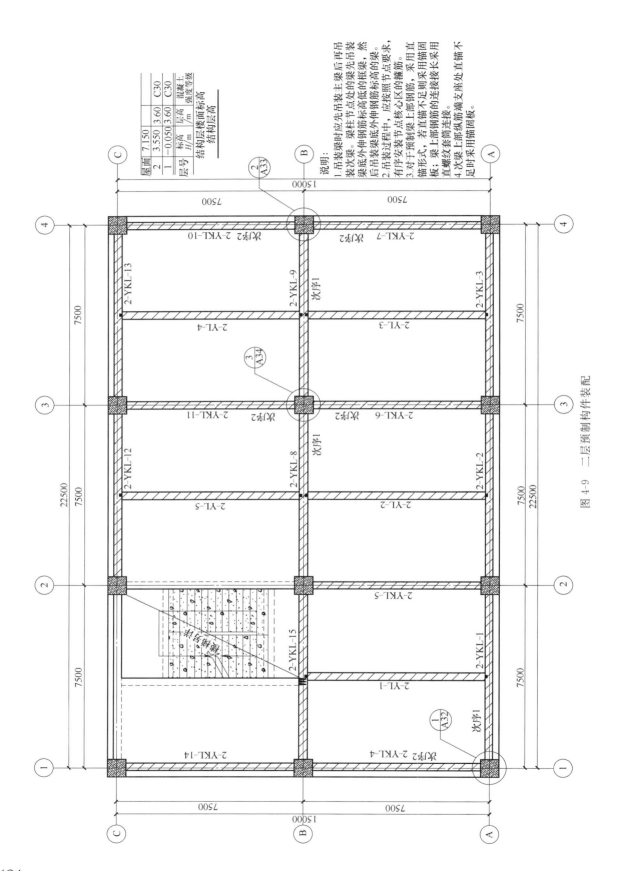

结构层楼面标高
结构层层高

屋面	7.150			C30
2	3.550	3.60		C30
1	−0.050	3.60		
层号	标高 H/m	层高 /m		混凝土 强度等级

说明：
1.吊装梁时应先吊装主梁后再吊装次梁。梁柱节点处的梁先吊装，梁底装梁底外伸钢筋的框梁，然后吊装梁过程节点区的箍筋。
2.吊装过程中，应按照节点点要求，有序安装预制梁上部钢筋，采用直锚形式，若直锚不足则采用锚固板；梁上部钢筋的连接连接采用直螺纹套筒连接。
3.对于预制梁，若直锚不足则采用锚固板，采用梁上部纵筋支座端支座处直锚不足时采用锚固板。
4.次梁梁上部锚筋支座处直锚不足时采用锚固板。

图 4-9 二层预制构件装配

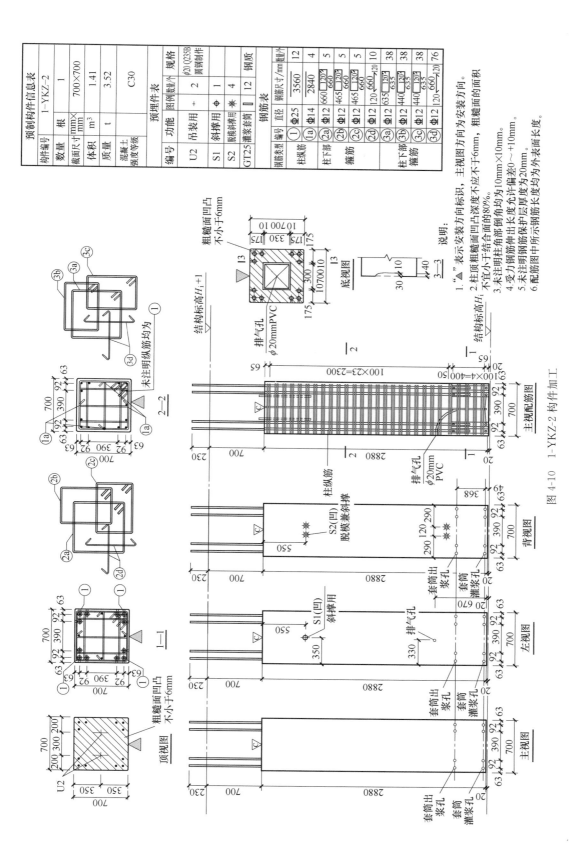

图 4-10　1-YKZ-2 构件加工

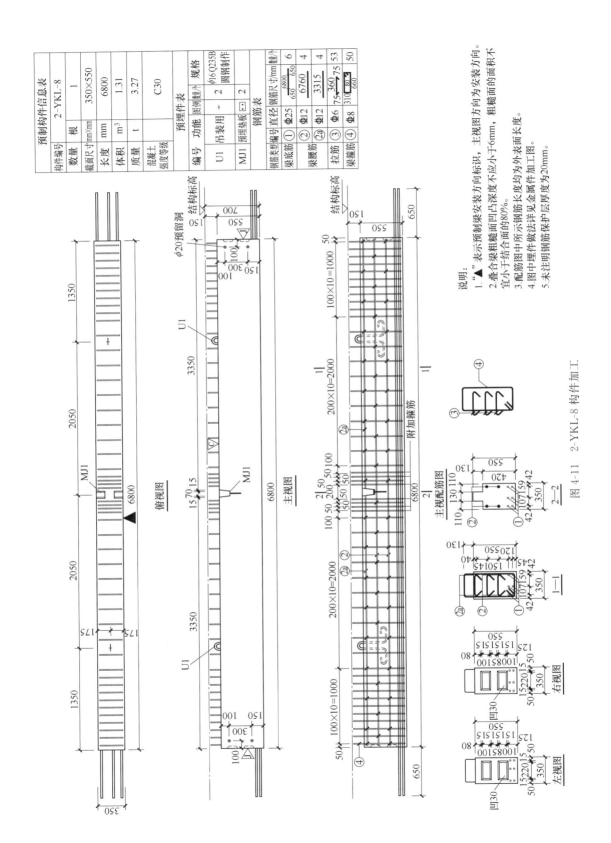

图 4-11 2-YKL-8 构件加工

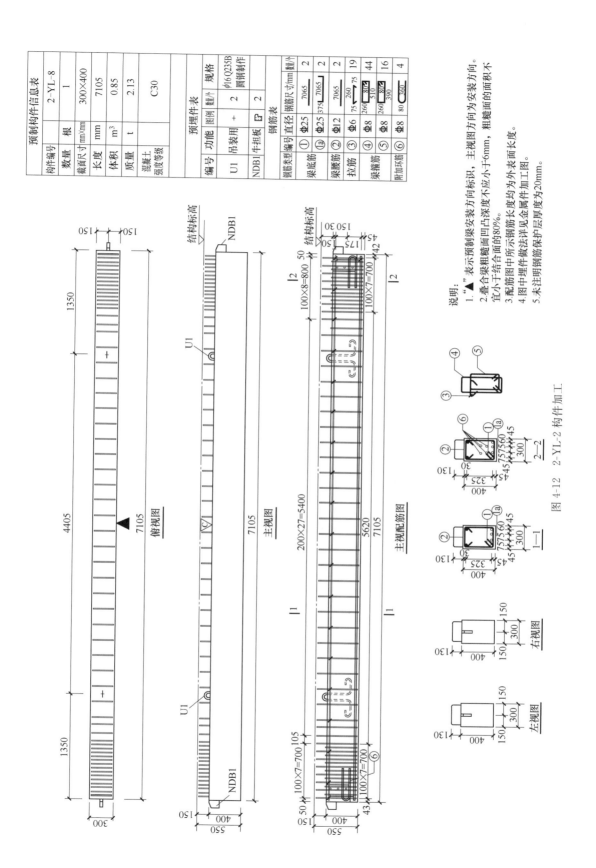

图 4-12 2-YL-2 构件加工

预制构件信息表

构件编号		2-YL-8
数量	根	1
截面尺寸	mm×mm	300×400
长度	mm	7105
体积	m³	0.85
质量	t	2.13
混凝土强度等级		C30

预埋件表

编号	功能	图例	规格	数量/个
U1	吊装用	+	φ16Q235B圆钢制作	2
NDB1	牛担板	▣		2

钢筋表

编号	钢筋类型	直径	图例	钢筋尺寸/mm	数量/个
①	梁底筋	Φ25		7065	2
①a		Φ25		375 7065	2
②	梁腰筋	Φ12		7065	2
③	拉筋	Φ6		260 75 75	19
④	梁箍筋	Φ8		260 510	44
⑤	梁箍筋	Φ8		260 390	16
⑥	附加环筋	Φ8		80 360	4

说明：
1. "▲"表示预制梁安装方向标识，主视图方向为安装方向。
2. 叠合梁粗糙面凹凸深度不应小于6mm，粗糙面的面积不宜小于结合面的80%。
3. 配筋图中所示钢筋长度均为外表面长度。
4. 图中埋件做法详见金属件加工图。
5. 未注明钢筋保护层厚度为20mm。

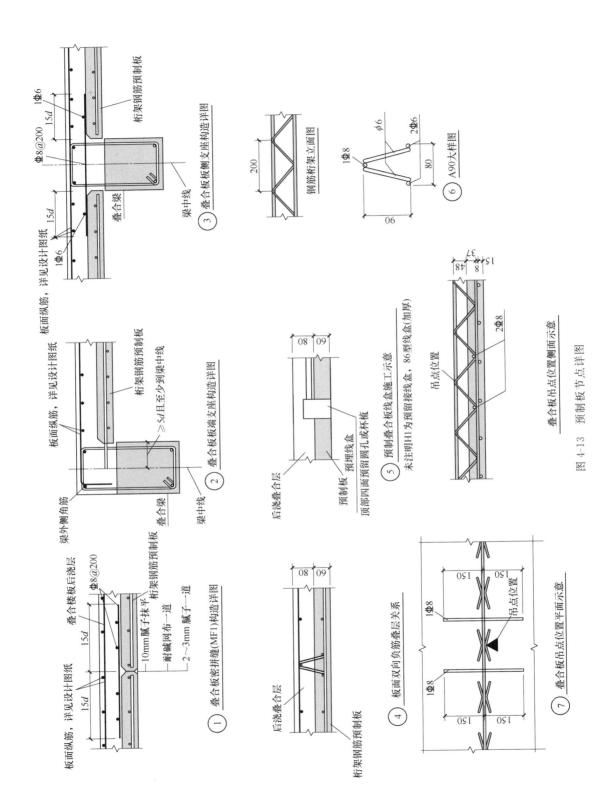

图 4-13　预制板节点详图

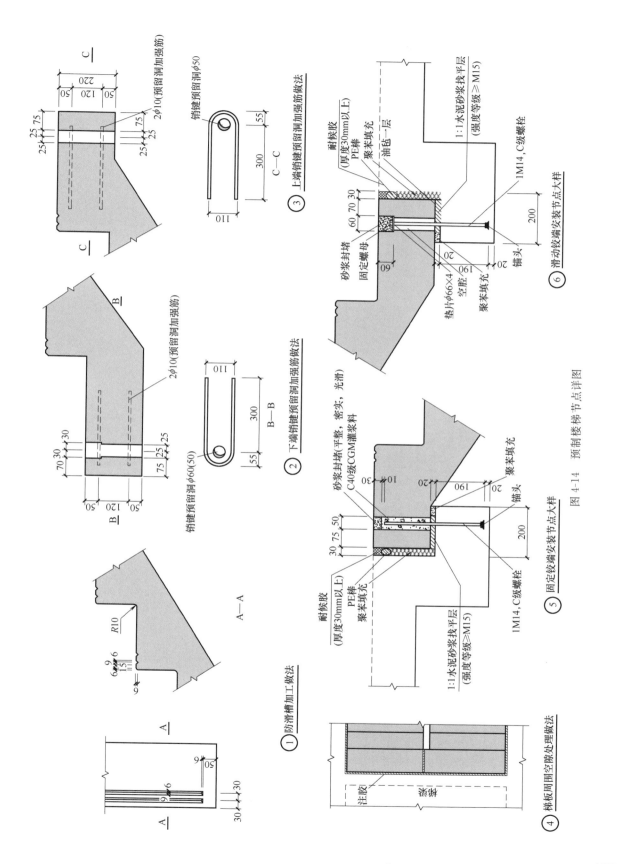

图 4-14　预制楼梯节点详图

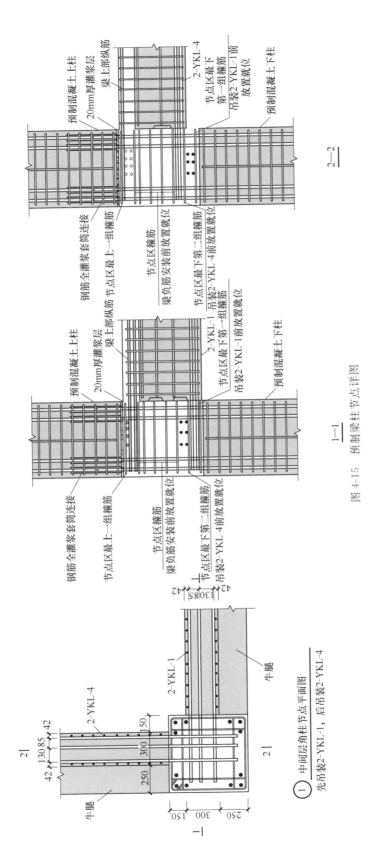

图 4-15　预制梁柱节点详图

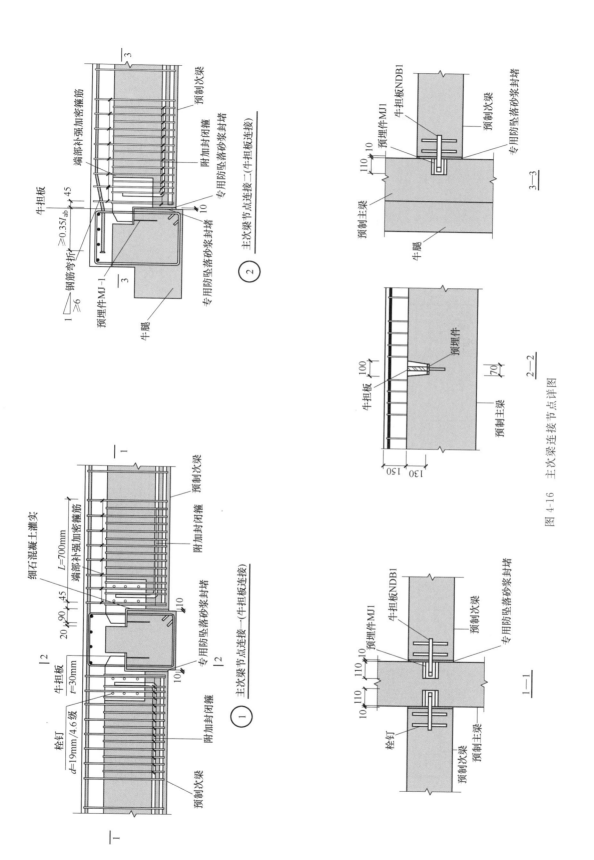

图 4-16 主次梁连接节点详图

七、构件加工单位、总包单位、监理单位要求

① 预制构件的加工单位应根据设计要求、施工要求和相关规定制定生产方案，编制生产计划。

② 施工总承包单位应根据设计要求、预制构件制作要求和相关规定制定施工方案，编制施工组织设计。

③ 上述生产方案、施工方案应采取相应的安全操作和防护措施，应符合国家、行业、建设所在地的相关标准、规范、规程和地方标准等规定，应提交建设单位、监理单位，取得书面确认函作为依据。

④ 监理单位应对工程全过程进行质量监督和检查，并取得完整真实的工程检测资料。

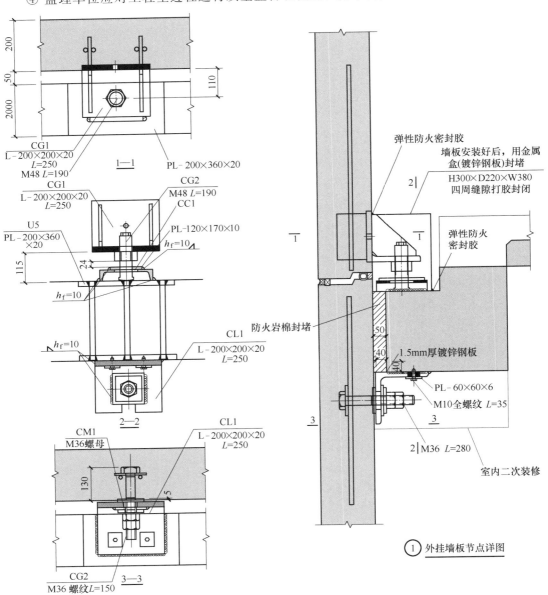

图 4-17　外挂墙板节点详图

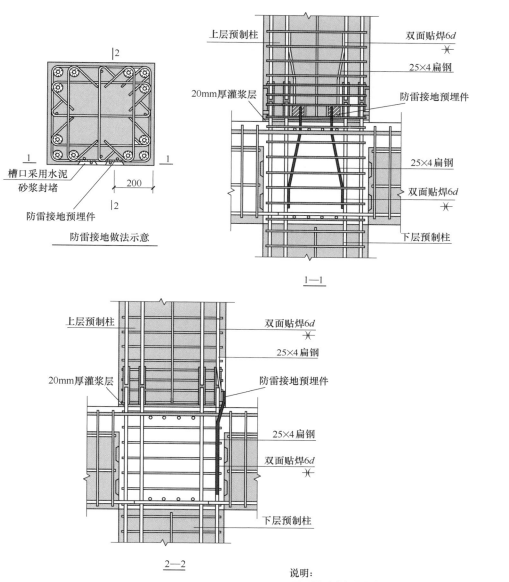

上层预制柱
双面贴焊6d
25×4扁钢
20mm厚灌浆层
防雷接地预埋件
25×4扁钢
双面贴焊6d
下层预制柱

1—1

2
1
1
2
槽口采用水泥
砂浆封堵
防雷接地预埋件
200

防雷接地做法示意

上层预制柱
双面贴焊6d
25×4扁钢
20mm厚灌浆层
防雷接地预埋件
25×4扁钢
双面贴焊6d
下层预制柱

2—2

说明：
　　防雷接地扁钢与钢筋连接采用双面焊，焊接长度6d，与
防雷接地预埋件的连接采用三面围焊，满焊。

图 4-18　预制柱防雷接地做法

第五章

装配式建筑混凝土结构预制构件

第一节 ▶▶

装配式建筑混凝土预制构件简介

　　预制混凝土构件是指在工厂或现场预制的混凝土构件，简称预制构件。

　　在装配式混凝土结构中，常用的预制构件（图5-1）主要包含预制剪力墙、叠合板、叠合梁、预制柱、预制外挂墙板、预制楼梯、预制内隔墙、叠合阳台板、预制女儿墙等。其中叠合板、叠合梁、预制楼梯等构件类型应用范围最广，并逐步向预制柱、预制剪力墙、预制外挂墙板、预制内墙板等功能性部品部件方向发展。随着装配式技术的应用建筑类型不断扩展，预制构件也得到更大的发展。

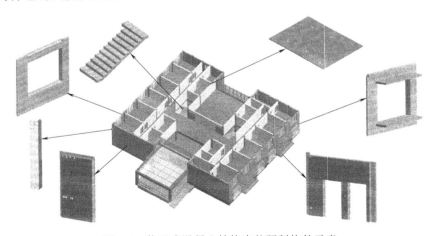

图 5-1　装配式混凝土结构中的预制构件示意

第二节 ▶▶

预制板

　　预制楼板的使用可以减少施工现场支护模板的工作量，节省人工和周转材料，具有良好的经济性，是预制混凝土建筑降低造价、加快工期、保证质量的重要措施，其中预应力楼板能有效发挥高强度材料作用，可减小截面、节省钢材，是节能减碳的重要举措。预制楼板的生产效率高，安装速度快，能创造显著的经济效益，如图5-2～图5-4所示。

图5-2 预制预应力叠合楼板

图5-3 预制实心楼板

图5-4 预制空心楼板

剪力墙结构的墙板是建筑承载的主体，分为剪力墙内墙板和剪力墙外墙板。

剪力墙板多采用水平浇筑，立式存放和运输。为确保安全，存放和运输时通常采用专用钢架。

剪力墙板按其形状分为标准形墙板（图5-5）、T形墙板（图5-6）、L形墙板（图5-7）和U形墙板（图5-8）等；按其构造形式分为实心墙板（图5-9）、双面叠合墙板（图5-10）、夹芯保温墙板和预制圆孔墙板等。

图5-5 标准形墙板

图5-6 T形墙板

图 5-7　L 形墙板

图 5-8　U 形墙板

图 5-9　实心墙板

图 5-10　双面叠合墙板

　　叠合板是由预制板和现浇钢筋混凝土层叠合而成的装配整体式楼板。预制板既是楼板结构的组成部分之一，又是现浇钢筋混凝土叠合层的永久性模板。现浇叠合层内可敷设水平设备管线。叠合楼板整体性好，板的上下表面平整，便于饰面层装修，适用于对整体刚度要求较高的高层建筑和大开间建筑。

　　叠合板分为带桁架钢筋和不带桁架钢筋两种。当叠合板跨度较大时，为了保证预制板脱模吊装时的整体刚度与使用阶段的水平抗剪性能，可在预制板内设置桁架钢筋（图 5-11 和

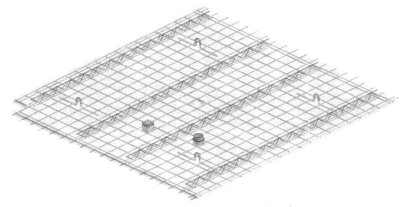

图 5-11　叠合板设置桁架钢筋示意

图 5-12）。当未设置桁架钢筋时，叠合板的预制板与后浇混凝土叠合层之间应设置抗剪构造钢筋，这种方法在国内应用比较少。

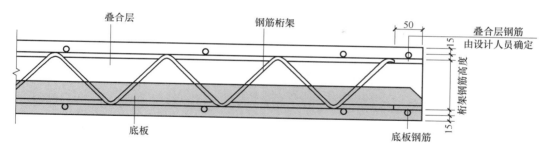

图 5-12　叠合板桁架钢筋剖面图

预制桁架钢筋叠合板起源于 20 世纪 60 年代的德国，采用在预制混凝土叠合底板上预埋三角形钢筋桁架（图 5-13 和图 5-14）的方法，现场铺设叠合楼板后，再在底板上浇筑一定厚度的现浇混凝土，形成整体受力的叠合楼盖。

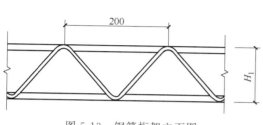

图 5-13　钢筋桁架立面图

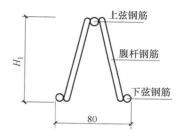

图 5-14　钢筋桁架剖面图

预制桁架钢筋叠合底板可按照单向受力和双向受力进行设计，数十年的研究和实践表明，其技术性能与同厚度的现浇楼盖性能基本相当。

欧洲和日本采用的叠合板均为单向板（图 5-15），规格化产品，板侧不出筋。即使符合双向板条件的叠合板也同样做成单向板，如此给自动化生产带来很大的便利。双向板虽然在配筋上较单向板节省，但如果板侧四面都要出筋，现场浇筑混凝土后浇带代价很大，得不偿失。

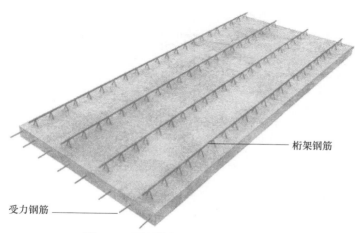

图 5-15　预制桁架钢筋叠合单向板

图 5-16　"四面不出筋"的预制桁架钢筋叠合板

21世纪初，万科、宝业西伟德等企业在装配式建筑中对该叠合板进行了大量的尝试，后来这一技术被纳入《装配式混凝土结构技术规程》(JGJ 1—2014) 中，相关部门制定了配套的国家标准图集，在国内装配式混凝土建筑中该叠合板已成为主流的预制构件之一。

近年来，国内通过大量的科研和试验，提出了"四面不出筋"的预制桁架钢筋叠合板 (图 5-16) 的应用，叠合板依靠后浇层和附加钢筋满足相应的设计要求。"四面不出筋"的叠合板更好地解决了叠合板制作和后期施工中叠合板间的连接难题，同时极大地提高了装配式建筑的工业化和自动化效率。中国工程建设标准化协会标准《钢筋桁架叠合楼板应用技术规程》已通过审查，正在报批中。

第三节 ▶▶

预制梁

梁是建筑结构中的水平受力构件。装配式混凝土建筑的预制梁也应采用水平制作、水平运输的方式。预制梁主要有以下几种类型。

预制梁包括矩形梁 (图 5-17)、凸形梁 (图 5-18)、T 形梁 (图 5-19)、带挑耳梁 (图 5-20)、工字形梁 (图 5-21)、U 形梁 (图 5-22) 等。

T 形梁两侧挑出部分称为翼缘，中间部分称为梁肋。工字形梁由上下翼缘和中部腹板组成，T 形梁和工字形梁在制作、存放时稳定性差，应采取防倾倒措施。

图 5-17　矩形梁

图 5-18　凸形梁

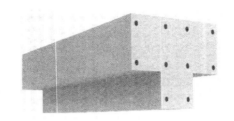

图 5-19　T 形梁

预制预应力梁与叠合梁如图 5-23 和图 5-24 所示。

叠合梁是指在预制钢筋混凝土梁上后浇混凝土形成的整体受弯梁。叠合梁一般分两步实现装配和完整度：第一步是在工厂内浇筑完成，通过模具将梁内底筋、箍筋与混凝土浇筑成型，并预留连接节点；第二步是在施工现场浇筑完成，绑扎上部钢筋与叠合板一起浇筑成整体。所以，叠合梁通常与叠合板配合使用，浇筑成整体楼盖。

叠合梁采用预制地梁作为永久性模块，在上部现浇混凝土与楼板形成整体，它是预制构件和现浇结构的结合，同时兼有两者的优点。

图 5-20 带挑耳梁

图 5-21 工字形梁

图 5-22 U 形梁

图 5-23 预制预应力梁

图 5-24 预制叠合梁

自 20 世纪 60 年代起，国内外学者对叠合梁叠合面处的应力状态及叠合面的抗剪强度进行了大量的理论分析和试验研究，已得出比较一致的结论：通过对叠合面采取适当的构造措施，完全可以保证叠合梁的共同工作。

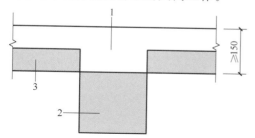

图 5-25 矩形截面叠合梁

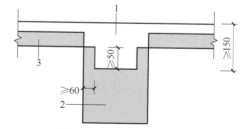

图 5-26 凹口截面叠合梁

1—后浇混凝土叠合梁；2—预制梁；3—预制板

叠合梁按预制部分的截面形式可分为矩形截面叠合梁（图 5-25）和凹口截面叠合梁（图 5-26）。凹口截面叠合梁的优势为能更好地完成新旧混凝土的结合，受力更合理。

叠合梁的箍筋形式分为整体封闭箍筋和组合封闭箍筋两种，分别见图 5-27～图 5-29。《装配式混凝土结构技术规程》（JGJ 1—2014）中的相关规定，抗震等级为一、二级的叠合框架梁的梁端箍筋加密区宜采用整体封闭箍筋。

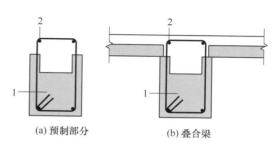

(a)预制部分　　(b)叠合梁

图 5-27 采用整体封闭箍筋的叠合梁

1—预制梁；2—上部纵向钢筋

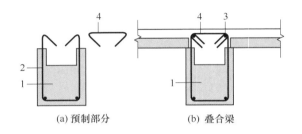

图 5-28　采用组合封闭箍筋的叠合梁

1—预制梁；2—开口箍筋；3—上部纵向钢筋；4—箍筋帽

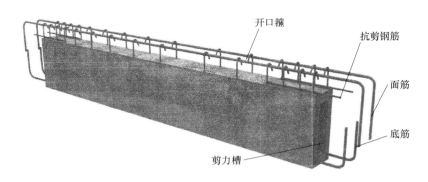

图 5-29　组合封闭箍筋叠合梁三维示意

第四节 ▶▶

预制柱

预制柱一般分为实体预制柱和空心预制柱两种。实体预制柱一般在层高位置预留下钢筋接头，完成定位固定之后，在梁、板交汇的节点位置使钢筋连通，并依靠后浇混凝土整体固定成型，如图 5-30 和图 5-31 所示。

图 5-30　预制实心柱

图 5-31　预制空心柱

（1）单层柱

单层柱按形状分为方柱（图 5-32）、矩形柱、L 形柱（图 5-33）、圆柱（图 5-34）、T 形扁柱（图 5-35）和带翼缘柱（图 5-36）或其他异形柱。

图 5-32　方柱

图 5-33　L形柱

图 5-34　圆柱

单层柱顶部一般与梁连接，如顶部为无梁板结构，可采用柱帽与板过渡连接（图 5-37）。

图 5-35　T形扁柱

图 5-36　带翼缘柱

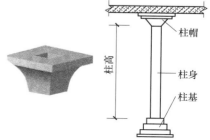

图 5-37　柱帽与板过渡连接

（2）越层柱

越层柱就是某一层或几层为了大空间等效果，不设楼板及框架梁，直接采用穿越两层或多层的单根预制柱。

越层柱一般设计成方柱或圆柱。

越层柱因其高度尺寸大，制作时应编写专项作业方案，特别是脱模、存放、吊运等应严格按照专项作业方案进行。

（3）跨层柱

跨层柱是指穿越两层或两层以上的预制柱，与越层柱的区别是每层都与结构梁或板连接。

跨层柱一般设计成方柱或圆柱，包括跨层方柱（图 5-38）和跨层圆柱（图 5-39）。

图 5-38　跨层方柱

图 5-39　跨层圆柱

图 5-40　安装固定后的实体预制柱

上下层预制柱的竖向钢筋通常采用灌浆套筒进行连接，在预制柱下部预埋钢筋灌浆套筒，通过注入灌浆料，完成上下柱之间的力学传递。如图 5-40 所示为安装固定后的实体预制柱。

套筒灌浆方式在日本、欧美等国家和地区已经有了长期、大量的实践经验，国内也有充分的试验研究、一定的应用经验以及相关的产品标准和技术规程。

套筒灌浆技术是将连接钢筋插入凹凸槽的高强套筒内，然后注入高强灌浆料，硬化后钢筋和套筒牢固结合在一起形成整体，通过套筒内侧的凹凸槽和变形钢筋的凹凸纹之间的灌浆料来传力（图 5-41）。

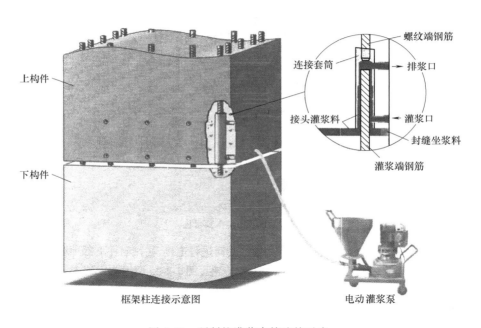

图 5-41　预制柱灌浆套筒连接示意

第五节 ▶▶

预制墙板

采用预制墙体可提高建筑的性能和品质，从建筑全生命周期来看，可节省使用期间的维护费用，同时减少了门窗洞口渗漏的风险，降低了外墙保温材料的火灾危险性，延长了保温及装饰寿命，可以取消外墙脚手架、提高施工速度，有利于现场施工安全管理，具有良好的间接效益，常见预制墙板如图 5-42～图 5-48 所示。

图 5-42 预制实心剪力墙

图 5-43 预制空心墙

图 5-44 预制叠合式剪力墙

图 5-45 预制夹芯保温外墙

图 5-46 预制保温装饰一体化外墙

图 5-47 中国香港工法外墙挂板

图 5-48 日本工法外墙挂板

　　其中，预制剪力墙构件是装配式结构中的重要承重构件，预制剪力墙根据使用位置不同分为预制剪力墙外墙板和预制剪力墙内墙板。此外，近年来还引入了叠合板式剪力墙。

　　预制剪力墙外墙板由内叶板、外叶板与中间的保温层通过连接件浇筑而成（图 5-49），也称为预制混凝土夹芯保温剪力墙墙板（又称预制三明治外墙）。内叶板为预制混凝土剪力墙，中间夹有保温层，外叶板为钢筋混凝土保护层。预制剪力墙外墙板是集承重、围护、保温、防水、防火等功能于一体的重要装配式预制构件。在施工现场，内叶板侧面通过预留钢筋与现浇剪力墙边缘构件连接，底部通过钢筋灌浆套筒与下层预制剪力墙预留钢筋相连。

预制剪力墙内墙板布置在装配式混凝土建筑内部，起着分隔房间、承受楼板荷载等作用（图5-50）。

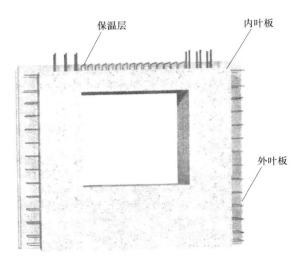

图5-49　预制剪力墙外墙板示意图　　　　图5-50　预制剪力墙内墙板实体

叠合板式剪力墙技术源于欧洲。该种结构体系在德国等国家已经得到广泛的应用，具有施工方便快捷、有利于环保、工业化生产、构件质量容易控制等优点，但基本上没有考虑抗震设防的问题。

近年来，叠合板式剪力墙技术被引入国内，在推广之前科研工作者和企业积极开展了关于叠合板式剪力墙的研究，在一些地区已经开始推广并颁布了相应的地方规范和标准，主要有安徽省地方标准《叠合板式混凝土剪力墙结构技术规程》（DB34/T 810—2020）、湖南省地方标准《混凝土装配——现浇式剪力墙结构技术规程》（DBJ43T 301—2015）、浙江省地方标准《叠合板式混凝土剪力墙结构技术规程》（DB33/T 1120—2016）、黑龙江省地方标准《预制装配整体式房屋混凝土剪力墙结构技术规范》（DB23/T 1813—2016）、上海市工程建设规范《装配整体式叠合剪力墙结构技术规程》（DG/TJ 08-2266—2018）、湖北省地方标准《装配整体式混凝土叠合剪力墙结构技术规程》（DB42/T 1483—2018）等。

《预制装配整体式房屋混凝土剪力墙结构技术规范》（DB23/T 1813—2016）中定义，叠合板式剪力墙是由两层预制混凝土薄板通过格构钢筋连接制作而成的预制混凝土墙板，经现场安装就位并可靠连接后，在两层薄板中间浇筑混凝土而形成装配整体式预制混凝土剪力墙。

工厂生产预制构件时，在预制墙板的两层之间、预制楼板的上面设置格构钢筋（图5-51），格构钢筋既可作为吊点，又能增加平面外刚度，防止构件起吊时开裂。且在使用阶段，格构钢筋作为连接墙板两层预制片与二次浇筑夹芯混凝土的拉结筋，叠合楼板的抗剪键对提高结构整体性和抗剪性具有重要作用。由于板与板之间含空腔，现场安装就位后再在空腔内浇筑混凝土，由此形成的预制和现浇混凝土整体受力的墙体俗称"双皮墙"。

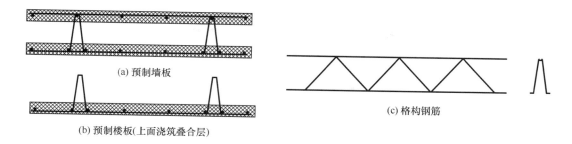

(a) 预制墙板

(b) 预制楼板(上面浇筑叠合层)

(c) 格构钢筋

图 5-51　预制构件及格构钢筋示意

　　叠合板式剪力墙的竖向连接与常规预制剪力墙不同，它是通过空腔内插筋，然后内浇混凝土，将上下墙体连接成整体（图 5-52），结合面更大。黑龙江宇辉集团的钢筋约束浆锚搭接连接技术构造简单、安装方便，在满足结构安全性要求的同时，比其他同等连接方式的成本更低，每平方米造价可节约 20 元左右。

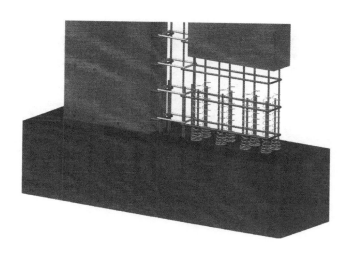

图 5-52　约束浆锚搭接连接示意

　　预制外挂墙板是指安装在主体结构上起围护、装饰作用的非承重预制混凝土外墙板。预制外挂墙板集围护、装饰、防水、保温于一体，采用工厂化生产、装配化施工，具有安装速度快、质量可控、耐久性好、便于保养和维修等特点，符合国家大力发展装配式建筑的方针政策。

　　预制外挂墙板作为一种良好的外围护结构，在国外得到了较为广泛的应用，一些国家在相关标准、设计、加工、施工、运营维护、配套产品等方面均比较成熟。我国也颁布了《预制混凝土外挂墙板应用技术标准》（JGJ/T 458—2018），对预制外挂墙板的设计、加工、施工和验收做出了相关的规定。

　　基于预制外挂墙板系统自身的复杂性，合理的外挂墙板支撑系统选型、墙板构件设计和墙板接缝及连接节点设计是预制外挂墙板合理应用的前提。

　　预制外挂墙板与主体结构的连接采用柔性连接构造（图 5-53），主要有点支撑和线支撑两种安装方式，按照装配式建筑的装配工艺分类，应该属于干式做法。

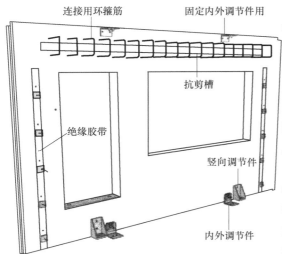

图 5-53　预制外挂墙板连接示意

目前，点支撑外挂墙板可以分为平移式外挂墙板和旋转式外挂墙板，它们与主体结构的连接节点又可分为承重节点和非承重节点两类。外挂墙板与主体结构的连接节点应采用预埋件，不得采用后锚固的方法。

外挂墙板在制作过程中应确保预埋的安装节点位置准确，存放、运输、安装过程中应注意保护安装节点，以免受到损坏。

外挂墙板按其安装方向分为横向外挂墙板（图 5-54）和竖向外挂墙板（图 5-55）；根据采光方式分为有窗外挂墙板（图 5-56）和无窗外挂墙板（图 5-57）；根据其表面肌理、造型、颜色、工艺技术等主要分为清水类、模具造型类、异形曲面类、彩色类、水磨洗出类及光影成像类等外挂墙板（图 5-58）。

图 5-54　横向外挂墙板

图 5-55　竖向外挂墙板

图 5-56　有窗外挂墙板

图 5-57　无窗外挂墙板

图 5-58　不同艺术造型的外挂墙板

外挂墙板因其可塑性强、造型丰富、结构耐久、便于施工安装等特点，在大型艺术场馆类或公共建筑类建筑上已得到广泛应用。

第六节 ▶▶

其他类预制构件

1. 预制楼梯

预制楼梯是指在工厂制作的两个平台之间若干连续踏步，或若干连续踏步和平板组合的混凝土构件。预制楼梯按结构形式可分为预制板式楼梯（图 5-59）和预制梁板式楼梯。

建筑工业行业标准《预制混凝土楼梯》（JG/T 562—2018）规定了预制混凝土楼梯的分类、代号和标记、一般要求、要求、试验方法、检验规则、标志、堆放及运输、产品合格证。

预制楼梯与支撑构件之间宜采用简支连接。采用简支连接时，宜一端设置固定铰（图 5-60），另一端设置滑动铰（图 5-61）。设置滑动铰的端部应采取防止滑落的构造措施。

图 5-59 预制板式楼梯

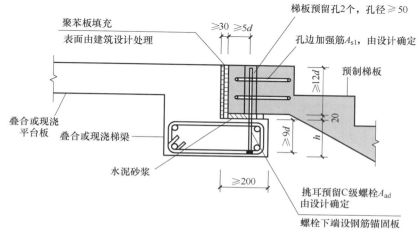

图 5-60 预制楼梯高端支撑为固定铰做法

d—钢筋直径；h—支撑构件高度；A_{s1}—孔边加强筋；A_{ad}—C 级螺栓

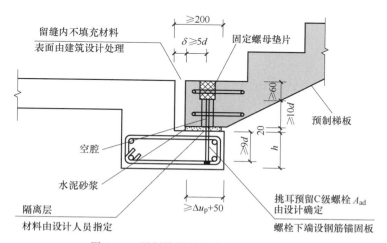

图 5-61 预制楼梯低端支撑为滑动铰做法

δ—滑动铰连接上部尺寸；Δu_p—简支撑铰动连接底部尺寸

预制楼梯在工厂预制，现场安装质量、效率大大提高，节约了工时和人力资源，且安装一次完成，无须再做饰面，清水混凝土面，可直接交房，外观好，结构施工阶段支撑少、易通行，生产工厂和安装现场无垃圾产生。

2. 预制阳台板

预制阳台板是指凸出建筑物外立面的悬挑构件，按照构件形式分为叠合板式阳台、全预制板式阳台、全预制梁式阳台。预制阳台板通过预埋件焊接及钢筋锚入主体结构后浇筑层进行有效连接。

叠合板式阳台类似于叠合板，由预制部分和叠合部分组成，主要通过预制部分的预制钢筋与叠合层的钢筋搭接或焊接，最终与主体结构连成整体（图 5-62 和图 5-63）。

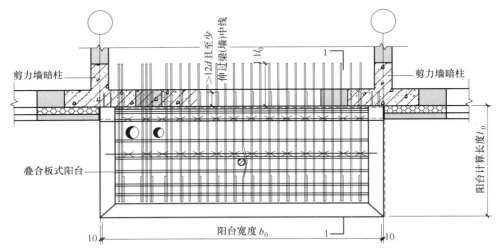

图 5-62　叠合板式阳台与主体结构安装平面图

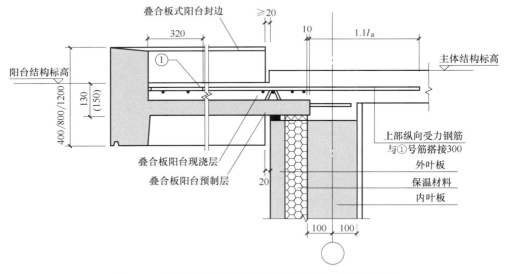

图 5-63　叠合板式阳台与主体结构连接 1—1 节点详图

l_a—纵向受力筋长度

3. 预制空调板

预制空调板是指建筑物外立面悬挑出来放置空调室外机的平台（图 5-64）。预制空调板通过预留负弯矩筋伸入主体结构后浇层，最终与主体结构浇筑成整体。

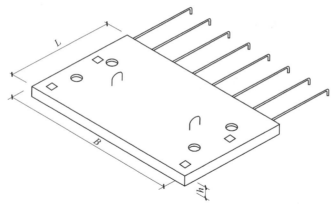

图 5-64　预制空调板示意

h—预制空调板厚度

4. 预制内墙板

预制内墙板按成型方式分为挤压成型墙板和立模浇筑成型墙板两种。挤压成型墙板，也称预制条形墙板，是指将轻质材料料浆用挤压成型机通过模板成型的墙板。

预制内墙按照材料不同，可分为轻钢龙骨石膏板内墙、轻质混凝土空心墙、蒸压加气混凝土板隔墙、木龙骨石膏板隔墙等。

现行《建筑用轻质隔墙条板》《建筑隔墙用轻质条板通用技术要求》中定义，轻质条板是采用轻质材料或轻型构造制作，用于非承重内隔墙的预制条板（图 5-65）。轻质条板按断面构造分为空心条板、实心条板和复合条板；按板的构件类型分为普通板、门窗框板、异形板。

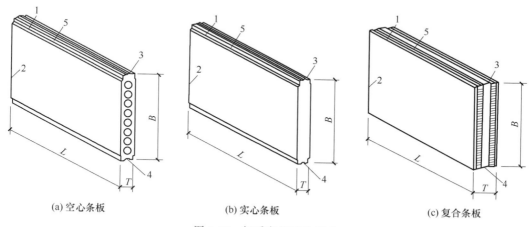

(a) 空心条板　　　　　　　(b) 实心条板　　　　　　　(c) 复合条板

图 5-65　轻质条板结构示意

1—板边；2—板端；3—榫头；4—榫槽；5—接缝槽

B—板宽度；T—板厚度；L—板长度

5. 凸窗（飘窗）

凸窗作为部品预制构件，其结构同时包含水平预制构件和竖向预制构件。凸窗（图 5-66）在工厂预制，有效地提高了现场施工效率，保证质量，节约工期。

6. 非线性预制构件

非线性预制构件（图 5-67）是在满足力学及使用功能的前提条件下，将外饰面设计成非直线平面模式，形成曲面或弧面等多种模式，提高了建筑的美观。通过在工厂预制可以将复杂的工艺先行完成，能有效节约工期，提高作业效率及质量，并促进建筑外形的多元化设计。

图 5-66　凸窗

图 5-67　非线性预制构件

非线性预制构件对模具的要求很高，制作过程中应保护模具不变形。非线性预制构件制作时应编制专项作业方案，特别是脱模、存放、吊运等应严格按照专项作业方案进行作业。

7. 异形构件

预制复杂异形构件，虽然预制生产成本不低，但往往是由于现场施工难度大、质量难以保证，在有一定数量的前提下，可以转移到工厂预制，不但可以保证质量、提高现场施工速度，在大批量生产时还有一定的经济优势，如图 5-68 和图 5-69 所示。

图 5-68　预制保温飘窗

图 5-69　预制转角外墙

第六章
装配式建筑混凝土结构预制构件制作相关规定

第一节 ▶▶

装配式混凝土结构技术相关规程

1. 一般规定

① 预制构件制作单位应具备相应的生产工艺设施，并应有完善的质量管理体系和必要的试验检测手段。

② 预制构件制作前，应对其技术要求和质量标准进行技术交底，并应制定生产方案；生产方案应包括生产工艺、模具方案、生产计划、技术质量控制措施、成品保护、堆放及运输方案等内容。

③ 预制构件用混凝土的工作性应根据产品类别和生产工艺要求确定，构件用混凝土原材料及配合比设计应符合国家现行标准《混凝土结构工程施工规范》（GB 50666—2011）、《普通混凝土配合比设计规程》（JGJ 55—2011）和《高强混凝土应用技术规程》（JGJ/T 281—2012）等的规定。

④ 预制结构构件采用钢筋套筒灌浆连接时，应在构件生产前进行钢筋套筒灌浆连接接头的抗拉强度试验，每种规格的连接接头试件数量不应少于 3 个。

⑤ 预制构件用钢筋的加工、连接与安装应符合国家现行标准《混凝土结构工程施工规范》（GB 50666—2011）和《混凝土结构工程施工质量验收规范》（GB 50204—2015）等的有关规定。

2. 制作准备

① 预制构件制作前，对带饰面砖或饰面板的构件，应绘制排砖图或排板图；对夹芯外墙板，应绘制内外叶墙板的拉结件布置图及保温板排板图。

② 预制构件模具除应满足承载力、刚度和整体稳定性要求外，尚应符合下列规定：

a. 应满足预制构件质量、生产工艺、模具组装与拆卸、周转次数等要求；

b. 应满足预制构件预留孔洞、插筋、预埋件的安装定位要求；

c. 预应力构件的模具应根据设计要求预设反拱。

③ 预制构件模具尺寸的允许偏差和检验方法应符合表 6-1 的规定。当设计有要求时，模具尺寸的允许偏差应按设计要求确定。

表 6-1　预制构件模具尺寸的允许偏差和检验方法

项次	检验项目及内容		允许偏差/mm	检验方法
1	长度	≤6m	1，−2	用钢尺量平行构件高度方向，取其中偏差绝对值较大处
		>6m 且≤12m	2，−4	
		>12m	3，−5	
2	截面尺寸	墙板	1，−2	用钢尺测量两端或中部，取其中偏差绝对值较大处
3		其他构件	2，−4	
4	对角线差		3	用钢尺量纵、横两个方向对角线
5	侧向弯曲		$l/1500$ 且≤5	拉线，用钢尺量测侧向弯曲最大处
6	翘曲		$l/1500$	对角拉线测量交点间距离值的 2 倍
7	底模表面平整度		2	用 2m 靠尺和塞尺量
8	组装缝隙		1	用塞片或塞尺量
9	端模与侧模高低差		1	用钢尺量

注：l 为模具与混凝土接触面中最长边的尺寸。

④ 预埋件加工的允许偏差应符合表 6-2 的规定。

表 6-2　预埋件加工的允许偏差

项次	检验项目及内容		允许偏差/mm	检验方法
1	预埋件锚板的边长		0，−5	用钢尺量
2	预埋件锚板的平整度		1	用直尺和塞尺量
3	锚筋	长度	10，−5	用钢尺量
		间距偏差	±10	用钢尺量

⑤ 固定在模具上的预埋件、预留孔洞中心位置的允许偏差应符合表 6-3 的规定。

表 6-3　固定在模具上的预埋件、预留孔洞中心位置的允许偏差

项次	检验项目及内容	允许偏差/mm	检验方法
1	预埋件、插筋、吊环、预留孔洞中心线位置	3	用钢尺量
2	预埋螺栓、螺母中心线位置	2	用钢尺量
3	灌浆套筒中心线位置	1	用钢尺量

注：检查中心线位置时，应沿纵、横两个方向量测，并取其中的较大值。

⑥ 应选用不影响构件结构性能和装饰工程施工的隔离剂。

3. 构件制作

① 在混凝土浇筑前应进行预制构件的隐蔽工程检查，检查项目应包括下列内容：

a. 钢筋的牌号、规格、数量、位置、间距等；

b. 纵向受力钢筋的连接方式、接头位置、接头质量、接头面积比例（％）、搭接长度等；

c. 箍筋、横向钢筋的牌号、规格、数量、位置、间距，箍筋弯钩的弯折角度及平直段长度；

d. 预埋件、吊环、插筋的规格、数量、位置等；

e. 灌浆套筒、预留孔洞的规格、数量、位置等；

f. 钢筋的混凝土保护层厚度；

g. 夹芯外墙板的保温层位置、厚度，拉结件的规格、数量、位置等；

h. 预埋管线、线盒的规格、数量、位置及固定措施。

② 带面砖或石材饰面的预制构件宜采用反打一次成型工艺制作，并应符合下列要求。

a. 当构件饰面层采用面砖时，在模具中铺设面砖前，应根据排砖图的要求进行配砖和

加工；饰面砖应采用背面带有燕尾槽或黏结性能可靠的产品。

b. 当构件饰面层采用石材时，在模具中铺设石材前，应根据排板图的要求进行配板和加工；应按设计要求在石材背面钻孔，安装不锈钢卡钩，涂覆隔离层。

c. 应采用具有抗裂性和柔韧性、收缩小且不污染饰面的材料嵌填面砖或石材之间的接缝，并应采取防止面砖或石材在安装钢筋、浇筑混凝土等生产过程中发生位移的措施。

③ 夹芯外墙板宜采用平模工艺生产，生产时应先浇筑外叶墙板混凝土层，再安装保温材料和拉结件，最后浇筑内叶墙板混凝土层；当采用立模工艺生产时，应同步浇筑内外叶墙板混凝土层，并应采取保证保温材料及拉结件位置准确的措施。

④ 应根据混凝土的品种、工作性、预制构件的规格形状等因素，制定合理的振捣成型操作规程。混凝土应采用强制式搅拌机搅拌，并宜采用机械振捣。

⑤ 预制构件采用洒水、覆盖等方式进行常温养护时，应符合现行国家标准《混凝土结构工程施工规范》（GB 50666—2011）的要求。

预制构件采用加热养护时，应制定养护制度，对静停、升温、恒温和降温时间进行控制，宜在常温下静停 2～6h，升温、降温速度不应超过 20℃/h，最高养护温度不宜超过 70℃，预制构件出池的表面温度与环境温度的差值不宜超过 25℃。

⑥ 脱模起吊时，预制构件的混凝土立方体抗压强度应满足设计要求，且不应小于 15N/mm²。

⑦ 采用后浇混凝土或砂浆、灌浆料连接的预制构件结合面，制作时应按设计要求进行粗糙面处理。设计无具体要求时，可采用化学处理、拉毛或凿毛等方法制作粗糙面。

⑧ 预应力混凝土构件生产前应制定预应力施工技术方案和质量控制措施，并应符合现行国家标准《混凝土结构工程施工规范》（GB 50666—2011）和《混凝土结构工程施工质量验收规范》（GB 50204—2015）的要求。

4. 构件检验

① 预制构件的外观质量不应有严重缺陷，且不宜有一般缺陷。对已出现的一般缺陷，应按技术方案进行处理，并应重新检验。

② 预制构件尺寸允许偏差及检验方法应符合表 6-4 的规定。预制构件有粗糙面时，与粗糙面相关的尺寸允许偏差可适当放松。

表 6-4 预制构件尺寸允许偏差及检验方法

项 目			允许偏差/mm	检验方法
长度	板、梁、柱、桁架	＜12m	±5	尺量检查
		≥12m 且＜18m	±10	
		≥18m	±20	
	墙板		±4	
宽度、高（厚）度	板、梁、柱、桁架截面尺寸		±5	钢尺量一端及中部，取其中偏差绝对值较大处
	墙板的高度、厚度		±3	
表面平整度	板、梁、柱、墙板内表面		5	2m 靠尺和塞尺检查
	墙板外表面		3	
侧向弯曲	板、梁、柱		l/750 且≤20	拉线、钢尺量最大侧向弯曲处
	墙板、桁架		l/1000 且≤20	
翘曲	板		l/750	调平尺在两端量测
	墙板		l/1000	
对角线差	板		10	钢尺量两个对角线
	墙板、门窗口		5	

项　目		允许偏差/mm	检验方法
挠度变形	梁、板、桁架设计起拱	+10	拉线、钢尺量
	梁、板、桁架下垂	0	最大弯曲处
预留孔	中心线位置	5	尺量检查
	孔尺寸	±5	
预留洞	中心线位置	10	尺量检查
	洞口尺寸、深度	±10	
门窗口	中心线位置	5	尺量检查
	宽度、高度	±3	
预埋件	预埋件锚板中心线位置	5	尺量检查
	预埋件锚板与混凝土面平面高差	0，-5	
	预埋螺栓中心线位置	2	
	预埋螺栓外露长度	+10，-5	
	预埋套筒、螺母中心线位置	2	
	预埋套筒、螺母与混凝土面平面高差	0，-5	
	线管、电盒、木砖、吊环在构件平面的中心线位置偏差	20	
	线管、电盒、木砖、吊环与构件表面混凝土高差	0，-10	
预留插筋	中心线位置	3	尺量检查
	外露长度	+5，-5	
键槽	中心线位置	5	尺量检查
	长度、宽度、深度	±5	

注：1. l 为构件最长边的长度（mm）。

2. 检查中心线、螺栓和孔道位置偏差时，应沿纵横两个方向量测，并取其中偏差较大值。

③ 预制构件应按设计要求和现行国家标准《混凝土结构工程施工质量验收规范》（GB 50204—2011）的有关规定进行结构性能检验。

④ 陶瓷类装饰面砖与构件基面的黏结强度应符合现行行业标准《建筑工程饰面砖黏结强度检验标准》（JGJ/T 110—2017）和《外墙面砖工程施工及验收规程》（JGJ/T 126—2015）等的规定。

⑤ 夹芯外墙板的内外叶墙板之间的拉结件类别、数量及使用位置应符合设计要求。

⑥ 预制构件检查合格后，应在构件上设置表面标识，标识内容宜包括构件编号、制作日期、合格状态、生产单位等信息。

5. 运输与堆放

① 应制定预制构件的运输与堆放方案，其内容应包括运输时间、次序、堆放场地、运输线路、固定要求、堆放支垫及成品保护措施等。对于超高、超宽、形状特殊的大型构件的运输和堆放应有专门的质量安全保证措施。

② 预制构件的运输车辆应满足构件尺寸和载重要求，装卸与运输时应符合下列规定：

a. 装卸构件时，应采取保证车体平衡的措施；

b. 运输构件时，应采取防止构件移动、倾倒、变形等的固定措施；

c. 运输构件时，应采取防止构件损坏的措施，对构件边角部或链索接触处的混凝土，宜设置保护衬垫。

③ 预制构件堆放应符合下列规定：

a. 堆放场地应平整、坚实，并应有排水措施；

b. 预埋吊件应朝上，标识宜朝向堆垛间的通道；

c. 构件支垫应坚实，垫块在构件下的位置宜与脱模、吊装时的起吊位置一致；

d. 重叠堆放构件时，每层构件间的垫块应上下对齐，堆垛层数应根据构件、垫块的承载力确定，并应根据需要采取防止堆垛倾覆的措施；

e. 堆放预应力构件时，应根据构件起拱值的大小和堆放时间采取相应措施。

④ 墙板的运输与堆放应符合下列规定。

a. 当采用靠放架堆放或运输构件时，靠放架应具有足够的承载力和刚度，与地面倾斜角度宜大于 $80°$；墙板宜对称靠放且外饰面朝外，构件上部宜采用木垫块隔离；运输时构件应采取固定措施。

b. 当采用插放架直立堆放或运输构件时，宜采取直立运输方式；插放架应有足够的承载力和刚度，并应支垫稳固。

c. 采用叠层平放的方式堆放或运输构件时，应采取防止构件产生裂缝的措施。

第二节 ▶▶

装配式混凝土建筑技术标准

《装配式混凝土建筑技术标准》（GB/T 51231—2016）（以下简称《装标》）从设计、制作、安装、质量验收等环节较全面地定义了装配式混凝土建筑的技术标准和要求。

1. 预制构件生产单位的规定

生产单位应具备保证产品质量要求的生产工艺设施、试验检测条件，建立完善的质量管理体系和制度，并宜建立质量可追溯的信息化管理系统。

2. 预埋件、连接件等材料质量的规定

① 预埋吊件进厂检验：同一厂家、同一类别、同一规格预埋吊件不超过 10000 件为一批，按批抽取试样进行外观尺寸、材料性能、抗拉拔性能等试验，检验结果应符合设计要求。

② 内外叶墙体拉结件进厂检验：同一厂家、同一类别、同一规格产品不超过 10000 件为一批，按批抽取试样进行外观尺寸、材料性能、力学性能检验，检验结果应符合设计要求。

③ 灌浆套筒和灌浆料进厂检验应符合现行行业标准《钢筋套筒灌浆连接应用技术规程》（JGJ 355—2015）的有关规定。

④ 钢筋浆锚连接用镀锌金属波纹管进厂应全数检查外观质量，其外观应清洁，内外表面应无锈蚀、油污、附着物、孔洞，不应有不规则褶皱，咬口应无开裂、脱扣；应进行径向刚度和抗渗漏性能检验，检查数量应按进场的批次和产品的抽样检验方案确定；检验结果应符合现行行业标准《预应力混凝土用金属波纹管》（JG 225—2020）的规定。

3. 制作预制构件所用的模具的规定

① 预制构件生产应根据生产工艺、产品类型等制定模具方案，应建立健全模具验收、使用制度。

② 模具应具有足够的强度、刚度和整体稳固性，并应符合下列规定。

a. 模具应装拆方便，并应满足预制构件质量、生产工艺和周转次数等要求。

b. 结构造型复杂、外形有特殊要求的模具应制作样板，经检验合格后方可批量制作。

c. 模具各部件之间应连接牢固，接缝应紧密，附带的埋件或工装应定位准确，安装牢固。

d. 用作底模的台座、胎模、地坪及铺设的底板等应平整光洁，不得有下沉、裂缝、起砂和起鼓。

e. 模具应保持清洁，涂刷脱模剂、表面缓凝剂时应均匀、无漏刷、无堆积，且不得沾污钢筋，不得影响预制构件外观效果。

f. 应定期检查侧模、预埋件和预留孔洞定位措施的有效性；应采取防止模具变形和锈蚀的措施；重新启用的模具应检验合格后方可使用。

g. 模具与平模台间的螺栓、定位销、磁盒等固定方式应可靠，防止混凝土振捣成型时造成模具偏移和漏浆。

③ 除设计有特殊要求外。预制构件模具尺寸允许偏差和检验方法应符合表 6-5 的规定。

表 6-5　预制构件模具尺寸允许偏差和检验方法

检验项目及内容		允许偏差/mm	检验方法
长度	≤6m	1，−2	用尺量平行构件高度方向，取其中偏差绝对值较大处
	>6m 且≤12m	2，−4	
	>12m	3，−5	
宽度、高(厚)度	墙板	1，−2	用尺测量两端或中部，取其中偏差绝对值较大处
	其他构件	2，−4	
对角线差		3	用尺量对角线
侧向弯曲		$l/1500$ 且≤5	拉线，用钢尺量侧向弯曲最大处
翘曲		$l/1500$	对角拉线测量交点间距离值的 2 倍
底模表面平整度		2	用 2m 靠尺和塞尺量
组装缝隙		1	用塞片或塞尺量，取最大值
端模与侧模高低差		1	用钢尺量

注：l 为模具与混凝土接触面中最长边的尺寸。

④ 构件上的预埋件和预留孔洞宜通过模具进行定位（图 6-1），并安装牢固，其安装允许偏差应符合表 6-6 的规定。

图 6-1　预埋件、预留孔洞定位

表 6-6　模具上预埋件、预留孔洞安装允许偏差

检验项目		允许偏差/mm	检验方法
预埋钢板、建筑幕墙用槽式预埋组件	中心线位置	3	用尺量测纵横两个方向的中心线位置，取其中较大值
	平面高差	±2	钢直尺和塞尺检查

检验项目		允许偏差/mm	检验方法
预埋管、电线盒、电线管水平和垂直方向的中心线位置偏移、预留孔、浆锚搭接预留孔(或波纹管)		2	用尺量测纵横两个方向的中心线位置,取其中较大值
插筋	中心线位置	3	用尺量测纵横两个方向的中心线位置,取其中较大值
	外露长度	±10.0	用尺量测
吊环	中心线位置	3	用尺量测纵横两个方向的中心线位置,取其中较大值
	外露长度	0,−5	用尺量测
预埋螺栓	中心线位置	2	用尺量测纵横两个方向的中心线位置,取其中较大值
	外露长度	+5.0	用尺量测
预埋螺母	中心线位置	2	用尺量测纵横两个方向的中心线位置,取其中较大值
	平面高差	±1	钢直尺和塞尺检查
预留洞	中心线位置	3	用尺量测纵横两个方向的中心线位置,取其中较大值
	尺寸	+3.0	用尺量测纵横两个方向尺寸,取其中较大值
灌浆套筒及连接钢筋	灌浆套筒中心线位置	1	用尺量测纵横两个方向的中心线位置,取其中较大值
	连接钢筋中心线位置	1	用尺量测纵横两个方向的中心线位置,取其中较大值
	连接钢筋外露长度	+5.0	用尺量测

⑤ 预制构件中预埋门窗框时,应在模具上设置限位装置进行固定,并应逐件检验。门窗框安装允许偏差和检验方法应符合表 6-7 的规定。

表 6-7 门窗框安装允许偏差和检验方法

项 目		允许偏差/mm	检验方法
锚固脚片	中心线位置	5	钢尺检查
	外露长度	+5.0	钢尺检查
门窗框位置		2	钢尺检查
门窗框高、宽		±2	钢尺检查
门窗框对角线		±2	钢尺检查
门窗框的平整度		2	靠尺检查

4. 预制构件制作中所用的钢筋及预埋件制作、安装的规定

① 钢筋宜采用自动化机械设备加工,并应符合现行国家标准《混凝土结构工程施工规范》(GB 50666—2011) 的有关规定。

② 钢筋连接除应符合现行国家标准《混凝土结构工程施工规范》(GB 50666—2011) 的有关规定外,尚应符合下列规定。

a. 钢筋接头的方式、位置、同一截面受力钢筋的接头比例(%)、钢筋的搭接长度及锚固长度等应符合设计要求或国家现行有关标准的规定。

b. 钢筋焊接接头、机械连接接头和套筒灌浆连接接头均应进行工艺检验,试验结果合格后方可进行预制构件生产。

c. 螺纹接头和半灌浆套筒连接接头应使用专用扭力扳手拧紧至规定扭力值。

d. 钢筋焊接接头和机械连接接头应全数检查外观质量。

e. 焊接接头、钢筋机械连接接头、钢筋套筒灌浆连接接头力学性能应符合现行行业标准《钢筋焊接及验收规程》（JGJ 18—2012）、《钢筋机械连接技术规程》（JGJ 107—2016）和《钢筋套筒灌浆连接应用技术规程》（JGJ 355—2015）的有关规定。

③ 钢筋半成品、钢筋网片、钢筋骨架和钢筋桁架应检查合格后方可进行安装，并应符合下列规定。

a. 钢筋表面不得有油污，不应严重锈蚀。

b. 钢筋网片和钢筋骨架宜采用专用吊架进行吊运。

c. 混凝土保护层厚度应满足设计要求。保护层垫块宜与钢筋骨架或网片绑扎牢固，按梅花状布置，间距满足钢筋限位及控制变形要求，钢筋绑扎丝甩扣应弯向构件内侧。

d. 钢筋桁架尺寸允许偏差应符合表 6-8 的规定，钢筋成品的尺寸允许偏差和检验方法应符合表 6-9 的规定。

表 6-8　钢筋桁架尺寸允许偏差

检验项目	允许偏差/mm
长度	总长度的±0.3%，且不超过±10
高度	+1，−3
宽度	±5
扭翘	≤5

表 6-9　钢筋成品的尺寸允许偏差和检验方法

项　　目		允许偏差	检验方法
钢筋网片	长、宽	±5	钢尺检查
	网眼尺寸	±10	钢尺量连续三挡，取最大值
	对角线	5	钢尺检查
	端头不齐	5	钢尺检查
钢筋骨架	长	0，−5	钢尺检查
	宽	±5	钢尺检查
	高（厚）	±5	钢尺检查
	主筋间距	±10	钢尺量两端、中间各一点，取最大值
	主筋排距	±5	钢尺量两端、中间各一点，取最大值
	箍筋间距	±10	钢尺量连续三挡，取最大值
	弯起点位置	15	钢尺检查
	端头不齐	5	钢尺检查
	保护层 柱、梁	±5	钢尺检查
	保护层 板、墙	±3	钢尺检查

④ 预埋件加工允许偏差应符合表 6-10 的规定。

表 6-10　预埋件加工允许偏差

检验项目		允许偏差/mm	检验方法
预埋件锚板的边长		0，−5	用钢尺量测
预埋件锚板的平整度		1	用直尺和塞尺量测
锚筋	长度	10，−5	用钢尺量测
	间距偏差	±10	用钢尺量测

5. 预制预应力构件的规定

① 预制预应力构件生产应编制专项方案，预应力张拉台座应进行专项施工设计，并应具有足够的承载力、刚度及整体稳固性。

② 预应力筋应使用砂轮锯或切断机等机械方法切断，不得采用电弧焊或气焊切断。

③ 钢丝镦头的头型直径不宜小于钢丝直径的 1.5 倍，高度不宜小于钢丝直径，镦头不应出现横向裂纹。

④ 当钢丝束两端均采用镦头锚具时，同一束中各根钢丝长度的极差不应大于钢丝长度的 1/5000，且不应大于 5mm；当成组张拉长度不大于 10m 的钢丝时，同组钢丝长度的极差不得大于 2mm。

⑤ 预应力筋的安装、定位和保护层厚度应符合设计要求。

⑥ 预应力筋张拉设备及压力表应配套标定和使用，标定期限不应超过半年；当使用过程中出现反常现象或张拉设备检修后，应重新标定。

⑦ 预应力筋的张拉控制应力应符合设计及专项方案的要求。当需要超张拉时，调整后的张拉控制应力 σ_{con} 应符合下列规定。

a. 消除应力钢丝、钢绞线

$$\sigma_{con} \leqslant 0.8 f_{ptk}$$

b. 中强度预应力钢丝

$$\sigma_{con} \leqslant 0.75 f_{ptk}$$

c. 预应力螺纹钢筋

$$\sigma_{con} \leqslant 0.90 f_{pyk}$$

式中　σ_{con}——预应力筋张拉控制应力；

　　f_{ptk}——预应力筋极限强度标准值；

　　f_{pyk}——预应力螺纹钢筋屈服强度标准值。

⑧ 采用应力控制方法张拉时，应校核最大张拉力下预应力筋伸长值。实测伸长值与计算伸长值的偏差应控制在 ±6% 之内。

⑨ 预应力筋的张拉应符合设计要求，并应符合下列规定。

a. 宜采用多根预应力筋整体张拉；单根张拉时应采取对称和分级方式。按照校准的张拉力控制张拉精度，以预应力筋的伸长值作为校核。

b. 对预制屋架等平卧叠浇构件，应从上而下逐榀张拉。

c. 预应力筋张拉时，应从零拉力加载至初拉力后，量测伸长值初读数，再以均匀速率加载至张拉控制力。

d. 预应力筋张拉锚固后，应对实际建立的预应力值与设计给定值的偏差进行控制；应以每工作班为一批，抽查预应力筋总数的 1%，且不少于 3 根。

⑩ 预应力筋放张时，混凝土强度应符合设计要求，且同条件养护的混凝土立方体抗压强度不应低于设计混凝土强度等级值的 75%；采用消除应力钢丝或钢绞线作为预应力筋的先张法构件，还不应低于 30MPa。

6. 预制构件成型、养护及脱模的规定

① 浇筑混凝土前应进行钢筋、预应力的隐蔽工程检查。隐蔽工程检查项目应包括内容。

a. 钢筋的牌号、规格、数量、位置和间距。

b. 纵向受力钢筋的连接方式、接头位置、接头质量、接头面积比例（%）、搭接长度、锚固方式及锚固长度。

c. 箍筋弯钩的弯折角度及平直段长度。

d. 钢筋的混凝土保护层厚度。

e. 预埋件、吊环、插筋、灌浆套筒、预留孔洞、金属波纹管的规格、数量、位置及固定措施。

f. 预埋线盒和管线的规格、数量、位置及固定措施。

g. 夹芯外墙板的保温层位置和厚度，拉结件的规格、数量和位置。

h. 预应力筋及其锚具、连接器和锚垫板的品种、规格、数量、位置。

i. 预留孔道的规格、数量、位置，灌浆孔、排气孔、锚固区局部加强构造。

② 混凝土应采用有自动计量装置的强制式搅拌机搅拌，并具有生产数据逐盘记录和实时查询功能。应按照混凝土配合比通知单进行生产，其原材料每盘称量的允许偏差应符合表 6-11 的规定。

表 6-11　混凝土原材料每盘称量的允许偏差

材料名称	允许偏差/%	材料名称	允许偏差/%
胶凝材料	±2	水、外加剂	±1
粗、细骨料	±3		

③ 混凝土应进行抗压强度检验，混凝土检验试件应在浇筑地点取样制作，每拌制 100 盘且不超过 100m³ 时的同一配合比混凝土或每工作班拌制的同一配合比的混凝土不足 100 盘为一批，每批制作强度检验试块不少于 3 组，随机抽取 1 组进行同条件转标准养护后进行强度检验，其余作为同条件试件在预制构件脱模和出厂时控制其强度。

④ 蒸汽养护的预制构件，混凝土试块应随同构件蒸养后，再转入标准条件养护。构件脱模起吊、预应力张拉或放张的混凝土同条件试块，其养护条件应与构件生产中采用的养护条件相同。

⑤ 除设计有要求外，预制构件出厂时的混凝土强度不宜低于设计混凝土强度等级值的 75%。

⑥ 带面砖或石材饰面的预制构件宜采用反打一次成型工艺制作。

⑦ 带保温材料的预制构件宜采用水平浇筑方式成型，在上层混凝土浇筑完成之前，下层混凝土不得初凝。

⑧ 混凝土浇筑应符合下列规定。

a. 混凝土浇筑前，预埋件及预留钢筋的外露部分宜采取防止污染的措施。

b. 混凝土浇筑应连续进行，混凝土从出机到浇筑完毕的延续时间，气温高于 25℃ 时不宜超过 60min，气温不高于 25℃ 时不宜超过 90min。

⑨ 混凝土宜采用机械振捣方式成型，当采用振捣棒时，混凝土振捣过程中不应碰触钢筋骨架、面砖和预埋件。

⑩ 预制构件粗糙面成型可采用模板面预涂缓凝剂工艺，脱模后采用高压水冲洗露的出骨料；叠合面的粗糙面可在混凝土初凝前进行拉毛处理。

⑪ 预制构件养护应符合下列规定。

a. 混凝土浇筑完毕或压面工序完成后应及时覆盖保湿，脱模前不得揭开。

b. 加热养护可选择蒸汽加热、电加热或模具加热等方式，加热养护宜采用温度自动控制装置，在常温下宜预养护 2～6h，升、降温速度不宜超过 20℃/h，最高养护温度不宜超过 70℃。预制构件脱模时的表面温度与环境温度的差值不宜超过 25℃。

c. 夹芯保温外墙板最高养护温度不宜大于 60℃。

⑫ 预制构件脱模起吊时的混凝土强度应符合设计要求，且不宜小于 15MPa。

⑬ 预制构件吊运吊索水平夹角不宜小于 60°，不应小于 45°，吊运过程中，应保持稳定，

不得偏斜、摇摆和扭转，严禁吊装构件长时间悬停在空中。

⑭ 吊装大型构件、薄壁构件或形状复杂的构件时，应使用分配梁或分配桁架类吊具，并应采取避免构件变形和损伤的临时加固措施。

7. 预制构件存放的规定

① 预制构件存放场地应平整、坚实，并应有排水措施；存放库区宜实行分区管理和信息化台账管理。

② 预制构件存放应满足下列要求。

a. 应按照产品品种、规格型号、检验状态分类存放，产品标识应明确、耐久，预埋吊件应朝上，标识应向外。

b. 应合理设置垫块支点位置，确保预制构件存放稳定，支点宜与起吊点位置一致。预制构件多层叠放时，每层构件间的垫块应上下对齐。

c. 与清水混凝土面接触的垫块应采取防污染措施。

③ 预制构件成品保护应符合下列规定。

a. 预制构件成品外露保温板应采取防止开裂措施，外露钢筋应采取防弯折措施。外露预埋件和连接件等外露金属件应按不同环境类别进行防护或防腐、防锈。

b. 宜采取保证吊装前预埋螺栓孔清洁的措施。

c. 钢筋连接套筒、预埋孔洞应采取防止堵塞的临时封堵措施。

8. 预制构件运输的规定

① 预制构件在运输过程中应设置柔性垫片，避免预制构件边角部位或链索接触处的混凝土损伤。

② 带外饰面的构件，用塑料薄膜包裹垫块，避免预制构件外观污染。

③ 墙板门窗框、装饰表面和棱角采用塑料贴膜或其他措施防护。

④ 采用靠放架立式运输时，构件与地面倾斜角度宜大于80°，构件应对称靠放，每侧不大于2层，构件层间上部采用木垫块隔离。

⑤ 采用插放架直立运输时，应采取防止构件倾倒措施，构件之间应设置隔离垫块。

⑥ 水平运输时，预制梁、柱构件叠放不宜超过3层，板类构件叠放不宜超过6层。

第三节 ▶▶

混凝土结构工程施工质量验收规范

《混凝土结构工程施工质量验收规范》（GB 50204—2015）（以下简称《施规》）第9部分"装配式结构分项工程"，对装配式混凝土预制构件的质量验收的规定如下。

① 装配式结构连接部位及叠合构件浇筑混凝土之前，应进行隐蔽工程验收。

② 预制构件结构性能检验应符合下列规定。

a. 梁板类简支受弯预制构件进场时应进行结构性能检验。

b. 钢筋混凝土构件和允许出现裂缝的预应力混凝土构件应进行承载力、挠度和裂缝宽度检验；不允许出现裂缝的预应力混凝土构件应进行承载力、挠度和抗裂检验。

c. 对其他预制构件，除设计有专门要求外，进场时可不做结构性能检验。

③ 预制构件的外观质量不应有严重缺陷，且不应有影响结构性能和安装、使用功能的尺寸偏差。

④ 预制构件上的预埋件、预留插筋、预埋管线等的规格和数量以及预留孔、预留洞的数量应符合设计要求。

⑤ 预制构件应有标识。

⑥ 预制构件的外观质量不应有一般缺陷。

⑦ 预制构件的尺寸偏差及检验方法应符合表 6-12 的规定；设计有专门规定时，还应符合设计要求。

表 6-12　预制构件的尺寸偏差及检验方法

项　　目			允许偏差/mm	检验方法
长度	楼板、梁、柱、桁架	＜12m	±5	尺量
		≥12m 且＜18m	±10	
		≥18m	±20	
	墙板		±4	
宽度 高(厚)度	楼板、梁、柱、桁架		±5	尺量一端及中部,取其中偏差绝对值较大处
	墙板		±4	
表面 平整度	楼板、梁、柱、墙板内表面		5	2m靠尺和塞尺量测
	墙板外表面		3	
侧向弯曲	楼板、梁、柱		$l/750$ 且≤20	拉线、直尺量测最大侧向弯曲处
	墙板、桁架		$l/1000$ 且≤20	
翘曲	楼板		$l/750$	调平尺在两端量测
	墙板		$l/1000$	
对角线	楼板		10	尺量两个对角线
	墙板		5	
预留孔	中心线位置		5	尺量
	孔尺寸		±5	
预留洞	中心线位置		10	尺量
	洞口尺寸、深度		±10	
预埋件	预埋板中心线位置		5	尺量
	预埋板与混凝土面平面高差		0,−5	
	预埋螺栓		2	
	预埋螺栓外露长度		+10,−5	
	预埋套筒、螺母中心线位置		2	
	预埋套筒、螺母与混凝土面平面高差		±5	
预留插筋	中心线位置		5	尺量
	外露长度		+10,−5	
键槽	中心线位置		5	尺量
	长度、宽度		±5	
	深度		±10	

注：l 为构件长度，单位为 mm。

第四节 ▶▶

钢筋套筒灌浆连接应用技术规程

钢筋套筒灌浆连接是装配式建筑主体结构连接的主要方式，《钢筋套筒灌浆连接应用技术规程》（JGJ 355—2015）对于预制构件制作中钢筋套筒灌浆连接接头施工的要求如下。

① 钢筋套筒灌浆连接接头的抗拉强度不应小于连接钢筋抗拉强度标准值，且破坏时应断于接头外钢筋，见图 6-2。

② 钢筋与全灌浆套筒连接时，插入深度应满足设计锚固深度要求，一般宜插到套筒中心挡片处，见图6-3。

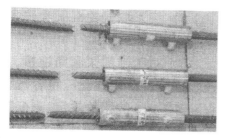

图6-2 灌浆接头抗拉强度试验断于接头外钢筋

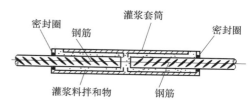

图6-3 钢筋插入套筒的深度

③ 灌浆套筒应可靠地固定在模具上，与柱底、墙底模板应垂直，见图6-4。

④ 与灌浆套筒连接的灌浆管、出浆管应定位准确、安装稳固，见图6-5。

图6-4 套筒安装

图6-5 灌浆管、出浆管安装

⑤ 应采取避免混凝土浇筑时向灌浆套筒内漏浆的封堵措施。

⑥ 对于半灌浆套筒连接，机械连接端的钢筋丝头加工、连接安装、质量检验应符合现行标准《钢筋机械连接技术规程》(JGJ 107—2016) 的相关规定。

⑦ 混凝土浇筑之前的隐蔽工程验收时，验收灌浆套筒的型号、数量、位置及灌浆孔、出浆孔、排气孔的位置。

⑧ 预制构件拆模后灌浆套筒和外露钢筋的允许偏差及检验方法见表6-13。

表6-13 预制构件拆模后灌浆套筒和外露钢筋的允许偏差及检验方法

项 目		允许偏差/mm	检验方法
灌浆套筒中心位置		+2 0	
外漏钢筋	中心位置	+2 0	尺量
	外露长度	+10 0	

⑨ 预制构件出厂前，应清理灌浆套筒内的杂物，并对灌浆套筒的灌浆孔、出浆孔进行透光检查。

第五节 ▶▶

多层装配式建筑混凝土结构预制构件制作与运输基本要求

① 预制构件制作与运输，应符合国家现行标准《装配式混凝土建筑技术标准》（GB/T 51231—2016）、《装配式混凝土结构技术规程》（JGJ 1—2014）的有关规定。

② 预留在预制构件中的预埋件进厂（场）时应按批检验；对有承载力要求的预埋件应按设计或产品标准要求制作有代表性试件，并进行试验验证，使用前应检查承载力检验的合格报告。

③ 预制构件制作过程中，预埋件的种类、数量应符合设计要求；预埋件定位应准确，其安装允许偏差应符合设计要求及现行行业标准《装配式混凝土结构技术规程》（JGJ 1—2014）的有关规定。当预埋件采用定型产品时，其安装允许偏差还应符合产品的企业标准和使用说明文件的规定。

④ 预制构件中采用定型预埋件产品时，应制定专项产品工艺操作规程和质量检验标准。

⑤ 在生产和运输过程中，应对预制构件上的预埋件、预留筋、预留管线、预留孔洞等采取保护措施。

⑥ 预制构件有保温、装饰、防水等性能要求时，应对预制构件进行专项性能检测，合格后方可使用。

⑦ 预应力预制构件制作前，应制定预应力施工技术方案和质量控制措施。

第七章

装配式建筑混凝土结构预制构件制作设备及工具

第一节 ▶▶

预制构件设备类

一、模台设备相关工具

1. 模具

模台用于混凝土预制构件的生产，需满足长期振捣不变形的要求，同时必须考虑刚性、强度要求。模台面板由整块钢板制成，无拼焊缺陷，见图7-1。模台的尺寸和荷载由混凝土预制构件的尺寸、类型及设备设计理念决定。从启动到混凝土预制构件的起吊，模台在流水线上流转于不同的工作站，先后完成清扫、画线、预埋、喷油、配筋、浇筑、养护等。

目前，常见的模台有碳钢模台和不锈钢模台两种。模台通常采用 Q345 钢板整板铺面，台面钢板厚度为 10mm。

模台尺寸一般为 9000mm×4000mm×310mm。表面平整度的要求是在任意 3000mm 长度内不超过 ±1.5mm。模台承载力 $P < 6.5kN/m^2$。

2. 模台辊道

模台辊道是实现模台沿生产线机械化行走的必要设备。模台辊道由两侧的辊轮组成。工作时，辊轮同向滚动，带动上面的模台向下一道工序的作业点移动。模台辊道应能合理控制模台的运行速度，并保证模台运行时不偏离、不颠簸。

图 7-1 模台

3. 模具清扫机

当预制混凝土构件生产线移动模台上的混凝土构件强度达到要求时，会使用吊车将混凝土构件移走，移动模台运行到下一个工位循环使用。再次投入生产前，需要对移动模台上的残余附着物进行清理。模具清扫机可将脱模后的空模台上附着的混凝土清理干净。清扫机通过滚轮（可通过升降来调整清扫滚轮在模台上的压力）对模台上残留的混凝土颗粒进行清扫，然后由可延时的吸尘器对粉尘进行吸收，在保证清扫效率的同时减少了模台上颗粒清扫带来的厂房扬尘。一个模台在完成前一轮生产之后，从清扫开始进入下一轮工作状态。

模具清扫机（图7-2）由清渣铲、横向刷辊、坚固的支撑架、吸尘器、清渣斗和电气系统等组成。模具清扫机能将附着、散落在模具上的混凝土渣清理干净，并收集到清渣斗内。清渣铲能将附着的混凝土铲下，横向刷辊可以清扫底模上的混凝土渣，模具通过后掉落在清渣斗内。吸尘器能将毛刷激起的扬尘吸入滤袋内，避免粉尘污染。其控制系统与喷涂脱模机装置一体化，减少了操作人员数量。

二、画线机

画线机由生产数据线直接输入信息（图7-3），按要求自动在模台上画出点和线，采用水墨喷墨方式快速而准确地标出边模、预埋件等的位置，提高放置边模、预埋件的准确性和速度。画线机可通过控制系统进行图形输入，定位后自动按照已输入图形进行画线操作。

图7-2　模具清扫机　　　　　　　　　图7-3　数控画线机

三、混凝土送料机

混凝土送料机（图7-4）用于存放、输送搅拌站出来的混凝土，通过在特定的轨道上行走，将混凝土运送到布料机中。其作用是将搅拌好的混凝土材料输送给布料机。

目前生产企业普遍应用的混凝土输送设备可通过手动、遥控和自动三种方式接收指令，按照指令以指定的速度移动或停止输送混凝土物料。

四、混凝土布料机

利用混凝土布料机（图7-5）可以把混凝土浇筑到已装好边模的托盘内，然后根据制作预制构件强度等方面的需要，把混凝土均匀地浇在模板上由边模构成的预制构件位置内。对于混凝土布料机，可根据所需的自动化程度采用手动式或者自动化操作。

五、混凝土振实台

混凝土振实台（图7-6）用于振捣完成布料后的周转平台，从而将其中的混凝土振捣密实。其作用是对布料机摊铺在台车上模具内的混凝土进行振捣，充分保证混凝土内部结构密实，达到设计强度。

图 7-4　混凝土送料机

图 7-5　混凝土布料机

　　混凝土振实台由固定台座、振动台面、减振提升装置、锁紧机构、液压系统和电气控制系统组成。固定台座和振动台面各有三组，前后依次布置，固定台座与振动台面之间装有减振提升装置，减振提升装置由空气弹簧和限位装置组成。周转平台放置于振动台上，由振动台锁紧装置将周转平台与振动台锁紧为一体，布料机在模具内进行布料。布料完成后，振动台起升后再起振，将模具中的混凝土振捣密实。

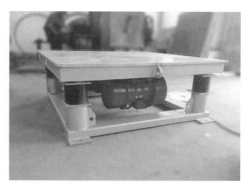

图 7-6　混凝土振实台

六、压光机

　　压光机（图 7-7）用于混凝土成型面的抹面和压光，抹面压光效果好，省时省力，其缺点是适用范围较窄，一般只适用于表面没有伸出筋，预埋件少且表面为平面的预制构件。

七、倾斜机

　　倾斜机（图 7-8）用于预制构件脱模。板类预制构件常采用水平浇筑立式存放，为避免预制构件立起时损坏，采用在倾斜机上倾侧后立式脱离模台，当采用倾斜机脱模时，可取消墙板等预制构件的脱模吊点，用安装吊点脱模。

图 7-7　压光机

图 7-8　倾斜机

八、脱模剂喷涂机

脱模剂喷涂机可以根据预先输入系统的参数信息，自动在相应的模板表面喷涂脱模剂，喷涂均匀，效率高。

九、桁架筋抓取设备

桁架筋抓取设备（图 7-9）用于抓取桁架筋并自动放入模具内相应的位置，多用于生产叠合板，效率高。

十、养护窑

混凝土构件在养护窑中存放，经过静置、升温、恒温、降温等几个阶段，最终达到强度要求。

梁、柱等体积较大的预制构件宜采用自然养护方法，楼板、墙板等较薄的预制构件或冬期生产的预制构件，宜采用蒸汽养护方法。预制构件厂中常设置养护窑（图 7-10）。对于混凝土

图 7-9　桁架筋抓取设备

可采用覆盖浇水和塑料薄膜覆盖的自然养护、化学保护膜养护和蒸汽养护。养护窑用于 PC 板的静止养护，可以自动进板和出板，自动化程度很高，节省场地。养护窑围挡将养护窑保温板围住，确保 PC 件在一个密闭的空间内，并确保温度符合要求。

预制构件采用加热养护时，应制定相应的养护制度，预养时间宜为 $1\sim3h$，升温速率应为 $10\sim20℃/h$，降温速率不应大于 $10℃/h$。梁、柱等较厚预制构件的养护温度为 $40℃$，楼板、墙板等较薄构件的养护最高温度为 $60℃$，持续养护时间应不小于 $4h$。

十一、拉毛机

拉毛机（图 7-11）用于对叠合板构件新浇筑混凝土的上表面进行拉毛处理，以保证叠合板和后浇筑的地板混凝土较好地结合起来。

十二、脱模机

脱模机是待预制构件达到脱模强度后将其吊离模台所用的机械。脱模机（图 7-12）应有框架式吊梁，起吊脱模时按照构件的设计吊点进行起吊，并保证各吊点垂直受力。模板固定于托板保护机构上，可将水平板翻转 $85°\sim90°$，便于制品竖直起吊。

图 7-10　养护窑

图 7-11　拉毛机

构件进行蒸汽养护后，蒸养罩内外温差小于20℃时方可进行脱模作业。构件脱模应严格按照顺序拆除模具，不得使用振动方式拆模。构件拆模时应仔细检查，确保构件与模具之间的连接部分完全拆除后方可起吊；预制构件拆模起吊时，应根据设计要求或具体生产条件确定所需的混凝土标准立方体抗压强度，并应满足下列要求。

图7-12　脱膜机

① 脱模混凝土强度应不小于15MPa。

② 外墙板、楼板等较薄的预制构件起吊时，混凝土强度应不小于20MPa。

③ 梁、柱等较厚的预制构件起吊时，混凝土强度应不小于30MPa。

④ 对于预应力预制构件及拆模后需要移动的预制构件，拆模时的混凝土立方体抗压强度应不小于混凝土设计强度的75%。

构件脱模时，若不存在影响结构性能、钢筋、预埋件或者连接件锚固的局部破损和构件表面的非受力裂缝，可用修补浆料进行表面修补后使用。若构件脱模后，构件外装饰材料出现破损，应进行修补。

十三、运转设备

预制构件的运转设备主要有立起机、堆码机、构件转运车等。

图7-13　立起机

1. 立起机

立起机（图7-13）用于将完成边模脱模工作的模台（含达到养护条件的PC构件）立起，配合行车将构件进行吊离、储存。立起机通过两个液压油缸进行支撑，保证双油缸精准同步，保证模台、PC构件在立起过程中水平面的水平度，从而对模台、构件进行零损伤立起。

2. 堆码机

堆码机（图7-14）又名码垛机，以低速运行，节省人力、物力、堆码时间，堆码站可与堆码升降台和塑料链传送系统联合使用，实现高质量堆码，堆码过程还可以延续到输送车上，塑料链传送系统可防止对堆码底层纸板的损害。

堆码机的工作过程：平板上符合栈板要求的一层工件，与平板一起向前移动，直至栈板垂直面，上方挡料杆下降，另外，三方定位挡杆启动夹紧，此时平板复位。各工件下降到栈板平面，栈板平面与平板底面相距10mm，栈板下降一个工件高度。重复上述步骤直到栈板堆码达到设定要求。堆码机自动运行分为自动进箱、转箱、分排、成堆、移堆、堤堆、进托、下堆、出垛等步骤。

3. 构件转运车

构件转运车是构件由厂房转运至成品堆码的转运设备。通过使用构件转运车，可以使构件在运输过程中无意外损伤，保证构件质量。如图7-15所示为山东万斯达研发的构件转运车，可采用蓄电池供电，并配备有充电桩，设备运行过程中检测到电量较低时自动返回充电桩进行充电。

图7-14 堆码机

图7-15 山东万斯达研发的构件转运车

十四、起重设备

预制构件工厂常用的起重设备有桥式起重机、梁式起重机、门式起重机等，一般厂房内宜选用桥式起重机（图7-16）或梁式起重机，存放场地则多采用门式起重机（图7-17）。

起重机常见的起重量为3t、5t、10t、16t、25t、32t等，工厂可根据生产预制构件的质量，选取适宜吨位的起重机。

起重机发生故障或现有起重机满足不了生产和存放需要时，可以采用轮式起重机进行应急（图7-18）。根据最大起重量，常用的有8t、12t、16t、20t、25t、32t、35t、40t、50t、70t、80t、100t等轮式起重机。

图7-16 桥式起重机

图7-17 门式起重机

图7-18 轮式起重机

十五、钢筋加工设备

钢筋加工生产线主要负责外墙板、内墙板、叠合板及异型构件生产线的钢筋加工制作，钢筋成品、半成品类型主要有箍筋、拉筋、钢筋网片和钢筋桁架等。钢筋生产线主要分为原材料堆放区、钢筋加工区、半成品堆放区、成品堆放区、钢筋绑扎区等，宜紧邻构件生产线钢筋安装区布置。

预制构件厂配备的钢筋加工生产线较为简单，设备种类也有限。目前常用的加工设备有数控钢筋弯箍机、数控钢筋调直机、钢筋桁架焊接机、数控钢筋剪切生产线、数控钢筋弯曲中心、柔性焊网生产线等。下面简要介绍几种。

1. 数控钢筋弯箍机

随着工业的发展，对钢筋的需求逐渐增大，钢筋的形状越来越多样化，这给钢筋的加工带来了难题。数控钢筋弯箍机是一种改进的钢筋弯曲机。它由水平和垂直的可自动调节的两套矫直轮组成，结合四个牵引轮，由进口伺服电机驱动，确保钢筋的矫直达到很高的精度，是钢筋加工机械之一。数控钢筋弯箍机在建筑业中应用非常广泛，能实现高效率的生产。

2. 数控钢筋调直机

数控钢筋调直机是自动地将圆形或带肋钢筋连续调直、定尺、切断、加工成直条的设备，适用于建筑工程中钢筋直条的加工，适合调直、剪切热轧和各种材质的线材。它可根据由屏幕输入的数据自动定尺，自动切出规定长度的钢筋。切断的钢筋能自动对齐，省时省力；有先进的储料设置，打包时无须停机；调直过程和输送机构采用数控系统控制，可无级调速；调直速度快，直度高，安全性高，见图7-19。

图7-19 数控钢筋调直机

3. 钢筋桁架焊接机

钢筋桁架焊接机实现了标准化、工厂化大规模生产，具有焊接质量稳定、钢筋分布均匀及产品尺寸精确等优势。采用钢筋桁架楼承板比其他压型钢板在综合造价上更具有优势。钢筋桁架焊接机是集盘条原料放线、钢筋矫直、弯曲成形、自动焊接、定尺切断及成品数控输送于一体的全自动化生产线，广泛用于楼房建筑的预制楼承板。

十六、其他设备

1. 试验室设备种类

试验室应根据获准的检测能力及其对应的检测项目合理配置试验设备。一般预制构件工厂试验室需配备下列几类主要的设备。

① 骨料检测设备常用的有摇筛机、烘箱、氯离子检测仪、磅秤、电子天平、台秤等。

② 粉料检测设备常用的有抗折抗压一体机、胶砂搅拌机、净浆搅拌机、负压筛析仪、振实台、标准养护箱等。

③ 钢筋检测设备常用的有万能机等。

④ 混凝土试验设备常用的有搅拌机、压力机、振动台等。

2. 试验室主要设备介绍

① 压力机。压力机又称为混凝土试块压力机（图7-20），用于检测混凝土试块的抗压强度。一般常用的型号是2000型，其最大试验力为2000kN，示值相对误差≤±1%，可用于C60及以下强度等级的混凝土试块抗压试验。

② 万能机。万能机又称为液压万能试验机（图7-21），用于检测钢筋抗拉、抗弯等力学

性能。一般常用微机伺服液压万能试验机，型号有 100 型、300 型、600 型、1000 型等多种，考虑使用需求及经济性，建议采用 300 型和 1000 型的组合，可检测直径 6～40mm 的钢筋。部分品牌设备抗拉、抗弯主机为分体式。

图 7-20　压力机

图 7-21　万能机

③ 摇筛机。摇筛机又称为震击式摇筛机（图 7-22），用于骨料筛分析试验，代替人工对骨料进行筛分。

④ 搅拌机。搅拌机又称为混凝土搅拌机（图 7-23），用于配合比试验时搅拌混凝土，常用的有 30 型和 60 型，对应的搅拌量为 30L 和 60L。

⑤ 抗折抗压一体机。抗折抗压一体机（图 7-24）主要用于检测水泥的抗折、抗压强度，常用的型号为 300 型，最大试验力 300kN，示值相对误差≤±1%。

⑥ 标准养护箱。标准养护箱（图 7-25）又称为水泥标准养护箱，用于水泥试件的标准养护，精度为±0.1℃，相对湿度控制≥95%（可调），常用 40 型。

图 7-22　摇筛机

图 7-23　搅拌机

图 7-24　抗折抗压一体机

图 7-25　标准养护箱

图 7-26　负压筛析仪

⑦ 负压筛析仪。负压筛析仪（图 7-26）用于水泥、粉煤灰、矿粉等的细度检测，常用型号为 150B 型，工作压力为 $-6000 \sim -4000$Pa，筛析时间为 120s。

3. 其他设备

① 地磅（又称为汽车衡，图 7-27），用于称量入厂的原材料等，一般地磅的称量范围为 $150 \sim 200$t。

② 轨道车（图 7-28），用于在轨道的有效范围内进行预制构件或相关材料、产品的倒运。

③ 叉车（图 7-29），用于预制构件或材料、产品的装卸和短途驳运。

图 7-27　地磅

图 7-28　轨道车

图 7-29　叉车

第二节　模具、吊具及索具

一、模具

模具是专门用来生产预制构件的各种模板系统，可采用固定生产场地的固定模具，也可采用移动模具。预制构件生产模具主要以钢模为主，面板主材为 Q235 钢板，支撑结构可选用型钢或者钢板，如图 7-30～图 7-32 所示分别为墙板模具、楼板模具和楼梯模具。对于形状复杂、数量少的构件，也可采用木模板或其他材料制作模具。

图 7-30　墙板模具

图 7-31　楼板模具

预制构件生产过程中，模具设计的质量决定了构件的质量、生产效率以及企业的成本，应引起足够重视。模具设计时需要遵循质量可靠、方便操作、通用性强、方便运输等原则，

图 7-32　楼梯模具

同时应注意使用寿命。

模具应具有足够的承载能力、刚度和稳定性，保证构件生产时能可靠承受浇筑混凝土的重量、侧压力和工作荷载。模具应支拆方便，且应便于钢筋安装和混凝土浇筑、养护；模具的部件与部件之间应连接牢固；预制构件上的预埋件应有可靠的固定措施。

二、吊具

常用吊具主要有点式吊具、梁式吊具、平面架式吊具、软带吊具、特殊吊具等类型。

（1）点式吊具

点式吊具（图 7-33）是使用最多、用途最广的吊具，常用钢丝绳吊索和索具（吊环、吊钩或自制专用索具）配套使用。使用时吊环或自制索具的螺栓应拧紧，吊索与预制构件平面的夹角不宜小于 60°且不得小于 45°。吊索长度应保证预制构件起吊时各吊点受力均匀，不倾斜。

（2）梁式吊具

梁式吊具（图 7-34）多用于吊运细长类预制构件，如梁、柱等，一般会在吊梁底部焊接多个吊耳，以适应不同长度的预制构件，吊运安全，对预制构件的损伤较小。

（3）平面架式吊具

平面架式吊具（图 7-35）多用于预制叠合板或面积较大的预制墙板的水平吊运，多点受力、各吊挂点自平衡，对预制构件损伤小。

图 7-33　点式吊具

图 7-34　梁式吊具

（4）软带吊具

软带吊具（图 7-36）多用于板式预制构件的翻转，可以避免对预制构件边角的损伤。

（5）特殊吊具

特殊吊具（图 7-37）一般多用于异形预制构件的吊运，应根据预制构件的特点进行定制，通用性较差。

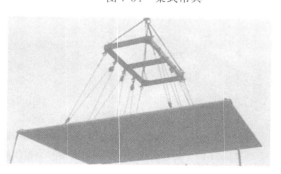

图 7-35　平面架式吊具

图 7-36　软带吊具

图 7-37　特殊吊具

三、索具

吊装作业时索具与吊索配套使用，预制构件吊运常用的索具有吊钩、卸扣、普通吊环、旋转吊环、强力环及定制专用索具等。

1. 吊钩

① 吊钩常借助于滑轮组等部件悬挂在起升机构的钢丝绳上，见图 7-38。

② 对于吊钩，应有制造厂的合格证等技术文件方可使用。

③ 一般采用羊角形吊钩，使用时不准超过核定承载力范围，使用过程中发现有裂纹、变形或安全锁片损失，必须予以更换。

2. 卸扣

① 卸扣是吊点与吊索的连接工具，可用于吊索与梁式吊具或平面架式吊具的连接，以及吊索与预制构件的连接，见图 7-39。

图 7-38　吊钩

图 7-39　卸扣

② 卸扣使用时要正确地支撑荷载，其作用力要沿着卸扣的中心线的轴线，避免弯曲及不稳定的荷载，不准过载使用，卸扣本身不得承受横向弯矩作用，即作用承载力应在本体平面内。

③ 使用中发现有裂纹、明显弯曲变形、横销不能闭锁等现象，必须予以更换。

3. 普通吊环

① 普通吊环分为吊环螺母和吊环螺钉，是用丝扣方式与预制构件进行连接的一种索具，一般选用材质为 20 号或 25 号钢，见图 7-40。

② 使用吊环时不准超出允许受力范围，使用时必须与吊索垂直受力，严禁与吊索斜拉起吊。

③ 使用中发生变形、裂纹等现象，必须予以更换。

4. 旋转吊环

① 旋转吊环又称为万向吊环或旋转吊环螺钉，见图 7-41。

图 7-40　普通吊环

图 7-41　旋转吊环

② 旋转吊环的螺栓强度等级主要有 8.8 级和 12.9 级两种，受力方向分为直拉和侧拉两种，常规直拉吊环允许不大于 30°角方向的吊装，侧拉吊环的吊装不受角度限制，但要考虑因角度产生的承重受力增加比例。

③ 在满足承载力条件下，旋转吊环可直接固定在预制构件的预埋吊点上，再连接吊索用于吊运作业。

5. 强力环

图 7-42　强力环

① 强力环又称为模锻强力环、兰姆环、锻打强力环，是一种索具配件，见图 7-42。其材质主要有 40 铬、20 铬锰钛、35 铬钼三种，其中 20 铬锰钛比较常用。

② 在预制构件吊运中，常用强力环与链条、钢丝绳、双环扣、吊钩等配件组成吊具。

③ 使用中强力环扭曲变形超过 10°、表面出现裂纹、本体磨损超过 10％，必须更换。

第八章

装配式建筑混凝土结构预制构件制作过程

第一节 ▶▶

预制构件制作流程

一、固定台座法

1. 固定模台工艺

固定模台（图 8-1）是一块平整度较高的钢结构平台，作为 PC 构件的底模，在其上固定构件侧模，以组合成完整的模具，固定模台工艺也被称为平模工艺。固定模台的模具是固定不动的，作业人员和钢筋、混凝土等材料在各个模台间"流动"。绑扎或焊接好的钢筋用吊车送到各个固定模台处，混凝土用送料车或送料吊斗送到模台处，养护蒸汽管道也通到各个模台下，在计算机的控制下调控养护温度及其升降速率，PC 构件就地养护，达到强度后脱模，再用吊车送到存放区。

图 8-1　固定模台

固定模台工艺是一种传统的制造预制构件的方法，它将模具布置在固定位置，工人或设备围绕工作台生产，适用于复杂构件的制作，其工艺流程见图 8-2。

固定模台工艺是目前世界上 PC 构件制作领域应用最广的工艺，常见的预制构件都可以生产，例如预制柱、梁、楼板、墙板、楼梯、飘窗、阳台板、转角构件及后张法预应力构件

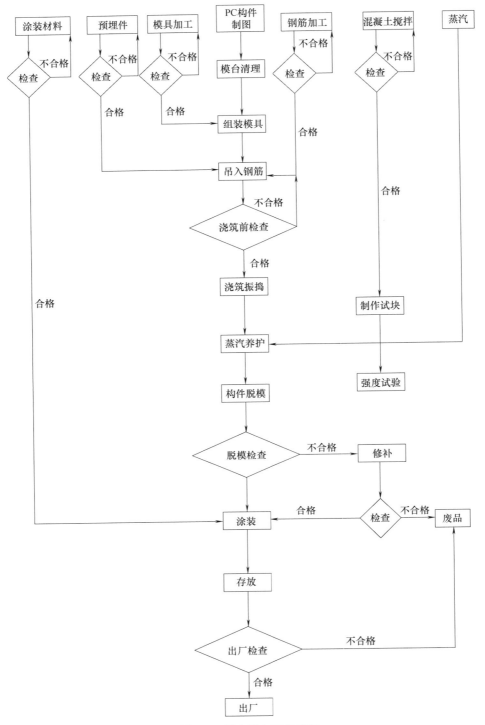

图 8-2　固定模台工艺流程

等。它的最大优势是适用范围广、灵活方便、适应性强、启动资金少、加工工艺灵活，劣势是效率较低。日本、美国、澳大利亚的大多数 PC 工厂采用固定模台工艺。世界上最伟大的装配式建筑——悉尼歌剧院，最高的装配式建筑——日本大阪北滨大厦，都是用固定模台工艺生产的。世界上最著名的 PC 墙板企业（日本高桥）的所有工厂都采用固定模台工艺。

2. 立模工艺

立模工艺又称立模法，是指构件在板面竖立状态下成型密实，与板面接触的模板面相应也呈竖立状态放置的板型构件生产工艺。

成型模台在地面工位工作通道上，完成预设的各种功能成型工艺动作；之后进入地下养护通道，进行可控养护；按计划养护完成后，升至地面，提取合格部品后进行生产线再循环。

立模有独立立模和组合立模。一个立着浇筑柱子或侧立浇筑楼梯板的模具属于独立立模；成组浇筑的墙板模具属于组合立模。

立模通常成组使用，可同时生产多块构件。每块立模均装有行走轮，能以上悬或下行方式水平移动，以满足拆模、清模、布筋、支模等工序的操作要求。

与其他成型工艺相比，成组立模法生产技术的特点如下。

① 成型精度高。相邻模板之间的空腔即成型板材的模腔，板材的两个表面均为模板面，控制好模板的刚度和成组立模的制造精度即可保证板的成型精度，板材尺寸的准确性受人为因素的影响小。

② 对材料的适应性强。可采用多种无机胶凝材料与各种材料匹配，以生产具备不同性能、特点的板材。

③ 可生产多种结构形式的板材，如实心板、多孔板及各类夹芯式复合板。

④ 工艺稳定性好。用料浆浇筑成型，在满足板材性能要求的前提下，料浆的流动度可在一定范围内调整；多块板材集中浇灌，便于生产操作和混合料运输的机械化。

⑤ 生产效率高。成型后的板材处在近乎封闭的条件下，可充分利用胶凝材料的水化热进行自身养护，或者采用电热模板对板材进行加热养护，以加快模型周转，提高生产效率。

⑥ 生产线占用土地少。生产规模相同时，成组立模占用的土地面积小。

立模工艺的特点是模板垂直使用并具有多种功能。模板基本上是一个箱体，箱体腔内可通入蒸汽，并装有振动设备，可分层振动成型。与平模工艺相比，立模工艺节约生产用地，生产效率相对较高，而且构件的两个表面同样平整，通常用于生产外形比较简单而又要求两面平整的构件，如内墙板、楼梯段等。

立模工艺适用于无装饰面层、无门窗洞口的墙板、清水混凝土柱子和楼梯等的生产，其最大优势是节约用地。采用立模工艺制作的构件，立面没有抹压面，脱模后不需要翻转。立模不适合楼板、梁、夹芯保温板、装饰一体化板的制作，也不适合侧边出筋复杂的剪力墙板的制作。对于柱子，仅限于四面光洁的柱子。

3. 预应力工艺

预应力工艺分为先张法工艺和后张法工艺，常见预应力工艺流程见图 8-3。先张法一般用于制作大跨度预应力混凝土楼板、预应力叠合楼板或预应力空心楼板。

先张法工艺是在固定的钢筋张拉台上制作构件，钢筋张拉台是一个长条平台，两端是钢筋张拉设备和固定端，钢筋张拉后在长条台上浇筑混凝土，养护达到要求强度后，拆卸边模和肋模，然后卸载，切割预应力楼板。

后张法工艺主要用于制作预应力梁或预应力叠合梁，其工艺方法与固定模台工艺接近，构件预留预应力钢筋（或钢绞线）孔，钢筋张拉在构件达到要求强度后进行。

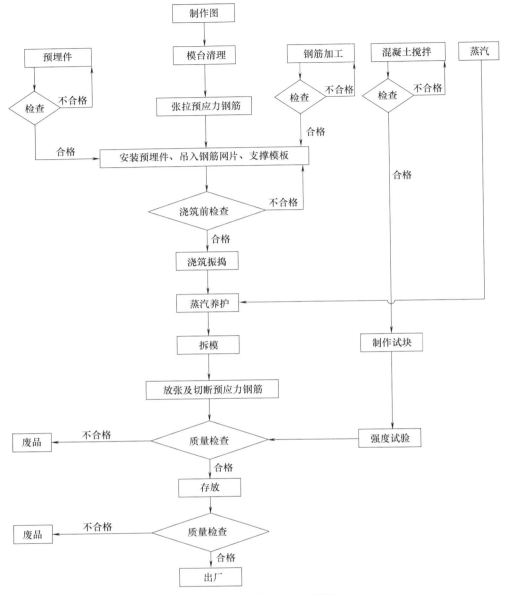

图 8-3　常见预应力工艺流程

二、流动台座法

流动台座法是将按标准定制的钢平台放置在滚轴或轨道上，使其能在各个工位循环流转。首先在组模区组模；然后移动到放置钢筋和预埋件的作业区段，进行钢筋骨架入模和安装预埋件作业；再移动到浇筑振捣平台上进行混凝土浇筑，完成浇筑后通过设置在平台上的振动装置对混凝土进行振捣；之后，模台转入养护窑进行预制构件养护；养护结束出窑后，移到脱模区脱模，进行必要的修补作业后将预制构件运送到存放区存放。

流动模台制作工艺与固定模台制作工艺相比较适用范围窄、通用性低，一般适用于制作非预应力的叠合板、剪力墙板、内隔墙板、标准化的装饰保温一体化板等预制构件。

流动台座法预制构件制作工艺流程见图8-4。

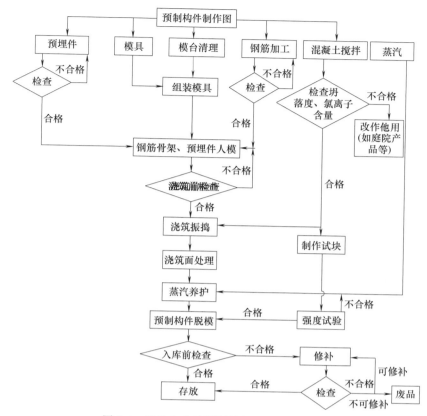

图 8-4　流动台座法预制构件制作工艺流程

三、自动化生产工艺

自动化生产工艺是指在工业生产中，依靠各种机械设备并充分利用能源和通信方式完成工业化生产，它能提高生产效率，减少生产人员数量，使工厂实现有序管理。预制构件自动化生产线是指按生产工艺流程分为若干工位的环形流水线，工艺设备和工人都固定在有关工位上，而制品和模具则按流水线节奏移动，使预制构件依靠专业自动化设备实现有序生产。在大批量生产中，采用自动化生产线能提高劳动生产率，稳定和提高产品质量，改善劳动条件，缩减生产占地面积，降低生产成本，缩短生产周期，保持生产均衡性，有显著的经济效益。

自动化生产采用高精度、高结构强度的成型模具，经自动布料系统把混凝土浇筑其中，在振动工位振捣后送入立体养护窑进行蒸汽养护。构件强度达到拆模强度时，从养护窑取出模台，进至脱模工位进行脱模处理。脱模后的构件经运输平台运至堆放场继续进行自然养护。空模台沿线自动返回，为下一道生产工序做准备。在模台返回输送线上设置了自动清理机、画线机、放置钢筋骨架或桁架筋安装、检测等工位，实现了自动化控制、循环流水作业。

自动化生产工艺的优势在于效率高，生产工艺适应性可通过流水线布置进行调整，适用于大批量标准化构件的生产。

自动化生产与传统混凝土加工工艺相比，具有工艺设备水平高、全程自动控制程度高、操作工人少、人为因素引起的误差小、加工效率高、后续扩展性强等优点。

自动化生产的工作步骤：在生产线上，按工艺要求通过计算机的中央控制中心（图 8-5），依次设置若干操作工位，托盘通过自身的行走轮或借助辊道的传送在生产线行走过程中完成各道工序，然后将已成型的构件连同底模托盘送进养护窑直至脱模，实现了设备全自动对接。中建科技有限公司采用的墙板生产线，具有广泛的适用范围，可根据项目要求生产出厚度≤400mm 的多种尺寸、多种用途的新型墙板，见图 8-6。

图 8-5　中央控制中心

图 8-6　墙板自动化流水生产线

建筑形体、建筑结构体系和构件的生产成本是影响预制构件工艺选择的关键因素。对于品种单一的板式构件，不出筋且表面装饰不复杂，使用流水线才可以实现自动化和智能化，获得较高的效率。总体而言，生产流水线只有在构件标准化、规格化、专业化、单一化和数量大的情况下，才能实现自动化和智能化。根据生产对象的不同，自动化生产线分为两类：自动化流水生产线及固定生产线。

预制构件生产线有生产主线和生产辅助线两类。生产主线是指安装了主要生产设备，布置有生产线上的大部分工序，实现了生产线上的大部分工艺过程的生产线。

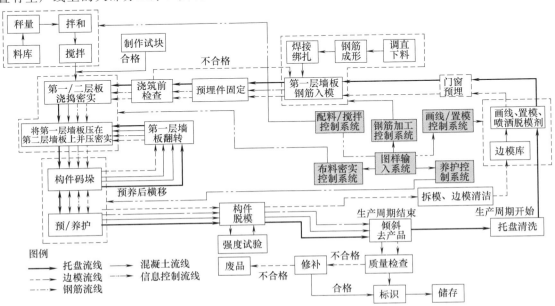

图 8-7　全自动双面板生产线工艺流程

通常，全自动双面板生产线（图 8-7）由托盘流线、边模流线、钢筋流线、混凝土流线、信息控制流线以及计算机中央控制系统等组成。双面板的主要生产设备布置了托盘清洗、画线、置模、钢筋入模、预埋件安装、混凝土布料、密实抹平、混凝土养护、脱模起吊等大部分工序，从而实现了制作双面板的大部分工艺过程。

混凝土流线包括原料储存、配料、搅拌、混凝土布料、密实抹平、混凝土养护、脱膜和混凝土构件运至仓库等工序路线。

信息控制流线是实现预制构件生产线各个工艺过程的中枢，包括配料/搅拌控制系统、布料密实控制系统、养护控制系统、画线/置模控制系统等。

第二节 ▶▶

预制构件制作准备

一、制作计划编制

1. 制作计划依据

① 设计图样汇总的预制构件清单。

② 合同约定的交货期、总工期和主要的供货时间节点。

③ 技术要求等合同附件。

④ 施工现场预制构件安装落实到日的计划。

2. 制作计划要求

① 保证按时交货。

② 要有确保产品质量的生产时间。

③ 编制计划要尽可能降低生产成本。

④ 尽可能做到生产均衡。

⑤ 制作计划要详细，一定要落实到每一天、每一个预制构件。

⑥ 制作计划要定量。

⑦ 制作计划要找出制约计划的关键因素，重点标识清楚。

3. 影响制作计划的因素

① 预制构件的种类、数量和复杂程度。

② 设备与设施可利用的生产能力。

③ 劳动力的调配与平衡能力。

④ 模具种类、数量及到货时间。

⑤ 原材料、配套件种类、数量及到货时间。

⑥ 存放场地可利用的存放空间。

⑦ 工器具的配备情况。

⑧ 能源的供给情况。

⑨ 制作隐蔽节点及时验收的能力。

⑩ 技术方面的保障能力。

⑪ 编制计划要定量，还要有灵活性，当有些生产环节成为瓶颈时，可以采用灵活的办法加以解决，如下所示。

表 8-1　某工程预制构件进度总计划

序号	项目	进度说明
1	制作图	6月1日结束
2	模具加工	模具6月25日到第一批，6月29日全部到齐
3	原材料进厂	6月5日开始采购原材料，陆续进厂
4	试生产	6月27日试生产
5	正式生产	7月1日正式生产，8月18日生产结束
6	出货	7月22日开始出货吊装，8月31日出最后一批货
7	3层构件	
8	4层构件	
9	5层构件	
10	6层构件	
11	7层构件	
12	8层构件	
13	9层构件	

（进度横道图时间轴：6月、7月、8月，各月按1～10、11～20、21～30/31分段，逐日标注）

a. 进行资源扩展，如搅拌站生产能力不够，可购买商品混凝土；起重机能力不足，可以临时租用轮式起重机等。

b. 进行措施加强，如天气寒冷，养护时间延长影响生产时，固定模台养护可用加厚的棉被进行苫盖，以缩短养护时间。

c. 快速培训人员，优秀的工人培训新手，先进行简单的作业；普通的熟练工人从事正常的作业，人员培训效率会有很大提升。

4. 如何编制制作计划

计划分为总计划和分项计划。

（1）总计划

总计划是项目全过程的一个纲领性计划，主要包括以下项目。

① 预制构件设计等技术准备的时间。

② 模具设计、制作周期。

③ 原材料、配套件等到厂时间。

④ 试生产（人员培训、首件检验）时间。

⑤ 正式生产时间。

⑥ 出货时间。

⑦ 每一层预制构件生产的具体时间。

表 8-1 给出了某工程预制构件进度总计划，供参考。

（2）分项计划

分项计划是相关工作根据总计划落实到天、落实到件、落实到模具、落实到人员的详细计划。

分项计划主要包含以下项目。

① 编制预制构件具体的制作计划，具体的制作计划应落实到每一天、每一个预制构件、每个模台（采用固定模台工艺时）、每个模具等，参见表 8-2。

表 8-2 某工厂预制构件周生产计划表

类型	模台号	每模周转次数	模具编号	方量		5月13日 星期一	5月14日 星期二	5月15日 星期三	5月16日 星期四	5月17日 星期五	5月18日 星期六	5月19日 星期日
柱	5#	8	No.10	2.050	m³	6KZ1-13D	6KZ4-13E	6KZ4-13H	6KZ1-13J	7KZ1-13J	7KZA-13H	7KZ4-13E
		8	No.15	2.050	m³	6KZ5-09L	6KZ5-06B	6KZ5-09B	6KZ5-08B	7KZ5-08B	7KZ5-09B	7KZ5-06B
	6#	4	No.13	3.260	m³	6KZ7-1IE	7KZ7.11H	7KZ7-11E	8KZ7-11E	8KZ7-11H	8KZ6-04H	
		5	No.9	2.675	m³	7KZ1-02E	8KZ1-02E	7KZ1A-02L	7KZ1A-02B	7KZ1A-13B	7KZ1A-13L	
梁	8#	6	No.1	4.025	m³	7KL01-06L	7KL06-02F	7KL05-06B	7KL05-08B	7KL01-08L	8KL12-13F	8KL06-02F
	4#	2	No.2	3.022	m³		8KL44A-04E	9KL44A-04E		8KL44A-04H		9KLA4A-04H
	9#	2	No.4	2.983	m³		8KL04-11H		8KL04-11E		9KL04-11E	
	7#	2	N0.7	4.534	m³		9KL04-06E		9KL04-06H		10KL04-06H	
	10#	2	No.3	3.022	m³					10KL4A-04H		11KL4A-04H

② 编制模具计划。编制模具计划应注意以下要点。

a. 模具种类、每种模具数量、模具总的数量。

b. 模具的设计单位，设计完成的时间。

c. 模具的制作单位，制作完成的时间。

d. 模具的运输方式，运输需要的时间。

e. 模具到货或者分批到货的时间。

f. 模具验收的时间和验收组织。

g. 模具的试组装时间和检查。

h. 首件制作、检查及模具调整的时间。

③ 编制劳动力计划。编制劳动力计划应注意以下要点。

a. 用工形式的确定，如外包、劳动派遣，自有员工计时或计件。

b. 班次安排，如一班，还是两班倒。

c. 根据生产均衡或流水线合理节拍确定各个环节的劳动力数量及用工总数量。

d. 现有岗位或外包人员可调剂的劳动力数量。

e. 劳动力缺口补充办法及时间。

f. 新员工和外包人员的培训时间及方式。

④ 编制材料、配套件等计划。

⑤ 编制设备、工具计划。

⑥ 编制存放场地使用计划。编制存放场地使用计划应注意以下要点。

a. 需要存放场地的面积。

b. 预制构件存放区域划分。

c. 各种预制构件存放数量。

d. 预制构件存放周期。

e. 预制构件存放需要的存放架、枕木、垫块、垫方的规格、数量及时间。

⑦ 编制能源使用计划。编制能源使用计划应注意以下几点。

a. 总用电量、总用水量、蒸汽总用量需求。

b. 用电量集中时间段。

c. 是否有避峰要求。

d. 临时应急电源（发电机组）的配置。

e. 临时应急供水方案，如采用储水池或双管网供水。

f. 根据温度、生产节拍、混凝土强度增长等因素确定是否需要启用蒸汽养护，如需要，应编制蒸汽养护方案。

g. 供电、供水、供气相关设备、设施和管网的检查、维护时间及方案

⑧ 编制安全设施、护具使用计划等。编制安全设施、护具使用计划宜从以下方面考虑。

a. 安全防护点数量及安全防护设施的配置要求。

b. 生产存在的风险种类及对应的安全防护要求。

c. 作业中需要进行安全防护的工艺及人员数量。

d. 安全设施的状态检查、维护时间及方案。

e. 护具的发放标准、发放时间及管理办法等。

二、预制构件制作前计划、技术及材料准备

预制构件制作前计划、技术及材料准备见表8-3。

表8-3　预制构件制作前计划、技术及材料准备

类别	内容
构件制作计划准备	预制构件的制作准备：一般是指生产过程开始前需编制生产计划，生产计划的质量直接影响客户满意度和生产效率 　预制构件生产计划编制：构件厂在接到订单后，要制订整个项目的物资需求计划和生产作业计划。物资需求计划包括原材料、辅助材料、生产工具、设备配件等所有物资的用量，并预测月度物资需求，制订月度资金需求计划。同时要制订月度生产作业计划，安排生产进度，便于组织人力和设备，以满足进度要求 　构件需求计划：由建设单位组织施工单位，根据项目实施进度的计划及安排，提前编制构件需求计划单。构件生产单位根据需求计划单编制详细的生产总计划，组织人员及设备进行构件生产。预制构件车间及技术部门配合物资部门确定模具制作方案，以书面形式向模具厂提出模具质量标准及要求 　人员需求计划：为实现生产既定目标，生产部门应根据生产任务总量、劳动生产效率、计划劳动定额和定员的标准来确定人员的需求量 　物资需求计划：计划部门根据生产计划总体要求，分别制订物资需求计划，包括材料名称、种类、规格、型号、单位数量、交货期等内容，并及时跟踪材料的采购进度 　生产作业计划：根据总体生产作业计划制订分项分阶段作业计划，并定期检查计划完成情况，以满足交货要求 　对入场材料、配件等的质量证明文件和复检结果进行检查，也是预制构件结构性能免检的必要条件之一。预制构件厂的日常生产管理和控制手段，应包括下列内容 　（1）电子化办公：建立有线或无线宽带网络，形成设计、采购、生产、物流、安装、检验等二维码或无线射频管理识别系统 　（2）设备监控：混凝土搅拌站、布料机、养护窑等主要工艺，宜配置PLC控制装置 　（3）管理流程：材料准入、材料加工、工序交接、产品检验等，应按管理岗位、制度和流程的动态控制进行预制构件制作的质量管理 　（4）实验仪器和设备：应按企业申请的资质等级建立实验室，并进行实质性的设备配置和员工岗位设置 　为实现施工现场零库存或者少库存，构件厂应和施工总承包单位制订预制构件生产、运输和构件施工协同计划。总承包单位应根据施工实际进度，及时调整预制构件进场计划，构件厂应根据施工计划调整构件生产计划、运输和进场计划 　构件制作前应审核预制构件深化设计图纸，并根据构件深化设计图纸进行模具设计，影响构件性能的变更修改应由原施工图设计单位确认。预制构件制作前，应根据构件特点编制生产方案，明确各阶段质量控制要点，具体内容包括生产计划及生产工艺、模具计划及模具方案、技术质量控制措施、成品存放、保护及运输方案等。必要时应进行预制构件脱模、吊运、存放、翻转及运输等相关内容的承载力、裂缝和变形验算 　预制构件生产加工中的各种检测、试验、张拉、计量等设备及仪器仪表均应检定合格，并在有效期内使用。预制构件制作前，应对混凝土用原材料、钢筋、灌浆套筒、连接件、吊装件、预埋件、保温板等的产品合格证（质量合格证明文件、规格、型号及性能检测报告等）进行检查，并按照相关标准进行复检试验，经检测合格后方可使用，试验报告应存档备案
预制人员准备	面向装配式混凝土构件生产企业，在构件模具准备阶段、钢筋绑扎与预埋件预埋、构件浇筑、生产、施工、质量验收等岗位，根据技术规范与规程的要求，完成预制构件的生产与加工作业及技术管理等工作 　（1）模具准备阶段：对生产人员进行岗位培训，使其能进行技术图纸的识读、选择模具和组装工具，能进行画线操作，能进行模具组装、校准，能进行模具清理及脱模剂涂刷，能进行模具的清污、除锈、维护保养，能进行工完料清操作 　（2）钢筋绑扎与预埋件预埋：对生产人员进行岗位培训，使其能操作钢筋加工设备进行钢筋下料、钢筋绑扎及固定、预埋件固定，能进行预留孔洞临时封堵，能进行工完料清操作 　（3）构件浇筑：对生产人员进行岗位培训，使其能完成生产前准备工作，能进行布料操作、振捣操作，能进行夹芯外墙板的保温材料布置和拉结件安装，能处理混凝土粗糙面、收光面，能进行工完料清操作 　（4）构件养护及脱模：对生产人员进行岗位培训，使其能完成生产前准备工作，能控制养护条件和状态监测，能进行养护窑构件出入库操作，对养护设备保养及维修提出要求，能进行构件的脱模操作，能进行工完料清操作 　（5）构件存放及防护：对生产人员进行岗位培训，使其能完成生产前准备工作，能安装构件信息标识，能进行构件的直立及水平存放操作，能设置多层叠放构件间的垫块，能进行外露金属件的防腐、防锈操作，能进行工完料清操作

类别	内容
技术准备	预制构件生产技术准备工作通常从选定产品方向、确定产品设计原则和进行技术设计开始,经过一系列生产技术工作直至能合理高效地组织产品投产 (1)图纸交底:预制构件生产前,应由建设单位组织设计、生产、施工单位进行设计图纸交底和会审,必要时,应根据批准的设计文件、拟定的生产工艺、运输方案、吊装方案等编制加工详图 (2)生产方案编制:预制构件生产前应编制生产方案,生产方案宜包括生产计划和生产工艺、模具方案及计划、技术质量控制措施、成品存放、运输和保护方案等 (3)质量管理方案:生产单位的检测、试验、张拉、计量等设备及仪器仪表均应检定合格,并应在有效期内使用。不具备试验能力的检验项目,应委托第三方检测机构进行试验。预制构件生产的质量检验应按模具、钢筋、混凝土、预应力、预制构件等检验进行 (4)技术交底与培训:由工厂专业技术人员向参与生产的人员针对构件生产方案进行技术性交底,其目的是使生产作业人员对构件特点、技术质量要求、生产方法与措施和安全等方面有较详细的了解,以便科学地组织施工,避免技术质量事故等的发生 (5)各工序技术准备:针对生产作业中模具、钢筋、混凝土、脱模与吊装、洗水、修补及养护的作业条件、技术要求进行详细介绍
材料准备	原材料准备:预制构件原材料主要包括钢筋、水泥、粗细骨料、外加剂、钢材、套筒、预埋件、拉结件和混凝土等,用于构件制作和施工安装的建材和配件应符合相关的材质、测试和验收等规定,同时也应符合国家、行业和地方有关标准的规定 (1)水泥质量检验:水泥进场前要求供应商出具水泥出厂合格证和质保单,对其品种、级别、包装或散装仓号、出厂日期等进行检查,并按照批次对其强度(ISO胶砂法)、安定性、凝结时间等性能进行复检 (2)细骨料质量检验:使用前对砂的含水量、含泥量进行检验,并用筛选分析试验对其颗粒级配及细度模数进行检验,不得使用海砂 (3)粗骨料质量检验:使用前要对石子含水量、含泥量进行检验,并用筛选分析试验对其颗粒级配进行检验,其质量应符合现行行业标准《普通混凝土用砂、石质量及检验方法标准》(JGJ 52—2006)的相关规定 (4)减水剂品种应通过试验室进行试配后确定,进场前要求供应商出具合格证和质保单等。减水剂产品应均匀、稳定,定期选测下列项目:固体含量或含水量、pH值、密度、松散容重、表面张力、起泡性、氯化物含量 (5)钢材质量检验:钢材进场前要求供应商出具合格证和质保单,按照批次对其抗拉强度、延伸率、密度、尺寸、外观等进行检验,其指标应符合国家标准《预应力混凝土用螺纹钢筋》(GB/T 20065—2016)、《钢筋混凝土用钢》(GB/T 1499.2—2018)等的规定 (6)预埋件质量检验:预制构件制作前,应依据设计要求和混凝土工作性要求进行混凝土配合比设计。必要时在预制构件生产前,应进行样品试制,经设计人员和监理人员认可后方可实施,同时需填写"预埋件制作质量标准验收记录表"。构件制作前应进行技术交底和专业技术操作技能培训 (7)混凝土质量检验:混凝土配合比设计应符合行业标准《普通混凝土配合比设计规程》(JGJ 55—2011)的相关规定和设计要求。混凝土坍落度的检验,应根据预制构件的结构断面、钢筋含量、运输距离、浇筑方法、运输方式、振捣能力和气候条件等选定,在选定配合比时应综合考虑,以采用较小的坍落度为宜,同时,对混凝土的强度进行检验。若是遇到原材料的产地或品质发生显著变化时或混凝土质量异常时,应对混凝土配合比重新设计并检验

三、技术交底

技术交底是技术人员在生产前,向相关管理人员、质检人员和操作人员介绍预制构件制作要点、设计意图、采用的制作工艺、操作方法和技术保证措施等情况。

1. 技术交底的内容

预制构件制作中要求进行技术交底的工艺、工法包括但不限于下列内容。

① 原、辅材料采购与验收技术交底。

② 混凝土配合比技术交底。

③ 套筒灌浆接头加工技术交底。

④ 模具组装与脱模技术交底。

⑤ 钢筋骨架制作与入模技术交底。

⑥ 套筒或浆锚孔内模或金属波纹管固定方法技术交底。

⑦ 预埋件或预留孔内模固定方法技术交底。

⑧ 机电设备管线、防雷引下线埋置、定位、固定技术交底。

⑨ 混凝土浇筑技术交底。

⑩ 夹芯保温板的浇筑方式、拉结件锚固方式和保温板铺放方式等技术交底。

⑪ 预制构件养护技术交底。

⑫ 各种预制构件吊具使用技术交底。

⑬ 非流水线生产的预制构件脱模、翻转技术交底。

⑭ 各种预制构件场地存放、装车、封车固定、运输技术交底。

⑮ 形成粗糙面方法技术交底。

⑯ 预制构件修补方法技术交底。

⑰ 装饰一体化预制构件制作技术交底。

⑱ 新预制构件、大型预制构件或特殊预制构件制作工艺技术交底。

⑲ 敞口预制构件、L 形预制构件吊装、存放、运输临时加固措施技术交底。

⑳ 半成品、成品保护措施技术交底。

㉑ 预制构件编码标识设计与芯片植入技术交底等。

2. 施工现场一般安全要求

① 新入场的操作人员必须经过三级安全教育，考核合格后，才能上岗作业；特种作业和特种设备作业人员必须经过专门的培训，考核合格并取得操作证后才能上岗。

② 全体人员必须接受安全技术交底，并清楚其内容，施工中严格按照安全技术交底作业。

③ 进入施工现场必须遵守施工现场安全管理制度，严禁违章指挥、违章作业；做到"三不伤害"，即不伤害自己、不伤害他人、不被他人伤害。

④ 不准擅自拆除施工现场的防护设施、安全标志、警告牌等，需要拆除时，必须经过施工负责人同意。

⑤ 预制厂内应保持场地整洁，道路通畅，材料区、加工区、成品区布局合理，机具、材料、成品分类分区摆放整齐。

⑥ 按要求使用劳保用品；进入施工现场，必须戴好安全帽，扣好帽带。

⑦ 工作时要思想集中，坚守岗位，遵守劳动纪律，不准在现场随意乱窜。

⑧ 施工现场禁止穿拖鞋、高跟鞋和易滑、带钉的鞋，杜绝赤脚、赤膊作业，不准疲劳作业、带病作业和酒后作业。

⑨ 不准破坏现场的供电设施和消防设施，不准私拉乱接电线和私自动用明火。

3. 构件加工注意事项

（1）钢筋加工

① 钢筋加工场地面平整，道路通畅，机具设备和电源布置合理。

② 搬运钢筋时要注意附近有无人员、障碍物、架空电线和其他电气设备，防止碰人撞物或发生触电事故。

③ 钢筋加工电机等加工设备要妥善进行保护接地或接零。各类钢筋加工机械使用前要严格检查，其电源线不能有破损、老化等现象，其自身附带的开关必须安装牢固，动作灵

敏可靠。

④ 钢筋调直机要固定，手与飞轮要保持安全距离；调至钢筋末端时，要防止甩动和弹起伤人。

⑤ 钢筋焊接人员需配戴防护罩、鞋盖、手套和工作帽，防止伤眼和灼伤皮肤。电焊机的电源部分要有保护，避免操作不慎使钢筋和电源接触，发生触电事故。

⑥ 采用机械方式进行钢筋的除锈、调直、断料和弯曲等加工时，机械传动装置要设防护罩，并由专人使用和保管。

⑦ 操作钢筋切断机时，不准将两手分在刀片两侧俯身送料；不准切断直径超过机械规定的钢筋。

⑧ 钢筋弯曲机弯制钢筋时，工作台要安装牢固；被弯曲钢筋的直径不准超过弯曲机规定的允许值。弯曲钢筋的旋转半径内和机身没有设置固定锁子的一侧，严禁站人。

（2）混凝土施工

① 混凝土振捣时，操作人员必须戴绝缘手套，穿绝缘鞋，防止触电。作业转移时，电机电缆线要保持足够的长度和高度，严禁用电缆线拖、拉振捣器，更不能在钢筋和其他锐利物上拖拉，防止割破、拉断电线而造成触电伤亡事故。振捣工必须懂得振捣器的安全知识和使用方法，保养、作业后及时清洁设备。插入式振捣器要2人操作，1人控制振捣器，1人控制电机及开关，棒管弯曲半径不得小于50cm，且不能多于2个弯，振捣棒自然插入、拔出，不能硬插、硬拔或硬推，不要蛮碰钢筋或模板等硬物，不能用棒体拔钢筋等。

② 施工人员要严格遵守操作规程，振捣设备使用前要严格检查，其电源线不能有破损、老化等现象，其自身附带的开关必须安装牢固，动作灵敏可靠。电源插头、插座要完好无损。

③ 混凝土运输车进入预制厂时应鸣笛示警，浇筑人员应指挥车辆驶入浇筑区。混凝土罐车在厂内行驶时，应走固定的通道，并由专人指挥。

④ 浇筑混凝土过程中，密切关注模板变化，出现异常应停止浇筑并及时处理。

4. 施工用电、消防安全要求

① 电动工具使用前要严格检查，其电源线不能有破损、老化等现象，其自身附带的开关必须安装牢固，动作灵敏可靠。电源插头、插座要符合相应的国家标准。

② 安装、维修、拆除临时用电工程，必须由电工完成，电工必须持证上岗，实行定期检查制度，并做好检查记录。

③ 配电箱、开关箱必须有门、有锁、有防雨措施；配电箱内多路配电要有标记，必须坚持一机一闸一用电，并采用两级漏电保护装置；配电箱、开关箱必须安装牢固，电具齐全完好，注意防潮。

④ 发现燃烧起火时，要注意判明起火的部位和燃烧的物质，保持镇定，迅速扑救，同时向领导报告和向消防队报警。扑救时要根据不同的起火物质，采用正确有效的灭火方法，如断开电源、撤离周围易燃易爆物质和贵重物品，根据现场情况，机动、灵活、正确地选择灭火用具等。

⑤ 易燃场所要设警示牌，严禁将火种带入易燃区。加工场、生活区必须设置灭火器、灭火桶、专用铁锹，同时堆放灭火沙。连续梁施工区要配备灭火器和高压水泵等消防器材。消防器材要设置在明显和便于取用的地点，周围不准堆放物品和杂物。消防设施、器材应当由专人管理，负责检查、维修、保养、更换和添置，保证完好有效，严禁圈占、埋压和挪用。

⑥ 电动工具所带的软电缆或软线不允许随意拆除或接长；插头不能任意拆除、更换。当不能满足作业距离时，要采用移动式电箱，避免接长电缆带来的事故隐患。

⑦ 现场照明电线绝缘良好，不准随意拖拉。照明灯具的金属外壳必须接零，室外照明灯具距地面不低于 3m。夜间施工灯光要充足，不准把灯具挂在竖起的钢筋上或其他金属构件上，确保符合安全用电要求。

⑧ 施工现场的焊割作业必须符合防火要求，并严格执行"1211"规定［1 支焊枪，2 名施工人员（1 人施焊、1 人防护），1 个灭火器，1 个水盆（接焊渣用）］。

5. 文明施工要求

① 施工中要注意环境保护，钢筋废料要集中堆放。

② 根据标准化管理要求，合理布置各种文明施工和安全施工警示牌（图 8-8），并采取有效措施防止损坏。

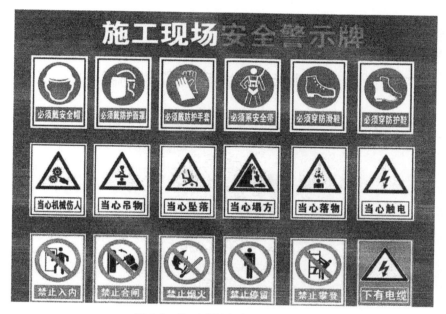

图 8-8　施工现场安全施工警示牌

③ 现场布局合理，材料、物品、机具堆放符合要求，堆放要有条理。剩余的混凝土拌合物要定点放置，可用于处理或硬化施工场地、便道，严禁随意丢弃。

④ 保护施工区和生活区的环境卫生，进行清扫处理，定期清除垃圾并集运至当地环保部门指定的地点掩埋或焚烧。

⑤ 施工机械车辆要走施工便道，不可任意行驶，便道要经常洒水降尘。施工期间，及时对施工机械车辆道路进行维护，确保晴雨畅通，保证施工顺利进行。

6. 安全操作规程

① 对于大型机械作业，机械停放地点、行走路线、电源架设等均应制定施工措施，大型设备通过工作地点的场地，使其具有足够的承载力。各种机械设备的操作人员应经过相应部门组织的安全技术操作规程培训并合格后持有效证件上岗。机械操作人员工作前，应对所使用的机械设备进行安全检查，严禁设备带病工作。机械设备运行时，应设专人指挥，负责安全工作。

② 预制构件制作前，应召开安全会议，由安全负责人对所有生产人员进行安全教育和安全交底。严格执行各项安全技术措施，施工人员进入现场应戴好安全帽，按时发放和正确使用各种个人劳动防护用品。

③ 施工用电应严格按有关规程和规范实施，现场电源线应采用预埋电缆，装置固定的配电盘，随时对漏电及杂散电源进行监测，所有用电设备都应配置触漏电保护器，正确设置接地，生活用电线路架设规范有序。

第三节 ▶▶

装配式建筑混凝土结构预制构件制作主要工艺

一、预制构件钢筋加工

1. 钢筋加工

钢筋原材经过单根钢筋的制备、钢筋网和钢筋骨架的组合以及预应力钢筋的加工等工序制成成品后，运至生产线进行安装。

（1）钢筋除锈

钢筋的表面应洁净。油渍、漆污和用锤敲击时能剥落的浮皮、铁锈等应在加工前清除干净。在焊接前，焊点处的水锈应清除干净。

（2）钢筋调直

采用钢筋调直机（图 8-9）调直冷拔钢丝和细钢筋时，要根据钢筋的直径选用调直模和传送压辊，并要正确掌握调直模的偏移量和压辊的压紧程度。

调直模的偏移量，根据其磨耗程度及钢筋品种通过试验确定。钢筋调直的关键是调直筒两端的调直模一定要在调直前后导孔的轴心线上。

图 8-9　钢筋调直机

压辊的槽宽，一般在钢筋穿入压辊之后，在上下压辊间宜有 3mm 之内的间隙。压辊的压紧程度要做到既保证钢筋能顺利地被牵引前进，看不出钢筋有明显的转动，又要保证在被切断的瞬时钢筋和压辊间不允许打滑。

（3）钢筋切断

① 将同规格钢筋根据不同长短搭配，统筹排料；一般应先断长料，后断短料，减少短头和损耗。

② 断料时应避免用短尺量长料，防止在量料时产生累积误差。为此，宜在工作台上标出尺寸刻度线并设置控制断料尺寸用的挡板。如图 8-10 所示为钢筋切断机。

③ 在切断过程中，如发现钢筋有劈裂、缩头或影响使用的弯头等情况必须切除。

④ 钢筋的断口不得有马蹄形或起弯等

图 8-10　钢筋切断机

现象。

（4）钢筋弯曲成形

① 受力钢筋柱。当设计要求钢筋末端需做135°弯钩时，HRB335级、HRB400级钢筋的弯弧内直径不应小于钢筋直径的4倍，弯钩的弯后平直部分长度应符合设计要求。

钢筋做不大于90°的弯折时，弯折处的弯弧内直径不应小于钢筋直径的5倍。

目前，钢筋一般采用专用设备自动化加工（图8-11）。

图 8-11　钢筋桁架焊接设备

② 箍筋。除焊接封闭环式箍筋外，箍筋的末端还应做弯钩。弯钩形式应符合设计要求，当设计无具体要求时，应符合下列规定。

a. 箍筋弯钩的弯弧内直径除应满足上述要求外，还应不小于钢筋的直径。

b. 箍筋弯钩的弯折角度：对一般结构，不应小于90°；对有抗震等要求的结构，应为135°。

c. 箍筋弯后的平直部分长度：对一般结构，不宜小于箍筋直径的5倍；对有抗震要求的结构，不应小于箍筋直径的10倍和75mm两者中的较大值。

2. 钢筋绑扎

（1）绑扎不带套筒的钢筋骨架

① 按照生产计划，确保钢筋的规格、型号、数量正确。

② 绑扎前对钢筋质量进行检查，确保钢筋表面无锈蚀、污垢。

③ 绑扎基础钢筋时按照规定摆放钢筋支架与马凳，不得任意减少支架与马凳。

④ 严格按照图纸进行绑扎，保证外露钢筋的外露尺寸，保证箍筋及主筋间距，保证钢筋保护层厚度，所有尺寸误差不得超过±5mm，严禁私自改动钢筋笼结构。

⑤ 用两根绑线绑扎连接，相邻两个绑扎点的绑扎方向相反。

⑥ 拉筋绑扎应严格按图施工，拉筋钩在受力主筋上，不准漏放，135°钩靠下，直角钩靠上，待绑扎完成后再手工将直角钩弯下成135°。

⑦ 钢筋垫块严禁漏放、少放，确保混凝土保护层厚度。

⑧ 成品钢筋笼挂牌后按照型号存入成品区。

⑨ 工具使用后应清理干净，整齐放入指定工具箱内。

⑩ 及时清扫作业区域，垃圾放入垃圾桶内。

如图8-12和图8-13所示为不同构件的钢筋布置及绑扎操作。

（2）绑扎带套筒的钢筋骨架

① 绑扎带套筒的钢筋骨架应有专用的绑扎工位和套筒定位端板。

② 按要求绑扎钢筋骨架，套筒端部应在端板上定位，套筒角度应确保与模具垂直。伸入全灌浆套筒的钢筋，应插入套筒中心挡片处；钢筋与套筒之间的橡胶圈应安装紧密。半灌浆套筒应预先将已辊轧螺纹的连接钢筋与套筒螺纹端按要求拧紧后再绑扎钢筋骨架。对连接钢筋需提前检查镦粗、剥肋、滚轧螺纹的质量，避免未镦粗直接滚轧螺纹削减了钢筋断面。

图 8-12　钢筋布置

图 8-13　钢筋绑扎

二、预制构件模具组装

1. 模台清理

（1）固定模台清理

固定模台多为人工清理，根据模台状况可有以下几种清理方法。

① 模台面的焊渣或焊疤，应使用角磨机上的砂轮布磨片打磨平整。

② 模台面如有混凝土残留，应首先使用钢铲去除残留的大块混凝土，之后使用角磨机上的钢丝轮去除其余的残留混凝土（图 8-14）。

③ 模台面有锈蚀、油泥时应首先使用角磨机上的钢丝轮大面积清理，之后用香蕉水反复擦洗，直至模台清洁。

④ 模台面有大面积的凹凸不平或深度锈蚀时，应使用大型抛光机进行打磨（图 8-15）。

⑤ 模台有灰尘、轻微锈蚀，应使用香蕉水反复擦洗，直至模台清洁。

图 8-14　用角磨机清除残留的混凝土

图 8-15　抛光机打磨

图 8-16　流动模台自动清扫设备

（2）流动模台清理

流动模台多采用自动清扫设备（图 8-16）进行清理。

① 流动模台进入清扫工位前，要提前清理掉残留的大块混凝土。

② 流动模台进入清扫工位时，清扫设备自动下降紧贴模台，前端刮板铲除残余混凝土，后端圆盘滚刷扫掉表面浮灰，与设备相连的吸

尘装置自动将灰尘吸入收尘袋。

2. 模具组装固定

（1）固定模台和流动模台模具组装

① 依照图纸尺寸在模台上绘制出模具的边线（图8-17），仅制作首件时采用。

② 在已清洁的模具的拼装部位粘贴密封条，防止漏浆。

③ 在模台与混凝土接触的表面均匀喷涂脱模剂，擦至面干，见图8-18。

图8-17 绘制出模具的边线

图8-18 擦脱模剂

④ 根据图样及模台上绘制出的模具边线定位模具（图8-19），然后在模板及模台上进行打孔、攻螺纹，普通有加强肋的模板孔眼间距一般不大于500mm，如果模板没有加强肋，应适当缩小孔眼间距，增加孔眼数量。如模板自带孔眼，模台上的孔眼尺寸应小于模板自带的孔眼。钻孔方式：应先用磁力钻钻孔，然后用丝锥攻螺纹，一般模板两端使用螺纹孔，中间部位间隔布置定位销孔和螺纹孔，定位销孔不需要攻螺纹（仅制作首件时采用）。

⑤ 模具应按照顺序组装：一般平板类预制构件宜先组装外模，再组装内模；阳台、飘窗等宜先组装内模，再组装外模。对于需要先吊入钢筋骨架的预制构件，应严格按照工艺流程，在吊入钢筋骨架后再组装模具，最后安装上面埋件，见图8-20。

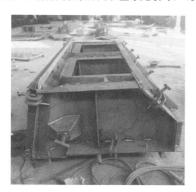

图8-19 定位模具

图8-20 组装模具

⑥ 模具固定方式应根据预制构件类型确定，异形预制构件或较高大的预制构件，应采用定位销加螺栓固定（图8-21），螺栓应拧紧；对于叠合楼板或较薄的平板类预制构件，既可采用定位销加螺栓固定，也可采用磁盒固定，见图8-22。

⑦ 钢筋骨架入模前，在模具相应的模板面上涂刷脱模剂或缓凝剂。

⑧ 对侧边留出箍筋的部位，应采用泡沫棒或专用卡片封堵留出筋伸出孔，防止漏浆，见图8-22。

⑨ 按要求做好伸出钢筋的定位措施，见图8-23。

⑩ 模具组装完毕后，依照图样检验模具，及时修正错误部位。

图 8-21　定位销加螺栓固定

图 8-22　磁盒固定

⑪ 自检无误后报质检员复检。

（2）梁、柱模具组装要点

① 梁、柱模具多为跨度较长的模具，组模时应在长边模具中部加装拉杆和支撑，以防止浇筑时模板中部胀模，见图 8-24。

伸出钢筋定位挡板

图 8-23　伸出钢筋定位

图 8-24　梁模中间加拉杆

② 组装梁模具时，应对照图纸检查两个端模伸出钢筋的位置，防止模具两个端模装错、装反，见图 8-25。

③ 梁伸出钢筋的位置及方向应仔细核对，生产过程中改模一定要封堵好出筋孔，以免误装。

④ 组装柱模具时，应先确认好成型面，避免出错。

⑤ 应对照图样检查端模套筒位置，以防止端模组装错误。

（3）墙板模具组装要点

① 模具组装时，应依照图样检查各边模的套筒、留出筋、穿墙孔（挂架孔）等位置，确保模具组装正确。

图 8-25　检查梁端模伸出钢筋的位置

② 模具组装完成后，应封堵好出筋孔，做好出筋定位措施。

（4）叠合楼板模具组装要点

叠合楼板模具的紧固方式有两种：磁盒紧固、定位销加螺栓紧固。

① 磁盒紧固时，应注意磁盒安放的间距，以防止出现模具松动、漏浆等现象。

② 定位销加螺栓紧固时，应注意检查定位销和螺栓是否齐全，以防止出现模具松动、漏浆等现象。

③ 边上有出筋的，应做好出筋位置的防漏浆措施和出筋的定位措施，如图 8-26 所示。

（5）楼梯模具组装要点

楼梯模具分为两种：立模和平模。

① 组装立模楼梯模具时，应注意密封条的粘贴与模具的紧固情况，以防止出现漏浆等现象。

图 8-26　出筋位置防漏浆措施

② 楼梯立模安装时应检查模具安装后的垂直度；封模前还要检查钢筋保护层厚度是否满足设计要求。

③ 组装平模楼梯模具时，应注意检查螺栓是否齐全，以防止出现模具松动、漏浆等现象，特别是两端出筋部位要做好防漏浆措施。

④ 平模安装时要检查模具是否有扭曲变形。

（6）高大立模组装要点

柱、柱梁一体化等预制构件竖立浇筑时须采用高大立模（一般指模具高度超过 2.5m）。

① 模具组装前，应搭设好操作平台。

② 注意密封条的粘贴与模具的紧固情况，防止出现漏浆等现象。

③ 要检查并控制好模具的垂直度。

④ 做好支撑，一方面用以调整模具整体的垂直度；另一方面保证作业人员和模具的安全，防止倾倒。

（7）异形预制构件模具组装要点

装配式混凝土建筑中常见的异形预制构件有飘窗（图 8-27）、曲面板（图 8-28）、转角预制构件（图 8-29）、镂空预制构件（图 8-30）、T 形梁柱等二维预制构件、平面十字形梁柱等三维预制构件等。

图 8-27　飘窗

图 8-28　曲面板

异形预制构件模具组装要注意以下要点。

① 模具组模前，应对各模板阳角部位进行打磨。

② 组装模具时，应严格按照工艺流程进行作业，并做好模具的紧固和支撑，提高模具的稳定性。

③ 异形模具吊运、安装时要保持重心稳定，吊平、吊稳。

图 8-29　转角预制构件

图 8-30　镂空预制构件

④ 模具阴角部位，脱模剂一定要涂擦到位。

⑤ 模具组装过程中，挑架、撑架、连模工装不得漏装或少装。

⑥ 异形模具安装时应边安装边检查，螺栓应分次拧紧，以免发生一端拧紧后另一端安装不上的情况。

⑦ 高度较高的模板，还应注意检查其垂直度和扭曲情况。

⑧ 内侧模、转角立面内挡板等应防止胀模，必要时可采取加强措施。

⑨ 带转角窗的预制构件，应检查转角窗的转角角度，确保转角窗位置准确。

⑩ 每次组模前，对较大的不需拆卸的封闭底模，要检查其变形情况。

3. 自动流水线模具组装

自动流水线模具一般都由机械手自动组装，多采用磁力固定方式，组模的基本流程如下。

① 画线机根据预先输入控制系统的预制构件、模具、生产计划等信息，在模台上画出组模标线。

图 8-31　机械手自动组模

② 机械手根据第①条中的信息，从指定的模具存放位置夹取模具并放置在指定位置（以上一步中所画标线为基准），见图 8-31。

③ 自动将模具。位置调整准确后，机械手打开模具上的磁力开关，将模具固定在模台上。

④ 夹取下一个模具自动安装。

⑤ 按工艺流程将钢筋骨架、预埋件等按顺序逐个进行安装，直至模具的所有部件全部安装完成。

4. 模具检查

模具进厂时，应对模具所有部件进行验收；模具安装定位后必须按照图纸进行检查验收并合格。模具安装后的检查内容及要求如下。

① 模具应具有足够的刚度、强度和稳定性，模具尺寸误差的检验标准和检验方法应符合规定。

② 模具各拼缝部位应无明显缝隙，安装牢固，螺栓和定位销无遗漏，磁盒间距应符合要求。

③ 模具上须安装的预埋件、套筒等应齐全（无缺漏），品种规格应符合要求。

④ 模具上擦涂的脱模剂、缓凝剂应无堆积、无漏涂或错涂。

⑤ 模具上的预留孔、出筋孔、不用的螺栓孔等部位应做好防漏浆措施。

⑥ 模具薄弱部位应有加强措施，防止过程中发生变形。

⑦ 要求内凹的预埋件上口应加垫龙眼，线盒应采用芯模和盖板固定。

⑧ 工装架、定位板等应位置正确，安装牢固。

三、预制构件脱模剂、缓凝剂涂刷

1. 脱模剂涂刷前模具清理

脱模剂涂刷前应对模具表面进行仔细清理，去除残渣浮灰和颗粒杂质，确保模具表面干爽洁净。

2. 脱模剂的涂刷

脱模剂涂刷不到位或涂刷后较长时间才浇筑混凝土，易造成预制构件表面混凝土粘模而产生麻面；脱模剂涂刷过量或局部堆积，易造成预制构件表面混凝土麻面或局部疏松；脱模剂不干净或涂刷脱模剂的刷子、抹布不干净，易造成预制构件表面脏污、有色差等。

图 8-32　人工涂刷脱模剂

涂刷脱模剂可以用滚刷和棉抹布手工擦拭（图 8-32），也可使用喷涂设备喷涂（图 8-33），一般情况下对于非自动化生产线，建议手工擦拭。涂刷的相关要求及方法如下。

图 8-33　喷脱模剂

① 使用前先将浓缩的脱模剂按使用说明及实际使用需求进行稀释，并搅拌均匀。

② 如采用手动擦拭，在预先清洁好的模具上将脱模剂擦拭一次，使其完全覆盖在模具表面，形成一层透明的薄膜，然后用拧干的棉抹布再擦拭一次。若采用自动喷涂，根据不同的模具，设定好喷涂范围、喷头高度、喷涂速度等参数，在预先处理的清洁模具上，先试喷一下，查看喷头的雾化效果，必要时调整脱模剂的稀释比例和喷头距模板面的距离，直至脱模剂雾化良好，喷涂均匀。

③ 已涂刷脱模剂的模具，必须在规定的有效时间内完成混凝土浇筑。

④ 脱模剂必须当天配制当天使用。

⑤ 盛装脱模剂的容器必须每天清洗。

⑥ 采用新品种、新工艺的脱模剂时，需先做可行性试验，以便达到最佳稀释倍数及最佳的预制构件表面效果。

3. 缓凝剂的涂刷

（1）缓凝剂的作用

在模具表面涂刷缓凝剂是为了缓解预制构件与模板接触面混凝土的强度增长,以便于在预制构件脱模后对需要做成粗糙面的表面进行后期处理。

使用缓凝剂后,在预制构件脱模后,用压力水冲刷,需要做成粗糙面的混凝土表面,通过控制冲刷时间和缓凝剂的用量,可以控制粗糙面骨料外露的深浅。达到设计要求的混凝土粗糙面,应保证与后浇混凝土的黏结性也满足设计要求。

(2)缓凝剂的涂刷

缓凝剂涂刷不到位、涂刷后等待时间过长或缓凝剂用量过多都会造成预制构件表面出现质量问题。涂刷缓凝剂的相关要求及方法如下。

① 用刷子或滚筒在需要涂刷缓凝剂的模具表面均匀涂刷一层缓凝剂,不得漏涂,不得涂到不需要涂刷的部位。

② 等待缓凝剂自然风干,在模具表面形成一层可溶于水的缓凝剂薄膜。

③ 涂刷缓凝剂的模具,必须在规定的有效时间内完成混凝土浇筑。

④ 盛装缓凝剂的容器必须每天清洗,并不得与其他容器混用。

⑤ 使用新品种、新工艺的缓凝剂时,需先做可行性试验,以便达到最佳使用效果。

四、预制构件钢筋、预埋件入模安装

1. 钢筋入模

钢筋入模分为钢筋骨架整体入模和钢筋半成品模具内绑扎两种方式。具体采用哪种方式,应根据钢筋作业区面积、预制构件类型、制作工艺要求等因素确定。一般钢筋绑扎区面积较大,钢筋骨架堆放位置充足,预制构件无伸出钢筋或伸出钢筋少且工艺允许钢筋骨架整体入模的,应采用钢筋骨架整体入模方式,否则,应采用钢筋半成品模具内绑扎的方式。钢筋半成品模具内绑扎会延长整个工艺流程时间,所以条件允许的情况下,应尽可能采用钢筋半成品模内绑扎整体入模的方式,特别是流水线生产工艺更是如此。

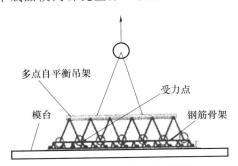

图 8-34 吊架多点水平吊运

(1)钢筋骨架整体入模操作要点

① 钢筋骨架应绑扎牢固,防止吊运入模时变形或散架。

② 钢筋骨架整体吊运时,宜采用吊架多点水平吊运(图 8-34),避免单点斜拉导致骨架变形。

③ 钢筋骨架吊运至工位上方,宜平稳、缓慢下降至距模具最高处 300～500mm。

④ 2 名工人扶稳骨架并调整好方向后,缓慢下降吊钩,使钢筋骨架落入模具内。

⑤ 撤去吊具后,根据需要对钢筋骨架位置进行微调。

⑥ 在模具内绑扎必要的辅筋、加筋等。

(2)钢筋半成品模具内绑扎操作要点

① 将需要的钢筋半成品运送至作业工位。

② 在主筋或纵筋上测量并标示分布筋、箍筋位置。

③ 根据预制构件配筋图,将半成品钢筋按顺序排布于模具内,确保各类钢筋位置正确。

④ 2 名工人在模具两侧根据主筋或纵筋上的标示绑扎分布筋或箍筋。

⑤ 单层网片宜先绑四周再绑中间,绑中间时应在模具上搭设挑架;双层网片宜先绑底

层再绑面层。

⑥ 面层网片应满绑，底层网片可四周两挡满绑，中间间隔呈梅花状绑扎，但不得存在相邻两道未绑的现象。

⑦ 架起钢筋应绑扎牢固，不得松动、倾斜。

⑧ 绑丝头宜顺钢筋紧贴，双层网片钢筋头可朝向网片内侧。

⑨绑扎完成后，应清理模具内杂物、断绑丝等。

（3）钢筋间隔件安装要求

为了确保钢筋的混凝土保护层厚度符合设计要求，使预制构件的耐久性能达到结构设计的年限要求，在钢筋入模后，应安装钢筋间隔件（图 8-35），其安装要求如下。

① 常用的钢筋间隔件有水泥间隔件和塑料间隔件，应根据需要选择种类、材质、规格合适的钢筋间隔件。

② 钢筋间隔件应根据制作工艺要求在钢筋骨架入模前或入模后安装，可以绑扎或卡在钢筋上。

③ 间隔件的数量应根据配筋密度、主筋规格、作业要求等综合考虑，一般每平方米范围内不宜少于 9 个。

图 8-35　钢筋间隔件安装

④ 在混凝土下料位置，宜加密布置间隔件，在钢筋骨架悬吊部位可适当减少间隔件。

⑤ 钢筋间隔件应垫实并绑扎牢固。

（4）带套筒钢筋骨架整体入模操作要点

① 拆除定位挡板后，将整个钢筋骨架吊运至模具工位。

② 2 名工人扶稳骨架并调整好方向后，缓慢下降吊钩，使钢筋骨架落入模具内。

③ 适当调整钢筋骨架位置，根据工艺要求将套筒与模具进行连接安装。

④ 全灌浆套筒单独入模操作要点如下。

a. 将套筒一端牢固安装在端部模板上，套筒角度应确保与模板垂直。

b. 从对面模板穿入连接的钢筋，套入需要安装的箍筋或装入其他钢筋，并调整其与模具内其他钢筋的相对位置。

c. 在钢筋穿入的一端套入橡胶圈，橡胶圈距钢筋端头的距离应大于套筒长度的 1/2。

d. 将钢筋端头伸入套筒内，直至接触套筒中心挡片。

e. 调整钢筋上的橡胶圈，使其紧扣在套筒与钢筋的空隙处，扣紧后橡胶圈应与套筒端面齐平。

f. 将连接套筒的钢筋与模具内其他相关的钢筋绑扎牢固。

g. 套筒与钢筋连接的一端宜与箍筋绑扎牢固，防止后续作业时松动。

2. 预埋件入模

在模具钢筋组装完成后，需要完成各种预埋件的安装（图 8-36），包括吊点埋件、支撑点埋件、电箱电盒、线管、洞口埋件等。较大的预埋件应先于钢筋骨架入模或与钢筋骨架一起入模，其他预埋件一般在最后入模。

（1）预埋件入模的操作要点

图 8-36 预埋件的安装

① 预埋件安装前应核对类型、品种、规格、数量等，不得错装或漏装。

② 应根据工艺要求和安装方向正确安装预埋件，倒扣在模台上的预埋件应在模台上设定位杆，安装在侧模上的预埋件应用螺栓固定在侧模上，在预制构件浇筑面上的预埋件应采用工装挑架固定安装。

③ 安装预埋件一般宜遵循先主后次、先大后小的原则。

④ 预埋件安装应牢固且须防止位移，安装的水平位置和垂直位置应满足设计及规范要求。

⑤ 底部带孔的预埋件，安装后应在孔中穿入规格合格的加强筋，加强筋的长度应在预埋件两端各露出不少于 150mm，并防止加强筋在孔内左右移动。

⑥ 预埋件应逐个安装完成后一次性紧固到位。

⑦ 防雷引下线（常称为避雷扁铁）应采用热镀锌扁铁，安装时应按设计和规范要求与预制构件主筋有效焊接，并与门窗框的金属部位有效连接，其冲击接地电阻不宜大于 10Ω。

（2）预埋波纹管或预留盲孔的操作要点

有些预制构件会采用预埋波纹管（图 8-37）或预留盲孔的形式，以方便现场后期的结构连接和安装，如莲藕梁的莲藕段、凸窗的窗下墙等，在作业时应特别注意以下几点。

① 应采用专用的定位模具对波纹管或螺纹盲管进行定位。

② 定位模具安装应牢固可靠，不得移位或变形，应有防止定位垂直度变化的措施。

③ 宜先安装定位模具、波纹管和螺纹盲管再绑扎钢筋，避免钢筋绑扎后造成波纹管和螺纹盲管安装困难。

④ 波纹管外端宜从模板定位孔穿出并固定好，内端应有效固定，做好密封措施，避免浇筑时混凝土进入。螺纹盲管上应涂好脱模剂。

图 8-37 预埋波纹管

（3）线盒线管入模操作要点

① 在线盒内塞入泡沫，线管按需要进行弯管后用胶带对端头进行封堵。

② 按要求将线盒固定在底模或固定的工装架上，常用的线盒固定方式有压顶式、芯模固定式、绑扎固定式、磁吸固定式等。

③ 按需要打开线盒侧面的穿管孔，安装好锁扣后，将线管一头伸入锁扣与线盒连接牢固，线管的另一端伸入另一个线盒或者伸出模具外，伸出模具外的线管应注意保护，防止从根部折断。

④ 将线管中部与钢筋骨架绑扎牢固。

（4）门窗框的安装

① 核对门窗框型号，分清门窗框内外、上下，将门窗框放置于底模上。

② 在门窗框内四角位置安装定位挡块，测量上下、左右距边模的尺寸，紧固定位挡块。

③ 上压框拼装成一个整体，在上压框底面贴上防漏浆胶带，胶带应与上压框外沿齐平，接头平整无缺口。

④ 将上压框扣压在门窗框上，测量上压框上下、左右距边模的尺寸，固定上压框。

⑤ 门窗框四边如缠有胶带，用刀片将胶带切断，避免形成渗水通道。

⑥ 有避雷要求的，在门窗框指定位置安装避雷铜编带，铜编带与门窗框连接部位用砂纸去除表面绝缘涂层。

⑦ 将门窗框凹槽内的锚固脚片向外掰开（图 8-38）。

（5）安装预埋件时发生冲突的处理方法

在安装预埋件时，其互相之间或与钢筋之间有时会发生冲突而造成无法安装或虽然能安装但因间距过小而影响后期混凝土作业的情况，一般可按如下方法处理。

图 8-38 门窗框的安装

① 预埋件与非主筋发生冲突时，一般适当调整钢筋的位置或对钢筋发生冲突的部位进行弯折，避开预埋件，如图 8-39 和图 8-40 所示。

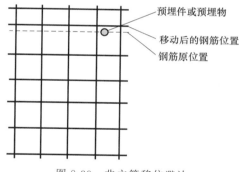

图 8-39 非主筋移位避让

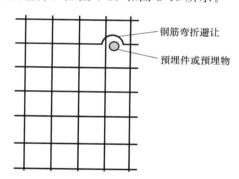

图 8-40 非主筋弯折避让

② 当预埋件与主筋发生冲突时，可折弯主筋避让或联系设计单位给出方案。

③ 当预埋件之间发生冲突，或预埋件安装后造成相互之间或与钢筋之间间距过小，可能影响混凝土流动和包裹时，应联系设计单位给出方案。

五、预制构件隐蔽工程验收

1. 隐蔽工程验收内容

隐蔽工程验收主要包括饰面、钢筋、模具、预埋物、预埋件（预留孔洞）、套筒及波纹管等内容。

（1）饰面验收内容

① 饰面材料品种、规格、颜色、尺寸、间距、拼缝。

② 铺贴的方式、图案、平整度。

③ 是否有倾斜、翘曲、裂纹。

④ 需要背涂的饰面材料的背涂质量，带卡钩的饰面材料的卡钩安装质量。

（2）钢筋验收内容

① 钢筋的品种、等级、规格、长度、数量、布筋间距。

② 钢筋的弯心直径、弯曲角度、平直段长度。

③ 每个钢筋交叉点均应绑扎牢固，绑扣宜八字开，绑丝头应平贴钢筋或朝向钢筋骨架内侧。

④ 拉钩、马凳或架起钢筋应按规定的间距和形式布置，并绑扎牢固。

⑤ 钢筋骨架的钢筋保护层厚度，保护层垫块的布置形式、数量。

⑥ 伸出钢筋的伸出位置、伸出长度、伸出方向，定位措施是否可靠。

⑦ 钢筋端头为预制螺纹的，螺纹的螺距、长度、牙形，保护措施是否可靠。

图 8-41 钢筋验收

⑧ 露出混凝土外部的钢筋宜设置遮盖物。

⑨ 钢筋的连接方式、连接质量、接头数量和位置。

⑩ 加强筋的布置形式、数量状态。

钢筋验收见图 8-41。

（3）模具验收内容

① 模具组装后的外形尺寸及状态，垂直面的垂直度。

② 组装模具的螺栓、定位销数量及安装状态。

③ 模具接合面的间隙及漏浆处理。

④ 模具内清理是否干净整洁。

⑤ 脱模剂、缓凝剂涂刷情况。

⑥ 模具是否有脱焊或变形，与混凝土接触面是否有较明显的凹坑、凸块、锈斑等。

⑦ 模具作业操作面、装配面是否平整、整洁。

⑧ 工装架是否有变形，安装是否牢固、可靠，清洁是否到位。

⑨ 伸出钢筋孔洞的止浆措施是否有效、可靠。

（4）预埋物验收内容

① 预埋物的品种、型号、规格、数量。

② 预埋物的空间位置、方向。

③ 预埋物的安装方式，安装是否牢固、可靠。

④ 预埋物保护措施是否有效、可靠。

⑤ 预埋物上的配套件是否齐全并处于有效的状态（如窗框的锚固脚片是否拉开、避雷线是否可靠连接）。

⑥ 预埋物与模具、其他预埋物等的连接是否牢固、可靠。

⑦ 是否有防止混凝土漏浆的措施。

⑧ 是否有预埋物紧贴钢筋，影响混凝土握裹钢筋。

预埋物验收见图 8-42。

（5）预埋件（预留孔洞）验收内容

① 预埋件的品种、型号、规格、数量，成排预埋件的间距。

图 8-42 预埋物验收

② 预埋件有无明显变形、损坏，螺纹、丝扣有无损坏。

③ 预埋件的空间位置、安装方向。

④ 预留孔洞的位置、尺寸、垂直度，固定方式是否可靠。

⑤ 预埋件的安装形式，安装是否牢固、可靠。

⑥ 垫片、龙眼等配件是否已安装。

⑦ 预埋件上是否存在油脂、锈蚀。

⑧ 预埋件底部及预留孔洞周边的加强筋规格、长度，加强筋固定是否牢固、可靠。

⑨ 预埋件与钢筋、模具的连接是否牢固、可靠。

⑩ 橡胶圈、密封圈等是否安装到位。

预埋件（预留孔洞）验收见图 8-43。

图 8-43　预埋件（预留孔洞）验收

（6）套筒验收内容

套筒验收是预制构件隐蔽工程验收中一项十分重要的内容，在进行套筒验收时，应验收下列内容。

① 套筒的品牌、规格、类型和中心线位置。

② 套筒远模板端与钢筋的连接形式是否牢固、可靠。半灌浆套筒应检查螺纹接头外露螺纹的牙数及形状。全灌浆套筒应检查钢筋伸入套筒的长度和端口密封圈的安装情况。

③ 套筒应垂直于模板安装，与所连接的钢筋在同一中心线上。

④ 套筒的固定方式及安装的牢固程度和密封性能。

⑤ 套筒灌浆孔和出浆孔的位置及与灌浆导管和出浆导管的连接和通畅情况。

套筒验收见图 8-44。

（7）波纹管验收内容

① 波纹管应安装牢固、可靠。

② 波纹管的螺旋焊缝不得有开焊、裂纹等，管壁不得破损，特别注意电焊、气割时不得损伤管壁。

③ 波纹管内端口插入钢筋后，端口部位应密封良好。

④ 预埋的波纹管长度较长时，应在中部增加固定点，可采用绑扎固定或用 U 形筋卡位固定，固定应牢固、可靠。

波纹管验收见图 8-45。

图 8-44 套筒验收

图 8-45 波纹管验收

2. 隐蔽工程验收程序

隐蔽工程应在混凝土浇筑之前由驻厂监理工程师及专业质检人员进行验收，未经隐蔽工程验收不得浇筑混凝土。隐蔽工程验收程序见图 8-46。

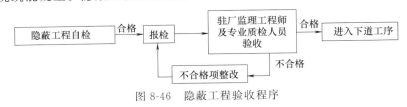

图 8-46 隐蔽工程验收程序

（1）隐蔽工程自检

作业班组对完成的隐蔽工程进行自检，认为所有项目合格后在隐蔽工程质量管理表（表 8-4）上签字。

（2）报检

作业班组负责人应将报检的预制构件型号、模台号、作业班组等信息告知驻厂监理工程师及专业质检人员。

（3）不合格项整改

验收如果存在不合格项，应进行整改，整改后再次进行验收，直至合格。

（4）进入下道工序

验收合格后可进入下道工序。

3. 隐蔽工程验收记录

专业质检人员应根据验收的最终结果做好验收记录．验收记录包括隐蔽工程验收表（表 8-5）和预制构件制作过程检测表（参照上海地方标准中的表式，表 8-6），同时应保留隐蔽工程验收的影像资料。需要强调，影像资料是验收记录的重要组成部分，在隐蔽工程验收时，除应保留整体验收影像资料外，关键部位应有特写的影像资料。

六、预制构件混凝土浇筑

1. 混凝土的搅拌

预制构件混凝土的搅拌是指工厂搅拌站人员根据车间布料员报送的混凝土规格（包括浇筑构件类型、构件编号、混凝土类型及强度等级、坍落度要求及需要的混凝土方量等）进行

表8-4 隐蔽工程质量管理表

序号	项目名称	模号	构件型号	生产日期	钢筋绑扎		模具清理		饰面铺设		钢筋入模		预埋件安装		加强筋绑扎		预埋套筒/波纹管安装		预埋物		预留孔洞		保护层确认	
					操作员	检验员	操作员	检验员	操作员	检验员	操作员	检验员	操作员	检验员	操作员	检验员	操作员	检验员	操作员	检验员	操作员	检验员	操作员	检验员
1																								
2																								
3																								
4																								
5																								
6																								
7																								
8																								
9																								
10																								
11																								
12																								
13																								
14																								
15																								
16																								
17																								
18																								
19																								
20																								

表 8-5　隐蔽工程验收表

检查项目	判定	
	合格	不合格
隐蔽工程验收表		
1. 模台面清扫	合格	不合格
2. 模具尺寸及安装状态	合格	不合格
3. 饰面弹线尺寸	合格	不合格
4. 石材或装饰面砖种类及颜色	合格	不合格
5. 装饰面砖集成块加工状态	合格	不合格
6. 石材或装饰面砖缝宽度及深度	合格	不合格
7. 石材或装饰面砖铺设后有无表面起伏	合格	不合格
8. 脱模剂、缓凝剂涂刷状态	合格	不合格
9. 钢筋骨架与翻样图一致	合格	不合格
10. 钢筋保护层状态(包括扎丝)	合格	不合格
11. 钢筋绑扎状态(包括加强筋)	合格	不合格
12. 保护层垫块数量	合格	不合格
13. 预埋件种类、数量、安装位置	合格	不合格
14. 套筒、盲孔、波纹管种类、数量、安装位置	合格	不合格
15. 预埋件的固定状态	合格	不合格
16. 叠合筋的焊接状态	合格	不合格
17. 预埋门窗的安装状态	合格	不合格
18. 防雷引下线的安装状态	合格	不合格
检查者(签名):		

表 8-6　预制构件制作过程检测表

预制构件编号:

检测部位	检测项目及结果 (合格√;不合格×)		检测方法及要求	检测结果 (合格/需整改)	检测人员
模具	□长度;□截面尺寸;□对角线差;□侧向弯曲;□翘曲;□底模表面平整度;□组装缝隙;□端模与侧模高低差		参见上海市现行地方标准《装配整体式混凝土结构预制构件制作与质量检验规程》(DGJ 08-2069—2016)		
面砖、石材	□面砖颜色;□表面平整度;□阳角方正;□上口平直;□接缝平直;□接缝深度;□接缝宽度				
钢筋制品	钢筋网片	□长、宽;□网眼尺寸			
	钢筋骨架	□长;□宽、高			
	受力钢筋	□间距;□排距;□保护层			
	□钢筋、横向钢筋间距				
	□钢筋弯起点位置				
预埋件和预留孔洞	预埋钢筋锚固板	□中心线位置;□安装平整度			
	预埋管、预留孔	□中心线位置;□孔尺寸			
	门窗	□中心线位置;□宽度、高度			
	插筋	□中心线位置;□外露长度			
	预埋吊环	□中心线位置;□外露长度			
	预留洞	□中心线位置;□尺寸			
	预埋螺栓	□螺栓中心线位置;□螺栓外露长度			
	钢筋套筒	□中心线位置;□平整度			
门窗	□窗框方向;□锚固脚片;□门窗框位置;□门窗框高、宽;□门窗框对角线;□门窗框的平整度				

混凝土搅拌。

(1) 控制好搅拌的节奏

　　预制构件作业不像现浇混凝土那样是整体浇筑,而是逐个预制构件进行浇筑,每个预制构件的混凝土强度等级可能不一样,混凝土用量一般也不一样,前道工序完成的节奏也会有差异。所以,混凝土搅拌作业必须控制节奏,搅拌混凝土强度等级、混凝土数量必须与已经完成前道工序的预制构件的需求一致，既要避免搅拌量过剩或搅拌后等待入模时间过长，也要尽可能提高搅拌效率。

对于全自动生产线，计算机会自动调节搅拌并控制节奏，对于半自动和人工控制生产线以及鼠定模台工艺，混凝土搅拌节奏是靠人工控制的，所以需要严密的计划和作业时随时沟通。

（2）浇筑前的检测

混凝土浇筑前，要检测混凝土的坍落度。坍落度宜在浇筑地点随机取样检测，经坍落度检测合格的混凝土方可使用。坍落度筒及坍落度法示意如图 8-47 所示。

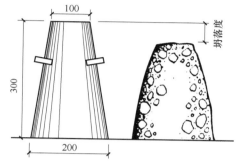

图 8-47　坍落度筒及坍落度法示意

① 如坍落度检测值在配合比设计允许范围内，且混凝土黏聚性、保水性均良好，则该盘混凝土可正常使用；反之，如坍落度超出配合比设计允许范围或出现崩塌、严重泌水或流动性差等现象时，禁止使用该盘混凝土。

② 当实测坍落度大于设计坍落度的最大值时，该盘混凝土不得用于浇筑当前预制构件。如混凝土和易性良好，可以用于浇筑比当前混凝土设计强度低一等级的预制构件或庭院、景观类预制构件；如混凝土和易性不良，存在严重泌水、离析、崩塌等现象，则该盘混凝土禁止使用。

③ 当实测坍落度小于设计坍落度的最小值，但仍有较好的流动性时，则该盘混凝土可用于浇筑同强度等级的叠合板、墙板等较简单、操作面积大且容易浇筑的预制构件，否则应通知试验室对该盘混凝土进行技术处理后才能使用。

2. 混凝土的运送

将搅拌好的混凝土打入自动运输罐中，通过对讲机通知车间布料员，布料员控制运输罐自动运输到车间布料台处，并将混凝土倒入自动布料机中。混凝土运输罐如图 8-48 所示。

混凝土运输要注意以下几点。

① 运输能力与搅拌混凝土的节奏匹配。

② 运输路径通畅，应尽可能缩短运输时间和距离。

③ 运输混凝土的容器每次出料后必须清洗干净，不能有残留混凝土。

④ 应控制好混凝土从出料到浇筑完成的时间，不应超过标准规定。

3. 混凝土的浇筑

混凝土的浇筑（图 8-49）可分为：人工浇筑，即通过人工控制起重机前后左右移动料斗完成混凝土浇筑；半自动浇筑，即由人工操作布料机前后左右移动完成混凝土的浇筑，浇筑量通过人工计算；智能化浇筑，即根据计算机传送的信息，自动识别图纸及模具，完成布料机移动及浇筑。

（1）混凝土浇筑要点

① 混凝土浇筑前要进行坍落度、含气量等检查，并做好记录。

② 应均匀连续地从模具一端开始向另一端浇筑混凝土，并应在混凝土初凝前全部完成。

③ 混凝土倾落高度不宜超过 600mm，并应边浇筑边振捣。

④ 冬季混凝土浇筑温度不应低于 5℃。

⑤ 混凝土浇筑时应制作脱模强度试块、出厂强度试块和 28 天强度试块等。有其他要求

图 8-48　混凝土运输罐

图 8-49　混凝土的浇筑

的，还应制作符合相应要求的试块，如抗渗试块等。

⑥ 混凝土浇筑时观察模板、钢筋、预埋件和预留孔洞的情况，发现有变形、移位时，应立即停止浇筑，并在已浇筑混凝土初凝前对发生变形或移位的部位进行调整后方可进行后续浇筑作业。

⑦ 同一个预制构件上有不同强度等级的混凝土时，浇筑前要确认部位，防止混凝土浇错位置。浇筑时要先浇筑强度高的部位，再浇筑强度低的部位，防止强度低的混凝土流入要求强度等级高的部位。

⑧ 为防止叠合楼板桁架筋上残留混凝土影响叠合层浇筑混凝土后钢筋连接的握裹力，叠合楼板浇筑前要对桁架筋采取保护措施，防止混凝土浇筑时对桁架筋造成污染。

（2）混凝土振捣要点

预制构件混凝土振捣与现浇混凝土振捣不同，由于套筒、预埋件多，所以要根据预制构件的具体情况选择适宜的振捣形式及振捣棒。

① 用固定模台插入式振动棒振捣。

a. 振动棒宜垂直于混凝土表面插入，快插慢拔均匀振捣。当混凝土表面无明显塌陷、不再冒气泡且有水泥浆出现时，应当结束该部位的振捣。

b. 振动棒与模板的距离不应大于振动棒作用半径的一半；振捣插点间距不应大于振动棒作用半径的 1.4 倍。

c. 需分层浇筑时，浇筑次层混凝土时，振动棒的前端应插入前一层混凝土中 20～50mm。

d. 钢筋密集区、预埋件及套筒部位应当选用小型振动棒振捣，并且加密振捣点，适当延长振捣时间。

e. 反打、装饰面砖、装饰混凝土等墙板类预制构件振捣时应控制振动棒的插入深度，防止振动棒损伤饰面材料。

② 流水线作业时，采用混凝土自动振动台（图 8-50）振捣，流水线 360°振动台可以上下、左右、前后 360°方向的运动使混凝土达到密实。

（3）浇筑混凝土的表面处理

① 压光面。混凝土浇筑振捣完成后，应用铝合金刮尺刮平表面，在混凝土表面临近面干时，对混凝土表面进行抹压至表面平整光洁（图 8-51）。

图 8-50　混凝土自动振动台

图 8-51　混凝土抹压平整

② 粗糙面。预制构件模具面要做成粗糙面可采用预涂缓凝剂工艺，脱模后采用高压水冲洗形成。预制构件浇筑面要做成粗糙面，可在混凝土初凝前进行拉毛处理（图 8-52）。

③ 键槽。模具面的键槽是靠模板上预设的凹凸形状模板实现的；浇筑面的键槽应在混凝土浇筑后用专用工具压制成型。

④ 抹角。有些预制构件的浇筑面边角需做成 135°抹角，如叠合板上部边角，可用内模成型或由人工抹成。

（4）信息芯片埋设

预制构件厂为了记录预制构件生产相关

图 8-52　混凝土表面拉毛处理

信息，便于追溯、管理预制构件的生产质量和进度等，在生产预制构件时将录入各项信息的芯片浅埋在构件表面下。

① 竖向预制构件收水抹平时，将芯片埋置在浇筑面中心距楼面 60～80cm 高处，带窗预制构件则埋置在距离窗洞下边 20～40cm 中心处，并做好标记。脱模前将打印好的信息表粘贴于标记处，便于查找芯片埋设位置。

② 水平预制构件一般放置在底部中心位置，将芯片粘贴固定在平台上，与混凝土整体浇筑。

③ 芯片埋置深度不应超过 2cm，具体以芯片供应厂家提供的数据为准。

七、预制构件养护

1. 自然养护操作要点

自然养护可以降低预制构件的生产成本，当预制构件生产有足够的工期或环境温度能确保次日预制构件脱模强度满足要求时，应优先选用自然养护的方式进行预制构件的养护。自然养护操作规程如下。

① 在需要养护的预制构件上盖上不透气的塑料或尼龙薄膜，处理好周边封口。

② 必要时在上面加盖较厚的帆布或其他保温材料，减少热量散失。

③ 让预制构件保持覆盖状态，中途应定时观察薄膜内的湿度，必要时应适当淋水。

④ 直至预制构件强度达到脱模强度后方可撤去预制构件上的覆盖物，结束自然养护。

2. 养护窑蒸汽养护

养护窑蒸汽养护适用于流水线工艺，所用养护窑如图 8-53 所示。其操作规程如下。

① 预制构件入窑前，应先检查窑内温度，窑内温度与预制构件温度之差不宜超过 15℃ 且不高于预制构件蒸汽养护允许的最高温度。一般最高温度不应超过 70℃，夹芯保温板最高养护温度不宜超过 60℃，梁、柱等较厚的预制构件最高养护温度宜控制在 40℃ 以内。

② 将需要养护的预制构件连同模台一起送入养护窑内。

③ 在自动控制系统上设置好养护的各项参数。养护的最高温度应根据预制构件类型和季节等因素来设定。一般冬季养护温度可设置得高一些，夏季可设置得低一些，甚至可以不养护。

④ 自动控制系统应由专人操作和监控。蒸汽养护的流程：预养护→升温→恒温→降温，如图 8-54 所示。

图 8-53　预制构件蒸汽养护窑

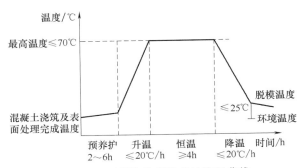

图 8-54　预制构件蒸汽养护流程曲线

⑤ 根据设置的参数进行预养护。

⑥ 预养护结束后系统自动进入蒸汽养护程序，向窑内通入蒸汽并按预设参数进行自动调控。

⑦ 当发生意外事故导致失控时，系统将暂停蒸汽养护程序并发出警报，请求人工干预。

图 8-55　固定模台蒸汽养护

⑧ 当养护主程序完成且环境温度与窑内温度差值小于 25℃ 时，蒸汽养护结束。

⑨ 预制构件脱模前，应再次检查养护效果，通过同条件试块抗压强度试验并结合预制构件表面状态的观察，确认预制构件是否达到脱模所需的强度。

3. 固定模台蒸汽养护操作规程

固定模台蒸汽养护（图 8-55）宜采用全自动多点控温设备进行温度控制。固定模台蒸汽养护操作规程如下。

① 养护罩应具有较好的保温效果且不得有破损、漏气等。

② 应设"人"字形或"∏"形支架将养护罩架起，盖好养护罩，四周应密封好，不得漏气。

③ 在罩顶中央处设置好温度检测探头。

④ 在温控主机上设置好蒸汽养护参数，包括蒸汽养护的模台、预养护时间、升温速率、

最高温度、恒温时间、降温速率等。

⑤ 预养护结束后，系统将根据预设参数自动开启相应模台的供气阀门。

⑥ 操作人员应查看蒸汽压力、阀门动作等情况，并检查蒸汽有无泄漏。

⑦ 蒸汽养护的全过程，应设专人操作和监控，检查养护效果。

⑧ 蒸汽养护过程中，系统将根据预设参数自动完成温度的调控。因意外导致失控时，系统将暂停故障通道的蒸汽养护程序并发出警报，提醒人工干预。

⑨ 预设的恒温时间结束后，系统将关闭供气阀门进行降温，同时监控降温情况，必要时自动进行调节。

⑩ 当养护罩内的温度与环境温度差值小于预设温度时，系统将自动结束蒸汽养护程序。

⑪ 按相关的方法再次确认养护效果以确定预制构件强度是否达到脱模所需的要求。

⑫ 没有自动控温设备的固定模台蒸汽养护，应安排专人值守，宜 30min 测量一次蒸汽养护温度，根据需要手动调整蒸汽阀门来控制蒸汽养护温度。

八、预制构件脱模及表面检查

1. 脱模

（1）脱模的操作要点

① 用扳手把侧模的紧固螺栓拆下，把固定磁盒磁性开关打开，然后拆下，确保都拆卸完成后将边模平行向外移出，防止边模在拆卸中变形。拆卸磁盒时使用专用工具，严禁使用重物敲打拆除磁盒。

② 用吊车（或专用吊具）将窗模以及门模吊起，放到指定位置的垫木上。吊模具时，挂好吊钩后，所有作业人员都应远离模具，听从指挥人员的指挥。

③ 拆卸下来的所有工装、螺栓、各种零件等必须放到指定位置，禁止乱放，以免丢失。

④ 将拆下的边模由两人抬起轻放到底模边上的指定位置，用木方垫好，确保侧模摆放稳固，侧模拆卸后应轻拿轻放到指定位置。

⑤ 模具拆卸完毕后，将底模周围打扫干净（图 8-56）。

⑥ 如遇特殊情况（如窗口模具无法脱模等），应及时向施工员汇报，禁止私自强行拆卸。

⑦ 构件起吊应平稳，楼板宜采用专用多点吊架进行起吊，墙板宜先采用模台翻转方式起吊，模台翻转角度不应小于 75°（图 8-57），然后采用多点起吊方式脱模。对于复杂构件，应采用专门的吊架进行起吊。

（2）模具的清理　详见本书"预制构件模具组装"部分内容。

2. 预制构件表面检查

预制构件完全脱模后，用目测、尺量方式检查构件表面问题，如外观质量、预埋件、外露钢筋、水洗面、注浆孔等。

（1）表面检查重点

① 表面是否有裂缝、破损。

② 粗糙面、键槽是否符合设计要求。

③ 表面装饰层质感是否完好。

④ 表面是否有蜂窝、孔洞、夹渣、疏松等情况。

（2）尺寸检查要点

图 8-56 预制构件脱模

图 8-57 预制构件翻转

① 防雷引线焊接位置是否正确，是否偏位。

② 外观尺寸及平整度是否符合要求。

③ 套筒是否偏位或不垂直。

④ 预留孔眼是否偏位，孔道是否歪斜。

⑤ 伸出钢筋、预埋件是否偏位。

3. 预制构件修补及处理

预制构件修补及处理见表 8-7。

表 8-7 预制构件修补及处理

类别	内容
缺角或边角不平的修补	（1）将缺角处已松动的混凝土凿除，并用水冲洗干净，然后用修补水泥砂浆将缺角处填补好 （2）如缺角的厚度超过 40mm，要加钢筋，分两次或多次修补，修补时要用靠模，确保修补处与整体平面保持一致，边角线条平直 （3）边角处不平整或线条不直的，用角磨机打磨修正，凹陷处用修补水泥腻子补平
孔洞的修补	（1）将修补部位不密实的混凝土及凸出骨料颗粒仔细凿除，清理干净，洞口上部向外上斜，下部方正水平为宜 （2）用高压水及钢丝刷将基层处理干净，修补前用湿棉纱等材料将孔洞周围混凝土充分湿润 （3）孔洞周围先涂水泥净浆，然后用无收缩灌浆料填补并分层仔细捣实，以免新旧混凝土接触面上出现裂缝，同时将新混凝土表面抹平抹光至满足外观要求 （4）如一次性修补不能满足外观要求，第一次修补可低于构件表面 3～5mm，待修补部位强度达到 5MPa 以上时，再用表面修补材料进行表面修补
麻面的修补	麻面是指预制构件表面的麻点，对结构无影响、对外观要求不高时通常可不做处理。如需处理，方法如下 （1）用毛刷蘸稀草酸溶液将该处脱模剂、油点或污点洗净 （2）配备修补水泥砂浆，水泥品种必须与原混凝土一致，用细砂，最大粒径≤1mm （3）修补前用水湿润表面，按刮腻子的方法，将水泥砂浆用刮板用力压入麻点处，随即刮平直至满足外观要求 （4）表面干燥后用细砂纸打磨，修补完成后，及时覆盖保湿养护 3～7 天
气泡的修补	气泡是混凝土表面不超过 4mm 的圆形或椭圆形孔穴，深度一般不超过 5mm，内壁光滑。气泡的修补方法如下 （1）将气泡表面的水泥浆凿除，使气泡完全开口，并用水将气泡孔冲洗干净 （2）用修补水泥腻子将气泡填满抹平即可 （3）较大气泡宜分两次修补
蜂窝的修补	预制构件上不密实混凝土的范围或深度超过 4mm 时，小蜂窝可按麻面方法修补，大蜂窝可采用如下方法修补 （1）将蜂窝处及周边松散部分的混凝土凿除，并形成凹凸相差 5mm 以上的粗糙面 （2）用高压水及钢丝刷等将结合面洗净 （3）用水泥砂浆修补，水泥品种必须与原混凝土一致，宜采用中粗砂 （4）按照抹灰操作法，用抹子大力将砂浆压入蜂窝内，压实刮平。在棱角部位用靠尺取直，确保外观一致 （5）表面干燥后用细砂纸打磨，修补完成后，及时覆盖保湿养护至与原混凝土一致

类别	内容
色差的修补	对油脂引起的假分层现象,用砂纸打磨后即可现出混凝土本色,对其他原因造成的混凝土分层,当不影响结构使用时,一般不做处理,需要处理时,用灰白水泥调制的接近混凝土颜色的浆体粉刷即可。当有软弱夹层影响混凝土结构的整体性时,按施工缝进行处理 (1)如夹层较小,缝隙不大,可先将杂物浮渣清除,夹层面凿成 V 字形后,用水清洗干净,在潮湿无积水状态下,用水泥砂浆用力填塞密实 (2)如夹层较大,将该部位混凝土及夹层凿除,视其性质按蜂窝或孔洞修补方法进行修补
错台的修补	(1)将错台高出部分、胀模鼓出部分凿除并清理干净,露出石子,新茬表面比预制构件表面略低,并稍微凹陷成弧形 (2)用水将新茬面冲洗干净并充分湿润,在基层处理完后,先涂以水泥净浆,再用干硬性水泥砂浆自下而上按抹灰操作法用力将砂浆刮压在结合面上,反复刮压。修补用水泥品种应与原混凝土一致,并用中粗砂,必要时掺拌白水泥,以保证混凝土色泽一致。为使砂浆与混凝土表面结合良好,抹光后的砂浆表面应覆盖塑料薄膜养护,并用支撑模板顶紧压实
空鼓的修补	(1)在预制构件空鼓处挖小坑槽,将混凝土压入直至饱满、无空鼓声为止 (2)如预制构件空鼓严重,可在预制构件上钻孔,按二次灌浆法将混凝土压入
饰面材料开裂的修补	发生饰面材料(如石材或瓷砖)开裂时,原则上要更换重贴,但实施前应与业主、监理等协商并得到认可后再施工
饰面材料掉角的修补	当饰面材料掉角小于 5mm×5mm 时,在业主、监理同意修补的前提下,用环氧树脂修补剂及指定涂料进行修补
饰面瓷砖的更换	(1)将需要更换瓷砖的周围切开,凿除整块瓷砖后清洁破断面,用钢丝刷刷除碎屑,用刷子等仔细清洗。用刀把瓷砖缝中的多余部分去除,尽量不要出现凹凸不平的情况 (2)在更换瓷砖背面及破断面上涂刷速效黏结剂,涂层厚为 5mm 以下,然后将瓷砖粘贴到破断面上,施工时要防止出现空隙 (3)速效黏结剂硬化后,缝格部位用砂浆勾缝,缝的颜色及深度要和原缝隙部位吻合
收缩裂缝的修补	对于细微的收缩裂缝,可向裂缝注入水泥净浆,填实后覆盖养护;或对裂缝加以清洗,干燥后涂刷两遍环氧树脂净浆进行表面封闭 对于较深的收缩裂缝,应用环氧树脂净浆,注浆后表面再加刷建筑胶黏剂进行封闭
龟裂的修补	首先要清洗预制构件表面,不能有灰尘残留,再用海绵涂抹水泥腻子进行修补,凝结后再用细砂纸打磨光滑
不贯通裂缝的修补	首先要在裂缝处凿出 V 形槽,并将 V 形槽清理干净,用与预制构件强度相当的水泥砂浆或混凝土进行修补,修补后要把残余修补料清理干净。待修补处强度达到 5MPa 以上后再用水泥腻子进行表面处理
贯通裂缝的修补	首先要将裂缝处整体凿开,清理干净,用无收缩灌浆料或水泥砂浆进行修补,也可在裂缝处用环氧树脂进行修补,环氧树脂要用注浆设备来操作,注射完成后再用水泥腻子进行表面处理
清水混凝土预制构件的表面处理	(1)擦去浮灰,有油污的地方可采用清水或质量分数为 5% 的磷酸溶液进行清洗 (2)用干抹布将清洗部位表面擦干,观察清洗效果 (3)如果需要,可以在清水混凝土预制构件表面涂刷混凝土保护剂,保护剂的涂刷是为了增加自洁性,减少污染。保护剂一般是在施工现场预制构件安装后进行涂刷
装饰混凝土预制构件的表面处理	(1)用清水冲洗预制构件表面 (2)用刷子均匀地将质量分数低于 5% 的盐酸溶液涂刷到预制构件表面,10min 后,用清水把盐酸溶液冲洗干净 (3)如果需要,干燥后可以涂刷防护剂
带饰面材预制构件的表面处理	带饰面材预制构件包括石材反打预制构件、装饰面砖反打预制构件等。带饰面材预制构件表面清洁通常使用清水清洗,在清水无法清洗干净的情况下,再用低浓度磷酸清洗

九、预制构件制作质量要点

预制构件制作全过程质量控制包括依据和准备、入口把关、过程控制、结果检查四个环节,预制构件制作环节全过程质量管理要点见表 8-8。

表 8-8　预制构件制作环节全过程质量管理要点

环节	依据或准备 事项	责任岗位	入口把关 事项	责任岗位	过程控制 事项	责任岗位	结果检查 事项	责任岗位
材料与配件采购、入厂	(1)依据设计和规范要求制定采购标准 (2)制定验收程序 (3)制定保管规定	技术负责人	进厂验收、检验	质检员、试验员、保管员	检查是否按要求保管	保管员、质检员	材料使用中是否有问题	质检员
套筒灌浆试验	(1)依据规范和标准 (2)准备试验器材 (3)制定操作规程	技术负责人、试验员	(1)进场验收(包括外观、质量、标识和尺寸偏差、质保资料) (2)接头工艺检验 (3)灌浆料试件	保管员、技术负责人、质量负责人、试验员	检查是否按工艺检验要求进行试验、养护	技术负责人、质量负责人、试验员	(1)套筒工艺检验结果满足规范的要求 (2)投入生产后按规范要求的批次和检查数量进行连接接头抗拉强度试验	技术负责人、质量负责人、驻厂监理
模具制作	(1)编制"模具设计要求",并提供给模具制作单位 (2)设计模具生产制造图 (3)审查、复核模具设计	模具制造厂家技术负责人、构件厂技术负责人	(1)模具进场验收 (2)模具生产的首个预制构件检查验收	质量负责人、质检员	每次组模后检查,合格后才能浇筑混凝土	技术负责人、质量负责人、质检员	每次预制构件脱模后检查外观和尺寸,若出现的质量问题与模具有关,模具必须经过修理合格后才能继续使用	质检员、生产负责人、技术负责人
模具清理、组装	(1)依据标准、规范、图纸 (2)编制操作规程 (3)培训工人 (4)准备工具 (5)制定检验标准	技术负责人、生产负责人、作业人员、质检员	(1)模具清理是否到位 (2)组装是否正确 (3)螺栓是否拧紧	生产负责人、作业人员、质检员	组模后检验、浇筑混凝土过程检查	生产负责人、作业人员、质量负责人	每次预制构件脱模后检查外观和尺寸,预埋件位置等,发现质量问题及时进行调整	作业人员、质检员
脱模剂或缓凝剂	(1)依据标准、规范、图纸 (2)做试验、编制操作规程 (3)培训工人	技术负责人、试验员、质量负责人	试用脱模剂或缓凝剂做试验样板	技术负责人、生产负责人、质量负责人	(1)脱模剂按要求涂刷均匀 (2)缓凝剂按要求位置和量涂刷 (3)涂刷后在规定时间内浇筑	质量负责人、作业人员	每次预制构件脱模后检查外观及冲洗后粗糙面情况,发现质量问题及时进行调整	作业人员、质检员
装饰面层铺设或制作	(1)依据图纸、标准、规范 (2)依据安全施工图纸 (3)编制操作规程 (4)培训工人	技术负责人、生产负责人、质量负责人	(1)半成品加工、检查 (2)装饰面层试铺设	技术负责人、生产负责人、质量负责人	(1)半成品加工过程质量控制 (2)隔离剂涂刷情况 (3)安全钩安放情况 (4)装饰面层铺设后检查位置、尺寸、缝隙	生产负责人、作业人员、质量负责人	(1)每次预制构件脱模后检查饰面外观和饰面成型状态,发现质量问题及时进行调整 (2)检查是否有破损、污染	作业人员、质检员
钢筋制作与入模	(1)依据图纸 (2)编制操作规程 (3)准备工器具 (4)培训工人 (5)制定检验标准	技术负责人、生产负责人、质量负责人	钢筋下料和成型半成品检查	作业人员、质检员	(1)钢筋骨架绑扎检查 (2)钢筋骨架入模检查 (3)连接钢筋、加强筋和保护层检查	作业人员、质检员	复查伸出钢筋的外露长度和中心位置	技术负责人、生产负责人、作业人员、质量负责人、驻厂监理

环节	依据或准备		入口把关		过程控制		结果检查	
	事项	责任岗位	事项	责任岗位	事项	责任岗位	事项	责任岗位
套筒试验	(1)依据规范和标准 (2)准备试验器材 (3)制定操作规程	技术负责人、试验员	具备形式检验报告、工艺检测合格	技术负责人、试验员、质量负责人	(1)检查是否按规范要求的数量、批次、频次进行套筒试验 (2)当更换钢筋生产企业或同企业生产的钢筋外形尺寸出现较大差异时,应再次进行工艺检验	技术负责人、试验员、质量负责人	套筒是否符合抗拉强度要求,合格后方能投入使用	技术负责人、生产负责人、作业人员、质量负责人、驻厂监理
套筒、预埋件等固定	(1)依据图纸 (2)编制操作规程 (3)培训工人 (4)制定检验标准	技术负责人	(1)进场验收与检验 (2)首次试安装	技术负责人、作业人员、质量负责人	(1)是否按图纸要求安装套筒和预埋件 (2)半灌浆套筒与钢筋连接检验	技术负责人、质量负责人	(1)脱模后进行外观和尺寸检查 (2)套筒进行透光检查 (3)对导致问题发生的环节进行整改	质检员、作业人员、驻厂监理
门窗框入模	(1)依据图纸 (2)编制操作规程 (3)培训工人 (4)制定检验标准	技术负责人	(1)外观与尺寸检查 (2)检查规格型号 (3)对照样块	保管员、质检员	(1)是否正确预埋门窗框,包括:规格、型号、开启方向、埋入深度、锚固件等 (2)定位和保护措施是否到位	质检员、技术负责人、生产负责人	脱模后进行外观复查,检查门窗框安装是否符合允许偏差要求,成品保护是否到位	质检员、技术负责人、生产负责人
混凝土浇筑	(1)混凝土配合比试验 (2)制定混凝土浇筑操作规程并进行技术交底 (3)混凝土计量系统校验 (4)混凝土配合比通知单下达	试验员、技术负责人、质检员	(1)隐蔽工程验收 (2)模具组对合格验收 (3)混凝土搅拌浇筑指令下达	质检员	(1)混凝土搅拌质量 (2)制作混凝土强度试块 (3)混凝土运输、浇筑时间控制 (4)混凝土入模与振捣质量控制 (5)混凝土表面处理质量控制	作业人员、质检员、试验员	脱模后进行表面缺陷和尺寸检查,若有问题则进行处理,制定预防措施,并贯彻执行	制作车间负责人、质检员、技术负责人、作业人员
夹芯保温板制作	(1)依据图纸 (2)编制操作规程 (3)培训工人 (4)制定检验标准	技术负责人	(1)保温材料和拉结件进场检验 (2)样板制作	技术负责人、作业工段负责人、质检员	是否按照图纸、操作规程要求埋设拉结件和铺设保温板	质检员、作业工段负责人	脱模后进行表面缺陷检查,若有问题则进行处理,制定预防措施,并贯彻执行	制作车间负责人、质检员、技术负责人
混凝土养护	(1)工艺要求 (2)制定养护曲线 (3)编制操作规程 (4)培训工人	技术负责人	(1)前道作业工序已完成并完成预养护 (2)温度记录	作业工段负责人、质检员	(1)是否按照操作规程要求进行养护 (2)试块试压	作业工段负责人	拆模前表观检查,若有问题则进行处理,制定预防措施,并贯彻执行	制作车间负责人、质检员、技术负责人
脱模	(1)技术部下达脱模通知 (2)准备吊运工具和支承器材 (3)制定操作规程 (4)培训工人	技术负责人、作业工段负责人	(1)同条件试块强度 (2)吊点周边混凝土表观检查	试验员、技术负责人、质检员	(1)是否按照图纸和操作规程要求进行脱模 (2)脱模初检	作业人员、质检员	脱模后进行表面缺陷检查,若有问题则进行处理,制定预防措施,并贯彻执行	制作车间负责人、质检员、技术负责人

环节	依据或准备		入口把关		过程控制		结果检查	
	事项	责任岗位	事项	责任岗位	事项	责任岗位	事项	责任岗位
厂内运输、存放	（1）依据图纸 （2）制定存放方案 （3）准备吊运工具和支承器材 （4）制定操作规程 （5）培训工人	技术负责人、作业工段负责人、生产负责人	（1）运输车辆 （2）道路情况	作业人员、生产车间负责人	是否按照存放方案和操作规程进行预制构件的运输和存放	质检员、作业工段负责人、技术负责人	对运输和存放后的预制构件进行复检，对合格产品进行标识	质量负责人、作业工段负责人
修补	（1）依据规范和标准 （2）准备修补材料 （3）制定操作规程	技术负责人、作业工段负责人	（1）一般缺陷或严重缺陷判断 （2）允许修复的严重缺陷应报原设计单位认可	质检员、技术负责人	（1）是否按技术方案处理 （2）重新检查验收	质检员、作业工段负责人、技术负责人	（1）修补后表观质量检查 （2）制定预防措施，并贯彻执行	制作车间负责人、质检员、技术负责人
出厂检验、档案与文件	（1）制定出厂检验标准 （2）制定出厂检验操作规程 （3）制定档案和文件的归档标准及流程	技术负责人、资料员	（1）确定档案保管场所 （2）技术资料由专人管理	技术负责人	各部门分别收集和保管技术资料		（1）满足质量要求的构件准予出厂 （2）将各部门的技术资料归档	质量负责人、资料员
装车、出厂、运输	（1）依据图纸、规范和标准 （2）制定运输方案 （3）运输路线勘查 （4）大型构件的运输和码放应有质量安全保证措施 （5）编制操作规程	技术负责人、运输单位负责人	（1）核实预制构件编号 （2）目测预制构件外观状态 （3）检查检验合格标识	质检员、作业工段负责人	（1）是否按照运输方案和操作规程执行 （2）二次驳运损坏的部位要及时处理 （3）标识是否清楚	质检员、作业工段负责人	运输至现场，并办理预制构件移交手续	作业工段负责人

第四节 ▶▶

预制构件制作安全与文明生产

一、预制构件制作安全生产要点

1. 预制构件安全生产特点

目前，国内全自动流水线工艺所能生产的预制构件种类非常少，预制构件生产大都采用非全自动工艺，包括固定模台工艺和流水线工艺，非全自动工艺在安全生产管理方面有以下特点。

（1）劳动密集型

预制构件年生产能力为 1 万立方米需要 60～80 人，年生产能力为 5 万立方米需要 250～300 人，劳动力密集，违章作业发生的概率较高，对安全培训、违章检查与管理的要求比较高。

（2）吊运作业密度大、起重量大

预制构件制作车间和存放场地需要配置较多起重机，还可能有临时租用的起重机，材料、模具、钢筋骨架、混凝土和预制构件吊运装卸频繁，吊运重量也比较大，还有空间交叉作业。

（3）水平运输量大

厂内有较多水平运输作业，材料、模具、钢筋骨架、混凝土、预制构件等水平运输频繁，平面交叉作业多。

（4）人工操作的设备与电动工具多

钢筋加工设备、电动扳手、振动器、打磨机等人工操作的设备与工具较多，移动电源线多，触电危险源多。

（5）作业环境粉尘多

预制构件制作车间粉尘较多，水泥仓和搅拌站也有扬尘隐患。

（6）立式存放物体多

立式模具和预制构件立式存放情况比较普遍，容易造成倾倒。

（7）切割及焊接作业多

模具等金属材料切割、焊接作业较多，且现场又有保温板、蒸养罩等易燃物品，易引发火灾。

2. 安全防范重点

预制构件生产安全防范重点见表 8-9。

3. 安全管理要点

① 建立安全生产责任制，设立安全生产管理组织机构。

② 制定各个作业环节的安全操作规程，重点是吊运、模具组装拆卸、钢筋入模等环节的安全操作规程。

③ 制定设备与工具使用安全操作规程，重点是特种设备、手持电动工具的安全操作规程。

④ 制定安全培训制度并严格执行。

⑤ 列出安全防范风险源清单和防范措施并严格落实。

⑥ 建立安全检查制度，重点检查起重设备、吊索、吊具、预制构件存放、电气电源、蒸汽管线等；对发现的问题、隐患进行整改处理。

表 8-9　预制构件生产安全防范重点

类型	作业	事故类型	原因	预防措施	责任岗位
起重作业	钢筋卸车	物体坠落伤人、碰撞	（1）吊索、吊具设计强度不够或损坏 （2）吊钩脱钩 （3）起吊高度不够 （4）吊运作业区下方有人员 （5）吊运物品落地后摆放不稳定 （6）吊索吊具未按规定使用安装 （7）设备发生故障或违章作业	（1）起吊重物前，应检查索具的牢固、安全性 （2）索具与吊索应完整，不得有损伤，有损伤的吊索和索具应及时更换 （3）起吊作业时，作业范围内严禁站人 （4）相关生产人员定期进行安全培训 （5）工作期间必须佩戴安全帽、防砸鞋等防护工具 （6）摆放预制构件时一定要摆平放稳，防止预制构件倒塌	作业人员
	钢筋骨架吊运				作业人员
	模具吊运				作业人员
	混凝土料斗吊运				作业人员
	预制构件脱模				作业人员
	预制构件吊运				作业人员
	预制构件装车				作业人员

类型	作业	事故类型	原因	预防措施	责任岗位
水平运输	材料水平运输	刮碰、撞人	(1)物品未分区,摆放杂乱 (2)运输道路未分区 (3)作业人员违规进入运输通道	(1)物品应做到有序、分类摆放 (2)预留运输车通道,以方便进出货物 (3)作业人员应照章作业	作业人员
水平运输	预制构件水平运输	刮碰、撞人			作业人员
水平运输	模具水平运输	刮碰、撞人			作业人员
设备工具	振捣作业	触电	电动设备或工具的电源线漏电	(1)生产人员作业前,应正确佩戴和使用安全护具 (2)及时检查设备和工具的安全性 (3)正确使用电动设备,不违规操作	安全员、作业人员
设备工具	组模作业	触电			安全员、作业人员
其他作业	钢筋入模作业	伸出钢筋伤人	伸出钢筋没有醒目标识	设置安全标识,定期进行安全培训	安全员、作业人员
其他作业	高模具组模	倾倒、伤人	摆放不稳	摆放模具时一定要摆平放稳,外侧应加支撑,防止倾倒	安全员、作业人员
其他作业	墙板立式存放	倾倒、伤人	摆放不稳	应有临时存放支架,避免出现预制构件倒塌	安全员、作业人员
其他作业	水泥仓泄露	材料浪费、粉尘污染	设备老化、维护不到位	定期检查和维护设备	作业人员
其他作业	落地灰粉、尘	环境污染、职业病危害	场地未及时清洁	及时清理场地,必要时可采用洒水方法	作业人员
其他作业	清扫模具粉尘	环境污染、职业病危害	模台、模具未及时清理	浇筑后模具上的混凝土残渣必须及时清理	作业人员
其他作业	钢筋加工作业	机械伤手、伤人	(1)未正确佩戴和使用防护具 (2)设备未定期维护 (3)违反操作规程作业	(1)生产人员作业前,应正确佩戴和使用安全护具 (2)及时检查设备安全性 (3)正确使用电动设备 (4)严格执行操作规程	安全员、作业人员
其他作业	保温材料存放或作业	失火	电气、电路短路造成的明火或其他明火	设置专门的存放场地,存放场地配备消防器材,并严防明火	安全员
工人违章现象	叉车作业	叉车碰到预制构件	(1)叉车工无证操作 (2)倒车时叉车碰到预制构件而挤伤人	禁止无证操作,特殊工种要求持证上岗	安全员
工人违章现象	门式起重机行走作业	门式起重机行走撞到轨道旁边的作业人员	起重工非规范操作没有启动警报	(1)特殊工种要求持证上岗 (2)加强培训操作规程,告知工人危险源	安全员、起重工
工人违章现象	私自乱接电源线	乱接电源线触电伤人	不通知电工,私自带电作业,乱接电源线	(1)特殊工种要求持证上岗 (2)禁止违章违规作业	安全员
工人违章现象	切割钢筋作业	切割钢筋时铁屑伤到眼睛	没有按照要求佩戴防护眼镜	(1)按要求佩戴安全防护用品 (2)加强培训操作规程	安全员、作业人员
工人违章现象	角磨机切割打磨作业	角磨机切割打磨预制构件伤到人	角磨机在开关开着的情况下插电,没有抓牢角磨机	加强培训操作规程	安全员、作业人员
工人违章现象	气割钢板	乙炔回火	操作不当导致乙炔沿着胶管着火	(1)特殊工种要求持证上岗 (2)加强培训操作规程	安全员、作业人员

⑦ 组织违章巡查,在违章作业和安全事故易发区设置监控视频。

⑧ 建立定期安全例会制度,总结安全生产情况,布置安全生产要求。

⑨ 制定安全救援应急预案。

⑩ 建立安全事故总结、调查、处理制度。

⑪ 所有与安全相关的工作，都要做好记录。

4. 安全设计

① 厂区车流、人流设计与道路划分。

② 车间分区与通道划分。

③ 预制构件存放场地分区与道路设计。

④ 大型预制构件浇筑混凝土、修补、表面处理作业的脚手架设计。

⑤ 吊具、吊索、存放架的设计。

5. 安全设施

① 高大型预制构件模具的支撑设施。

② 大型预制构件或预制构件立式存放的靠放架。

③ 大型预制构件制作脚手架。

④ 电动工具电源线架立。

⑤ 按要求配置有效的灭火器。

6. 安全计划

除常规安全管理工作外，每个订单履约前，须制订该订单的安全生产计划，包括以下内容。

① 该订单需要的安全设施。

② 如果有新预制构件或异形预制构件，应进行专用吊具设计。

③ 大型预制构件制作脚手架设计。

④ 预制构件存放方案。

⑤ 预制构件装车方案等。

7. 安全培训

工厂安全培训是日常工作，其主要内容如下。

① 安全守则、岗位标准和操作规程的培训。

② 工厂危险源分析和预防措施。

③ 各作业环节、场所安全注意事项、防范措施以及以往事故与隐患案例。重点是吊运、水平运输、用电、预制构件存放、设备与工具使用的安全注意事项。

④ 起重设备吊索吊具维护检查规定。

⑤ 动火作业安全要求和消防规定。

⑥ 劳保护具使用规定等。

8. 安全护具

① 生产人员必须戴安全帽、皮质手套，穿防砸鞋等安全护具。

② 有粉尘的作业场所和油漆车间须戴防尘防毒口罩。

③ 打磨修补作业须戴防护镜和防尘口罩。

9. 安全标识

① 外伸钢筋应做醒目提示。

② 物品堆放应有防止磕绊的提示。

③ 蒸汽管线和养护部位要有醒目标识。

④ 安全出口标识。

⑤ 其他危险点标识。

二、预制构件制作文明生产要点

① 制定文明生产管理制度。

② 设置定置管理图，确定文明生产管理责任区。

③ 厂区道路区分人行道、车行道，应标识清楚。

④ 厂内停车进行区域划分，设置员工电动车、自行车等专用停放设施，标识清楚，有序停放。

⑤ 车间内按定置管理的要求，将预制构件、模具、工具、材料、吊具、备品备件等全部整齐有序地存放在划定区域，严禁在通道上放置物品。

混凝土预制构件的存放

一、预制构件的存放

1. 叠合楼板存放方式及要求

① 叠合楼板宜平放，叠放层数不宜超过 6 层。存放叠合楼板应按同项目、同规格、同型号分别叠放（图 9-1），叠合楼板不宜混叠，如果确需混叠应进行专项设计，避免造成裂缝等。

② 叠合楼板一般存放时间不宜超过 2 个月，当需要长期（超过 3 个月）存放时，存放期间应定期监测叠合楼板的翘曲变形情况，发现问题及时采取纠正措施。

③ 存放应该根据存放场地情况和发货要求进行合理的安排，如果存放时间比较长，就应该将同一规格、型号的叠合楼板存放在一起；如果存放时间比较短，就应该将同一楼层和接近发货时间的叠合楼板按同规格、型号叠放的方式存放在一起。

图 9-1　相同规格、型号的
叠合楼板叠放实例

④ 叠合楼板存放要保持平稳，底部应放置垫木或混凝土垫块，垫木或垫块应能承受上部所有荷载而不致损坏。垫木或垫块厚度应高于吊环或支点。

⑤ 叠合楼板叠放时，各层支点在纵横方向上均应在同一垂直线上（图 9-2），支点位置

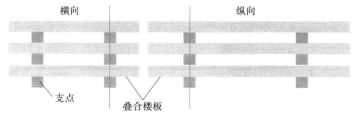

图 9-2　叠合楼板各层支点在纵横方向上均在同一垂直线上的示意图

设置应符合下列原则。

a. 设计给出了支点位置或吊点位置的，应以设计给出的位置为准。此位置因某些原因不能设为支点时，宜在以此位置为中心不超过叠合楼板长宽各 1/20 半径范围内寻找合适的支点位置，见图 9-3。

b. 设计未给出支点或吊点位置的，宜在叠合楼板长度和宽度方向的 1/5~1/4 的位置设置支点（图 9-4）。形状不规则的叠合楼板，其支点位置应经计算确定。

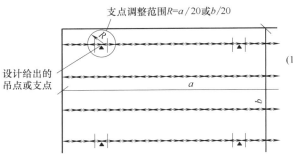

图 9-3　设计给出支点位置时确定
叠合楼板存放支点示意
a—叠合板长度；b—叠合板宽度

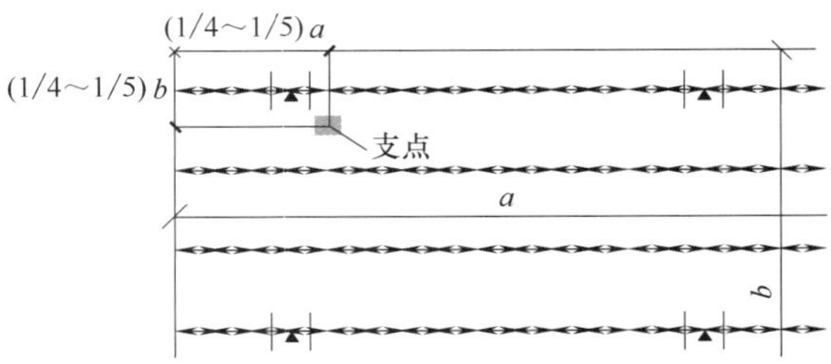

图 9-4　设计未给出支点位置时确定
叠合楼板存放支点示意
a—叠合板长度；b—叠合板宽度

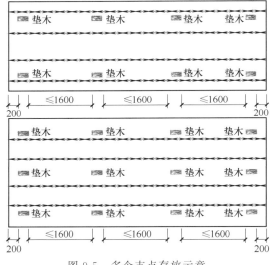

图 9-5　多个支点存放示意

c. 当采用多个支点存放时，建议按图 9-5 设置支点。同时应确保全部支点的上表面在同一平面上（图 9-6），一定要避免边缘支垫低于中间支垫，导致形成过长的悬臂，形成较大的负弯矩产生裂缝；且应保证各支点的固实，不得出现压缩或沉陷等现象。

⑥ 当存放场地地面的平整度无法保证时，最底层叠合楼板下面禁止使用木条通长整垫，避免因中间高、两端低导致叠合楼板断裂。

⑦ 叠合楼板上不得放置重物或施加外部荷载，如果长时间这样做将造成叠合楼板的明显翘曲。

⑧ 因场地等原因，叠合楼板必须叠放超过 6 层时要注意两点。

a. 要进行结构复核计算。

b. 防止应力集中，导致叠合楼板局部细微裂缝，存放时未必能发现，在使用时会出现，

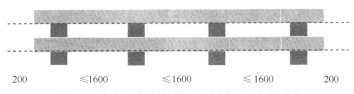

图 9-6　多个支点的上表面应在同一高度的示意

造成安全隐患。

2. 楼梯存放方式及要求

① 楼梯宜平放，叠放层数不宜超过4层，应按同项目、同规格、同型号分别叠放。

② 应合理设置垫块位置。确保楼梯存放稳定，支点与吊点位置须一致，见图9-7。

③ 起吊时防止端头磕碰，见图9-8。

④ 楼梯采用侧立存放方式时（图9-9）应做好防护，防止倾倒，存放层高不宜超过2层。

图 9-7　楼梯支点位置

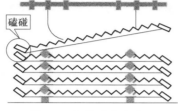
图 9-8　起吊时防止磕碰

图 9-9　楼梯侧立存放

3. 内外剪力墙板、外挂墙板存放

① 对侧向刚度差、重心较高、支承面较窄的预制构件，如内外剪力墙板、外挂墙板等预制构件宜采用插放或靠放的存放方式。

② 插放即采用存放架立式存放，存放架及支撑挡杆应有足够的刚度，应靠稳垫实，见图9-10。

③ 当采用靠放架立放预制构件时，靠放架应具有足够的承载力和刚度，靠放架应放平稳，靠放时必须对称靠放和吊运，预制构件与地面倾斜角度宜大于80°，预制构件上部宜用木块隔开，见图9-11。靠放架的高度应为预制构件高度的2/3以上，见图9-12。有饰面的墙板采用靠放架立放时饰面需朝外。

④ 预制构件采用立式存放时，薄弱预制构件、预制构件的薄弱部位和门窗洞口应采取防止变形开裂的临时加固措施。

图 9-10　立放法存放的外墙板

图 9-11　用靠放法存放的外墙板

图 9-12　靠放法使用的靠放架

4. 梁和柱存放

① 梁和柱宜平放，具备叠放条件的，叠放层数不宜超过3层。

② 宜用枕木（或方木）作为支撑垫木，支撑垫木应置于吊点下方（单层存放）或吊点下方的外侧（多层存放）。

③ 两个枕木（或方木）之间的间距不小于叠放高度的1/2。

④ 各层枕木（或方木）的相对位置应在同一条垂直线上，见图9-13。

⑤ 叠合梁最合理的存放方式是两点支撑，不建议多点支撑，见图 9-14。当不得不采用多点支撑时，应先以两点支撑就位放置稳妥后，再在梁底需要增设支点的位置放置垫块并撑实或在垫块上用木楔塞紧。

 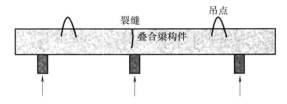

图 9-13　上层支撑点位于下层支撑点边缘从而造成梁上部裂缝的示意

图 9-14　三点支撑中间高从而造成梁上部裂缝的示意

5. 其他预制构件存放方式及要求

① 规则的空调板、阳台板等平板式预制构件存放方式及要求参照叠合楼板存放方式及要求。

② 不规则的阳台板、挑檐板、曲面板等预制构件应采用单独平放的方式存放。

③ 飘窗应采用支架立式存放或加支撑、拉杆稳固的方式。

④ 梁柱一体三维预制构件存放应当设置防止倾倒的专用支架。

⑤ L 形预制构件的存放可参见图 9-15 和图 9-16。

图 9-15　L 形预制构件存放实例（一）

图 9-16　L 形预制构件存放实例（二）

图 9-17　槽形预制构件存放实例

⑥ 槽形预制构件的存放可参见图 9-17。

⑦ 大型预制构件、异形预制构件的存放须按照设计方案执行。

⑧ 预制构件的不合格品及废品应存放在单独区域，并做好明显标识，严禁与合格品混放。

二、预制构件存放场地要求

① 存放场地应在门式起重机可以覆盖的范围内。

② 存放场地布置应当方便运输预制构件的大型车辆装车和出入。

③ 存放场地应平整、坚实，宜采用硬化地面或草皮砖地面。

④ 存放场地应有良好的排水措施。

⑤ 存放预制构件时要留出通道，不宜密集存放。

⑥ 宜根据工地安装顺序分区存放预制构件。

⑦ 存放库区宜实行分区管理和信息化管理。

三、插放架、靠放架、垫方、垫块要求

预制构件存放时，根据不同的预制构件类型采用插放架、靠放架、垫方或垫块来固定和支垫。

① 插放架、靠放架以及一些预制构件存放时使用的托架应由金属材料制成，插放架、靠放架、托架应进行专门设计，其强度、刚度、稳定性应能满足预制构件存放的要求。

② 插放架、靠放架的高度应为所存放预制构件高度的 2/3 以上。

③ 插放架的挡杆应坚固、位置可调且有可靠的限位装置；靠放架底部横挡上面和上横杆外侧面应加 5mm 厚的橡胶皮。

④ 枕木（木方）宜选用质地致密的硬木，常用于柱、梁等较重预制构件的支垫，要根据预制构件重量选用适宜规格的枕木（木方）。

⑤ 垫木多用于楼板等平层叠放的板式预制构件及楼梯的支垫，垫木一般采用 100mm×100mm 的木方，长度根据具体情况选用。板类预制构件宜选用长度为 300～500mm 的木方，楼梯宜选用长度为 400～600mm 的木方。

⑥ 如果用木板支垫叠合楼板等预制构件，木板的厚度不宜小于 20mm。

⑦ 混凝土垫块可用于楼板、墙板等板式预制构件平叠存放的支垫，混凝土垫块一般为尺寸不小于 100mm 的立方体，垫块的混凝土强度不宜低于 C40。

⑧ 放置在垫方与垫块上面用于保护预制构件表面的隔垫软垫，应采用白橡胶皮等不会掉色的软垫。

第二节 ▶▶

预制构件的运输

一、预制构件运输的准备工作

预制构件运输的准备工作包括制定运输方案、设计并制作运输架、验算构件强度、清查构件及查看运输路线等。

1. 制定运输方案

此环节需要根据运输构件实际情况，装卸车现场、运输成本及运输路线的情况，施工单位或当地的起重机械和运输车辆的供应条件以及经济效益等因素综合考虑，最终选定运输方法、起重机械（装卸构件用）、运输车辆和运输路线。

预制构件的运输首先应考虑公路管理部门的要求和运输路线的实际情况，以满足运输安全为前提。装载构件后，货车的总宽度不超过 2.5m，总高度不超过 4.0m，总长度不超过 15.5m。一般情况下，货车总质量不超过汽车的允许载重，且不得超过 40t。特殊构件经过公路管理部门的批准并采取措施后，货车的总宽度不超过 3.3m，总高度不超过 4.2m，总长度不超过 24m，总载重不超过 48t。如图 9-18 所示为预制构件运输车辆。

2. 设计并制作运输架

根据构件的重量和外形尺寸进行设计制作，且尽量考虑运输架的通用性。如图 9-19 所示为不同形式的运输架。

图 9-18 预制构件运输车辆

图 9-19 不同形式的运输架

3. 验算构件强度

对钢筋混凝土屋架和钢筋混凝土柱子等构件，根据运输方案所确定的条件，验算构件在最不利截面处的抗裂性能，避免在运输中出现裂缝，如有出现裂缝的可能，应进行加固处理。

4. 清查构件

清查构件的型号，核算构件的重量和数量，有无加盖合格印和出厂合格证书等。

5. 查看运输路线

组织包括司机在内的有关人员查看道路情况、沿途上空有无障碍物、公路桥的允许负荷量、通过的涵洞净空尺寸等。如不能满足车辆顺利通行的要求，应及时采取措施。此外，应注意沿途道路是否横穿铁道，如有应查清火车通过道口的时间，以免发生交通事故。

二、预制构件的运输方式

预制构件的运输宜选用低底盘平板车（13m长）或低底盘加长平板车（17.5m长）。预制构件运输有立式运输和水平运输两种方式。

1. 立式运输方式

立式运输方式：在低底盘平板车上根据专用运输架情况，墙板对称靠放或插放在运输架上。此法适用于内、外墙板等竖向预制构件的运输，如图 9-20 及图 9-21 所示。

立式运输方式的优点是装卸方便、装车速度快、运输时安全性较好；缺点是预制构件的高度或运输车底盘较高时可能会超高，在限高路段无法通行。

图 9-20 墙板靠放立式运输

图 9-21 墙板插放立式运输

2. 水平运输方式

水平运输方式：将预制构件单层平放或叠层平放在运输车上进行运输。

叠合楼板、阳台板、楼梯及梁、柱等预制构件通常采用水平运输方式，见图 9-22 和图 9-23。

图 9-22　叠合楼板水平运输

图 9-23　楼梯水平运输

梁、柱等预制构件叠放层数不宜超过 3 层；预制楼梯叠放层数不宜超过 5 层；叠合楼板等板类预制构件叠放层数不宜超过 6 层。

水平运输方式的优点是装车后重心较低、运输安全性好、一次能运较多的预制构件；缺点是对运输车底板平整度及装车时支垫位置、支垫方式以及装车后的封车固定等要求较高。

此外，对于异形预制构件和大型预制构件，须按设计要求确定可靠的运输方式，如图 9-24 所示。

图 9-24　异形构件的立式运输

三、预制构件的装卸

1. 装卸前准备

① 首次装车前应与施工现场预先沟通，确认现场有无预制构件存放场地。如构件从车上直接吊装到作业面，装车时要精心设计和安排，按照现场吊装顺序来装车，先吊装的构件要放在外侧或上层。

② 预制构件的运输车辆应满足构件尺寸和载重要求，避免超高、超宽、超重。当构件有伸出钢筋时，装车超宽、超长复核时应考虑伸出钢筋的长度。

③ 预制构件装车前应根据运输计划合理安排装车构件的种类、数量和顺序。

④ 进行装卸时应有技术人员在现场指导作业。

2. 装卸的总体要点

① 凡需现场拼装的构件应尽量将构件成套装车或按安装顺序装车以便于现场拼装。

② 构件起吊时应拆除与相邻构件的连接，并将相邻构件支撑牢固。

③ 对大型构件，宜采用龙门吊或行车吊运。当构件采用龙门吊装车时，起吊前吊装工须检查吊钩是否挂好，构件中的螺钉是否拆除等，避免影响构件的起吊安全。

④ 构件从成品堆放区吊出前，应根据设计要求或强度验算结果，在运输车辆上支设好运输架。

⑤ 外墙板宜采用竖直立放运输方式，支架应与车身连接牢固，墙板饰面层应朝外，构件与支架应连接牢固。

⑥ 楼梯、阳台、预制楼板、短柱、预制梁等小型构件以水平运输为主，装车时支点搁置要正确，位置和数量应按设计要求确定。

⑦ 构件起吊运输或卸车堆放时，吊点的设置和起吊方法应按设计要求和施工方案确定。

⑧ 运输构件的搁置点：一般等截面构件在长度 1/5 处；板的搁置点在距端部 200～300mm 处；其他构件视受力情况确定，搁置点宜靠近节点处。

⑨ 构件装车时应轻吊轻落，左右对称放置在车上，保持车上荷载分布均匀；卸车时按后装先卸的顺序进行，保持车身和构件稳定。构件装车安排：应尽量将重量大的构件放在运输车辆前端或中央部位，重量小的构件则放在运输车辆的两侧。应尽量降低构件重心，确保运输车辆平稳、行驶安全（图 9-25）。

图 9-25　预制构件装车

3. 具体构件的装卸要求

（1）预制墙板

预制墙板装车时，先将车厢上的杂物清理干净，然后根据所需运输构件的情况，往车上配备人字形堆放架，堆放架底端应加设黑胶垫，构件吊运时应注意不能折弯外伸钢筋。装车时应先装车头部位的堆放架，再装车尾部位的堆放架，每架可叠放 2～4 块，墙板与墙板之间须用泡沫板隔离，以防墙板在运输途中因震动而受损。

（2）预制叠合板

① 叠合板吊装时应慢起慢落，避免与其他物体相撞。应保证起重设备的吊钩位置、吊具及构件重心在垂直方向上重合，吊索与构件水平夹角不宜小于 60°，不应小于 45°。当采用六点吊装时，应采用专用吊具，吊具应具有足够的承载能力和刚度。

② 预制叠合板采用叠层平放的运输方式，叠合板之间应用垫木隔离，垫木应上下对齐，垫木尺寸（长、宽、高）不宜小于 100mm。

③ 叠合板两端（至板端 200mm）及跨中位置均设置垫木且间距不大于 1.6m。

④ 不同板号的叠合板应分别码放，码放高度不宜大于 6 层。

（3）预制楼梯

① 预制楼梯采用叠合平放方式运输，预制楼梯之间用垫木隔离，垫木应上下对齐，垫木尺寸（长、宽、高）不宜小于 100mm，最下面一根垫木应通长设置。

② 不同型号的预制楼梯应分别码放，码放高度不宜超过 5 层。

③ 预制楼梯间绑扎牢固，防止构件移动，楼梯边部或与绳索接触处的混凝土，采用衬垫加以保护。

（4）预制阳台板

① 预制阳台板运输时，底部采用木方作为支撑物，支撑应牢固，不得松动。

② 预制阳台板封边高度为 800mm、1200mm 时，宜采用单层放置。

③ 预制阳台板运输时，应采取防止构件损坏的措施，防止构件移动、倾倒、变形等。

四、预制构件运输封车固定要点

① 对于立式运输的预制构件，由于重心较高，要加强固定措施，可以采取在架子下部增加沙袋等配重措施，确保运输的稳定性。

② 采用靠放架立式运输时，预制构件与车底板面倾斜角度宜大于 80°，构件底面应垫实，构件与底部支垫不得形成线接触。构件应对称靠放，每侧不超过 2 层，构件层间上部需采用木垫块隔离，木垫块应有防滑落措施。

③ 预制构件相互之间要留出间隙，构件之间、构件与车体之间、构件与架子之间要有隔垫，以防在运输过程中构件受到摩擦及磕碰。设置的隔垫要可靠，并有防止隔垫滑落的措施。

④ 预制构件运输时要采取防止构件移动、倾倒或变形的固定措施，构件与车体或架子要用封车带绑在一起。

⑤ 夹芯保温板采用立式运输时，支承垫方、垫木的位置应设置在内、外叶板的结构受力一侧。如夹芯保温板自重由内叶板承受，应将存放、运输、吊装过程中的搁置点设于内叶板一侧（承受竖向荷载一侧）；反之亦然。

⑥ 竖向薄壁预制构件须设置临时防护支架。固定构件或封车绳索接触的构件表面要有柔性并不会造成污染的隔垫。

⑦ 采用插放架立式运输时，应采取防止预制构件倾倒的措施，预制构件之间应设置隔离垫块。

⑧ 宜采用木方作为垫方，木方上应放置白色胶皮，以防滑移及防止预制构件垫方处造成污染或破损。

⑨ 预制构件有可能移动的空间要用聚苯乙烯板或其他柔软材料进行隔垫，保证车辆急转弯、紧急制动、上坡、颠簸时构件不移动、不倾倒、不磕碰。

⑩ 对于超高、超宽、形状特殊的大型预制构件的装车及运输应制定专门的安全保障措施。

⑪ 有运输架子时，托架、靠放架、插放架应进行专门设计，要保证架子的强度、刚度和稳定性，并与车体固定牢固。

第十章
装配式建筑混凝土结构预制构件常见质量问题及处理

一、蜂窝

1. 问题

蜗窝指混凝土结构局部出现酥松，砂浆少，石子多，气泡或石子之间形成空隙类似蜂窝状的窟窿（图 10-1）。

图 10-1　预制构件蜂窝缺陷

① 凝土配合比不当或砂、石、水泥、水计量不准。

② 混凝土搅拌时间不够，搅拌不均匀，和易性差。

③ 模具缝隙未堵严，造成浇筑振捣时缝隙漏浆。

④ 一次性浇筑混凝土或分层不清。

⑤ 混凝土振捣时间短，混凝土不密实。

2. 处理

① 严格控制混凝土配合比，做到计量准确，混凝土拌和均匀，坍落度适合。

② 控制混凝土搅拌时间，最短不得少于规范规定。

③ 模具拼缝严密。

④ 混凝土浇筑应分层下料（预制构件断面高度大于 300mm 时，应分层浇筑，每层混凝土浇筑高度不得超过 300mm），分层振捣，直至气泡排除为止。

⑤ 混凝土浇筑过程中应随时检查模具有无漏浆、变形，若有漏浆、变形时，应及时采取补救措施。

⑥ 振捣设备应根据不同的混凝土品种、工作性能和预制构件的规格形状等因素确定，振捣前应制定合理的振捣成型操作规程。

二、麻面

1. 问题

指构件表面局部出现缺浆粗糙或形成许多小坑、麻点等，形成一个粗糙面（图 10-2）。

① 模具表面粗糙或黏附水泥浆渣等杂物未清理干净，拆模时混凝土表面被粘坏。

② 模具清理及脱模剂涂刷工艺不当，致使混凝土中水分被模具吸去，使混凝土失水过多而出现麻面。

③ 模具拼缝不严，局部漏浆。

④ 模具隔离剂涂刷不匀，或局部漏刷或失效，混凝土表面与模板黏结造成麻面。

⑤ 混凝土振捣不实，气泡未排出，停在模板表面形成麻点。

图 10-2　预制构件麻面

2. 处理

① 在构件生产前，需要将模具表面清理干净，做到表面平整光滑，保证不出现生锈现象。

② 模具和混凝土的接触面应涂抹隔离剂，在进行隔离剂的涂刷过程中一定要均匀，不能出现漏刷或者是积存。

③ 混凝土应分层均匀振捣密实，至排除气泡为止。

④ 浇筑混凝土前认真检查模具的牢固性及缝隙是否堵好。

⑤ 露天生产时，应有相应的质量保证措施。

三、孔洞

1. 问题

指混凝土中孔穴深度和长度均超过保护层厚度（图 10-3）。

图 10-3　预制构件孔洞

① 在钢筋较密的部位或预留孔洞和埋件处，混凝土下料被搁住，未振捣就继续浇筑上层混凝土。

② 混凝土离析，砂浆分离，石子成堆，严重跑浆，又未进行振捣。

③ 混凝土一次下料过多、过厚，振捣器振动不到，形成松散孔洞。

④ 混凝土内掉入泥块等杂物，混凝土被卡住。

2. 处理

① 在钢筋密集处及复杂部位，采用细石混凝土浇灌。

② 认真分层振捣密实，严防漏振。

③ 砂石中混有黏土块，模具或工具等杂物掉入混凝土内，应及时清除干净。

四、气泡

1. 问题

指预制构件脱模后，构件表面存在除个别大气泡外，细小气泡多，呈片状密集状（图 10-4）。

① 砂石级配不合理，粗集料过多，细集料偏少。

② 骨料大小不当，针片状颗粒含量过多。

③ 用水量较大，混凝土的水灰比较高。

图 10-4　预制构件气泡

④ 脱模剂质量效果差或选择的脱模剂不合适。

⑤ 与混凝土浇筑中振捣不充分、不均匀有关。往往浇筑厚度超过技术规范要求，由于气泡行程过长，即使振捣的时间达到要求，气泡也不能完全排出。

2. 处理

① 严格把好材料关，控制骨料大小和针片状颗粒含量，备料时要认真筛选，剔除不合格材料。

② 优化混凝土配合比。

③ 模板应清理干净，选择效果较好的脱模剂，脱模剂要涂抹均匀。

④ 分层浇筑，一次放料高度不宜超过 300mm。对于较长构件预制梁的施工要来回移动，均匀布料。

⑤ 要选择适宜的振捣设备，最佳的振捣时间，振捣过程中要按照"快插慢抽、上下抽拔"的方法：操作振动棒要直上直下，快插慢拔，不得漏振，振动时要上下抽动，每一振点的延续时间以表面呈现浮浆为度，以便将气泡排出。振捣棒插到上一层的浇筑面下 100mm 为宜，使上下层混凝土结合成整体。严防出现混凝土欠振、漏振和超振现象。

五、烂根

1. 问题

指预制构件浇筑时，混凝土浆顺模具缝隙从模具底部流出或模具边角位置脱模剂堆积等原因，导致底部混凝土面出现"烂根"（图 10-5）。

① 模具拼接缝隙较大，或模具固定螺栓或拉杆未拧牢固。

② 模具底部封堵材料的材质不理想及封堵不到位造成密封不严，引起混凝土漏浆。

③ 混凝土离析。

④ 脱模剂涂刷不均匀。

2. 处理

① 模具拼缝严密。

② 模具侧模与侧模间、侧模与底模间应张贴密封条，保证缝隙不漏浆；密封条材质质量应满足生产要求。

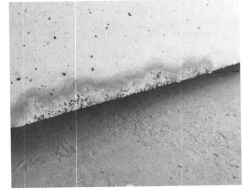

图 10-5　预制构件烂根

③ 优化混凝土配合比。浇筑过程中注意振捣方法和振捣时间，避免过度振捣。

④ 脱模剂应涂刷均匀，无漏刷、无堆积现象。

六、露筋

1. 问题

指混凝土内部钢筋裸露在构件表面（图 10-6）。

① 在灌筑混凝土时，钢筋保护层垫块位移垫块太少或漏放，致使钢筋紧贴模具外露。

② 结构构件截面小，钢筋过密，石子卡在钢筋上，使水泥砂浆不能充满钢筋周围，造

成露筋。

③ 混凝土配合比不当，产生离析，靠模具部位缺浆或模具漏浆。

④ 混凝土保护层太小或保护层处混凝土漏振或振捣不实，或振捣棒撞击钢筋或踩踏钢筋，使钢筋位移，造成露筋。

⑤ 脱模过早，拆模时缺棱、掉角，导致露筋。

2. 处理

① 钢筋保护层垫块厚度、位置应准确，垫足垫块，并固定好，加强检查。

图 10-6　预制构件露筋

② 钢筋稠密区域，按规定选择适当的石子粒径，最大粒径不得超过结构界面最小尺寸的 1/3。

③ 保证混凝土配合比准确及良好的和易性。

④ 应认真堵好模板缝隙。

⑤ 混凝土振捣时严禁撞击钢筋，操作时，避免踩踏钢筋，如有踩弯或脱扣等及时调整。

⑥ 正确掌握脱模时间，防止过早拆模，碰坏棱角。

七、缺棱掉角

1. 问题

指结构或构件边角处混凝土局部掉落，不规则，棱角有缺陷（图 10-7）。

图 10-7　预制构件缺角

① 脱模过早，造成混凝土边角随模具拆除而破损。

② 拆模操作过猛，受外力或重物撞击而使得棱角被碰掉。

③ 模具边角灰浆等杂物未清理干净，未涂刷隔离剂或涂刷不均匀。

④ 构件成品在脱模起吊、存放、运输等过程受外力或重物撞击而使得棱角被碰掉。

2. 处理

① 控制构件脱模强度。脱模时，若构件强度满足设计强度等级要求，方可脱模。

② 拆模时注意保护棱角，避免用力过猛。

③ 模具边角位置要清理干净，不得粘有灰浆等杂物。

④ 涂刷隔离剂要均匀，不得漏刷或积存。

⑤ 做好产品保护。

八、裂缝

1. 问题

裂纹从混凝土表面延伸至混凝土内部，按照深度不同可分为表面裂纹、深层裂纹、贯穿裂纹。贯穿性裂缝或深层的结构裂缝对构件的强度、耐久性、防水等造成不良影响，对钢筋

图 10-8　预制构件裂缝

的保护尤其不利（图 10-8）。

①　混凝土失水干缩引起的裂缝：成型后养护不当，受到风吹日晒，表面水分散失快。

②　采用含泥量大的粉砂配制混凝土，收缩大，抗拉强度低。

③　不当荷载作用引起的结构裂缝，构件上部放置其他荷载物。

④　蒸汽养护过程中升温和降温太快。

⑤　预制构件吊装、码放不当引起的裂缝。

⑥　预制构件在运输及库区堆放过程中支垫位置不对而产生裂缝。

⑦　预制构件较薄、跨度大易引起裂缝。

⑧　构件拆模过早，混凝土强度不足，使得构件在自重或施工荷载下产生裂缝。

⑨　钢筋保护层过大或过小。

2. 处理

①　成型后及时覆盖养护，保湿保温。

②　优化混凝土配合比，控制混凝土自身收缩。

③　控制混凝土水泥用量，水灰比和砂率不要过大。严格控制砂、石含泥量，避免使用过量粉砂。

④　制定详细的构件脱模吊装、码放、倒运、安装方案并严格执行。构件堆放时支点位置不应引起混凝土发生过大拉应力。堆放场地应平整夯实，有排水措施。堆放时垫木要规整，水平方向要位于同一水平线上，竖向要位于同一垂直线上。堆放高度视构件强度、地面耐压力、垫木强度和堆垛稳定性而定等。禁止在构件上部放置其他荷载及人员踩踏。

⑤　根据实际生产情况制定各类型构件养护方式，设置专人进行养护。拆模吊装前必须委托实验室做试块抗压实验，在接到实验室强度报告合格单后再对构件实施脱模作业，从而保证构件的质量。要保证预制构件在规定时间内达到脱模要求值，要求劳务班组优化支模、绑扎等工序作业时间，加强落实蒸养制度，加强对劳务班组（蒸养人员）的管理等。

⑥　构件生产过程严格按照图纸及变更施工，保证钢筋保护层厚度符合要求。在进行钢筋制作中，需要严格控制钢筋间距和保护层的厚度。如果钢筋保护层出现过厚的现象，需要对其进行防裂措施。同时需要对管道预埋部位以及洞口和边角部位采取一定的构造加强措施。

⑦　减少构件制作跨度，尤其是叠合板构件。叠合板在吊装过程中经常会因为跨度过大而断裂。为了解决这一问题，可以事先与设计单位沟通，建议设计单位在进行构件设计时充分考虑这一问题，尽量将叠合板跨度控制在板的挠度范围内，以减少现场吊装过程中叠合板的损坏。

九、色差

1. 问题

指混凝土在施工及养护过程中存在不足，造成构件表面色差过大，影响构件外观质量（图 10-9）。尤其是清水构件直接采用混凝土的自然色作为饰面，因而混凝土表面质量直接影响构件的整体外观质量。所以混凝土表面应平整、色泽均匀、无碰损和污染现象。

① 原材料变化及配料偏差。

② 搅拌时间不足，水泥与砂石料拌和不均匀，造成色差影响。

③ 混凝土在施工中，由于使用工具不当，如振动棒接触模板振捣，将会在混凝土构件表面形成振动棒印，而影响构件外观效果。

④ 由于混凝土的过振造成混凝土离析，出现水线状，形成类似裂缝状影响外观，同时经常引起不必要的麻烦与怀疑。

图 10-9　预制构件色差

⑤ 混凝土的不均匀性或者由于浇筑过程中出现较长的时间间断，造成混凝土接槎位置形成青白颜色的色差、不均性。

⑥ 由于施工中振动过度，造成混凝土离析或者形成花斑状（石子外露点），不仅是外观质量差，而且混凝土强度降低很多。

⑦ 模板表面不光洁，未将模板清理干净。

⑧ 模板漏浆。在混凝土浇筑过程中，模板不贴密的部分出现漏浆、漏水。由于水泥的流失和随着混凝土水分的蒸发，在不贴密部位形成麻面、翻砂。

⑨ 脱模剂涂刷不均匀。

⑩ 养护不稳定。混凝土浇筑完成后进入养护阶段，由于养护时各部分湿度或者温度等的差异太大，造成混凝土凝固不同步而产生接茬色差。

⑪ 局部缺陷修复。

2. 处理

（1）模板控制

对钢模板内表面进行刨光处理，保证钢模板内表面清洁。模板接缝处理要严密（贴密封条等措施），防止漏浆。模板脱模剂应涂刷均匀，防止模板粘皮和脱模剂不均色差。

（2）混凝土配合比控制

严格控制混凝土配合比，经常检查，做到计量准确，保证拌和时间，混凝土拌和均匀，坍落度适宜。检查砂率是否满足要求。

（3）坍落度控制

严格控制混凝土的坍落度，保持浇筑过程中坍落度一致。

（4）原材料控制

对首批进场的原材料经取样复试合格后，应立即进行"封样"，以后进场的每批来料均与"封样"进行对比，发现有明显色差的不得使用。清水混凝土生产过程中，一定要严格按试验确定的配合比投料，不得带任何随意性，并严格控制水灰比和搅拌时间，随气候变化随时抽验砂子、碎石的含水率，及时调整用水量。

（5）施工工艺控制

① 浇筑过程连续，因特殊原因需要暂停的，停滞时间不能超过混凝土的初凝。

② 控制下料的高度和厚度，一次下料不能超过 30cm，严防因下料太厚导致的振捣不充分。

③ 严格控制振捣时间和质量，振捣距离不能超过振捣半径的 1.5 倍，防止漏振和过振。振捣棒插入下一层混凝土时，保证其深度为 5～10cm，振捣时间以混凝土翻浆、不再下沉和表面无气泡泛起为止。

④ 严格控制混凝土的入模温度和模板温度，防止因温度过高导致贴模的混凝土提前凝固。

⑤ 严格控制混合料的搅拌时间。

（6）养护控制（蒸汽养护）

① 构件浇筑成型后覆盖进行蒸汽养护，蒸养制度如下：静停→升温→恒温→降温时间为 1～2h＋2h＋4h＋2h，根据天气状况可做适当调整。

a. 静停 1～2h（根据实际天气温度及坍落度可适当调整）。

b. 升温速率控制在 15℃/h。

c. 恒温最高温度控制在 60℃。

d. 降温速率为 15℃/h，当构件的温度与大气温度相差不大于 20℃时，撤除覆盖。

② 测温人员填写测温记录，并认真做好交接记录。

（7）混凝土表面缺陷修补控制措施

拆模过程中由于混凝土本身含气量过大或者振捣不够，其表面局部会产生一些小的气孔等缺陷，构件在拆模过程中也可能碰撞掉角等。因此，拆模后应立即对表面进行修复，并保证修复用的混凝土与构件强度一致，用的原材料相同，养护条件相同。

十、飞边

1. 问题

指构件拆模后由于漏砂或多余砂浆形成的毛边、飞刺等（图 10-10）。

图 10-10　预制构件飞边

① 模具严重变形，拼缝不严，在振捣时砂浆外流形成飞边。

② 成型时板面超高，拆模后板面多余的混凝土或灰浆形成飞边、毛刺。

③ 侧模下面的底模上的灰渣等杂物未清理干净，振捣时漏浆造成飞边。

2. 处理

① 模板制作时应合理选材，严格控制各部分尺寸，尽可能减少缝隙。

② 模具使用一定周期内，进行复检，对于不合格的模具，应及时进行修复，修复合格后方可使用。

③ 成型时多余的混凝土要及时铲除，不使构件超高。

④ 注意清理侧模下面的灰渣等杂物清理干净。

十一、水纹

1. 问题

指构件拆模后表面局部有水纹状痕迹，类似波浪（图 10-11）。

① 水泥性能较差，混凝土保水性差、泌水率大。

② 施工中未及时清除泌水。

2. 处理

① 优先选用保水性好的水泥，保证拌和时间。

② 连续浇筑，生产中表层混凝土若有明显泌水要及时清除，采取铲掉更换新料的办法处理。

十二、砂斑、砂线、起皮

1. 问题

指混凝土表面出现条状起砂的细线或斑块，有的地方起皮，皮掉了之后形成砂毛面（图10-12）。

图 10-11　预制构件水纹

图 10-12　预制构件砂斑、砂线、起皮

① 直接原因是混凝土和易性不好，泌水严重。深层次的原因是骨料级配不好、砂率偏低、外加剂保水性差、混凝土过振等。

② 表面起皮的一个重要原因是混凝土二次抹面不到位，没有把泌水形成的浮浆压到结构层里。同时也可能是蒸汽养护升温速率太快，引起表面爆皮。

2. 处理

① 选用普通硅酸盐水泥。

② 通过配合比确定外加剂的适宜掺量。调整砂率和掺和料比例，增强混凝土黏聚性。采用连续级配和中砂。

③ 严格控制粗骨料中的含泥量、泥块含量、石粉含量、针片状含量。

④ 通过试验确定合理的振捣工艺（振捣方式、振捣时间）。表面起皮的构件，应当加强二次抹面质量控制，同时严格控制构件养护制度。

十三、预制构件中灌浆套筒被堵塞

1. 问题

① 灌浆套筒安装时未与柱底、墙底模板垂直，或未采用型号相匹配的固定组件，造成混凝土振捣时灌浆套筒和连接钢筋移位。

② 与灌浆套筒连接的灌浆管、出浆管因定位不准确、安装松动，混凝土振捣时偏移脱落。混凝土浇捣前的隐蔽工程验收缺失。

③ 构件成型后，未对灌浆套筒采取包裹、封盖措施。

④ 预制构件出厂前，未对灌浆套筒的灌浆孔和出浆孔进行通透性检查，如图10-13所示。

图 10-13　灌浆套筒堵塞

2. 处理

① 预制构件钢筋制作时，灌浆套筒与柱底或墙底模板应垂直，同时须采用橡胶环、螺杆等固定组件，避免混凝土浇筑振捣时灌浆套筒与连接钢筋移位。

② 与灌浆套筒连接的灌浆管、出浆管应定位准确、安装牢固。应采取防止向灌浆套筒内漏浆的封堵措施，并做好隐蔽工程验收检查。

③ 在预制构件制作及运输过程中，应对外露钢筋、灌浆套筒分别采取包裹、封盖措施。

④ 预制构件出厂前，应对灌浆套筒的灌浆孔和出浆孔进行通透性检查，并清理灌浆套筒内的杂物，如图 10-14 所示。

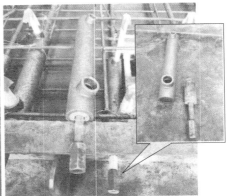

图 10-14　灌浆套筒堵塞防治措施

十四、预制钢筋桁架叠合楼板钢筋桁架下部空间狭小影响管线布置

1. 问题

① 混凝土浇筑时，施工人员未严格按图纸要求控制混凝土浇筑量，导致混凝土浇筑量偏高，叠合楼板厚度超过图纸要求，如图 10-15 所示。

图 10-15　预制钢筋桁架叠合楼板钢筋桁架下部空间小无法穿管线

② 叠合楼板保护层控制措施不到位，未正确放置控制保护层厚度的垫块或垫块尺寸选用错误，在混凝土浇筑过程中导致钢筋网片整体下沉。

③ 混凝土振捣方式不规范，混凝土成型振捣过程中，振动器触碰钢筋骨架，影响保护层控制措施，导致钢筋骨架整体下沉。

2. 处理

① 在混凝土浇筑成型前应进行预制构件的隐蔽工程验收，对钢筋的混凝土保护层厚度、控制保护层厚度措施的稳定性进行详细检查。

② 混凝土浇筑时，严格按图纸把控混凝土浇筑量，混凝土浇筑完成后，检查叠合楼板厚度，对钢筋桁架下部由于混凝土量偏多导致空间偏小的部位进行及时调整。

③ 对施工人员进行相应培训。混凝土振捣时，振动器不应触碰钢筋骨架，以避免造成钢筋移位。

十五、预制构件外伸钢筋长度与位置偏差过大

1. 问题

① 钢筋制品的下料、成形尺寸不准确，安装位置偏差不符合规范要求。

② 模具及配套部件未满足钢筋的定位要求。

③ 混凝土放料高度过高，未均匀摊铺，振捣器触碰钢筋骨架造成钢筋移位，如图 10-16 所示。

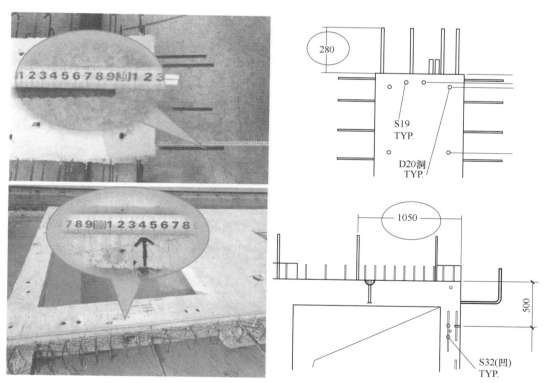

图 10-16　构件外伸钢筋长度、位置偏差

2. 处理

① 钢筋制品的下料、成形尺寸应准确，安装位置偏差应符合规范要求。

② 模具及配套部件应满足插筋的定位要求，推荐使用月牙板及工装定位措施（图 10-17）。

图 10-17　钢筋定位措施

③ 在混凝土浇筑前，进行详尽的隐蔽工程验收。

④ 混凝土放料高度应小于 500mm，并应均匀摊铺，此外应根据构件类型确定混凝土成型振捣方法，振捣应密实，振动器不应触碰钢筋骨架。

第十一章

装配式建筑混凝土结构现场施工基本要求规范

一、现场施工要求及验收

1. 施工要求

（1）一般规定

① 装配式结构施工前应制定施工组织设计、施工方案；施工组织设计的内容应符合现行国家标准《建筑工程施工组织设计规范》（GB/T 50502—2009）的规定；施工方案的内容应包括构件安装及节点施工方案、构件安装的质量管理及安全措施等。

② 装配式结构的后浇混凝土部位在浇筑前应进行隐蔽工程验收。验收项目应包括下列内容：

a. 钢筋的牌号、规格、数量、位置、间距等；

b. 纵向受力钢筋的连接方式、接头位置、接头数量、接头面积比例（％）、搭接长度等；

c. 纵向受力钢筋的锚固方式及长度；

d. 箍筋、横向钢筋的牌号、规格、数量、位置、间距，箍筋弯钩的弯折角度及平直段长度；

e. 预埋件的规格、数量、位置；

f. 混凝土粗糙面的质量，键槽的规格、数量、位置；

g. 预留管线、线盒等的规格、数量、位置及固定措施。

③ 预制构件、安装用材料及配件等应符合设计要求及国家现行有关标准的规定。

④ 吊装用吊具应按国家现行有关标准的规定进行设计、验算或试验检验。

吊具应根据预制构件形状、尺寸及重量等参数进行配置，吊索水平夹角不宜小于60°，且不应小于45°；对尺寸较大或形状复杂的预制构件，宜采用有分配梁或分配桁架的吊具。

⑤ 钢筋套筒灌浆前，应在现场模拟构件连接接头的灌浆方式，每种规格钢筋应制作不少于3个套筒灌浆连接接头，进行灌注质量以及接头抗拉强度的检验；经检验合格后，方可进行灌浆作业。

⑥ 在装配式结构的施工全过程中，应采取防止预制构件及预制构件上的建筑附件、预埋件、预埋吊件等损伤或污染的保护措施。

⑦ 未经设计允许不得对预制构件进行切割、开洞。

⑧ 装配式结构施工过程中应采取安全措施，并应符合现行行业标准《建筑施工高处作业安全技术规范》（JGJ 80—2016）、《建筑机械使用安全技术规程》（JGJ 33—2012）和《施工现场临时用电安全技术规范》（JGJ 46—2005）等的有关规定。

（2）安装准备

① 应合理规划构件运输通道和临时堆放场地，并应采取成品堆放保护措施。

② 安装施工前，应核对已施工完成结构的混凝土强度、外观质量、尺寸偏差等符合现行国家标准《混凝土结构工程施工规范》（GB 50666—2011）和本规程的有关规定，并应核对预制构件的混凝土强度及预制构件和配件的型号、规格、数量等符合设计要求。

③ 安装施工前，应进行测量放线、设置构件安装定位标识。

④ 安装施工前，应复核构件装配位置、节点连接构造及临时支撑方案等。

⑤ 安装施工前，应检查复核吊装设备及吊具处于安全操作状态。

⑥ 安装施工前，应核实现场环境、天气、道路状况等满足吊装施工要求。

⑦ 装配式结构施工前，宜选择有代表性的单元进行预制构件试安装，并应根据试安装结果及时调整，完善施工方案和施工工艺。

（3）安装与连接

① 预制构件吊装就位后，应及时校准并采取临时固定措施，应符合现行国家标准《混凝土结构工程施工规范》（GB 50666—2011）的相关规定。

② 采用钢筋套筒灌浆连接、钢筋浆锚搭接连接的预制构件就位前，应检查下列内容：

a. 套筒、预留孔的规格、位置、数量和深度；

b. 被连接钢筋的规格、数量、位置和长度。

当套筒、预留孔内有杂物时，应清理干净；当连接钢筋倾斜时，应进行校直。连接钢筋偏离套筒或孔洞中心线不宜超过 5mm。

③ 墙、柱构件的安装应符合下列规定：

a. 构件安装前，应清洁结合面；

b. 构件底部应设置可调整接缝厚度和底部标高的垫块；

c. 钢筋套筒灌浆连接接头、钢筋浆锚搭接连接接头灌浆前，应对接缝周围进行封堵，封堵措施应符合结合面承载力设计要求；

d. 多层预制剪力墙底部采用坐浆材料时，其厚度不宜大于 20mm。

④ 钢筋套筒灌浆连接接头、钢筋浆锚搭接连接接头应按检验批划分要求及时灌浆，灌浆作业应符合国家现行有关标准及施工方案的要求，并应符合下列规定。

a. 灌浆施工时，环境温度不应低于 5℃；当连接部位养护温度低于 10℃时，应采取加热保温措施。

b. 灌浆操作全过程应有专职检验人员负责旁站监督并及时形成施工质量检查记录。

c. 应按产品使用说明书的要求计量灌浆料和水的用量，并搅拌均匀；每次拌制的灌浆料拌和物都应进行流动度的检测，且其流动度应满足本规程的规定。

d. 灌浆作业应采用压浆法从下口灌注，当浆料从上口流出后应及时封堵，必要时可设分仓进行灌浆。

e. 灌浆料拌和物应在制备后 30min 内用完。

⑤ 焊接或螺栓连接的施工应符合国家现行标准《钢筋焊接及验收规程》（JGJ 18—2012）、《钢结构焊接规范》（GB 50661—2011）、《钢结构工程施工规范》（GB 50755—2012）

和《钢结构工程施工质量验收标准》（GB 50205—2020）的有关规定。

采用焊接连接时，应采取防止因连续施焊引起的连接部位混凝土开裂的措施。

⑥ 钢筋机械连接的施工应符合现行行业标准《钢筋机械连接技术规程》（JGJ 107—2016）的有关规定。

⑦ 后浇混凝土的施工应符合下列规定：

a. 预制构件结合面疏松部分的混凝土应剔除并清理干净；

b. 模板应保证后浇混凝土部分形状、尺寸和位置准确，并应防止漏浆；

c. 在浇筑混凝土前应洒水润湿结合面，混凝土应振捣密实；

d. 同一配合比的混凝土，每工作班且建筑面积不超过 1000m² 应制作一组标准养护试件，同一楼层应制作不少于 3 组标准养护试件。

⑧ 构件连接部位后浇混凝土及灌浆料的强度达到设计要求后，方可拆除临时固定措施。

⑨ 受弯叠合构件的装配施工应符合下列规定：

a. 应根据设计要求或施工方案设置临时支撑；

b. 施工荷载宜均匀布置，并不应超过设计规定；

c. 在混凝土浇筑前，应按设计要求检查结合面的粗糙度及预制构件的外露钢筋；

d. 叠合构件应在后浇混凝土强度达到设计要求后，方可拆除临时支撑。

⑩ 安装预制受弯构件时，端部的搁置长度应符合设计要求，端部与支承构件之间应坐浆或设置支承垫块，坐浆或支承垫块厚度不宜大于 20mm。

⑪ 外挂墙板的连接节点及接缝构造应符合设计要求；墙板安装完成后，应及时移除临时支承支座、墙板接缝内的传力垫块。

⑫ 外墙板接缝防水施工应符合下列规定：

a. 防水施工前，应将板缝空腔清理干净；

b. 应按设计要求填塞背衬材料；

c. 密封材料嵌填应饱满、密实、均匀、顺直、表面平滑，其厚度应符合设计要求。

2. 多层装配式建筑混凝土结构施工要求

① 装配式多层混凝土结构工程的施工应符合国家现行标准《混凝土结构工程施工规范》（GB 50666—2011）、《装配式混凝土建筑技术标准》（GB/T 51231—2016）、《装配式混凝土结构技术规程》（JGJ 1—2014）的有关规定。

② 装配式多层混凝土结构工程用预制构件、连接件、配件及配套材料等均应进行进场检验。

③ 预制剪力墙之间竖向接缝采用螺栓连接、钢锚环连接、钢丝绳套连接方式时，构件安装及连接施工应符合设计要求，采用定型产品的尚应符合产品的企业标准和使用说明文件的规定，并应在施工方案中规定该产品的施工工艺和质量检验标准。

④ 采用后浇混凝土或灌浆连接的装配整体式连接接缝施工应符合国家现行标准《装配式混凝土建筑技术标准》（GB/T 51231—2016）和《装配式混凝土结构技术规程》（JGJ 1—2014）的有关规定。

⑤ 预制梁端采用螺栓连接时，应符合下列规定：

a. 梁安装前应采用支垫材料将支座找平，并在支座上做好安装控制线标志；

b. 梁端在支座处的搁置长度应满足设计要求；

c. 梁吊装就位后，应及时采取临时固定措施；

d. 对需要封堵的接缝或缺口应按设计要求填充密实。

⑥ 预制柱底采用螺栓连接时，基础内的预留螺栓应采取措施精准定位，螺栓埋设施工应符合下列规定：

a. 外露螺栓应与水平面保持垂直；

b. 螺栓在平面内的中心线允许偏差应为±2mm；

c. 螺栓的外露长度允许偏差应为0～5mm。

⑦ 楼板采用全预制板时，预制板支座和接缝处施工应符合下列规定：

a. 预制板安装前应将板端支座用坐浆料或专用支座垫块找平垫实；

b. 预制板在梁、墙或牛腿上的搁置长度允许偏差应为0～10mm；

c. 当采用预应力圆孔板时，支座处圆孔端应采用混凝土或坐浆料填充并振捣密实；

d. 预制板接缝、预制板与墙或梁的接缝应按设计要求进行施工连接。

⑧ 预制剪力墙安装施工前，应在基础或楼面上设置安装定位控制线，并应在水平接缝处距离板端1/5处各设置一个控制水平标高的硬质支垫。水平接缝施工，应符合下列规定。

a. 预制剪力墙吊装就位前，应在水平接缝处均匀铺设坐浆料，坐浆料上表面标高宜超过支垫5mm。

b. 预制剪力墙吊装就位时，坐浆料应在剪力墙底部接缝两侧均匀挤出；当坐浆料不饱满时，应将剪力墙吊起，并补充坐浆料后再次安装。

c. 剪力墙的安装位置及垂直度调整应在坐浆料硬化前进行，剪力墙安装过程中应采取临时支撑固定措施，严禁剪力墙在后续施工过程中出现晃动或移位；坐浆料硬化后方可进行上一层构件的吊装。

⑨ 当水平缝采用套筒灌浆连接或浆锚搭接连接时，宜采用逐个套筒或者浆锚孔灌浆的方式；当水平缝采用焊接或螺栓连接时，应在连接完成后采用专用砂浆对连接部分进行封堵。

⑩ 预制剪力墙竖向接缝采用钢锚环、钢丝绳套等连接施工时，竖向接缝施工应符合下列规定：

a. 钢锚环、钢丝绳套等水平拉结筋应校正调平，绳套或锚环与水平面的偏差角度不应大于5°；

b. 接缝应采用工具化定型模板支护，且应采取防漏浆或胀模措施；

c. 接缝处浇筑混凝土或灌浆应振捣密实，且应采取养护保湿措施。

二、装配式建筑混凝土结构工程验收

1. 验收

（1）一般规定

① 装配式结构应按混凝土结构子分部工程进行验收；当结构中部分采用现浇混凝土结构时，装配式结构部分可作为混凝土结构子分部工程的分项工程进行验收。

装配式结构验收除应符合本规程规定外，还应符合现行国家标准《混凝土结构工程施工质量验收规范》（GB 50204—2015）的有关规定。

② 预制构件的进场质量验收应符合现行国家标准《混凝土结构工程施工质量验收规范》（GB 50204—2015）的有关规定。

③ 装配式结构焊接、螺栓等连接用材料的进场验收应符合现行国家标准《钢结构工程

施工质量验收标准》（GB 50205—2020）的有关规定。

④ 装配式结构的外观质量除设计有专门的规定外，还应符合现行国家标准《混凝土结构工程施工质量验收规范》（GB 50204—2015）中关于现浇混凝土结构的有关规定。

⑤ 装配式建筑的饰面质量应符合设计要求，并应符合现行国家标准《建筑装饰装修工程质量验收标准》（GB 50210—2018）的有关规定。

⑥ 装配式混凝土结构验收时，除应按现行国家标准《混凝土结构工程施工质量验收规范》（GB 50204—2015）的要求提供文件和记录外，还应提供下列文件和记录：

a. 工程设计文件、预制构件制作和安装的深化设计图；

b. 预制构件、主要材料及配件的质量证明文件、进场验收记录、抽样复验报告；

c. 预制构件安装施工记录；

d. 钢筋套筒灌浆、浆锚搭接连接的施工检验记录；

e. 后浇混凝土部位的隐蔽工程检查验收文件；

f. 后浇混凝土、灌浆料、坐浆材料强度检测报告；

g. 外墙防水施工质量检验记录；

h. 装配式结构分项工程质量验收文件；

i. 装配式工程的重大质量问题的处理方案和验收记录；

j. 装配式工程的其他文件和记录。

（2）主控项目

① 后浇混凝土强度应符合设计要求。

检查数量：按批检验，检验批应符合《装配式混凝土结构技术规程》（JGJ 1—2014）的有关要求。

检验方法：按现行国家标准《混凝土强度检验评定标准》（GB/T 50107—2016）的要求进行。

② 钢筋套筒灌浆连接及浆锚搭接连接的灌浆应密实饱满。

检查数量：全数检查。

检验方法：检查灌浆施工质量检查记录。

③ 钢筋套筒灌浆连接及浆锚搭接连接用的灌浆料强度应满足设计要求。

检查数量：按批检验，以每层为一检验批；每工作班应制作一组且每层不应少于 3 组 40mm×40mm×160mm 的长方体试件，标准养护 28 天后进行抗压强度试验。

检验方法：检查灌浆料强度试验报告及评定记录。

④ 剪力墙底部接缝坐浆强度应满足设计要求。

检查数量：按批检验，以每层为一检验批；每工作班应制作一组且每层不应少于 3 组边长为 70.7mm 的立方体试件，标准养护 28 天后进行抗压强度试验。

检验方法：检查坐浆材料强度试验报告及评定记录。

⑤ 钢筋采用焊接连接时，其焊接质量应符合现行行业标准《钢筋焊接及验收规程》（JGJ 18—2012）的有关规定。

检查数量：按现行行业标准《钢筋焊接及验收规程》（JGJ 18—2012）的规定确定。

检验方法：检查钢筋焊接施工记录及平行加工试件的强度试验报告。

⑥ 钢筋采用机械连接时，其接头质量应符合现行行业标准《钢筋机械连接技术规程》（JGJ 107—2016）的有关规定。

检查数量：按现行行业标准《钢筋机械连接技术规程》（JGJ 107—2016）的规定确定。

检验方法：检查钢筋机械连接施工记录及平行加工试件的强度试验报告。

⑦ 预制构件采用焊接连接时，钢材焊接的焊缝尺寸应满足设计要求，焊缝质量应符合现行国家标准《钢结构焊接规范》（GB 50661—2011）和《钢结构工程施工质量验收标准》（GB 50205—2020）的有关规定。

检查数量：全数检查。

检验方法：按现行国家标准《钢结构工程施工质量验收标准》（GB 50205—2020）的要求进行。

⑧ 预制构件采用螺栓连接时，螺栓的材质、规格、拧紧力矩应符合设计要求及现行国家标准《钢结构设计规范》（GB 50017—2017）和《钢结构工程施工质量验收标准》（GB 50205—2020）的有关规定。

检查数量：全数检查。

检验方法：按现行国家标准《钢结构工程施工质量验收标准》（GB 50205—2020）的要求进行。

（3）一般项目

① 装配式结构尺寸允许偏差应符合设计要求，并应符合表 11-1 中的规定。

检查数量：按楼层、结构缝或施工段划分检验批。在同一检验批内，对梁、柱，应抽查构件数量的 10%，且不少于 3 件；对墙和板，应按有代表性的自然间抽查 10%，且不少于 3 间；对大空间结构，墙可按相邻轴线间高度 5m 左右划分检查面，板可按纵、横轴线划分检查面，抽查 10%，且均不少于 3 面。

表 11-1　装配式结构尺寸允许偏差及检验方法

项目			允许偏差/mm	检验方法
构件中心线对轴线位置	基础		15	尺量检查
	竖向构件（柱、墙、桁架）		10	
	水平构件（梁、板）		5	
构件标高	梁、柱、墙、板底面或顶面		±5	水准仪或尺量检查
构件垂直度	柱、墙	<5m	5	经纬仪或全站仪量测
		≥5m 且<10m	10	
		≥10m	20	
构件倾斜度	梁、桁架		5	垂线、钢尺量测
相邻构件平整度	板端面		5	钢尺、塞尺量测
	梁、板底面	抹灰	5	
		不抹灰	3	
	柱、墙侧面	外露	5	
		不外露	10	
构件搁置长度	梁、板		±10	尺量检查
支座、支垫中心位置	板、梁、柱、墙、桁架		10	尺量检查
墙板接缝	宽度		+5	尺量检查
	中心线位置			

② 外墙板接缝的防水性能应符合设计要求。

检查数量：按批检验。每 $1000m^2$ 外墙面积应划分为一个检验批，不足 $1000m^2$ 时也应划分为一个检验批；每个检验批每 $100m^2$ 应至少抽查一处，每处不得少于 $10m^2$。

检验方法：检查现场淋水试验报告。

2. 多层装配式建筑混凝土结构工程验收要求

① 装配式多层混凝土结构工程的施工质量验收应符合国家现行标准《混凝土结构工程施工质量验收规范》（GB 50204—2015）、《装配式混凝土结构技术规程》（JGJ 1—2014）的有关规定。

② 预制构件采用焊接或螺栓连接时，钢材的焊接或螺栓连接的施工质量应符合国家现行标准《钢结构焊接规范》（GB 50661—2011）、《钢结构工程施工规范》（GB 50755—2012）、《钢结构工程施工质量验收标准》（GB 50205—2020）、《钢筋焊接及验收规程》（JGJ 18—2012）的有关规定。

③ 预制构件采用钢锚环连接、钢丝绳套连接时，接缝处灌浆施工应饱满密实，灌浆料的强度应满足设计要求。

④ 预制构件的接缝防水施工应按设计要求制定专项验收方案，防水材料的性能及接缝防水施工质量验收应符合现行国家标准《装配式混凝土建筑技术标准》（GB/T 51231—2016）的有关规定。

第十二章

装配式建筑混凝土结构施工现场吊装

第一节 ▶▶

现场装配吊装设备及工具

一、起重吊装设备

在装配式混凝土结构工程施工中，要合理选择吊装设备；根据预制构件存放、安装和连接等要求，确定安装使用的机具方案。选择吊装主体结构预制构件的起重机械时，应关注以下事项：起重量、作业半径（最大半径和最小半径），力矩应满足最大预制构件组装作业要求，起重机械的最大起重量不宜低于 10t，塔吊应具有安装和拆卸空间，轮式或履带式起重设备应具有移动式作业空间和拆卸空间，起重机械的提升或下降速度应满足预制构件安装和调整要求。

装配式混凝土工程中选用的起重机械，关键在于把作业半径控制在最小，要根据预制混凝土构件的运输路径和起重机施工空间等要素，决定采用移动式的履带式起重机还是采用固定式的塔式起重机。

1. 汽车起重机

汽车起重机是以汽车为底盘的动臂起重机，主要优点为机动灵活。在装配式建筑工程中，主要用于低层钢结构吊装、外墙挂板吊装、叠合楼板吊装及楼梯、阳台、雨篷等构件吊装，如图 12-1 所示。

2. 履带式起重机

履带式起重机是一种动臂起重机，其动臂可以加长，起重量大并在起重力矩允许的情况下可以吊重行走。在装配式结构建筑工程中，主要是针对大型公共建筑的大型预制构件的装卸和吊装、大型塔吊的安装与拆卸、塔吊难以覆盖的吊装死角的吊装等，如图 12-2 所示。

3. 塔式起重机

（1）分类

目前，用于建筑工程的塔式起重机按架设方式分为固定式、附着式、内爬式，如图 12-3 所示。

其中内爬式塔式起重机，简称内爬吊，是一种安装在建筑物内部电梯井或楼梯间里的塔

图 12-1　汽车起重机

图 12-2　履带式起重机

图 12-3　塔式起重机

机，可以随施工进程逐步向上爬升。内爬式塔式起重机在建筑物内部施工，不占用施工场地，适合于现场狭窄的工程；无须铺设轨道，无须专门制作钢筋混凝土基础（高层建筑一般需钢筋混凝土基础126t以上），施工准备简单（只需预留洞口，局部提高强度），节省费用；无须多道锚固装置和复杂的附着作业；作业范围大，内爬吊设置在建筑物中间，覆盖建筑物，能够使伸出建筑物的幅度小，有效避开周围障碍物和人行道等。由于起重臂可以较短，起重性能得到充分发挥；只需少量的标准节，一般塔身为30m（风载荷小），即可满足施工要求，一次性投资少，建筑物高度越高，经济效益越显著等。

对于装配式建筑工程，除具有上述优点外，内爬吊关键是能够对所有装配式构件的吊装进行全覆盖。和目前装配式建筑结构普遍使用的附着式塔吊相比，附着式塔吊与建筑附着部分的装配式墙板和结构关联部分必须进行特别加强处理，在附着式塔吊拆除后还需对其附着加固部分做修补处理，而且是危险的室外高空作业。因此，在装配式建筑工程中推广使用内爬式塔式起重机的意义则更加突出。

（2）塔式起重机的基本性能参数

塔式起重机的技术性能是用各种参数表示的，是起重机设计的依据，也是起重机安全技术要求的重要依据。其基本参数有：起重力矩、起重量、起重高度、工作幅度，其中起重力矩确定为衡量塔吊起重能力的主要参数。

a. 起重力矩是起重量与相应幅度的乘积，单位为 kN·m，常以各点幅度的平均力矩作为塔机的额定力矩。

b. 起重量 Q 是吊钩能吊起的重量，其中包括吊索、吊具及容器的重量，单位为 kN，起重量因幅度的改变而改变，因塔式起重机的起重量随着幅度的增加而相应递减。

c. 起重高度 H 是指吊钩到停机地面的垂直距离，单位为 m。对小车变幅式的塔式起重机，其最大起升高度是不可变的；对于起重臂变幅式的塔式起重机，其起升高度随不同幅度而变化，最小幅度时起升高度可比塔尖高几十米，因此起重臂变幅式的塔式起重机在起升高度上有优势。

d. 起重半径 R 是指塔式起重机回转轴与吊钩中心的水平距离，单位为 m。对于起重臂变幅式的，其起重臂与水平面夹角为 $13°\sim65°$，因此变幅范围较小，而小车变幅的起重臂始终是水平的，变幅的范围较大，因此小车变幅式的起重机在工作幅度上有优势。

（3）塔式起重机定位注意的问题

塔式起重机与外脚手架的距离应该大于 0.6m，塔式起重机和架空电线的最小安全距离应满足表 12-1 的要求，当群塔施工时，两台塔式起重机的水平吊臂间的安全距离应该大于 2m。一台塔式起重机的水平吊臂和另一台塔式起重机的塔身的安全距离也应该大于 2m。

表 12-1　塔式起重机和架空电线的最小安全距离　　　　单位：m

方向	电压/kV				
	<1	$1\sim15$	$20\sim40$	$60\sim110$	220
沿垂直方向	1.5	3.0	4.0	5.0	6.0
沿水平方向	1.5	2.5	3.5	4.0	6.0

图 12-4　施工电梯

二、施工电梯

施工电梯又叫施工升降机，是建筑中经常使用的载人载货施工机械，它的吊笼装在井架外侧，沿齿条式轨道升降，附着在外墙或其他建筑物结构上，由于其独特的箱体结构使其乘坐起来既舒适又安全。施工电梯可载重货物 1.0～1.2t，亦可容纳 12～15人，其高度随着建筑物主体结构施工而接高，可达100m。它特别适用于高层建筑，也可用于高大建筑、多层厂房和一般楼房施工中的垂直运输。在工地上通常是配合起重机使用，如图 12-4 所示。

三、起重机选型

装配式建筑，一般情况下采用的预制构件体型重大，人工很难对其加以吊运安装作业，通常情况下需要采用大型机械吊运设备完成构件的吊运安装工作。在实际施工过程中应合理使用两种吊装设备，使其优缺点互补，以便更好地完成各类构件的装卸、运输、吊运、安装工作，取得最佳的经济效益。

（1）汽车起重机选择

装配式建筑施工中，对于吊运设备的选择，通常会根据设备造价、合同周期、施工现场环境、建筑高度、构件吊运重量等因素综合考虑确定。一般情况下，在低层、多层装配式建筑施工中，预制构件的吊运安装作业通常采用移动式汽车起重机；当现场构件需二次倒运时，也可采用移动式汽车起重机。

（2）塔式起重机的选择

① 小型多层装配式建筑工程，可选择小型的经济型塔吊。对于高层建筑的塔吊，宜选择与之相匹配的起重机械，因垂直运输能力直接决定结构施工速度的快慢，要对选择不同塔吊的差价与加快进度的综合经济效果进行比较，进行合理选择。

② 塔式起重机应满足吊次的需求。塔式起重机吊次计算：一般中型塔式起重机的理论吊次为 80～120 次/（台·班）。塔式起重机的吊次应根据所选用塔式起重机的技术说明中提供的理论吊次时进行计算，当理论吊次大于实际需用吊次时即满足要求，当不满足时，应采取相应措施，如增加每日的施工班次，增加吊装配合人员，塔式起重机应尽可能地均衡连续作业，提高塔式起重机利用率。

③ 塔式起重机覆盖面的要求。塔式起重机的型号决定了塔吊的臂长幅度，布置塔式起重机时，塔臂应覆盖堆场构件，避免出现覆盖盲区，减少预制构件的二次搬运。对含有主楼、裙房的高层建筑，塔臂应全面覆盖主体结构部分和堆场构件存放位置，对于裙楼，力求塔臂全部覆盖。当出现难以解决的楼边覆盖时，可考虑采用临时租用汽车起重机解决裙房边角垂直运输问题。

④ 最大起重能力的要求。在塔式起重机的选型中，应结合塔式起重机的起重量荷载特点，重点考虑工程施工过程中，最重的预制构件对塔式起重机吊运能力的要求，应根据其存放的位置、吊运的部位和距塔中心的距离，确定该塔吊是否具备相应的起重能力。若塔式起重机不满足吊重要求，则必须调整塔型使其满足。

四、吊具

预制混凝土构件常用到的吊具主要有起吊扁担、专用吊件、手拉葫芦。

（1）起吊扁担（图 12-5）

用途：起吊、安装过程平衡构件受力。

主要材料：20 槽钢、15～20mm 厚钢板。

（2）专用吊件（图 12-6）

用途：受力主要机械，联系构件与起重机械之间受力。

主要材料：根据图纸规格可在市场上采购。

（3）手拉葫芦（图 12-7）

用途：调节起吊过程中水平。

主要材料：根据施工情况自行采购即可。

图 12-5 起吊扁担

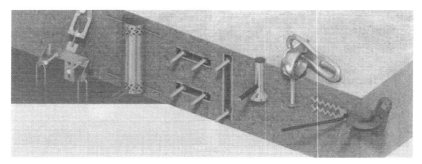

图 12-6　专用吊件

图 12-7　手拉
葫芦

（4）吊具使用要求

① 吊具、吊索的使用应符合施工安装安全规定。预制构件起吊时的吊点合力应与构件重心重合，宜采用标准吊具均衡起吊就位，吊具可采用预埋吊环或埋置式接驳器的形式。专用内埋式螺母或内埋吊杆及配套的吊具，应根据相应的产品标准和应用技术规定选用。

② 预制混凝土构件吊点提前设计好，根据预留吊点选择相应的吊具。在起吊构件时，为了使构件稳定，不出现摇摆、倾斜、转动、翻倒等现象，应选择合适的吊具。无论采用几点吊装，都要始终使吊钩和吊具的连接点的垂线通过被吊构件的重心，它直接关系吊装结果和操作安全。

③ 吊具的选择必须保证被吊构件不变形、不损坏，起吊后不转动、不倾斜、不翻倒。吊具的选择应根据被吊构件的结构、形状、体积、重量、预留吊点及吊装的要求，结合现场作业条件，确定合适的吊具。吊具选择必须保证吊索受力均匀。各承载吊索间的夹角一般不应大于 $60°$，其合力作用点必须保证与被吊构件的重心在同一条铅垂线上，保证在吊运过程中吊钩与被吊构件的重心在同一条铅垂线上。在说明中提供吊装图的构件，应按吊装图进行吊装。在异形构件装配时，可采用辅助吊点配合简易吊具调节物体所需位置的吊装法。

五、预制构件进场验收

① 预制构件进场首先检查构件合格证并附构件出厂混凝土同条件抗压强度报告。

② 预制构件进场检查构件标识是否准确、齐全。

a. 型号标识：类别、连接方式、混凝土强度等级、尺寸。

b. 安装标识：构件位置、连接位置。

③ 预制构件进场质量验收示意如图 12-8 所示，其验收项目见表 12-2。

图 12-8　预制构件进场质量验收示意

表 12-2　预制构件质量验收项目

验收项目	验收要求
预制混凝土构件观感质量检验	满足要求
预制混凝土构件尺寸及其误差	满足要求

验收项目	验收要求
预制混凝土构件间结合构造	满足要求
预留连接孔洞的深度及垂直度	满足要求
灌浆孔与排气孔是否畅通	——对应检查标识
预制混凝土构件端部各种线管出入口的位置	准确
吊装、安装预埋件的位置	准确
叠合面处理	符合要求

④ 预制构件结构性能验收项目见表 12-3。

表 12-3　预制构件结构性能验收项目

验收项目	验收要求
预制混凝土构件的混凝土强度	符合设计要求
预制混凝土构件的钢筋力学性能	符合设计要求
预制混凝土构件的隐蔽工程验收	合格
预制混凝土构件的结构实体检验	合格

注：对结构性能检验不合格的构件不得作为结构构件使用，应返厂处理。对非结构性损伤进行修补，修补后重新进行检验合格后方可使用。

第二节 ▶▶

吊装准备

一、专项方案编制

装配式整体式混凝土结构施工应编制专项方案。专项施工方案宜包括工程概况、编制依据、进度计划、施工场地布置、预制构件运输与存放、安装与连接施工、绿色施工、安全管理、质量管理、信息化管理、应急预案等内容。根据装配式混凝土结构工程特点和要求，对作业人员进行技术、质量和安全交底。

施工现场应根据装配化建造方式布置施工总平面，宜规划主体装配区、构件堆放区、材料堆放区和运输通道。各个区域应统筹规划布置，满足高效吊装、安装的要求，通道宜满足构件运输车辆平稳、高效、节能的行驶要求。竖向构件宜采用专用存放架进行存放，专用存放架应根据需要设置安全操作平台。

二、测量放线

吊装前应在构件和相应的支承结构上设置中心线和标高，并应按设计要求校核预埋件及连接钢筋等的数量、位置、尺寸和标高。每层楼面轴线垂直控制点不宜少于 4 个，垂直控制点应由底层向上传递引测。每个楼层应设置 1 个高程控制点。预制构件安装位置线应由安装控制线引出，每件预制构件应设置两条安装水平位置线，如图 12-9 和图 12-10 所示。

预制墙板安装前，应在墙板上的内侧弹出竖向与水平安装线（激光弹线仪如图 12-11 所示），竖向

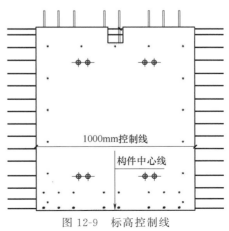

图 12-9　标高控制线

与水平安装线应与楼层安装位置线相符合，采用饰面砖装饰时，相邻板与板之间的饰面砖缝应对齐。预制墙板垂直度测量，宜在构件上设置用于垂直度测量的控制点。在水平和竖向构件上安装预制墙板时，标高控制宜采用放置垫块的方法或在构件上设置标高调节件。

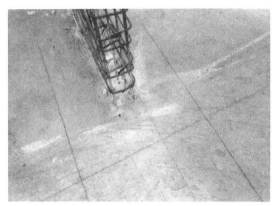 

图 12-10　水平控制线　　　　　　　图 12-11　激光弹线仪

三、调整预制构件标高

预制剪力墙板下部 20mm 的灌浆缝可以用预埋螺栓或者垫片来实现，通常情况下，预制剪力墙长度小于 2m 的设置 2 个螺栓或者垫片，位置设置在距离预制剪力墙两端部 500～800mm 处。如果预制剪力墙长度大于 2m，适当增加螺栓或者垫片数量，长度为 3m，可设置 3 个螺栓或者垫片；长度为 4m，可设置 4 个螺栓或者垫片。无论使用哪种形式，都需要使用水准仪将预埋螺栓抄平，螺栓高度误差不能超过 2mm，如图 12-12 所示。

四、检查吊索具

应选择适合的施工机具，其工作容量、生产效率等宜与建设项目的施工条件和作业内容相适应。施工机具安全防护装置应安全、灵敏且可靠。吊装设备的选择应综合考虑最大构件重量、作业半径、堆场布置、建筑物高度、人货梯、工期及现场条件等因素。吊装作业前，应检查所使用的机械、滑轮、吊具、预埋和地形等，必须符合安全要求。绑扎所用的吊索、卡环、绳扣等的规格应根据计算确定。起吊前，应对起重机钢丝绳及连接部位和吊具进行检查，如图 12-13 所示。

图 12-12　吊装标高控制　　　　　　　图 12-13　吊具检查

吊装设备靠近架空输电线路作业或在输电线路下行走时，应符合现行行业标准《施工现场临时用电安全技术规范》和其他相关标准规定。吊装设备与架空输电线的安全距离应满足相关规范要求，必要时应对高压供电线路采取防护措施。

五、校核钢筋

由于预制剪力墙构件的竖向是通过套筒灌浆连接的，套筒内壁与钢筋距离约为 6mm，因此，为了便于安装，在吊装预制剪力墙构件前，首先要确认工作面上甩出钢筋的位置是否准确，依据图纸使用钢筋或者角钢制作便捷的钢筋位置确认工具，将所有钢筋调整到准确的位置。为了确保钢筋位置的准确，在浇筑前一层混凝土时，可安装钢筋定位板，定位板用角钢和钢管焊接而成，如图 12-14 所示。放置定位板能够有效地控制钢筋位置的准确性。

六、试吊装

吊装设备在每班开始作业时，应先试吊装，确认制动器灵敏可靠后，方可进行作业，如图 12-15 所示。作业时不得擅自离岗和保养机车。装配整体式结构施工前，宜选择具有代表性的单元进行试安装，并应根据试安装结果及时调整施工工艺，完善施工方案，经建设单位或监理单位认可后，方可进行正式吊装施工。

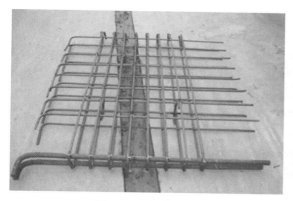

图 12-14 钢筋定位

图 12-15 构件试吊装

当施工单位第一次从事某种类型的装配式结构施工或采用复杂的预制构件及连接构造的装配式结构时，为保证预制构件制作、运输、装配等施工过程的可靠，建议施工前针对重点过程进行试制作和试安装，发现问题要及时解决，以减少正式施工中可能发生的问题和缺陷。

预制构件吊装应符合下列一般规定。

① 预制构件应按照吊装顺序预先编号，吊装时严格按编号顺序起吊；预制构件应按施工方案的要求吊装，起吊时吊索水平夹角不宜小于 60°，且不应小于 45°（图 12-16）；吊点数量、位置应经计算确定，保证吊具连接可靠，应采取保证起重设备的主钩位置、吊具及构件重心在竖直方向上重合的措施；吊运过程中，应设专人指挥，操作人员应位于安全可靠的位置，不应有人员随预制构件一同起吊。

图 12-16 吊装技术参数

② 起吊时，应采用慢起、稳升、缓放的操作方式，吊运过程应保持稳定，不宜偏斜、摇摆和扭转，严禁吊装构件长时间悬停在空中；开始起吊时，将构件离地面 200～300mm 后停止起吊，并检查起重机稳定性、制动装置可靠性、构件平衡性和绑扎牢固性等，待确认无误后，方可继续起吊；吊至安装平面上 80～100cm 处，吊装工人辅助构件，缓缓降低，将墙板与边线和端线靠拢。

第三节 ▶▶

装配式结构混凝土结构施工现场吊装工艺

一、剪力墙结构施工吊装要点

1. 吊装设备设置

① 在招标文件中应明确使用 PC 技术的部位。在施工单位进行塔吊选型前，应完成施工图的 PC 转换设计，以便施工单位根据最大吊重、最远端吊重以及作业半径进行塔吊选型。

② 对于墙体采用 PC 技术的项目，在 PC 转换设计时应与总包单位进行充分沟通，就塔吊附墙点的位置、标高进行确认，确认塔吊附墙部位。

③ 采用 PC 预制墙体的，就预制墙体能否满足塔吊锚固的承载力要求进行确认。

④ 塔吊基础的设计、施工以及安装、拆除等按照常规进行。

2. 预制剪力墙构件吊装工艺流程

墙板吊装就位→支撑→校正→支撑加固→浆锚管注浆→墙板连接拼缝注浆。

3. 具体操作

① 竖向构件吊装应采用慢起、快升、缓放的操作方式。

② 竖向构件底部与楼面保持 20mm 空隙，确保灌浆料的流动；其空隙使用 1～10mm 不同厚度的垫铁进行确认，确保竖向构件安装就位后符合设计标高。

③ 竖向构件吊装前先检查预埋构件内的吊环是否完好无损，规格、型号、位置正确无误，构件试吊时离地不大于 0.5m。起吊应依次逐级增加速度，不应越挡操作。构件吊装下降时，构件根部系好缆风绳，控制构件转动，保证构件就位平稳。

④ 构件距离安装面约 1.5m 时，应慢速调整，调整构件到安装位置；楼地面预留插筋与构件预留注浆管逐根对应，全部准确插入注浆管后，构件缓慢下降；构件距离楼地面约 30cm 时由安装人员辅助轻推构件或采用撬棍根据定位线进行初步定位。

⑤ 竖向构件就位时，应根据轴线、构件边线、测量控制线将竖向构件基本就位后，利用可调式斜支撑上下连接板通过螺栓和螺母将竖向构件楼面临时固定，竖向构件与楼面保持基本垂直后摘除吊钩。

⑥ 根据竖向构件平面分割图及吊装图，对竖向构件依次吊装就位，竖向构件就位后应立即安装斜支撑，每个竖向构件用不少于 2 根斜支撑进行固定，斜支撑安装在竖向构件的同一侧面，斜支撑与楼面的水平夹角不应小于 60°。

将地面预埋的拉接螺栓进行清理，清除表面包裹的塑料薄膜及溅溅的水泥浆等，露出连接丝扣；将构件上的套筒清理干净，安装螺杆。注意螺杆不要拧到底，与构件表面空隙约 30mm。

安装斜向支撑，应将撑杆上的上下垫板沿缺口方向分别套在构件上及地面的螺栓上。安装时应先将一个方向的垫板套在螺杆上，然后转动撑杆，将另一方向的垫板套在螺杆上；将构件上的螺栓及地面预埋螺栓的螺母收紧。同时应查看构件中预埋套筒及地面预埋螺栓是否有松动现象，如出现松动，必须进行处理或更换；转动斜撑，调整构件初步垂直；松开构件吊钩，进行下一块构件吊装。用靠尺量测构件的垂直偏差，注意要在构件侧面进行量测。

⑦ 通过线锤或水平尺对竖向构件垂直度进行校正，转动可调式斜支撑中间钢管进行微调，直至竖向构件确保垂直；用2m长靠尺、塞尺对竖向构件间的平整度进行校正，确保墙体轴线、墙面平整度满足质量要求，外墙企口缝要求接缝平直。

4. 质量要求

① 质量要求见表12-4。

② 预制构件外饰面材料发生破损时，应在安装前修补，涉及结构性的损伤，应由设计、施工和构件加工单位协商处理，满足结构安全和使用功能。

通常来说，单个PC项目要求塔机端部起重量要求是：两台2t以上或一台3.5t完成吊装任务。PC吊装塔机规格型号为160～350t·m的起重机，满足PC吊装的载荷要求。

表 12-4　质量要求

项目	允许偏差/mm	检验方法
轴线位置	5	钢尺检查
表面垂直度	5	经纬仪或吊线、钢尺检查
楼层标高	±5	水准仪或拉线、钢尺检查
构件安装允许偏差	±5	钢尺检查

首先做好安装前的准备工作，对基层插筋部位按图纸依次校正，同时将基层垃圾清理干净，松开吊架上用于稳固构件的侧向支撑木楔，做好起吊准备。

预制外墙板吊装时将吊扣与吊钉进行连接，再将吊链与吊梁连接，要求吊链与吊梁接近垂直。另外，PCF板通过角码连接，角码固定于预埋在相邻剪力墙及PCF板内的螺栓上。开始起吊时应缓慢进行，待构件完全脱离支架后可匀速提升，如图12-17所示。

图 12-17　吊装

预制剪力墙就位时，需要人工扶正预埋竖向外露钢筋与预制剪力墙预留空孔洞一一对应插入。另外，预制墙体安装时应以先外后内的顺序，相邻剪力墙体连续安装，对于PCF板，待外剪力墙体吊装完成及调节对位后开始吊装，如图12-18所示。

(a) 预制剪力墙吊装

(b) 预制剪力墙插筋

图 12-18　吊装就位

图 12-19　斜支撑固定

为防止发生预制剪力墙倾斜等现象，预制剪力墙就位后，应及时用螺栓和膨胀螺栓将可调节斜支撑固定在构件及现浇完成的楼板面上，通过调整斜支撑和底部的固定角码对预制剪力墙各墙面进行垂直平整检测并校正，直到预制剪力墙达到设计要求范围，然后固定，如图 12-19 所示。

最后待预制件的斜向支撑及固定角码全部安装完成后方可摘钩，进行下一件预制件的吊装。同时，对已完成吊装的预制墙板进行校正，墙板垂直方向校正措施：构件垂直度调节采用可调节斜拉杆，每一块预制部品在一侧设置 2 道可调节斜拉杆，用 4.8 级 $\phi16mm \times 40mm$ 螺栓将斜支撑固定在预制构件上，底部用预埋螺栓将斜支撑固定在楼板上，通过对斜支撑上的调节螺栓的转动产生的推拉校正垂直方向，校正后应将调节把手用铁丝锁死，以防人为松动，保证安全，如图 12-20～图 12-23 所示。

图 12-20　调整垂直度

图 12-21　对位安装固定

图 12-22　板底封堵

图 12-23　斜撑固定

主体预制墙板底堵缝：在预制墙体部品吊装之前，在其底部位置三面用坐浆料堵缝（因外侧已用橡塑棉条封堵密实），厚度约为 20mm，以保证预制墙体根部的密封严密，为注浆做好准备工作。

5. 预制墙板间的钢筋绑扎及现浇墙体钢筋绑扎

对于外墙预留节点部位，待外墙安装就位后再进行节点绑扎。墙板间钢筋绑扎顺序为：先放置箍筋，然后从上面安装墙体竖筋（这样施工便于操作）。节点绑扎要牢固，严禁丢扣、拉扣，如图 12-24 所示。

内墙为全现浇剪力墙，钢筋现场加工制作安装，直径 16mm 以上（含 16mm）采用等强机械连接技术；直径小于 16mm 的采用绑扎搭接连接。

现浇墙体钢筋绑扎施工工序基本步骤如下。

① 首先根据所弹墙线，调整墙体预留钢筋，绑扎时竖筋和水平筋的相对位置按设计要求，墙体钢筋先绑暗柱钢筋，然后绑上下各一道水平筋，将竖向上部立筋与水平筋

图 12-24　钢筋绑扎

绑牢，在水平筋上划分立筋间距，按线绑扎墙立筋，再画线绑扎水平筋。墙体钢筋搭接接头绑扣不少于 3 道，绑丝扣应朝内。

② 墙筋绑扎前在两侧各搭设两排脚手架，步高 1.8m，脚手架上满铺脚手板。

③ 绑扎前先对预留竖筋拉通线校正，之后再接上部竖筋。对于水平筋，应拉通线绑扎，保证水平一条线。墙体的水平和竖向钢筋错开连接，钢筋的相交点全部绑扎，钢筋搭接处，在中心和两端用铁丝扎牢，保证墙体两排钢筋间的正确位置。

④ 墙筋上口处放置墙筋梯形架（墙筋梯形架用钢筋焊成，周转使用），以此检查墙竖筋的间距，保证墙竖筋的平直。梯形架与模板支架固定，保证其位置的正确性。

⑤ 对于墙体钢筋，在楼层处布设竖向钢筋架立筋、拉筋。

⑥ 用塑料卡控制保护层厚度。将塑料卡卡在墙横筋上，每隔 1m 纵横设置一个。

⑦ 墙筋上口处放置梯形墙筋塑料卡控制保护层厚度。

6. 剪力墙结构吊装注意事项

① 预制构件的吊装须经试验室确定同条件养护试件强度达到设计强度等级的 100% 时方可进行。

② 预制构件脱模起吊时必须有质检人员在场，对外观逐件进行目测检查，合格品加盖合格标识；有质量缺陷的预制构件做出临时标记，凡属表面缺陷（蜂窝、麻面、硬伤、局部露副筋等）经及时修补合格后可加盖合格标识。

③ 预制构件堆放场地应平整坚实、排水良好。设计专用钢制堆放架，减少场地占用量。预制构件用 120mm×120mm 垫木垫起。

④ 预制构件运输采用 55t 运输车，底铺垫木，构件采用打摽器固定。

二、框架结构吊装工艺要点

1. 柱子吊装

一般沿纵轴方向往前推进，逐层分段流水作业，每个楼层从一端开始，以减少反复作

业，当一道横轴线上的柱子吊装完成后，再吊下一道横轴线上的柱子。

清理柱子安装部位的杂物，将松散的混凝土及高出定位预埋钢板的黏结物清除干净，检查柱子轴线，定位板的位置、标高和锚固是否符合设计要求。

对预吊柱子伸出的上下主筋进行检查，按设计长度将超出部分割掉，确保定位小柱头平稳地坐落在柱子接头的定位钢板上。

将下部伸出的主筋理直、理顺，保证与下层柱子钢筋搭接时贴靠紧密，便于施焊。

柱子吊点位置与吊点数量由柱子长度、断面形状决定，一般选用正扣绑扎，吊点选在距柱上端600mm处卡好特制的柱箍，在柱箍下方锁好卡环钢丝绳，吊装机械的钩绳与卡环相钩区用卡环卡住，吊绳应处于吊点的正上方。

慢速起吊，待吊绳绷紧后暂停上升，及时检查自动卡环的可靠情况，防止自行脱扣，为控制起吊就位时不来回摆动，在柱子下部拴好溜绳，检查各部位连接情况，无误后方可起吊。

2. 梁吊装

按吊装方案规定的安装顺序，将有关型号、规格的梁配套码放，弹好两端的轴线（或中线），调直、理顺两端伸出的钢筋。

在柱子吊完的开间内，先吊主梁，再吊次梁，分间扣楼板。按照图纸上的规定或施工方案中所确定的吊点位置，进行挂钩和锁绳。注意吊绳的夹角一般不得小于45°。

如使用吊环起吊，必须同时拴好保险绳。

当采用兜底吊运时，必须用卡环卡牢。挂好钩绳后缓缓提升，绷紧钩绳，离地500mm左右时停止上升，认真检查吊具的牢固程度，拴挂安全可靠后方可吊运就位。

吊装前再次检查柱头支点钢垫的标高、位置是否符合安装要求，就位时找好柱头上的定位轴线和梁上轴线之间的相互关系，以便使梁正确就位。梁的两头应用支柱顶牢。为了控制梁的位移，应使梁两端中心线的底点与柱子顶端的定位线对准。将梁重新吊起，稍离支座，操作人员分别从两头扶稳，目测对准轴线，落钩要平稳，缓慢入座，再使梁底轴线对准柱顶轴线。梁身垂直偏差的校正：从两端用线坠吊正，互报偏差数，再用撬棍将梁底垫起，用铁片支垫平稳、严实，直至两端的垂直偏差均控制在允许范围之内。

（1）工艺流程

预制叠合梁吊装就位→精确校正轴线标高→临时固定→支撑→松钩。

（2）具体操作

① 检查预制叠合梁的编号、方向、吊环的外观、规格、数量、位置、次梁口位置等，选择吊装用的钢梁扁担，吊索必须与预制叠合梁上的吊环一一对应。

② 吊装预制叠合梁前，将梁底标高、梁边线控制线在校正完的墙体上用墨斗线弹出。

③ 先吊装主梁，后吊装次梁；吊装次梁前必须对主梁校正完毕。

④ 预制叠合梁搁置长度为15mm，搁置点位置使用1～10mm垫铁，预制叠合梁就位时其轴线控制根据控制线一次就位；同时通过其下部独立支撑调节梁底标高，待轴线和标高正确无误后将预制叠合梁主筋与剪力墙或梁钢筋进行点焊，最后卸除吊索。

⑤ 一道预制叠合梁根据跨度大小至少需要两根或两根以上独立支撑。在主次叠合梁交界处，主梁底模与独立支撑一次就位。

（3）质量要求

① 水平构件就位的同时，应立即安装临时支撑，根据标高、边线控制线，调节临时支

撑高度，控制水平构件标高。

② 临时支撑距水平构件支座处不应大于 500mm，临时支撑沿水平构件长度方向间距不应大于 2000mm；对跨度大于等于 4000mm 的叠合板，水平构件中部应加设临时支撑起拱，起拱高度不应大于板跨的 3‰。

3. 叠合板吊装

（1）吊装流程

放线→检查支座及板缝硬架支模上平标高→画叠合板位置线→安装墙体四周硬架→安装独立钢支撑→框梁支模绑筋→叠合楼板吊装就位→调整支座处叠合板搁置长度→整理叠合板甩出钢筋→水电管线铺设→上层钢筋绑扎→现浇层混凝土浇筑。

（2）具体做法

① 放线、标高检测。根据支撑平面布置图，在楼面上画出支撑点位置，根据顶板平面布置图，在墙顶端弹出叠合板边缘垂直线。

② 圈边木方硬架安装。

a. 叠合板与剪力墙顶部有 2cm 缝，用 5# 槽钢加工制作定型托撑，利用模板最上层螺杆孔，水平间距按照外墙板预留孔间距（最大不超过 800mm），用方木背衬竹胶板封堵；同时在方木顶与叠合板接触部位贴双面胶带，确保接缝不漏浆。

b. 外墙预制墙板内侧墙面，在预制场加工的时候预埋好螺栓孔，可用于在墙体内侧加固螺栓。

③ 叠合板支撑架安装。

a. 预制墙体部品安装完成以及现浇墙体拆模后，按支撑平面位置图，用支撑专用三脚架安装支撑。

b. 安放上龙骨，上龙骨顶标高为预制叠合板下标高。

c. 首层及屋面结构板均采用独立钢支撑，按两层满配考虑。

d. 根据支撑平面布置图进行放线定位后放置钢支撑，调至合适的高度。

e. 在钢支撑顶搁置主龙骨，主龙骨为铝合金龙骨，铝龙骨开口水平。龙骨的铺设方向与叠合板板缝方向垂直。

f. 现浇墙体顶部与叠合板相交处，墙立面粘贴 10mm 宽密封条，做圈边木方，避免墙板相交处流浆。

g. 在主龙骨上铺设叠合板。现浇楼板处，在主龙骨（10# 槽钢）上铺设次龙骨（60mm×80mm 方木），方木上铺设多层板。

④ 梁支模。

a. 安装顺序。复核梁底标高、校正轴线位置→搭设梁模支架→安装梁木方→安装梁底模→安装两侧模板（硬架固定）→绑扎梁钢筋→穿对拉螺栓→安装梁口钢楞，拧紧对位螺栓→复核梁模尺寸、位置→与相邻梁模连接牢固。

b. 吊装要点。梁模采用的模板必须按图纸尺寸进行加工，以提高支模速度，保证模板空间位置尺寸准确，减少接缝，梁下部用夹具夹紧。一般情况下，梁模采用定型化模板。

梁跨度大于 4m 时，在支模前按设计及规范要求起拱 1‰～3‰。

⑤ 叠合板施工安装。叠合板施工安装工艺流程：检查支座及板缝硬架支模上平标高→画叠合板位置线→吊装叠合板→调整支座处叠合板搁置长度→整理叠合板甩出钢筋。

安装叠合板前应认真检查硬架支模的支撑系统，检查墙或梁的标高、轴线，以及硬架支模的水平楞的顶面标高，并校正。画叠合板位置线：在墙、梁或硬架横楞上的侧面，按安装图画出板缝位置线，并标出板号。拼板之间的板缝为 215mm。叠合板吊装就位：若叠合板有预留孔洞，吊装前应先查清其位置，明确板的就位方向。同时检查、排除钢筋等就位的障碍。吊装时应按预留吊环位置，采取四个吊环同步起吊的方式。就位时，应使叠合板对准所画定的叠合板位置线，按设计支座搁置时间慢降到位，稳定落实。受锁具及吊点影响，板起吊后有时候翘头，板的各边不是同时下落，对位时需要三人对正：两个人分别在长边扶正，一个人在短边用撬棍顶住板，将角对准墙角（三点共面）、短边对准墙下落，这样才能保证各边都准确地落在墙边。

要用撬棍按图纸要求调整叠合板支座处的搁置长度，轻轻调整，必要时可借助吊车绷紧钩绳（但板不离支座），辅以人工用撬棍共同调整搁置长度。将叠合板用撬棍校正，各边预制部品均落在剪力墙、现浇梁上 1.5cm，预制部品预留钢筋落于支座处后下落，完成预制部品的初步安装就位。

预制部品安装初步就位后，应用支撑专用三脚架上的微调器及可调节支撑对部品进行三向微调，确保预制部品调整后标高一致、板缝间隙一致。根据剪力墙上 500mm 控制线校板顶标高。

按设计规定，整理叠合板四周甩出的钢筋，不得弯 90°，也不得将其压于板下，如图 12-25 所示。

⑥ 叠合板板缝施工安装。对于长宽尺寸较大的楼板，可拆分成若干块预制叠合板部品，在这些预制叠合板部品之间设置宽 300mm 的后浇带，所以需要进行后浇带支模，后浇带支模的模板宽为 500mm，每边宽出后浇带 100mm，防止漏浆现象（叠合板底缝两侧粘贴 10mm 宽密封条），如图 12-26 所示。

图 12-25　预制叠合板施工　　　　　　图 12-26　预制叠合板底后浇带支模

⑦ 水暖电气管线预埋。预制叠合板部品安装完成之后，进行水暖电气管线预埋工程，主要包括电气管线预埋和水暖管线预埋，管线预埋几乎都在叠合楼板未浇筑的上半层楼板上施工。预埋水暖管与墙体内预置水暖管的接口必须封密，应使用相应设备进行检测，符合国家验收标准。

⑧ 叠合板绑扎上层钢筋。梁钢筋绑扎（叠合板安装前完成）工艺流程：安放梁底模→穿梁主筋、套箍筋→绑扎梁钢筋→专业安装→安放垫块→隐检。

施工做法：在绑扎钢筋前先对梁底模进行预检。合理安排主次梁筋的绑扎顺序，加密箍筋和抗震构造筋按设计和施工规范施工，不得遗漏。当梁钢筋水平交叉时，主梁在下，次梁在上。对于梁内双排及多排钢筋的情况，为保证相邻两排钢筋间的净距，在两排钢筋间垫$\phi 25$的短钢筋。在梁箍筋上加设塑料定位卡，保证梁钢筋保护层的厚度。

板钢筋绑扎工艺流程：叠合板安装→板缝模板安装→绑扎板缝下铁钢筋安放垫块→专业施工→绑扎上层钢筋→隐检验收。

施工做法：板缝钢筋绑扎完成后，做好预埋件、电线管、预留孔等，及时安装好预埋件、电线管、预留孔等。在叠合板钢筋桁架上按图纸要求画出负筋间距，按间距摆放后进行绑扎，无负筋部位设置温度筋，绑扎板钢筋时用顺扣或八字扣，除外围两根钢筋的相交点全部绑扎外，其余各点可交错绑扎。板筋在支座处的锚固伸至中心，且不少于$5d$。

⑨ 叠合板混凝土浇筑。现浇层混凝土厚度为70mm，浇筑前架设施工马道，防止上层钢筋被人为踩压弯曲，浇筑前清理基层并洒水湿润，使现浇层混凝土与叠合板结合紧密。

梁、板应同浇筑，应由一端开始，用"赶浆法"浇筑，先浇筑梁，根据梁高分层浇筑成阶梯形，当达到位置时再与板的混凝土一起浇筑，随着阶梯形不断延伸，梁板混凝土浇筑连续向前进行。

和板连成整体的梁，浇捣时，浇筑与振捣必须紧密配合，第一层下料慢些，梁底充分振实后再下二层料，用"赶浆法"保持水泥浆沿梁底包裹石子向前推进，每层均应振实后再下料，梁底及梁帮部位要注意振实，振捣时不得触动钢筋及预埋件。浇筑板混凝土时不允许用振捣棒铺摊混凝土。

待梁混凝土浇筑完初凝前，再浇筑顶板混凝土，混凝土虚铺厚度应略大于板厚，用插入式振捣器振捣。现浇楼板施工面积较大，容易漏振，振捣人员应站位均匀，避免造成混乱而发生漏振。双层筋部位采用插振，每次移动位置的距离不应大于400mm。对单层筋，采用振捣棒拖振，间距300mm。

在墙柱钢筋的50线上挂线控制顶板混凝土浇筑标高。用4m长刮杠刮平，特别是墙根部100mm宽范围内，表面平整度误差不得超过2mm（顶板的墙体根部是施工中控制的重点，控制方法为：墙体根部预留使用顶板找平筋，间距不大于2m，以控制墙体根部的标高及平整度）。在混凝土初凝前与终凝之间，用木抹子搓压三遍，最后用塑料毛刷扫出直纹（毛刷配合杠尺，将刷纹拉直、匀称）。用塑料毛刷扫出直纹是最后一道工序，必须等木抹子搓压三遍后进行，且最后一遍木抹子搓压时间不得过早，否则，扫完毛纹后会出现泌水现象而影响质量。

⑩ 各部位混凝土的养护。

a. 墙柱混凝土的养护：在墙柱模板对拉螺栓撤出，模板落地以后，立即在墙体的表面浇水，保持湿润，防止养护剂涂刷之前墙体混凝土水分散失太快；在模板调运走以后，立即在墙体表面涂刷养护剂，继续对混凝土进行养护。

b. 顶板混凝土养护：采用浇水养护与盖塑料布相结合的方法，塑料布应在养护浇完第一次水后覆盖（非雨天施工，如遇雨天，浇完后立即覆盖），第一次浇水养护的时间，应根据现场条件及温度而定，先适量洒水试验，混凝土不起包、不起皮即可浇水。等表面微微泛白时，再次浇水，保持7天。

4. 预制楼梯吊装

（1）预制楼梯施工工况

① 楼梯进场、编号，按各单元和楼层清点数量。

② 搭设楼梯（板）支撑排架与搁置件。

③ 标高控制与楼梯位置线设置。

④ 按编号和吊装流程，逐块安装就位。

⑤ 塔吊吊点脱钩，节能型叠合板梯段安装，并循环重复。

⑥ 楼层浇捣混凝土完成，混凝土强度达到设计、规范要求后，拆除支撑排架与搁置件。

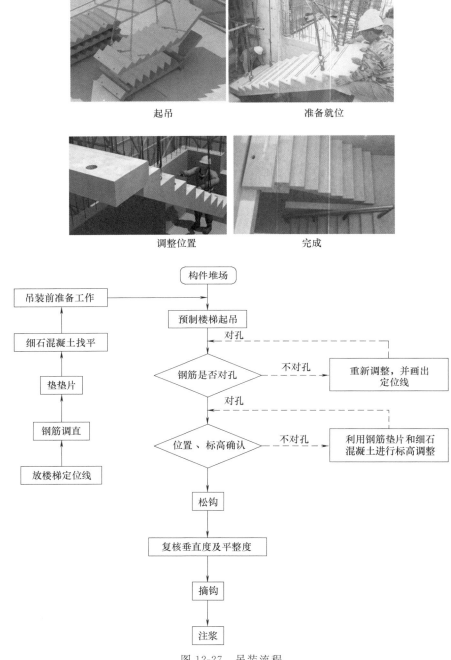

图 12-27　吊装流程

（2）预制楼梯施工方法

预制楼梯施工前，按照设计施工图，由木工翻样绘制出加工图，工厂化生产按改图深化后，投入批量生产。运送至施工现场后，由塔吊吊运到楼层上铺放。

施工前，先搭设楼梯梁（平台板）支撑排架，按施工标高控制高度，按梯梁后楼梯（板）的顺序进行。楼梯与梯梁搁置前，先在楼梯 L 形位置铺砂浆，采用软坐灰方式。

① 吊装流程（图 12-27）。控制线→复核→起吊→就位→校正→焊接→隐检→验收→成品保护。

安装预制梁前要校核柱顶标高。按设计要求在柱顶抹好砂浆找平层，其厚度应符合控制标高要求。安装预制梁时，应按事先弹好的梁头柱边线就位，以保证梁伸入柱内的有效尺寸。

楼板安装前，应先校核梁翼上口标高，抹好砂浆找平层，以控制标高。同时弹出楼板位置线，并标明板号。楼板吊装就位时，应事先用支撑支顶横梁两翼，楼板就位后，应及时检查车板底是否平整，不平处用垫铁垫平。安装后的楼板，宜加设临时支撑，以防止施工荷载使楼板产生较大的挠度或出现裂缝。预制楼梯连接处，水平缝采用 M15 砂浆找平。

② 楼梯的具体吊装顺序。

a. 吊装准备。预制楼梯吊装采用厂家设计的吊装件，使用 M20 高强螺栓连接，螺栓使用三次后更换。螺栓连接见图 12-28。

b. 起吊角度确定。为便于安装，预制楼梯起吊时，角度略大于梯自然倾斜角度吊装（自然倾斜角度为 34°，起吊时倾斜角度为 36°）。

c. 安装时间确定。在上层墙体出模后，吊装下层预制楼梯踏步板。保证 L 形梁强度。

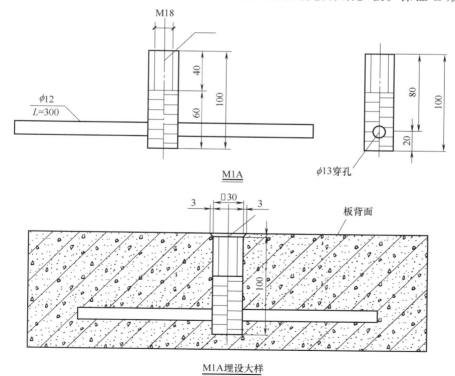

图 12-28　螺栓连接

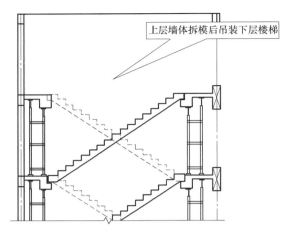

图 12-29　预制楼梯安装

预制楼梯连接处，立缝采用 CMG40 灌浆料填实，如图 12-29 所示。

5. 预制阳台、空调板吊装工艺

（1）工艺顺序

定位放线→构件检查核对→构件起吊→预制阳台吊装就位→校正标高和轴线位置→临时固定→支撑→松钩。

预制阳台、空调板吊装如图 12-30 和图 12-31 所示。

（2）具体操作

① 吊装前检查构件的编号，检查预埋吊环、预留管道洞位置、数量、外观尺寸等。

图 12-30　预制空调板吊装

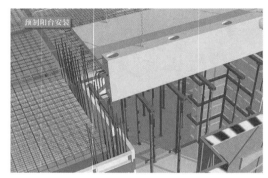

图 12-31　预制阳台、空调板吊装支撑要求

② 标高、位置控制线已在对应位置用墨斗线弹出。

③ 吊装预制空调板和阳台板时，吊点位置和数量必须与转化图一致。

④ 使预制悬挑构件负弯矩筋逐一伸过预留孔，预制构件就位后在其底下设置支撑，校正完毕后将负弯矩筋与室内叠合板钢筋支架进行点焊或绑扎。

（3）质量要求（表 12-5）

表 12-5　质量要求（一）

项目	允许偏差/mm	检验方法
轴线位置	5	钢尺检查
表面垂直度	5	经纬仪或吊线、钢尺检查
楼层标高	±5	水准仪或拉线、钢尺检查
构件安装允许偏差	±5	钢尺检查

6. 天沟吊装施工工艺

天沟吊装如图 12-32 和图 12-33 所示。

（1）工艺顺序

定位放线→构件检查核对→构件起吊→预制天沟吊装就位→校正标高和轴线位置→临时固定→支撑→松钩。

（2）操作工艺

① 检查和核对天沟预埋吊环、预留管道洞以及注浆管的位置、数量和钢筋的编号。

图 12-32 预制天沟吊装

天沟固定三角支架

现浇混凝土到拆模强度后方可拆除支撑

图 12-33 预制天沟支撑

② 标高、位置控制线已在对应位置用墨斗线弹出。

③ 临时固定在墙体上三角支架已就位，或外支架搭设完。

④ 根据吊装次序进行吊装，吊装时利用大、小钢扁担梁结合，通过滑轮调节构件均衡受力进行起吊，就位时将竖向钢筋穿过预制天沟预埋注浆管后，搁置在三角支架或外支架上。

⑤ 预制天沟底部全部搁置在竖向构件上，预制天沟底部与竖向顶面保持 20mm 空隙，确保灌浆料的流动；其空隙使用 1~10mm 不同厚度的垫铁，确保预制天沟构件安装就位后符合设计标高。

⑥ 校正完毕后预制天沟在柱、梁位置通过点焊钢筋加以限位。

（3）质量要求（表 12-6）。

表 12-6　质量要求（二）

项目	允许偏差/mm	检验方法
轴线位置	5	钢尺检查
表面垂直度	5	经纬仪或吊线、钢尺检查
楼层标高	±5	水准仪或拉线、钢尺检查
构件安装允许偏差	±5	钢尺检查

7. 框架结构施工吊装注意事项

装配式框架结构施工一般采用分层分段流水吊装方法，作业的关键是控制操作过程中的移偏差。

（1）柱子水平位移的控制

应以大柱面中心为准，三人同时备用一线锤校正摆面上的中线，同时用两台经纬仪校正两个相互垂直面的中线，其校正顺序必须是：起重机脱钩后电焊前初校→焊后第二次校正→梁安装后第三次校正。

（2）柱子吊装后的固定和校正方法

在初次校正后，将小枝头埋件与定位钢板点焊定位进行主筋焊接。采用立坡口焊接时，施焊前应先对焊工进行培训，并做出焊接试件，经检验合格后方可正式焊接。其施焊应采用分批间歇轮流焊接的方法。当焊接的上下钢筋，其辅线偏差在 1∶6 以内时，可采用热、冷方法校正；当大于 1∶6 时，则应通过设计变更处理。实践证明，上下钢筋坡口的间隙越大，相应的电焊量越大，变形也越大。柱接头钢筋在焊时应力虽不大，但很容易将上柱四角混凝土拉裂，因此，必须严格执行施焊措施，避免或减少裂纹产生。另外，在焊接过程中，严禁校正钢筋。

为了避免柱子产生垂直偏差。当梁、柱节点的焊点有两个或两个以上时，施工顺序也要采取轮流间歇的施焊措施，即每个焊点不要一次焊完。

整个框架应采用"梅花焊接"方法，其优点是间道或边柱首先组成框架，可以减少框架变形。另外，焊接时梁的一端固定，一端自由，可以减少焊接过程中拉应力所引起的框架变形，也便于土建工序流水作业。

柱子安装标高不准确是直接影响接层标高的关键。因此，采用调整定位钢板的方法来控制楼层标高。

定位钢板的埋设，常见有两种方法：其一是先把钢板固定在钢筋骨架上，再浇筑混凝土；其二是先浇筑混凝土，然后把定位钢板埋在混凝土中。无论采用哪一种方法，必须两次抄平，即下定位钢板前抄平一次，下定位钢板后抄平一次，并要根据柱子的长度情况，逐个定出负的误差值，因为负误差可以用垫铁找平，正误差则无法挽救。

第十三章

装配式建筑混凝土结构施工现场装配

剪力墙结构预制构件装配

一、预制墙板的装配要点

预制墙板的装配作业流程：预制墙板测量与校正→安装墙板定位七字码→粘贴弹性防水密封胶条→预制墙板吊装→安装斜支撑→预制墙板校正→连接钢筋绑扎→模板支设→后浇混凝土浇筑。

1. 预制墙板测量与校正

楼面混凝土具有一定强度后，清理结合面，根据定位轴线，在已施工完成的楼层板面上放出预制墙体定位边线及200mm控制线，并做好200mm控制线的标识，在预制墙体上弹出1000mm水平控制线，方便施工操作及墙体控制。在浇筑楼面混凝土时，预制剪力墙上部外伸钢筋应采用套板固定，如图13-1所示。套板中部应开孔，套板宜为钢套板。使用套板控制墙体上部预留插筋偏位时，应控制插筋根部定位、伸出长度、插筋垂直度并确保伸出钢筋表面无污染等。

图13-1　预制墙板定位线和套板固定

图13-2　预制墙板标高控制

预制墙板下口与楼板间设计约有 20mm 缝隙（灌浆用），同时为保证墙板上下口齐平，每块墙板下部四个角部根据实测数值放置相应高度的垫片进行标高找平（图 13-2），并防止垫片移位。垫片安装应注意避免堵塞注浆孔及灌浆连通腔。

2. 安装墙板定位七字码（图 13-3）

七字码设置于预制墙板底部，主要用于加强预制墙体与主体结构的连接，确保灌浆和后浇混凝土浇筑时，墙板不产生位移。每块墙板应安装不少于 2 个，间距不大于 4m。七字码安装定位需注意避开预制墙板灌、出浆孔位置，以免影响灌浆作业。楼面七字码采用膨胀螺栓进行安装，安装时需与安装处楼面板预埋管线及钢筋位置、板厚等因素进行统合考虑，避免损坏、打穿、打断楼板预埋线管、钢筋、其他预埋装置等，避免打穿楼板。

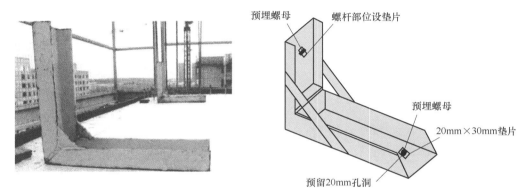

图 13-3　安装墙板定位七字码

例如，某项目七字码于墙板上的固定点为预埋件，而楼板面固定点为后置膨胀螺栓，只能等墙板就位后，再根据墙板上预埋件位置安装七字码，七字码起不到为构件吊装定位的作用，建议两个固定点都采用后置膨胀螺栓固定，或两个均为预埋，但七字码上的孔应适当开大，以方便调节。

3. 粘贴弹性防水密封胶条（图 13-4）

外墙板因设计有企口而无法封缝，为防止灌浆时浆料外侧渗漏，墙板吊装前在预制墙板保温层部位粘贴弹性防水密封胶条。根据构件结构特点、施工环境温度条件等因素，确定采

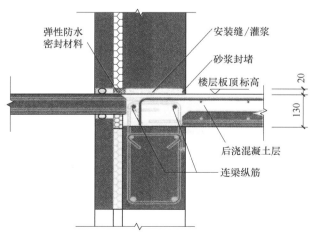

图 13-4　粘贴弹性防水密封胶条

用水平缝坐浆的单套筒灌浆、水平缝连通腔封缝的多套筒灌浆、水平缝连通腔分仓封缝的多套筒灌浆等施工方案，并以实际样品构件、施工机具、灌浆材料等进行方案验证，确认后实施。

胶条安装应注意避免堵塞注浆孔及灌浆连通腔，每个分仓封缝应回合密封，与外界隔离。须保证连通腔四周的密封结构可靠、均匀，密封强度满足套筒灌浆压力的要求。特别应注意预制墙板与后浇墙体连接部位一侧的密封胶条是否安装封堵到位。

4. 预制墙板吊装

预制墙板吊运至施工楼层距离楼面200mm时，略做停顿，安装工人对着楼地面上弹好的预制墙板定位线，扶稳墙板，并通过小镜子检查墙板下口套筒与连接钢筋位置是否对准，检查合格后缓慢落钩，使墙板落至找平垫片上就位放稳，如图13-5所示。

5. 安装斜支撑（图13-6）

预制墙板安装过程应设置临时斜撑和底部限位装置。每件预制墙板安装过程的临时斜撑不宜少于2道，临时斜撑宜设置调节装置，支撑点位置距离板底不宜大于板高的2/3，且不应小于板高的1/2，每件预制墙板底部限位装置不少于2个，间距不宜大于4m。临时斜撑和限位装置应在连接混凝土或灌浆料达到设计要求后拆除。当设计无具体要求时，混凝土或灌浆料达到设计强度的75％以上方可拆除。

图 13-5　预制墙板就位

图 13-6　安装斜支撑

斜撑采用可调节斜拉杆，以拉、压两种功能为主，每一块预制墙板在一侧设置2道可调节斜拉杆，拉杆后端均牢靠地固定在结构楼板上。拉杆顶部设有可调螺纹装置，通过旋转杆件可以对预制墙板顶部形成推拉作用，达到板块垂直度调节的目的。斜撑统一固定于墙体的一侧，留出过道，便于其他物品运输。待斜支撑安装完成，墙板固定后，取下吊车吊钩。

6. 预制墙板校正

预制墙板拼缝校核与调整应以竖缝为主、水平缝为辅，确保预制墙板调整后标高一致、进出一致、板缝间隙一致。预制墙板安装应首先确保外墙面平整，可通过楼板平面弹出的200mm控制线来进行墙板位置的校正。墙板就位后，若有偏差，可以通过撬杠进行校正。预制墙板安装的标高应通过墙底垫片控制。墙板垂直度通过靠尺杆进行复核。每块板块吊装完成后需复核，每个楼层吊装完成后需统一复核。

在墙体的上下口基本调整完毕后，利用斜撑杆微调。在墙板预先装好的钢板环上挂好斜撑，下口拉到楼面已预埋好钢筋环。调整垂直度，其允许误差为2mm。为防止因楼层弹线错误而导致墙板垂直度偏差过大，应在平面位置调节完毕后用托线板（辅以水平尺分别测出上下口与线锤的距离）或者靠尺进行墙体垂直度的检查，如图13-7所示。如发现垂直度误

图 13-7 墙板垂直度调节

差超出允许范围，必须对斜撑进行微调（同时测量垂直度直到墙体垂直），若误差大，则应该对所弹出的控制线进行复合。若因墙板自身制作误差而导致垂直度误差过大，则可依据板上的弹线，适当调节下口位置，以保证墙板垂直度。在墙板定位后，将现浇墙柱连接筋锚入墙板套筒内。

7. 连接钢筋绑扎

后浇混凝土施工，应编制施工方案。施工方案应区分狭窄部位后浇混凝土施工、叠合板和叠合梁后浇混凝土施工、预制混凝土剪力墙板间后浇段以及预制混凝土梁柱节点的后浇混凝土施工的不同特点，进行有针对性的方案设计，并应重点注意预制构件外露钢筋和预埋件的交叉对位及封模可靠。为了保证剪力墙结构连接处钢筋绑扎符合标准要求，必须进行施工交底，按照设计和图集要求，采用合理的工序进行钢筋绑扎，如图 13-8 所示。

图 13-8 节点钢筋绑扎施工

8. 模板支设

剪力墙结构现浇段施工过程中可选用木模板、铝合金模板等，应保证模板体系的强度和稳定性，避免出现爆模现象。模板应保证后浇混凝土部分形状、尺寸和位置准确。模板与预制构件接缝处应采取防漏浆的措施，可粘贴密封条。节点模板支设如图 13-9 所示。

9. 后浇混凝土浇筑

装配式混凝土结构的后浇混凝土部位在浇筑前应进行隐蔽工程验收，清除浮浆、松散骨料和污物，并应采取湿润的技术措施。后浇混凝土连接应一次连续浇筑密实。混凝土浇筑和振捣应采取措施防止模板、相连接构件、钢筋、预埋件及其定位构件移位。

图 13-9 节点模板支设

二、预制叠合楼板的装配要点

预制叠合楼板装配作业流程：弹控制线→排架搭设→叠合板安装→叠合板摘钩和校正→管线预埋和面钢筋绑扎→叠合层混凝土浇筑。

1. 弹控制线

根据结构平面布置图，放出定位轴线及叠合楼板定位控制边线，做好控制线标识。

2. 排架搭设（图13-10）

预制楼板安装采用临时支撑。首层支撑架体的地基应平整坚实，宜采取硬化措施。临时支撑应根据设计要求设置，多层建筑中各层竖撑宜设置在一条竖直线上。支撑最大间距不得超过1.8m。支撑顶面标高应考虑支撑本身的施工变形，当跨度大于4m时适当起拱，并应控制相邻板底的平整度。后浇混凝土强度达到设计要求后，方可拆除下部临时支撑及进行上部楼板的安装。

3. 叠合板安装

安装叠合板前，应测量并修正临时支撑标高，确保与板底标高一致。叠合楼板吊装至楼面500mm时，停止降落，操作人员稳住叠合楼板，参照墙顶垂直控制线和下层板面上的控制线，引导叠合楼板缓慢降落至支撑上方，调整叠合楼板位置。根据板底标高控制线检查标高，如图13-11所示。

图13-10　排架搭设

图13-11　叠合板安装

4. 叠合板摘钩和校正

待构件稳定后，方可进行摘钩和校正。根据预制墙体上弹出的水平控制线及竖向楼板定位控制线，校核叠合楼板水平位置及竖向标高情况。通过调节竖向独立支撑，确保叠合楼板满足设计标高及质量控制要求。通过撬棍调节叠合楼板水平定位，确保叠合楼板满足设计图纸水平定位及质量控制要求。

当叠合板板底接缝高差不满足设计要求时，应将构件重新起吊，通过可调托座进行调节。调整完成后应检查楼板吊装定位是否与定位控制线存在偏差。采用铅垂和靠尺进行检测，如偏差仍超出设计及质量控制要求，或偏差影响到周边叠合梁、叠合楼板的吊装，应对该叠合楼板进行重新起吊落位，直到通过检验为止。

5. 管线预埋和面钢筋绑扎

叠合板部位的机电线盒和管线，根据深化设计图纸要求，布设机电管线，如图13-12所示。待机电管线铺设完毕并清理干净后，根据叠合板上方的钢筋间距控制线进行钢筋绑扎，如图13-13所示，保证钢筋搭接和间距符合设计要求。同时利用叠合板桁架钢筋作为上部钢筋的马凳，确保上部钢筋的保护层厚度。

6. 叠合层混凝土浇筑

待钢筋隐检合格、叠合面清理干净后，浇筑叠合板混凝土。对叠合板面进行认真清扫，

图 13-12　管线预埋

图 13-13　钢筋绑扎

并在混凝土浇筑前进行湿润。叠合板混凝土浇筑时，为了保证叠合板及支撑受力均匀，混凝土浇筑采取从中间向两边的方式，连续施工，一次完成（图 13-14）。同时使用平板振动器振捣，确保混凝土振捣密实。混凝土浇筑应布料均衡，浇筑和振捣时，应对模板及支架进行观察和维护，发生异常情况应及时处理。浇筑完成后铺设薄膜养护（图 13-15）。根据楼板标高控制线控制板厚，浇筑时采用 2m 刮杠将混凝土刮平，随即进行混凝土收面及收面后拉毛处理。混凝土浇筑完毕后立即进行塑料薄膜养护，养护时间不得少于 7 天。

图 13-14　混凝土浇筑

图 13-15　薄膜养护

三、预制混凝土楼梯的装配要点

预制混凝土楼梯的装配作业流程：安装准备→弹出控制线并复核→楼梯上下口做水泥砂浆找平层→楼梯板起吊→楼梯板就位、校正→固定→连接灌浆→检查验收。

1. 预制楼梯安装（图 13-16）

根据施工图纸，弹出楼梯安装控制线，对控制线及标高进行复核。楼梯侧面距结构墙体预留 10mm 孔隙，为后续塞防火岩棉预留空间。安装之前，在梯段上下口梯梁处设置两组 20mm 垫片并抄平。采用水平尺校验预制楼梯是否水平，偏差处采用薄铁垫片稍做调整。通过大量实践证明，预制楼梯制作精度较高，现浇梯段梁表面平整度若无偏差，预制楼梯吊装后基本无偏差。预制楼梯采用预留锚固钢筋方式时，应先放置预制楼梯，再与现浇梁或板浇

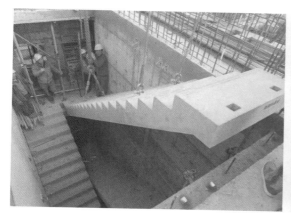

图 13-16　预制楼梯安装

筑连接成整体。预制楼梯与现浇梁或板之间采用预埋件焊接连接方式时，应先施工现浇梁或板，再搁置预制楼梯进行焊接连接。

2. 灌浆

楼梯板安装完成并检查合格后，在预制楼梯板与休息平台连接部位采用灌浆料进行灌浆。灌浆时要求从楼梯板的一侧向另外一侧灌注，待灌浆料从另外一侧溢出后表示灌满，如图 13-17 所示。要及时进行灌浆料施工，以免给后续工序造成不必要的垃圾。施工前，清扫孔洞，不得有碎石、浮浆、灰尘、油污和脱模剂等杂物。预制楼梯与两侧墙体的缝隙为 20mm 左右，通常采用防火保温板填塞。在吊装前，预制楼梯采用多层板

图 13-17　预制楼梯灌浆

钉成整体踏步台阶形状，保护踏步面不被损坏，并且将楼梯两侧用多层板固定以做保护。

四、预制混凝土其他构件的装配作业

预制空调板或阳台板的装配作业流程：安装准备→弹出控制线并复核→支撑施工→起吊→就位。

图 13-18　预制空调板装配

1. 预制空调板的装配作业

预制空调板等悬挑构件安装前应设置支撑架，防止构件倾覆。施工过程中，应连续两层设置支撑架，待上一层预制空调板结构施工完成后，并与连接部位的主体结构（梁、墙/柱）混凝土强度达到 100％ 设计强度，在装配式结构能达到后续施工承载要求后，才可以拆除下一层支撑架。上下层支撑架应在一条竖直线上，临时支撑的悬挑部分不允许有施工堆载。

在空调板安装槽内下、左、右三侧粘贴好聚乙烯泡沫条，防止漏浆。空调板有锚固筋一

侧与预制外墙板内侧对齐，使空调板预埋连接孔与空调竖向连接板对齐，安装空调板竖向连接板的连接锚栓，并拧紧牢靠。通过调节顶托配合水平尺确定空调板安装高度和水平度，用水平尺测量是否水平，标高允许偏差值为+5mm，空调板安装好后拆除专用吊具，如图13-18所示。

图 13-19　预制阳台的装配作业

2. 预制阳台板的装配作业（图13-19）

在预制阳台板吊装前应检查支撑搭设是否牢固，并对标高、控制线进行复核。预制阳台板的施工荷载不得超过楼板的允许荷载值。预制阳台板吊装完成后，不得集中堆放重物，施工人员不得集中站立，不得在阳台上蹦跳、重击，以免造成阳台板损坏。

阳台板吊装过程中，在作业层上空300mm处略做停顿，根据阳台板位置调整阳台板方向进行定位。阳台板基本就位后，根据控制线利用撬棍微调，校正阳台板。预留锚固筋应伸入现浇结构内，并应与现浇混凝土结构连成整体。支撑架应在结构楼层混凝土强度等级达到设计要求时，方可拆除。

第二节 ▶▶

框架结构构件装配

一、预制柱的装配要点

预制柱装配宜按照角柱、边柱、中柱顺序进行安装，与现浇部分连接的柱宜先行吊装。预制柱的就位以轴线和外轮廓线为控制线，对于边柱和角柱，应以外轮廓线控制为准；预制柱安装前，应按设计要求校核连接钢筋的数量、规格和位置。预制柱安装就位后，应在两个方向设置可调斜撑做临时固定，并应进行垂直度调整。采用灌浆套筒连接的预制柱调整就位后，拼缝位置宜采用坐浆料封堵，并即刻进行套筒灌浆。主要装配流程为：预制柱安装的准备→弹出控制线并复核→预制柱起吊→预制柱就位→安装斜撑→垂直度调整→固定→检查验收，详细流程如图13-20所示。

① 装配式结构楼层以下的现浇结构楼层预留纵向钢筋施工时，为避免钢筋偏位、钢筋预留长度错误造成无法与预制装配式结构楼层预制构件的预留套筒正确连接，应采用钢筋定位控制套箍对预留竖向钢筋进行检查、固定，保证结构顶部纵向预留钢筋位置的准确。

灌浆缝下表面要干净、无污物，钢筋表面干净、无严重锈蚀和粘贴物（图13-21）。将构件灌浆表面润湿，但不得形成积水。用直尺检查待连接钢筋的长度，测量定位控制轴线、预制柱定位边线及200mm控制线，并做好标识。采用垫片进行标高控制，每个预制柱下部四个角部位根据实测数值放置相应高度的垫片进行标高找平，并防止垫片移位。垫片安装时应注意避免堵塞注浆孔及灌浆连通腔。

② 预制柱吊运至施工楼层距离楼面200mm时，略做停顿，安装工人对着楼地面上已经弹好的预制柱定位线扶稳预制柱，并通过小镜子检查预制柱下口套筒与连接钢筋位置是否对

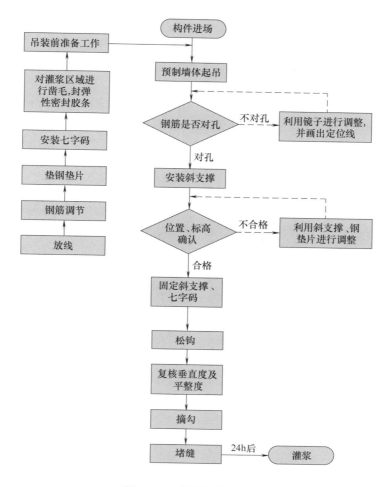

图 13-20　预制柱装配流程

准，检查合格后缓慢落钩，使预制柱落至找平垫片上就位放稳，如图 13-22 所示。

图 13-21　预留钢筋定位和清理

图 13-22　预制柱安装就位

③ 预制柱就位后，采用长短两条斜向支撑将预制柱临时固定，每个构件至少使用两个斜支撑进行固定。预制柱安装就位后应在两个方向采用可调斜撑做临时固定。斜向支撑主要用于固定与调整预制柱体，确保预制柱安装垂直度，加强预制柱与主体结构的连接，确保灌

浆和后浇混凝土浇筑时柱体不产生位移。

调整短支撑以调节柱位置，调整长支撑以调整柱垂直度，用撬棍拨动预制柱，用铅锤、靠尺校正柱体的位置和垂直度，并可用经纬仪进行检查。经检查，预制柱水平定位、标高及垂直度调整准确无误后紧固斜向支撑，卸去吊索卡环，如图13-23所示。楼面斜支撑常规采用膨胀螺栓进行安装。

安装时，需与安装处楼面板预埋管线及钢筋位置、板厚等因素进行统合考虑，避免损坏、打穿、打断楼板预埋线管、钢筋、其他预埋装置等，避免打穿楼板。

④ 预制柱下与楼板之间的缝隙采用封堵料封堵，封堵要密实，确保灌浆时不会漏浆。进行预制柱套筒灌浆施工，灌浆作业完成后24h内，构件和灌浆连接处不能受到振动或冲击作用，如图13-24所示。斜撑应在套筒连接器内的灌浆料强度达到35MPa后拆除。

图13-23　预制柱吊装和安装斜撑

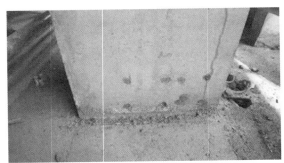

图13-24　预制柱灌浆施工

二、预制叠合梁的装配作业

当设计有明确规定时，安装顺序应按照设计要求；设计无明确要求时，宜遵循先主梁后次梁、先低后高的原则，吊装时应注意梁的吊装方向标识。预制叠合梁安装前，应对预制叠合梁现浇部分钢筋按设计要求进行复核。主要装配流程为：预制叠合梁安装准备→弹出控制线并复核→搭设支撑体系→调整支撑体系顶部架体标高→预制叠合梁吊装→预制叠合梁校正→叠合层钢筋绑扎与混凝土浇筑。

1. 弹出控制线并复核

根据结构平面布置图，放出定位轴线及叠合梁定位控制边线，做好控制线标识，如图13-25所示。叠合梁安装前应按设计要求对立柱上梁的搁置位置进行复测和调整。

图13-25　弹出控制线

2. 搭设支撑体系

当叠合梁采用临时支撑搁置时，临时支撑应进行验算。当支撑高度不大于4m时，可采用可调式独立钢支撑体系（图13-26）。当支撑高度大于4m时，宜采用满堂支撑脚手架体系。

3. 调整支撑体系顶部架体标高

支撑安装时，先利用手柄将调节螺母旋至最低位置，将上管插入下管至接近所需的高度，然后将销子插入位于调节螺母上方的调节孔内，把可调钢支顶移至工作位置，搭设支架上部工字钢梁，旋转调节螺母，调节支撑使铝合金工字钢梁上口标高至叠合梁底标高，待预制梁底支撑标高初步调整完毕后进行吊装作业。

4. 预制叠合梁吊装

吊装前应检查柱头支点钢垫的标高和位置是否符合安装要求。就位时找好柱头上的定位轴线和梁上轴线之间的相互关系，控制梁正确就位。预制叠合梁吊装至楼面 500mm 时，停止降落，操作人员稳住叠合梁，参照柱、墙顶垂直控制线和下层板面上的控制线，引导预制叠合梁缓慢降落至柱头支点上方。待构件稳定后，方可进行摘钩和校正。

预制叠合梁起吊中要保证各吊点受力均匀，尤其是预制节段主梁吊装时，要保障预制主梁每个节段受力平衡及变形协调，同时要注意避免预制叠合梁的外伸连接钢筋与立柱预留钢筋发生碰撞。待预制叠合梁停稳后须缓慢下放，以免安装时冲击力过大，导致梁柱接头处的构件破损，如图 13-27 所示。

图 13-26　可调式独立钢支撑体系

图 13-27　预制叠合梁吊装与就位

预制叠合梁安装时，主梁和次梁伸入支座的长度与搁置长度应符合设计要求。预制次梁与预制主梁之间的凹槽应在预制叠合板安装完成后，采用不低于预制梁混凝土强度等级的材料填实。

5. 预制叠合梁校正

吊装摘钩后，根据预制墙体上弹出的水平控制线及竖向楼板定位控制线，校核预制叠合梁水平位置及竖向标高情况。通过调节竖向独立支撑，确保预制叠合梁满足设计标高及质量控制要求；通过撬棍调节预制叠合梁水平定位，确保预制叠合梁满足设计图纸水平定位及质量控制要求。调整预制叠合梁水平定位时，撬棍应配合垫木使用，避免损伤预制叠合梁边角。调整完成后应检查梁吊装定位是否与定位控制线存在偏差。采用铅垂和靠尺进行检测，如偏差仍超出设计及质量控制要求，或偏差影响到周边预制梁或叠合楼板的吊装，应对该预制叠合梁进行重新起吊落位，直到通过检验为止。

6. 叠合层钢筋绑扎与混凝土浇筑

待预制叠合梁安装完毕后，根据在预制叠合梁上方的钢筋间距控制线进行叠合层钢筋绑扎，保证钢筋搭接和间距符合设计要求。待叠合层钢筋隐蔽检查合格，结合面清理干净后，即可浇筑梁柱接头、预制梁叠合层以及叠合楼板上层混凝土。预制叠合梁在后浇混凝土强度达到设计要求后，方可拆除支撑或承受施工荷载。

第十四章

装配式建筑混凝土结构
施工现场灌浆连接

第一节 ▶▶
构件连接节点简介

一、混凝土叠合楼（屋）面板的节点构造

混凝土叠合受弯构件是指预制混凝土梁板顶部在现场后浇混凝土而形成的整体受弯构件。装配整体式结构组成中根据用途将混凝土分为叠合构件混凝土和构件连接混凝土。

叠合楼（屋）面板的预制部分多为薄板，在预制构件加工厂完成。施工时吊装就位，现浇部分在预制板面上完成。预制薄板作为永久模板，又作为楼板的一部分，承担使用荷载，具有施工周期短、制作方便、构件较轻的特点，其整体性和抗震性能较好。

叠合楼（屋）面板结合了预制和现浇混凝土各自的优势，兼具现浇和预制楼（屋）面板的优点，能够节省模板支撑系统。

（1）叠合楼（屋）面板的分类

主要有预应力混凝土叠合板、预制混凝土叠合板、桁架钢筋混凝土叠合板等。

（2）叠合楼（屋）面板的节点构造

预制混凝土与后浇混凝土之间的结合面应设置粗糙面。粗糙面的凹凸深度不应小于4mm，以保证叠合面具有较强的黏结力，使两部分混凝土共同有效的工作。

预制板厚度由于脱模、吊装、运输、施工等因素，最小厚度不宜小于60mm。后浇混凝土层最小厚度不应小于60mm，主要考虑楼板的整体性以及管线预埋、面筋铺设、施工误差等因素。当板跨度大于3m时，宜采用桁架钢筋混凝土叠合板，可增加预制板的整体刚度和水平抗剪性能；当板跨度大于6m时，宜采用预应力混凝土预制板，节省工程造价。板厚大于180mm的叠合板，其预制部分采用空心板，空心板端空腔应封堵，可减轻楼板自重，提高经济性能。

叠合板支座处的纵向钢筋应符合下列规定。

① 端支座处，预制板内的纵向受力钢筋宜从板端伸出并锚入支撑梁或墙的后浇混凝土中，锚固长度不应小于 5d （d 为纵向受力钢筋直径），且宜伸过支座中心线，见图 14-1 （a）。

② 单向叠合板的板侧支座处，当板底分布钢筋不伸入支座时，宜在紧邻预制板顶面的后浇混凝土叠合层中设置附加钢筋，附加钢筋截面面积不宜小于预制板内的同向分布钢筋面积，间距不宜大于 600mm，在板的后浇混凝土叠合层内锚固长度不应小于 15d，在支座内锚固长度不应小于 15d（d 为附加钢筋直径）且宜伸过支座中心线，见图 14-1（b）。

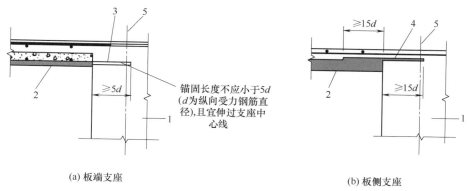

图 14-1　叠合板端及板侧支座构造示意图

1—支承梁或墙；2—预制板；3—纵向受力钢筋；4—附加钢筋；5—支座中心线

③ 单向叠合板板侧的分离式接缝宜配置附加钢筋，见图 14-2，接缝处紧邻预制板顶宜设置垂直于板缝的附加钢筋。附加钢筋伸入两侧后浇混凝土叠合层的锚固长度不应小于 15d（d 为附加钢筋直径），附加钢筋截面面积不宜小于预制板中该方向钢筋面积，钢筋直径不宜小于 6mm，间距不宜大于 250mm。

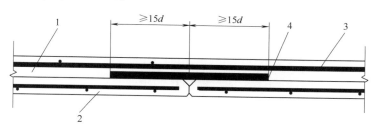

图 14-2　单向叠合板板侧的分离式接缝构造示意

1—后浇层内钢筋；2—附加钢筋；3—后浇混凝土叠合层；4—预制板

④ 双向叠合板板侧的整体式接缝处由于有应变集中情况，宜将接缝设置在叠合板的次要受力方向上且宜避开最大弯矩截面，见图 14-3。接缝可采用后浇带形式，并应符合下列规定。

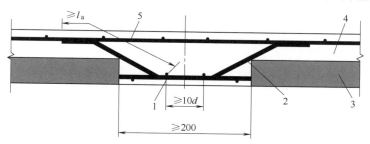

图 14-3　双向叠合板整体式接缝构造示意

1—通长构造钢筋；2—后浇层内钢筋；3—后浇混凝土叠合层；4—预制板；5—纵向受力钢筋

图 14-4　叠合板连接

后浇带宽度不宜小于 200mm；后浇带两侧板底纵向受力钢筋可在后浇带中焊接、搭接连接、弯折锚固；当后浇带两侧板底纵向受力钢筋在后浇带中弯折锚固时，应符合下列规定。

叠合板厚度不应小于 10d（d 为弯折钢筋直径的较大值），且不应小于 120mm；垂直于接缝的板底纵向受力钢筋配置量宜按计算结果增大 15% 配置；接缝处预制板侧伸出的纵向受力钢筋在后浇混凝土叠合层内锚固，且锚固长度不应小于 l_a；两侧钢筋在接缝处重叠的长度不应小于 10d，钢筋弯折角度不应大于 30%，弯折处沿接缝方向应配置不少于 2 根通长构造钢筋，且直径不应小于该方向预制板内钢筋直径。叠合板连接如图 14-4 所示。

二、叠合梁节点构造

在装配整体式框架结构中，常将预制梁做成矩形或 T 形截面。首先在预制厂内做成预制梁，在施工现场将预制楼板搁置在预制梁上（预制楼板和预制梁下需设临时支撑），安装就位后，再浇捣梁上部的混凝土使楼板和梁连接成整体，即成为装配整体式结构中分两次浇捣混凝土的叠合梁。它充分利用钢材的抗拉性能和混凝土的受压性能，结构的整体性较好，施工简单方便。

混凝土叠合梁的预制梁截面一般有两种，分别为矩形截面预制梁和凹口截面预制梁。

装配整体式框架结构中，当采用叠合梁时，预制梁端的粗糙面凹凸深度不应小于 6mm，框架梁的后浇混凝土叠合层厚度不宜小于 150mm，如图 14-5（a）所示，次梁的后浇混凝土叠合板厚度不宜小于 120mm；当采用凹口截面预制梁时，凹口深度不宜小于 50mm，凹口边厚度不宜小于 60mm，如图 14-5（b）所示。

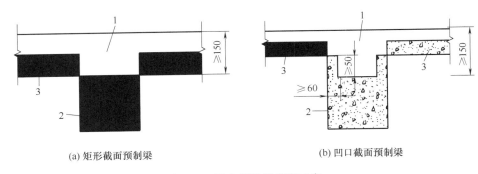

(a) 矩形截面预制梁　　　　　　　　　　　(b) 凹口截面预制梁

图 14-5　叠合框架梁截面示意

1—后浇混凝土叠合层；2—预制板；3—预制梁

为提高叠合梁的整体性能，使预制梁与后浇层之间有效地结合为整体，预制梁与后浇混凝土、灌浆料、坐浆材料的结合面应设置粗糙面，预制梁端面应设置键槽，如图 14-6 所示。

预制梁端的粗糙面凹凸深度不应小于 6mm，键槽尺寸和数量应按现行行业标准《装配

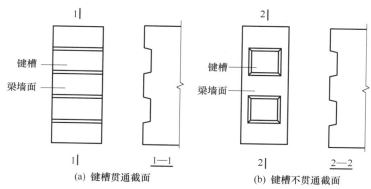

|(a) 键槽贯通截面|(b) 键槽不贯通截面|

图 14-6　梁端键槽构造示意

式混凝土结构技术规程》（JGJ 1—2014）规定计算确定。

　　键槽的深度不宜小于 30mm，宽度不宜小于深度的 3 倍且不宜大于深度的 10 倍，键槽可贯通截面，当不贯通时槽口距离截面边缘不宜小于 50mm，键槽间距宜等于键槽宽度，键槽端部斜面倾角不宜大于 30°。粗糙面的面积不宜小于结合面的 80%。

　　叠合梁的箍筋配置：抗震等级为一、二级的叠合框架梁的梁端箍筋加密区宜采用整体封闭箍筋，见图 14-7（a）。采用组合封闭箍筋的形式时，开口箍筋上方应做成 135°弯钩，见图 14-7（b）。非抗震设计时，弯钩端头平直段长度不应小于 5d（d 为箍筋直径）。抗震设计时，弯钩端头平直段长度不应小于 10d。现浇时应采用箍筋帽封闭开口箍，箍筋帽末端应做成 130°弯钩，非抗震设计时，弯钩端头平直段长度不应小于 5d，抗震设计时，弯钩端头平直段长度不应小于 10d。

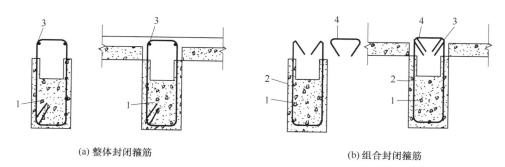

|(a) 整体封闭箍筋|(b) 组合封闭箍筋|

图 14-7　叠合梁箍筋构造示意

1—上部纵向钢筋；2—预制梁；3—箍筋帽；4—开口箍筋

　　叠合梁可采用对接连接，并应符合下列规定。

　　① 连接处应设置后浇段，后浇段的长度应满足梁下部纵向钢筋连接作业的空间需求。

　　② 梁下部纵向钢筋在后浇段内宜采用机械连接、套筒灌浆连接或焊接连接。

　　③ 后浇段内的箍筋应加密，箍筋间距不应大于 5d（d 为纵向钢筋直径），且不应大于 100mm。

三、叠合主次梁的节点构造

　　叠合主梁与次梁采用后浇段连接时，应符合下列规定。

　　① 在端部节点处，次梁下部纵向钢筋深入主梁后浇段内的长度不应小于 12d，次梁上

部纵向钢筋应在主梁后浇段内锚固。当采用弯折锚固或锚固板时，锚固直段长度不应小于 $0.6l_{ab}$，见图 14-8（a）；当钢筋应力不大于钢筋强度设计值的 50% 时，锚固直段长度不应大于 $0.35l_{ab}$，曲；弯折锚固的弯折后直段长度不应小于 $12d$（d 为纵向钢筋直径）。

② 在中间节点处，两侧次梁的下部纵向钢筋伸入主梁后浇段内长度不应小于 $12d$（d 为纵向钢筋直径）；次梁上部纵向钢筋应在现浇层内贯通，见图 14-8（b）。

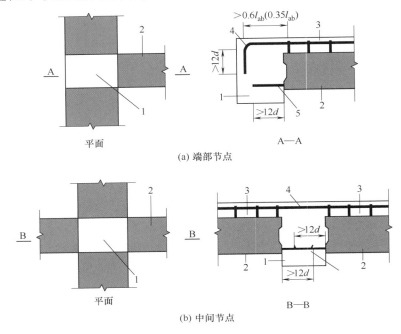

图 14-8　叠合主次梁的节点构造

1—次梁；2—主梁后浇段；3—次梁上部纵向钢筋；4—后梁混凝土叠合层；5—次梁下部纵向钢筋

四、预制柱的节点构造

预制混凝土柱连接节点通常为湿式连接，见图 14-9。

① 采用预制柱及叠合梁的装配整体式框架中，柱底接缝宜设置在楼面标高处，后浇节点区混凝土上表面应设置粗糙面，柱纵向受力钢筋应贯穿后浇节点区，见图 14-10。柱底接缝厚度宜为 20mm，并采用灌浆料填实。

② 采用预制柱及叠合梁的装配整体式框架节点，梁纵向受力钢筋应伸入后浇节点区内锚固或连接。上下预制柱采用钢筋套筒连接时，在套筒长度 ±50cm 的范围内，在原设计箍筋间距的基础上加密箍筋，如图 14-11 所示。

梁、柱纵向钢筋在后浇节点区间内采用直线锚固、弯折锚固或机械锚固方式时，其锚固长度应符合现行国家标准《混凝土结构设计规范》[GB 50010—2010（2015 年版）] 中的有关规定。当梁、柱纵向钢筋采用锚固板时，应符合现行行业标准《钢筋锚固板应用技术规程》（JGJ 256）中的有关规定。

① 对框架中间层中节点，节点两侧的梁下部纵向受力钢筋宜锚固在后浇节点区内，可采用 90°弯折锚固，也可采用机械连接或焊接的方式直接连接，见图 14-12；梁的上部纵向受力钢筋应贯穿后浇节点区。

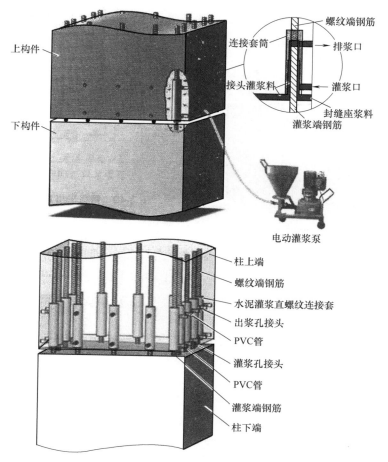

图 14-9　采用灌浆套筒湿式连接的预制柱

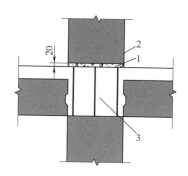

图 14-10　预制柱底接缝构造示意

1—预制柱；2—接缝灌浆层；
3—后浇节点区混凝土上表面粗糙面

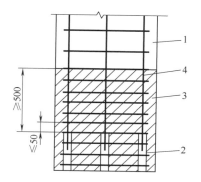

图 14-11　钢筋采用套筒灌浆连接时
柱底箍筋加密区域构造示意

1—预制柱；2—套筒灌浆连接接头；
3—箍筋加密区（阴影区域）；4—加密区箍筋

②　对框架中间层端节点，当柱截面尺寸不满足梁纵向受力钢筋的直线锚固要求时，应采用锚固板锚固，也可采用90°弯折锚固，如图14-13所示。

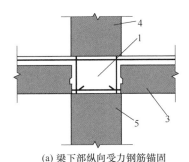

(a) 梁下部纵向受力钢筋锚固 　　　　　　(b) 梁下部纵向受力钢筋连接

图 14-12　预制柱及叠合梁框架中间层中节点构造示意

1—后浇区；2—梁下部纵向受力钢筋连接；3—预制梁；4—预制柱；5—梁下部纵向受力钢筋锚固

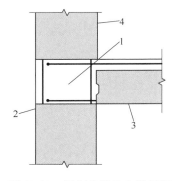

图 14-13　预制柱及叠合梁框架

1—预制柱；2—后浇区；3—预制梁；4—梁纵向受力钢筋锚固

③ 对框架顶层中节点，梁纵向受力钢筋的构造符合中间层中节点的要求，柱纵向受力钢筋宜采用直线锚固；当梁截面尺寸不满足直线锚固要求时，宜采用锚固板锚固，如图 14-14 所示。

④ 对框架顶层端节点，梁下部纵向受力钢筋应锚固在后浇节点区内，且宜采用锚固板的锚固方式。梁、柱其他纵向受力钢筋的锚固应符合：柱宜伸出屋面并将柱纵向受力钢筋锚固在伸出段内，伸出段长度不宜小于 500mm，伸出段内箍筋间距不应大于 $5d$（d 为柱纵向受力钢筋直径），且不应大于 100mm；柱纵向受力钢筋宜采用锚固板锚固，锚固长度不应小于 $40d$；梁上部纵向受力钢筋宜采用锚固板锚固，如图 14-15（a）所示。

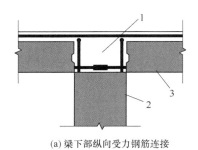

(a) 梁下部纵向受力钢筋连接 　　　　　　(b) 梁下部纵向受力钢筋锚固

图 14-14　预制柱及叠合梁框架顶层中节点构造示意

1—后浇区；2—预制梁；3—梁下部纵向受力钢筋锚固；4—梁下部纵向受力钢筋连接

　　柱外侧纵向受力钢筋也可与梁上部纵向受力钢筋在后浇节点区搭接，其构造要求应符合现行国家标准《混凝土结构设计规范》[GB 50010—2010（2015 年版）] 中的规定。柱内侧纵向受力钢筋宜采用锚固板锚固，如图 14-15（b）所示。

　　⑤ 采用预制柱及叠合梁的装配整体式框架节点，梁下部纵向受力钢筋也可伸至节点区外的后浇段内连接，连接接头与节点区的距离不应小于 $1.5h_0$（h_0 为梁截面有效高度），如图 14-16 所示。

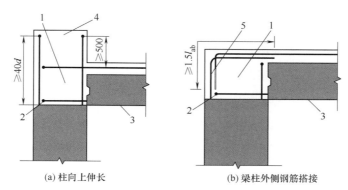

(a) 柱向上伸长   (b) 梁柱外侧钢筋搭接

图 14-15　预制柱及叠合梁框架质层边节点构造示意

1—后浇段；2—柱延伸段；3—预制梁；4—梁下部纵向受力筋锚固；5—梁柱外侧钢筋搭接

d—纵向钢筋直径；l_{ab}—锚固长度

五、预制剪力墙节点构造

预制剪力墙的顶面、底面和两侧面应处理为粗糙面或者制作键槽，与预制剪力墙连接的圈梁上表面也应处理为粗糙面。粗糙面露出的混凝土粗骨料不宜小于其最大粒径的 1/3，且粗糙面凹凸不应小于 6mm。

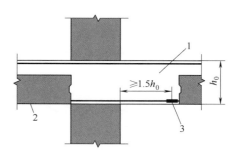

图 14-16　梁下部纵向受力钢筋在节点区外的后浇段内连接示意

1—后浇段；2—预制梁；3—纵向受力钢筋

h_0—梁截面有效高度

① 边缘构件应现浇，现浇段内按照现浇混凝土结构的要求设置箍筋和纵筋。预制剪力墙的水平钢筋应在现浇段内锚固，或者与现浇段内水平钢筋焊接或搭接连接。

② 上下剪力墙板之间，先在下墙板和叠合板上部浇筑圈梁连续带后，坐浆安装上部墙板，套筒灌浆或者浆锚搭接进行连接，如图 14-17 所示。

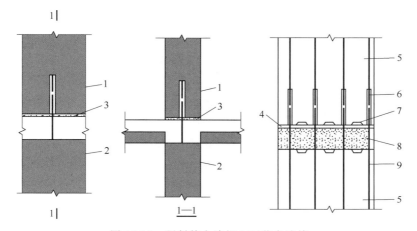

图 14-17　预制剪力墙板上下节点连接

1—钢筋套筒灌浆连接；2—连接钢筋；3—坐浆层；4—坐浆；5—预制墙体；6—浆锚套筒连接或浆搭接连接；7—键槽或粗糙面；8—现浇圈梁；9—竖向连接筋

相邻预制剪力墙板之间如无边缘构件，应设置现浇段，现浇段的宽度应同墙厚，现浇段的长度：当预制剪力墙的长度不大于1500mm时不宜小于150mm；大于1500mm时不宜小于200mm。现浇段内应设置竖向钢筋和水平环箍，竖向钢筋配筋率不小于墙体竖向分布筋配筋率，水平环箍配筋率不小于墙体水平钢筋配筋率，如图14-18所示。

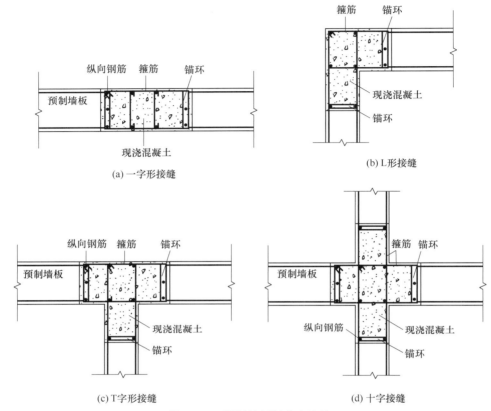

图14-18 预制墙板间节点连接

现浇部分的混凝土强度等级应高于预制剪力墙的混凝土强度两个等级或以上。

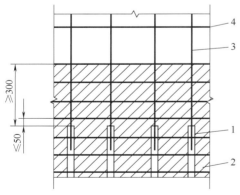

图14-19 钢筋套筒灌浆连接部位水平分布钢筋的加密构造示意

1—灌浆套筒；2—水平分布钢筋加密区（阴影区域）；3—竖向钢筋；4—水平分布钢筋

预制剪力墙的水平钢筋应在现浇段内锚固，或者与现浇段内水平钢筋焊接或搭接连接。

③ 钢筋加密设置。上下剪力墙采用钢筋套筒连接时，在套筒长度＋30cm的范围内，在原设计箍筋间距的基础上加密箍筋，如图14-19所示。

预制外墙的接缝及防水设置外墙板为建筑物的外部结构，直接受到雨水的冲刷，预制外墙板接缝（包括屋面女儿墙、阳台、勒脚等处的竖缝、水平缝、十字缝以及窗口处）必须进行处理，并根据不同部位接缝特点及当地气候条件选用构造防水、材料防水或构造防水与材料防水相结合的防排水系统。

挑出外墙的阳台、雨篷等构件的周边应在板

底设置滴水线。为了有效地防止外墙渗漏的发生，在外墙板接缝及门窗洞口等防水薄弱部位宜采用材料防水和构造防水相结合的做法。

a. 材料防水。预制外墙板接缝采用材料防水时，必须用防水性能可靠的嵌缝材料。板缝宽度不宜大于 20mm，材料防水的嵌缝深度不得小于 20mm。对于普通嵌缝材料，在嵌缝材料外侧应勾水泥砂浆保护层，其厚度不得小于 15mm。对于高档嵌缝材料，其外侧可不做保护层。

高层建筑、多雨地区的预制外墙板接缝防水宜采用两道密封防水构造的做法，在外部密封胶防水的基础上，增设一道发泡氯丁橡胶密封防水构造。

预制叠合墙板间的水平拼缝处设置连接钢筋，接缝位置采用模板或者钢管封堵，待混凝土达到规定强度后拆除模板，并抹平和清理干净。

因后浇混凝土施工需要，在后浇混凝土位置做好临时封堵，形成企口连接，后浇混凝土施工前应将结合面凿毛处理，并用水充分润湿，再绑扎调整钢筋。防水处理同叠合式墙板水平拼缝节点处理，拼缝位置的防水处理采取增设防水附加层的做法。

b. 构造防水。构造防水是采取合适的构造形式，阻断水的通路，以达到防水的目的。如在外墙板接缝外口设置适当的线型构造（立缝的沟槽，平缝的挡水台、披水等），形成空腔，截断毛细管通路，利用排水沟将渗入板缝的雨水排出墙外，防止向室内渗入。即使渗入，也能沿槽口引流至墙外。

预制外墙板接缝采用构造防水时，水平缝宜采用企口缝或高低缝，少雨地区可采用平缝，见图 14-20。竖缝宜采用双直槽缝，少雨地区可采用单斜槽缝。女儿墙墙板构造防水见图 14-21。

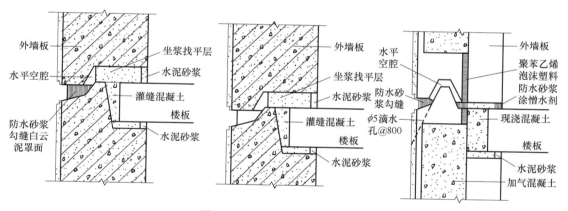

图 14-20　预制外墙板构造防水

六、预制内隔墙节点构造

挤压成型墙板间拼缝宽度为 +5m 或 -2mm。板必须用专用胶黏剂和嵌缝带处理。胶黏剂应挤实、粘牢，嵌缝带用嵌缝剂粘牢刮平，如图 14-22 所示。

1. 预制内墙板与楼面连接处理

墙板安装经检验合格 24h 内，用细石混凝土（高度 ≥30mm）或 1:2 干硬性水泥砂浆（高度 30mm）将板的底部填塞密实，底部填塞完成 7 天后，撤出木楔并用 1:2 干硬性水泥砂浆填实木楔孔，如图 14-23 所示。

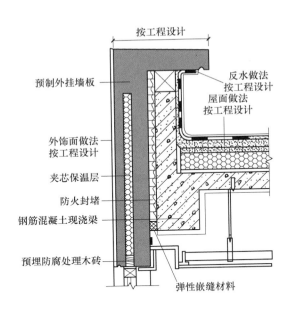

图 14-21 女儿墙墙板构造防水

预制外挂墙板

反水做法
按工程设计
屋面做法
按工程设计

外饰面做法
按工程设计

夹芯保温层

防火封堵

钢筋混凝土现浇梁

预埋防腐处理木砖

弹性嵌缝材料

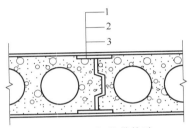

图 14-22 嵌缝带构造

1—骑缝贴 100mm 宽嵌缝带并用胶黏剂抹平;

2—胶黏剂抹平;3—凹槽内贴 50mm 宽嵌缝带

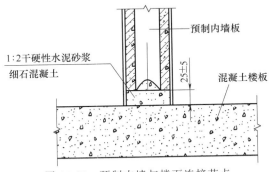

预制内墙板

1:2干硬性水泥砂浆
细石混凝土

混凝土楼板

图 14-23 预制内墙与楼面连接节点

2. 门头板与结构顶板连接拼缝处理

施工前 30min 开始清理阴角基面、涂刷专用界面剂,在接缝阴角满刮一层专用胶黏剂,厚度约为 3mm,并粘贴第一道 50mm 宽的嵌缝带;用抹子将嵌缝带压入胶黏剂中,并用胶黏剂将凹槽抹平;嵌缝带宜埋于距胶黏剂完成面约 1/3 位置处并不得外露。

3. 门头板与门框板水平连接拼缝处理

在墙板与结构板底夹角两侧 100mm 范围内满刮胶黏剂,用抹子将嵌缝带压入胶黏剂中抹平。门头板拼缝处开裂概率较高,施工时应注意胶黏剂的饱满度,并将门头板与门框板顶实,在板缝黏结材料和填缝材料未达到强度之前,应避免使门框板受到较大的撞击,如图 14-24 和图 14-25 所示。

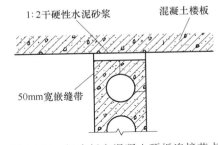

1:2干硬性水泥砂浆   混凝土楼板

50mm宽嵌缝带

图 14-24 门头板和混凝土顶板连接节点

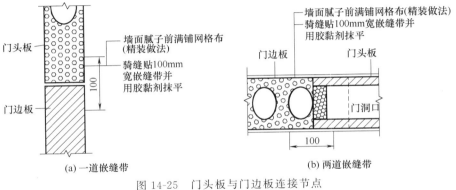

(a) 一道嵌缝带

门头板

门边板

墙面腻子前满铺网格布
(精装做法)

骑缝贴100mm
宽嵌缝带并
用胶黏剂抹平

100

(b) 两道嵌缝带

墙面腻子前满铺网格布(精装做法)
骑缝贴100mm宽嵌缝带并
用胶黏剂抹平

门边板   门头板

门洞口

100

图 14-25 门头板与门边板连接节点

七、叠合构件混凝土

叠合构件混凝土是指在装配整体式结构中用于制作混凝土叠合构件所使用的混凝土。由于叠合面对于预制与现浇混凝土的结合有重要作用，因此在叠合构件混凝土浇筑前，必须对叠合面进行表面清洁与施工技术处理，并应符合以下要求。

① 叠合构件混凝土浇筑前，应清除叠合面上的杂物、浮浆及松散骨料，表面干燥时应洒水润湿，洒水后不得留有积水。

② 在叠合构件混凝土浇筑前，应检查并校正预制构件的外露钢筋。

③ 为保证叠合构件混凝土浇筑时，下部预制底板的支撑系统受力均匀，减小施工过程中不均匀分布荷载的不利作用，叠合构件混凝土浇筑时，应采取由中间向两边的方式。

④ 叠合构件与周边现浇混凝土结构连接处，浇筑混凝土时应加密振捣点，当采取延长振捣时间措施时，应符合有关标准和施工作业要求。

⑤ 叠合构件混凝土浇筑时，不应移动预埋件的位置，且不得污染预埋外露连接部位。

八、构件连接混凝土

构件连接混凝土是指在装配整体式结构中用于连接各种构件所使用的混凝土。构件连接混凝土应符合下列要求。

① 装配整体式混凝土结构中预制构件的连接处混凝土强度等级不应低于所连接的各预制构件混凝土设计强度等级中的较大值。

② 用于预制构件连接处的混凝土或砂浆，宜采用无收缩混凝土或砂浆，并宜采取提高混凝土或砂浆早期强度的措施；在浇筑过程中应振捣密实，并应符合有关标准和施工作业要求。

③ 预制构件连接节点和连接接缝部位后浇混凝土施工应符合下列规定。

a. 连接接缝混凝土应连续浇筑，竖向连接接缝可逐层浇筑，混凝土分层浇筑高度应符合现行规范要求，浇筑时应采取保证混凝土浇筑密实的措施。

b. 同一连接接缝的混凝土应连续浇筑，并应在底层混凝土初凝之前将上一层混凝土浇筑完毕。

c. 预制构件连接节点和连接接缝部位的混凝土应加密振捣点，并适当延长振捣时间。

d. 预制构件连接处混凝土浇筑和振捣时，应对模板和支架进行观察和维护，发生异常情况应及时进行处理；构件接缝混凝土浇筑和振捣时应采取措施，防止模板、相连接构件、钢筋、预埋件及其定位件的移位。

第二节 ▶▶

钢筋套筒节点灌浆前准备

钢筋套筒节点灌浆前准备见表 14-1。

表 14-1 钢筋套筒节点灌浆前准备

类　别	内　容
技术准备	(1)学习设计图纸及深化图纸，充分领会设计意图，并做好图纸会审 (2)确定构件灌浆顺序 (3)编制灌浆材料及辅助材料等进场计划 (4)确定灌浆使用的机械设备等 (5)编制施工技术方案并报审

类　别	内　容
材料准备	(1)高强度无收缩灌浆料、水泥、砂子、水等 (2)用于注浆管灌浆的灌浆材料,强度等级不宜低于 C40,应具有无收缩、早强、高强、大流动性等特点 (3)拌和用水不应产生以下有害作用 a. 注浆材料的和易性和凝结 b. 注浆材料的强度发展 c. 注浆材料的耐久性,加快钢筋腐蚀及导致预应力钢筋脆断 d. 污染混凝土表面 e. 拌和用水 pH 值要求应符合相关规定
机具准备	主要为搅拌机、压力灌浆机等
作业条件	(1)灌浆操作人员(一般 2 人或 3 人)已经培训并到位 (2)机械设备已进场,并经调试可正常使用 (3)墙板构件已经过建设单位及监理单位验收并通过
灌浆前准备	(1)检查工器具并进行调试 (2)灌浆用材料等准备
清除拼缝内杂物	将构件拼缝处(竖向构件上下连接的拼缝及竖向构件与楼地面之间的拼缝)石子、杂物等清理干净
拼缝模板支设	采用 20mm 厚挤塑聚苯板,切割成条状,将上下墙板间水平拼缝及墙板与楼地面间缝隙填塞密实,塞入深度不宜超过 20mm,防止漏浆。同时外侧采用木模板或木方围挡,用钢管加顶托顶紧
注浆管内喷水湿润	洒水应适量,主要用于湿润拼缝混凝土表面,便于灌浆料流畅,洒水后应间隔 15min 再进行灌浆,防止积水
搅拌注浆料	(1)注浆材料宜选用成品高强灌浆料,应具有大流动性、无收缩、早强高强等特点。1 天强度不低于 20MPa,28 天强度不低于 60MPa,流动度应≥270mm,初凝时间应大于 1h,终凝时间应为 3~5h (2)搅拌注浆料投料顺序、配料比例及计量误差应严格按照产品使用说明书要求 (3)注浆料搅拌宜使用手电钻式搅拌器,用量较大时也可选用砂浆搅拌机。搅拌时间为 45~60s,应充分搅拌均匀,选用手电钻式搅拌器过程中不得将叶片提出液面,防止带入气泡 (4)一次搅拌的注浆料应在 45min 内使用完
注浆孔及水平缝灌浆	(1)可采用自重流淌灌浆和压力灌浆,自重流淌灌浆即将料斗放置在高处,利用材料自重流淌灌入;压力灌浆,灌浆压力应保持在 0.2~0.5MPa (2)灌浆应逐个构件进行,一个构件中的灌浆孔或单独的拼缝应一次连续灌满
构件表面清理	构件灌浆后应及时清理沿灌浆口溢出的灌浆料,随灌随清,防止污染构件表面
注浆口管填实压光	(1)注浆管口填实压光应在注浆料终凝前进行 (2)注浆管口应抹压至与构件表面平整,不得凸出或凹陷 (3)注浆料终凝后应进行洒水养护,每天 3~5 次,养护时间不得少于 7 天。冬期施工时不得洒水养护

第三节 ▶▶

钢筋套筒节点灌浆工艺流程及注意事项

一、工艺流程

施工前要做相应的准备工作,由专业施工人员依据现场的条件进行接头力学性能试验,按不超过 1000 个灌浆套筒为一批,每批随机抽取 3 个灌浆套筒制作对中连接接头试件(40mm×40mm×160mm),标准条件下养护 28d,并进行抗压强度检验,其抗压强度不低于 85MPa,具体可按图 14-26 所示工艺流程进行。

具体操作过程如下。

① 清理墙体接触面:墙体下落前应保持预制墙体与混凝土接触面无灰渣、无油污、无杂物。

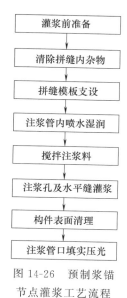

图 14-26 预制浆锚
节点灌浆工艺流程

② 铺设高强度垫块：采用高强度垫块将预制墙体的标高找好，使预制墙体标高得到有效的控制。

③ 安放墙体：在安放墙体时应保证每个注浆孔通畅，预留孔洞满足设计要求，孔内无杂物。

④ 调整并固定墙体：墙体安放到位后采用专用支撑杆件进行调节，保证墙体垂直度和平整度在允许误差范围内。

⑤ 墙体两侧密封：根据现场情况，采用砂浆对两侧缝隙进行密封，确保灌浆料不从缝隙中溢出，减少浪费。

⑥ 润湿注浆孔：注浆前应用水将注浆孔进行润湿，减少因混凝土吸水导致注浆强度达不到要求，且与灌浆孔连接不牢靠。

⑦ 拌制灌浆料：搅拌完成后应静置 3～5min，待气泡排除后方可进行施工。灌浆料流动度在 200～300mm 时为合格。

⑧ 浆料检测：检查拌和后的浆液流动度，左手按住流动性测量模，用水勺舀 0.5L 调配好的灌浆料倒入测量模中，直至倒满模子为止，缓慢提起模子，约 0.5min 之后，测量灌浆料平摊后最大直径为 280～320mm，表明流动性合格。每个工作班组进行一次测试。

⑨ 进行注浆：采用专用的注浆机进行注浆，该注浆机使用一定的压力，将灌浆料由墙体下部注浆孔注入，灌浆料先流向墙体下部 20mm 找平层，当找平层注满后，注浆料由上部排气孔溢出，视为该孔注浆完成，并用泡沫塞子进行封堵。至该墙体所有上部注浆孔均有浆料溢出后视为该面墙体注浆完成。

⑩ 进行个别补注：完成注浆半个小时后检查上部注浆孔是否有因注浆料的收缩、堵塞不及时、漏浆造成的个别孔洞不密实情况，如有则用手动注浆器对该孔进行补注。

⑪ 封堵上排出浆孔：间隔一段时间后，上口出浆孔会逐个漏出浆液，待浆液呈线状流出时，通知监理进行检查（灌浆处进行操作时，监理旁站，对操作过程进行拍照，做好灌浆记录，三方签字确认，质量可追溯），合格后使用橡胶塞封堵出浆孔。封堵要求与原墙面平整，并及时清理墙面上、地面上的余浆。

⑫ 试块留置：每个施工段留置一组灌浆料试块（将调配好的灌浆料倒入三联试模中，用作试块，与灌浆相同条件养护）。

二、钢筋套筒节点灌浆注意事项

装配整体式混凝土结构的节点或接缝的承载力，刚度和延性对于整个结构的承载力起到决定性作用，而目前大部分工程中柱与楼板、墙与楼板等节点都是通过钢筋套筒灌浆连接的，因而确保钢筋套筒灌浆连接的质量极为重要。为此，施工过程中，需要注意如下事项。

① 套筒灌浆连接接头检验应以每层或 500 个接头为一个检验批，每个检验批均应全数检查其施工记录和每班试件强度试验报告。

② 进行个别补注：完成注浆半个小时后检查上部注浆孔是否有因注浆料的收缩、堵塞不及时、漏浆造成的个别孔洞不密实情况，如有则用手动注浆器对该孔进行补注。

③ 柱底周边封模材料应能承受 1.5MPa 的灌浆压力，可采用砂浆、钢材或木材材质。

④ 检查无收缩水泥期限是否在保质期内（一般为 6 个月），6 个月以上的禁止使用；3～6 个月的须过 8 号筛，去除硬块后使用。

⑤ 在安放墙体时，应保证每个注浆孔通畅，预留孔洞满足设计要求，孔内无杂物。注浆前，应充分润湿注浆孔洞，防止因孔内混凝土吸水导致灌浆料开裂情况发生。

⑥ 无收缩水泥的搅拌用水，不得含有氯离子。使用地下水时，一定要检验氯离子，严禁用海水。禁止用铝制搅拌器搅拌无收缩水泥。

⑦ 当日气温若低于5℃，灌浆后必须对柱底混凝土施以加热措施，使内部已灌注的续接砂浆温度维持在5～40℃，加热时间至少48h。

⑧ 砂浆搅拌时间必须大于3min，搅拌完成后于30min内完成施工，逾时则弃置不用。

⑨ 在灌浆料强度达到设计要求后，方可拆除预制构件的临时支撑。

⑩ 续接砂浆应搅拌均匀，灌浆压力应达到1.0MPa，灌浆时由柱底套筒下方注浆口注入，待上方出浆口连续流出圆柱状浆液，再采用橡胶塞封堵。

第四节 ▶▶

剪力墙套筒灌浆连接工艺

一、灌浆套筒连接技术

钢筋灌浆套筒连接技术（图14-27）是指带肋钢筋插入内腔为凹凸表面的灌浆套筒，通过向套筒与钢筋的间隙灌注专用高强水泥基灌浆料，灌浆料凝固后将钢筋锚固在套筒内实现针对预制构件的一种钢筋连接技术。该技术是预制构件中受力钢筋连接的主要形式，主要用于预制墙板、预制梁和预制柱的受力钢筋连接。

图14-27 钢筋灌浆套筒连接技术

二、灌浆套筒

灌浆套筒是灌浆连接的关键连接件，是灌浆连接的有形载体，一般由球墨铸铁或优质碳素结构钢铸造而成，其形状大多为圆柱形或纺锤形。套筒按加工方式分为铸造套筒和机械加工套筒。机械加工套筒又细分为车削加工、挤压（滚压）成型加工、锻造加工或上述方式的复合加工等，如图14-28所示。球墨铸铁套筒和钢制套筒的材料参数分别见表14-2及表14-3。灌浆套筒灌浆段最小内径与连续钢筋公称直径差最小值见表14-4。

表 14-2　球墨铸铁套筒的材料参数

项　目	性能指标	项　目	性能指标
抗拉强度 σ_b/MPa	≥550	球化率/%	≥85
断后伸长率 δ_s/%	≥5	硬度（HBW）	180～250

表 14-3　钢制套筒的材料参数

项　目	性能指标	项　目	性能指标
屈服强度 σ_s/MPa	≥355	断后伸长率 δ_s/%	≥16
抗拉强度 σ_b/MPa	≥600		

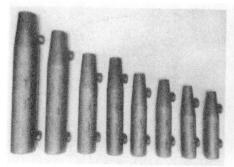
(a) 球墨铸铁套筒

(b) 切削加工钢制套筒

(c) 滚压成型加工钢制套筒

图 14-28　常见套筒

表 14-4　灌浆套筒灌浆段最小内径与连续钢筋公称直径差最小值

钢筋直径/mm	套筒灌浆段最小内径与连续钢筋公称直径差最小值/mm
12～25	10
28～40	15

套筒按结构形式分为半灌浆套筒和全灌浆套筒。一般而言，预制剪力墙和预制柱的竖向钢筋连接多采用半灌浆套筒，水平向预制梁的水平钢筋连接采用全灌浆套筒。

全灌浆套筒（图 14-29）胶塞塞入套筒左端（预装端），将钢筋从胶塞孔内插入，插入深度按不同型号钢筋连接要求确定。插到设计深度后连同其他钢筋绑扎成型放入构件模具。将套筒右端（现场安装端）对准模板上安装的配套工装并平贴边模板。在灌浆口和排气口安装波纹管，并将波纹管用配套磁性吸盘定位工装定位，浇筑混凝土成型。构件安装时，将灌浆套筒的开口端对准并套装在下层墙板伸出的钢筋上，封

图 14-29　全灌浆套筒

仓或坐浆后从灌浆口注入配套灌浆料，灌浆料从排气孔溢出时封堵排气孔及灌浆孔，待灌浆料达到一定强度后纵向钢筋被连接成整体。全灌浆套筒尺寸见表 14-5。

表 14-5　全灌浆套筒尺寸

规格	套筒尺寸					钢筋插入长度			
	A	B	C	D	E	F_{max}	F_{min}	G_{max}	G_{min}
GT16	38	54	M20×1.5	8	250	121	105	121	105
GT20	46	62	M20×1.5	8	290	141	121	141	121
GT25	48	67	M20×1.5	10	320	155	130	155	130
GT28	51	70	M20×1.5	10	380	185	157	185	157
GT32	55	75	M20×1.5	10	430	210	178	210	178
GT36	60	81	M20×1.5	10	470	230	194	230	194
GT40	70	94	M20×1.5	10	630	310	270	310	270
GT50	83	115	M20×1.5	15	840	412.5	362.5	412.5	362.5

注：A—套筒钢筋直径；B—套筒外径；C—螺纹尺度；D—剪力槽数量；E—套筒长度；F_{max}—分体式结构套筒钢筋插入最大长度；F_{min}—分体式结构套筒钢筋插入最小长度；G_{max}—滚轧直螺纹灌浆套筒钢筋插入最大长度；G_{min}—滚轧直螺纹灌浆套筒钢筋插入最小长度。

图 14-30 半灌浆套筒

半灌浆套筒（图 14-30）是指将钢筋一端按技术要求加工好螺纹后拧入灌浆套筒的丝口端，绑扎成型后放入构件模具，在灌浆口和排气口上套装波纹管，并将波纹管用配套磁性吸盘定位工装定位，浇筑混凝土成型。构件安装时，对准灌浆套筒的开口端，并套装在下层墙板伸出的钢筋上，封仓或坐浆后从灌浆口注入配套灌浆料，灌浆料从排气孔溢出时封堵排气孔及灌浆孔，待灌浆料达到一定强度后纵向钢筋被连接成整体。半灌浆套筒尺寸见表 14-6。

三、灌浆料

灌浆料是以水泥为基本材料，配以适当的细骨料以及少量的混凝土外加剂和其他材料组成的干混料，加水搅拌后具有大流动度、早强、高强、微膨胀等性能，可分为常温型和低温型两类，分别简称为常温型套筒灌浆料和低温型套筒灌浆料。

表 14-6 半灌浆套筒尺寸

规格	A	B	C	D	L_1	L_2
GTB16	M16.5×2.5	38	54	M20×1.5	145	195
GTB20	M20.5×2.5	46	62	M20×1.5	145	195
GTB25	M25.5×3	48	67	M20×1.5	160	220
GTB28	M28.5×3	51	70	M20×1.5	190	250
GTB32	M32.5×3	55	75	M20×1.5	215	275
GTB36	M36.5×3	60	81	M20×1.5	235	295
GTB40	M40.5×3	70	94	M20×1.5	315	380
GTB50	M50.5×3	83	115	M20×1.5	420	480

注：A—套筒外螺纹尺度；B—套筒钢筋直径；C—套筒外径；D—套筒外螺纹尺度；L_1—注浆端锚固长度；L_2—预制短预留钢筋安装调整长度

灌浆料进场时，应按规定随机抽取灌浆料进行性能检验。施工现场灌浆料宜存储在室内，并应采取有效的防雨、防潮、防晒措施。灌浆料的基本强度要求为 28 天强度不小于 85MPa，应完成包括形式检验在内的所有试验。套筒灌浆料技术性能参数见表 14-7。

表 14-7 套筒灌浆料技术性能参数

检测项目		性能指标
流动度	初始	≥300mm
	30min	≥260mm
抗压强度	1 天	≥35MPa
	3 天	≥60MPa
	28 天	≥85MPa
竖向膨胀率	3h	≥0.02%
	24h 与 3h 差值	0.02%～0.5%
氯离子含量		≤0.03%
浇水率		0

四、套筒灌浆施工

套筒灌浆是装配式施工中的重要环节，是确保竖向结构可靠连接的过程，其施工品质直接影响建筑物的结构安全。因此，施工时必须特别重视。套筒灌浆的施工步骤为：灌浆孔检查→灌浆腔密封→灌浆施工准备→制备接头浆料→检查接头浆料→压入灌浆→灌浆料外溢→停止注浆→塞住橡胶塞→拆除构件上灌浆排浆管并封堵→终检。灌浆料施工如图 14-31 所示。

1. 灌浆前准备工作

检查灌浆孔的目的是确保灌浆套筒内畅通，没有异物。套筒内不畅通会导致灌浆料不能充满套筒，造成钢筋连接不符合要求。检查方法如下，使用细钢丝从上部灌浆孔伸入套筒，如从底部可伸出，并且从下部灌浆孔可看见细钢丝，即畅通。如果钢丝无法从底部伸出，说明里面有异物，需要清除异物直到畅通为止。灌浆前应清理干净并润湿构件与灌浆料的接触面，保证无灰渣、无油污、无积水，如图 14-32 所示。

图 14-31　灌浆料施工

图 14-32　套筒清理和润湿

根据现场经验，分仓距离宜为 1.5m，分仓距离过小易造成灌浆时密封舱内压力过大，将坐浆料胀裂或挤出，分仓距离过大可能会造成密封舱内浆料不密实。

2. 底部封堵

底部封堵是套筒灌浆的关键环节。底部封堵的作业流程：搅拌浆料→放置与接缝相应尺寸的钢筋→塞实接缝→内墙抹压坐浆料成一个倒角，外边垂直处抹平→缓慢抽出钢筋→养护24h（温度较低时养护时间适当增加）。封堵料不同于灌浆料，其材料技术性能参数见表 14-8。

表 14-8　封堵料技术性能参数

密封砂浆检验项目		性能指标
下垂度	90s	≤50mm
侧向变形度	90s	≤3.0%
抗压强度	1 天	≥10MPa
	3 天	≤25MPa
	28 天	≥45MPa
黏结强度		≥0.5MPa
竖向自由膨胀率	24h	0.01%～0.1%
泌水率		0

先将预制墙吊装到底部构件地梁上，调整预制构件的水平、竖向位置直至符合要求，用四根钢筋作为坐浆料封堵模具塞入构件与地梁的 20mm 水平缝中。一般情况下钢筋的外缘与构件外缘距离不小于 15mm（用直尺测量）。将密封材料灌入专用填缝枪中待用。为防止密封砂浆坠滑，在墙底部架空层中放入一根 L 形钢条（也可用塑料棒或木条替代）。用填缝枪沿柱子、墙体外侧下端架空层自左往右注入密封砂浆，并用抹刀刮平砂浆。局部密封完成

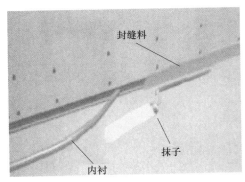

图 14-33　预制外墙底部封堵

后，轻轻抽动钢条沿柱、墙底边向另一端移动，直至柱、墙另一端架空层也被密封，捏住钢条短边，转动一定角度后轻轻抽出。检查柱、墙四周的密封，若发现有局部坠滑现象或孔洞，应及时用密封砂浆修补。密封处理完成后，夏季 12h、冬季 24h，即可进行钢筋连接灌浆施工。预制外墙底部封堵如图 14-33 所示。

3. 灌浆料搅拌与施工

灌浆施工流程：拌制灌浆料→现场流动度检测→采用机械灌浆→封堵→半小时左右检查灌浆情况→若存在灌浆不密实情况则采用手动方式进行二次灌浆→封堵并记录。

灌浆前应首先测定灌浆料的流动度，使用专用搅拌设备搅拌砂浆，之后倒入圆截锥试模，进行振动排出气体，提起圆截锥试模，待砂浆流动扩散停止，测量两方向扩展度，取平均值，要求初始流动度大于等于 300mm，30min 流动度大于等于 260mm。加料后开动灌浆泵，控制灌浆料流速在 0.8～1.2L/min。当有灌浆料从压力软管中流出时，插入灌浆孔。当有灌浆料从溢浆孔溢出些许后，用橡胶塞堵住溢浆孔，直至所有钢套管中灌满灌浆料，停止灌浆，如图 14-34 所示。灌浆时需要制作灌浆料抗压强度同条件试块两组，试件尺寸采用 40mm×40mm×160mm 的棱柱体。

图 14-34　灌浆料搅拌与灌浆施工

灌浆时采用压力泵，待浆料由下端靠中部灌浆孔注入，随着其余套筒出浆孔有均匀浆液流出，及时用配套橡胶塞封堵。灌浆结束后，同等条件养护强度达到 35MPa，待灌浆料达到设计强度后拆模。拆模后灌浆孔和螺栓孔用砂浆进行填实。

套筒灌浆施工人员灌浆前必须经过专业灌浆培训，经过培训并且考试合格后方可进行灌浆作业。套筒灌浆前灌浆人员必须填写套筒灌浆施工报告书。灌浆作业的全过程要求监理人员必须进行现场旁站。通常情况下，采用端处底部一个口为灌浆口，其余均为出浆口，灌浆时应依次封堵已排出水泥砂浆的灌浆或排浆孔，直至封堵完所有接头的排浆孔，如图 14-35 所示。

钢筋套筒灌浆施工前，应和监理单位联合对灌浆准备工作、实施条件、安全措施等进行全面检查，应重点核查套筒内连接钢筋长度及位置、坐浆料强度、接缝分仓、分仓材料性能、接缝封堵方式、封堵材料性能、灌浆腔连通情况等是否满足设计及规范要求。每个班组每天灌浆施工前应签发一份灌浆令（表 14-9），灌浆令由施工单位项目负责人和总监理工程师同时签发，取得后方可进行灌浆。

灌浆项目部应设立专职检验人员，对钢筋套筒灌浆施工进行监督并记录（表 14-10），同时配合好监理人员进行旁站记录。灌浆施工时应对钢筋套筒灌浆施工进行全过程视频拍摄，该视频作为工程施工资料留存。视频内容必须包含：灌浆施工人员、专职检验人员、旁站监理人员、灌浆部位、预制构件编号、套筒顺序编号、灌浆出浆完成等情况。视频格式宜

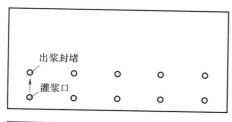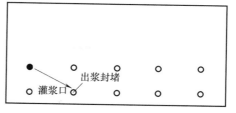
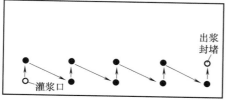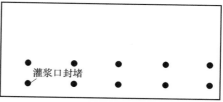

图 14-35　出浆封堵

采用常见数码格式。视频文件应按楼栋编号分类归档保存，文件名包含楼栋号、楼层数、预制构件编号。视频拍摄以一个构件的灌浆为段落，应定点连续拍摄。

表 14-9　灌浆令

工程名称						
灌浆施工单位						
灌浆施工部位						
灌浆施工时间		自　　年　　月　　日　　时起至		年　　月　　日　　时止		
灌浆施工人员	姓名		考核编号	姓名	考核编号	
工作界面完成检查及情况描述	界面检查	套筒内杂物、垃圾是否清理干净			是□　否□	
		灌浆孔、出浆孔是否完好、整洁			是□　否□	
	连接钢筋	钢筋表面是否整洁、无锈蚀			是□　否□	
		钢筋的位置及长度是否符合要求			是□　否□	
	分仓及封者	封堵材料：		封堵是否密实：是□　否□		
		分仓材料：		是否按要求分仓：是□　否□		
	通气检查	是否通畅：			是□　否□	
		不通畅预制构件编号及套筒编号：				
灌浆准备工作情况描述	设备	设备配置是否满足灌浆施工要求：			是□　否□	
	人员	是否通过考核：			是□　否□	
	材料	灌浆料品牌：		检验是否合格：是□　否□		
	环境	温度是否符合灌浆施工要求：			是□　否□	
审批意见	上述条件是否满足灌浆施工条件同意灌浆□			不同意，整改后重新申请□		
	项目负责人		签发时间			
	总监理工程师		签发时间			

注：本表由专职检查人员填写。　　　　专职检验人员：　　　　　　　　　　　　日期：

4. 套筒灌浆验收

（1）预制构件进场验收

预制构件进场时应验收质量证明文件，包括：套筒灌浆接头形式检验报告、套筒进场外观检验报告、第一批灌浆料进场验收报告、接头工艺检验报告和套筒进场接头力学性能检验报告等。

表 14-10　钢筋套筒灌浆施工记录

工程名称：　　施工时间：　　灌浆日期：　　年　月　日　　天气状况：　　　　灌浆环境温度：　　℃

浆料搅拌	批次：	干粉用量：　　kg	水用量：　　kg	搅拌时间：	施工员：
	试块留量：是□　否□；组数：　　组（每组 3 个）：		规格：40mm×40mm×160mm（长×宽×高）：		
	流动度：　　mm				
	异常现象记录：				

楼号	楼层	构件名称及编号	灌浆孔号	开始时间	结束时间	施工员	异常现象记录	是否补灌	有无影像资料

注：1. 灌浆开始前，应对各灌浆孔进行编号。　　　　专职检验人员：　　　　日期：

2. 灌浆施工时，环境温度超过允许范围应采取措施。

3. 浆料搅拌后须在规定时间内灌注完毕。

4. 灌浆结束应立即清理灌浆设备。

表 14-11　钢筋套筒灌浆连接接头试件形式检验报告（全灌浆套筒连接班本参数）

接头名称		送检日期	
送检单位		试件制作地点/日期	
接头试件基本参数	连接件示意图（可附页）	钢筋牌号	
		钢筋公称直径/mm	
		灌浆套筒品牌、型号	
		灌浆套筒材料	
		灌浆料品牌、型号	

灌浆套筒设计尺寸/mm

长度	外径	钢筋插入深度（短端）	钢筋插入深度（长端）

接头试件实测尺寸

试件编号	灌浆套筒外径/mm	灌浆套筒长度/mm	钢筋插入深度/mm		钢筋对中/偏置
			短端	长端	
No. 1					
No. 2					
No. 3					
No. 4					
No. 5					
No. 6					
No. 7					
No. 8					
No. 9					
No. 10					
No. 11					
No. 12					

灌浆料性能

每 10kg 灌浆料加水量/kg	试件抗压强度量测值/（N/mm^2）							合格指标/（N/mm^2）
	1	2	3	4	5	6	取值	
评定结论								

（2）形式检验报告核查

施工前及工程验收时均应核查形式检验报告，应由接头提供单位提交所有规格接头的有效形式检验报告；形式检验报告应在 4 年有效期内，可按灌浆套筒进厂（场）日期确定。形式检验报告的内容应符合表 14-11 和表 14-12 的规定，并与现场灌浆套筒、灌浆料应用情况一致。

表 14-12　钢筋套筒灌浆连接接头试件型式检验报告（半灌浆套筒连接基本参数）

接头名称		送检日期			
送检单位		试件制作地点/日期			
接头试件基本参数	连接件示意图（可附页）	钢筋牌号			
		钢筋公称直径/mm			
		灌浆套筒品牌、型号			
		灌浆套筒材料			
		灌浆料品牌、型号			
灌浆套筒设计尺寸/mm					
长度		外径	灌浆端钢筋插入深度		机械连接端类型
机械连接端基本参数					
接头试件实测尺寸					
试件编号	灌浆套筒外径/mm	灌浆套筒长度/mm		灌浆端钢筋插入深度/mm	钢筋对中/偏置
No. 1					
No. 2					
No. 3					
No. 4					
No. 5					
No. 6					
No. 7					
No. 8					
No. 9					
No. 10					
No. 11					
No. 12					
灌浆料性能					
每 10kg 灌浆料加水量/kg	试件抗压强度量测值/(N/mm²)						合格指标/(N/mm²)
	1	2	3	4	5	6	取值	
评定结论								

（3）灌浆料进场验收

灌浆料进场时，应对灌浆料拌和物 30min 流动度（图 14-36）、泌水率及 3 天抗压强度、28 天抗压强度、3h 竖向膨胀率、24h 与 3h 竖向膨胀率差值进行检验，检验结果应符合表 14-7 的规定。检查数量：同一成分、同一批号的灌浆料，以不超过 50t 为一批，每批按现行行业标准《钢筋连接用套筒灌浆料》（JG/T 408—2019）的有关规定随机抽取灌浆料制作试件。检验方法：检查质量证明文件和抽样检验报告。

（4）接头工艺检验

灌浆施工前，应对不同钢筋生产企业的进场钢筋进行接头工艺检验。施工过程中，当更换钢筋生产企业，或同生产企业生产的钢筋外形尺寸与已完成工艺检验的钢筋有较大差异时，应再次进行工艺检验。接头工艺检验应符合下列规定。

图 14-36　流动度检测

① 灌浆套筒埋入预制构件时，工艺检验应在预制构件生产前进行；当现场灌浆施工单位与工艺检验的灌浆单位不同时，灌浆前应再次进行工艺检验。

② 工艺检验应模拟施工条件制作接头试件，并应按接头提供单位提供的施工操作要求进行。

③ 每种规格钢筋应制作 3 个对中套筒灌浆连接接头，并应检查灌浆质量。

④ 采用灌浆料拌和物制作的 40mm×40mm×160mm 试件不应少于 1 组。

⑤ 接头试件及灌浆料试件应在标准养护条件下养护 28 天。

⑥ 钢筋套筒灌浆连接接头的抗拉强度不应小于连接钢筋抗拉强度标准值；钢筋套筒灌浆连接接头的屈服强度不应小于连接钢筋屈服强度标准值。

⑦ 接头试件在测量残余变形后可再进行抗拉拔强度试验，并按现行行业标准《钢筋机械连接技术规程》（JGJ 107—2016）规定的钢筋机械连接形式检验制度对拉伸加载进行试验。

⑧ 第一次工艺检验中 1 个试件抗拉强度或 3 个试件的残余变形平均值不合格时，可再抽 3 个试件进行复检，复检仍不合格判为工艺检验不合格。

⑨ 工艺检验应由专业检测机构进行。

（5）灌浆套筒进厂（场）接头力学性能检验

灌浆套筒进厂（场）时，抽取灌浆套筒并采用与之匹配的灌浆料制作对中连接接头试件，并进行抗拉强度检验，同一批号、同一类型、同一规格的灌浆套筒，以不超过 1000 个为一批，每批抽取 3 个灌浆套筒制作对中连接接头试件。

（6）灌浆料现场检验

灌浆施工中，需要检验灌浆料的 28 天抗压强度并应符合《钢筋连接用套筒灌浆料》（JG/T 408—2019）的有关规定。用于检验抗压强度的灌浆料试件应在施工现场制作，在实验室条件下标准养护。检查数量：每工作班取样不得少于 1 次，每楼层取样不得少于 3 次。每次抽取 1 组 40mm×40mm×160mm 的试件（图 14-37），标准养护 28 天后进行抗压强度试验。

图 14-37　抗压强度试块制作

第五节 ▶▶

框架结构套筒灌浆连接工艺

一、预制柱套筒灌浆施工

预制柱灌浆施工工艺流程为：套筒检查→预制柱吊装固定→灌浆料制备→灌浆施工→灌浆后节点保护。

1. 坐浆塞缝

柱底与底板间要形成一个密闭空间，以保证灌浆料在压力下注满柱底键槽及套筒并达到一定的密实度，因此，坐浆塞缝工艺质量尤为重要（图14-38）。用专用坐浆料进行坐浆施工，完成24h后达到一定强度后才能灌浆。

2. 灌浆料拌制

拌制灌浆料时，每次搅拌量应视使用量多少而定，以保证30min以内将一次拌和的浆料用完。先加入80%的水，然后逐渐加入灌浆料，搅拌3~4min至浆料黏稠无颗粒、无干灰，再加入剩余20%的水，整个搅拌过程不能少于5min。完成后静置时间不低于2min，以尽量排出拌和物内的气泡；搅拌地点的选择应考虑各施工地点距离，将静置排气时间与搬运时间合并考虑。

3. 灌浆施工

所有灌浆孔及排气孔溢浆后持压30s，保证灌浆密实，如图14-39所示。

图14-38　坐浆塞缝

图14-39　预制柱灌浆施工

二、预制梁套筒灌浆要点

预制梁一般采用全灌浆套筒（图14-40）进行灌浆施工，灌浆工艺流程为：做标记并装套筒→预制梁吊装固定→套筒就位→灌浆料制备→灌浆施工→灌浆后节点保护。

① 用记号笔做好连接钢筋最小锚固长度的标志（图14-41），标志、位置应准确，颜色应清晰；将套筒全部套入一侧预制梁的连接钢筋上。

② 套筒就位吊装后，检查两侧构件伸出的待连接钢筋是否对正，偏差不得大于±5mm，且两钢筋相距间隙不得大于30mm。将套筒按标记移至两对接钢筋中间。根据操作方便性将带灌浆排浆接头的口旋转到向上±45°范围内位置（图14-42）。对灌浆套筒与钢筋之间的缝隙应设置防止灌浆时灌浆料拌和物外漏的封堵措施。检

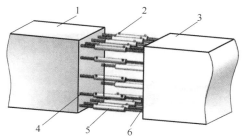

图14-40　预制梁全灌浆套筒
1—梁左端；2—灌浆出浆口接头；3—梁右端；
4—左侧灌浆段钢筋；5—水泥灌浆钢筋连接
套筒；6—右侧灌浆段钢筋

查套筒两侧密封圈是否正常，如有破损，需要用可靠方式修复（如用硬胶布缠堵）。

图 14-41　全套筒做好标记

图 14-42　预制梁全套筒就位

图 14-43　套筒灌浆施工

③ 用灌浆枪从套筒的一个灌浆接头处向套筒内灌浆（图 14-43），至浆料从套筒另一端的出浆接头处流出为止。每个接头逐一灌浆，灌后检查是否两端漏浆并及时处理。浆料应在加水搅拌开始计 20～30min 用完。灌浆料凝固后，检查灌浆口、排浆口处，凝固的灌浆料上表面应高于套筒上缘。灌浆后灌浆料同条件试块强度达到 35MPa 前构件不得受扰动。

第十五章

装配式建筑混凝土结构施工防水工艺

第一节 ▶▶

装配式建筑密封防水材料

建筑密封防水的原理是在接缝中进行填充来达到防水目的（图 15-1）。装配式建筑的外墙结构板之间存在大量接缝，结构缝需要妥善密封，否则将导致严重的外墙渗漏问题。

图 15-1 密封打胶防水

密封防水材料的要求：与黏结面有很好的黏结性；材料本身具有不浸透性；具有优异的耐老化性；具有很好的力学性能；一年四季具有较好的施工性。混凝土建筑接缝用密封胶参数见表 15-1。

表 15-1 混凝土建筑接缝用密封胶参数

项目		技术指标（25LM）	典型值
下垂度（N 型）/mm	垂直	≤3	0
	水平	≤3	0
弹性恢复率/%		≥80	91
拉伸模量/MPa	23℃	≤0.4	0.2
	−20℃	≤0.6	0.2
定伸黏结性		无破坏	合格
浸水后定伸黏结性		无破坏	合格
热压、冷压后黏结性		无破坏	合格
质量损失/%		≤10	3.5

密封防水材料分为双组分与单组分硅烷改性密封胶两种（两者性能对比见表15-2）。双组分［图15-2（a）］的用专用搅拌机将同化剂、颜料混合到4L桶中，用专用胶枪打胶施工。单组分［图15-2（b）］的一般是590mL的软包装，用普通胶枪施工。

表15-2　双组分与单组分硅烷改性密封胶性能对比

项目	双组分	单组分
固化情况	内外同时固化	遇空气中水分反应固化，从表面开始
着色	选色素现场混合成色	制造时配色
性能	弹性恢复性更好	应力缓和
黏结性	配合底涂产生良好的黏结性	无底涂，有黏结性（推荐底涂使用）

(a) 双组分硅烷改性密封胶　　　　　　　　　(b) 单组分硅烷改性密封胶

图15-2　双组分与单组分硅烷改性密封胶

第二节 ▶▶

装配式建筑密封胶施工工艺

装配式建筑密封胶施工工艺流程如图15-3所示。

1. 确认胶缝

打胶前首先要确认接缝状况，如遇胶缝被水泥砂浆或发泡材料等堵塞，导致接缝过窄、PC板块、破损等异常情况，需进行特殊处理。然后要测量接缝宽度，确定打胶深度。确认接缝尺寸如图15-4所示。合理的接缝宽度能使密封胶得到充分填充，确保密封胶对位移的承受能力，维持优异的黏结性、耐久性以及防止未完全固化。施工时，也可确保进行两面黏结施工，避免三面黏结。

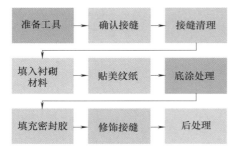
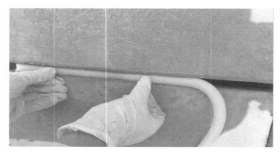

图15-3　装配式建筑密封胶施工工艺流程　　　　　　　图15-4　确认接缝尺寸

2. 接缝清理

装配式建筑接缝处，可能存在灰尘、被吸附的油分、水分、锈、水泥浮浆等不利于密封胶的黏结物，从而影响密封胶的性能，需要清除。一般可用钢丝刷或砂纸进行第一道清扫，如图15-5所示。

如若灰尘很多，可用鼓风机进行吹扫，然后用毛刷进行第二道清扫，清除灰尘。处理过的基材表面应干净，干燥，清洁，质地均匀。

3. 填入衬砌材料

使用衬垫材料如泡沫棒时需考虑接缝尺寸的偏差，通常泡沫棒的宽度要比胶缝宽度大20%～30%为宜。衬垫材料（图15-6）装填好后如遇降水、降雪而被淋湿，要进行再次装填或进行充分干燥。

图15-5　清扫施工面

图15-6　衬砌材料

4. 贴美纹纸

在所选定的位置上涂刷底涂前进行美纹纸粘贴，以防止施工过程中周边污染以及方便修饰，起到美观作用。且仅限于当天施工范围内的作业中使用，打完胶后立刻将其摘除。

5. 底涂处理

在接缝水泥基材两面涂刷底涂。底涂可强化多孔基材表面的稳定性，减少灰尘对密封胶粘接性能的影响，防止被黏结体成分（如水、碱性物质）迁移至密封胶层，同时可防止残留的PC板脱模剂与密封胶作用，从而影响密封胶的性能。

待底涂干燥后（通常情况下10～15min内）方可施工，且应在底涂涂刷后8h内完成。如有脏物或灰尘被黏附，须将异物除去后再次涂刷，遇到密封胶施工顺延至第二天时，需再次涂刷底涂，如图15-7所示。

6. 填充密封胶

混胶：单组分密封胶可直接进行填充，若是双组分密封胶，可用专用混胶机将密封胶混好，如图15-8所示，混胶工序如下。

① 将定量包装好的固化剂、色料添加至主剂桶中。

② 将主剂桶置于专用的混胶机器上，扣好固定卡扣，安装搅拌桨。

③ 设置搅拌时间15min，打开电源开关，按设定的程序自动进行混胶；建议不要分多次搅拌和使用手动搅拌机，以防止气泡混入。混胶结束后，可通过试验来判断混胶是否均匀，如胶样无明显的异色条纹，可认为混胶均匀。

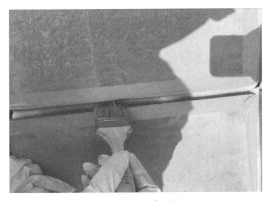

图 15-7 底涂处理

图 15-8 搅拌混胶

图 15-9 填充密封胶

④ 将搅拌桨取出并将附着在桨上的密封胶刮入桶内，然后取出主剂桶垂直震击数次。

⑤ 将已混好的密封胶用专用的胶枪抽取使用，注意已混好的密封胶应尽快使用，避免阳光照射。

填充密封胶：胶嘴直径应小于注胶接缝宽度，施胶时将胶嘴伸至接缝底部，注胶应缓慢、连续均匀，确保接缝充满密封胶，防止胶嘴移动过快产生气泡或空穴；交叉的接缝以及边缘处，填充时要特别注意，防止气泡产生，如图 15-9 所示。

7. 修饰接缝

打胶完成后，首先对着打胶的反方向用专用刮刀进行 1 次按压，之后反方向按压，如图 15-10 所示。

8. 后处理

修饰完成后应立刻去除美纹纸。施工场所黏附的胶样要趁其在固化之前用溶剂去除，并对现场进行清扫，如图 15-11 所示。

为保证获得较好的黏结和密封胶优异的性能，装配式建筑板块接缝密封施工时需注意以

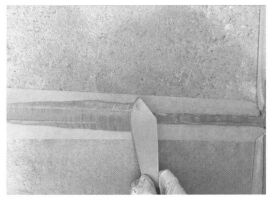

图 15-10 修饰接缝

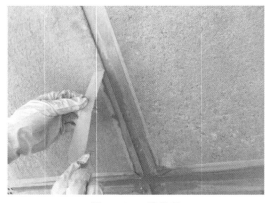

图 15-11 后处理

下事宜。

① 应在温度 4～40℃、相对湿度 40%～80% 的清洁环境下施工，下雨、下雪时不能施工。

② 混凝土基面未干燥不宜施工。

③ 底涂涂刷好后，须待涂层干燥后（15～30min）方可进行密封胶施工，且应在底涂涂刷后 8h 内完成，如果有脏东西或灰尘被黏附，要将异物除去后再次进行涂刷。如遇到密封胶施工顺延到第 2 天时，需要再次进行涂刷底涂的操作。

④ 浅色或特殊颜色密封胶应避免与酸性或碱性物质接触（比如外墙清洗液等），否则可能导致密封胶表面发生变色。

⑤ 施胶后 48h 内密封胶未完全固化，密封接缝不允许有大的位移，否则会影响密封效果。

常用的建筑密封胶主要有硅酮（聚硅氧烷）类、硅烷改性聚醚类、聚硫类、聚氨酯类等，不同密封胶的性能完全不同，选错密封胶会导致严重后果，见图 15-12。

基于加速老化试验结果得出，聚氨酯胶与聚硫胶耐候性较差，在老化过程中容易出现胶硬化、弹性下降而导致密封失效，如图 15-13 所示。硅酮胶与硅烷改性聚醚胶耐候性能较好，老化试验过程中能保持优异的性能，都能很好地满足装配式建筑长久密封的要求。

图 15-12　选错密封胶导致外墙砂浆开裂

图 15-13　聚硫胶、聚氨酯胶老化开裂

若无涂饰性要求，可选用硅酮胶或聚醚胶，都能很好地满足接缝密封的要求。

若有涂饰性要求，应选用硅烷改性聚醚胶。

构件接缝处的密封材料进场时应进行复验，检验结果应符合设计和现行标准的相关要求，检验方法为检查密封材料复验报告。密封材料进场检验项目和检验批量见表 15-3。

表 15-3　密封材料进场检验项目和检验批量

密封材料名称	检验项目	检验批量
混凝土建筑接缝密封胶	流动性、表干时间、挤出性（单组分）、弹性恢复率、适用期（双组分）、拉伸模量、定伸黏结性、浸水后定伸黏结性	同一厂家、同一类型、同一级别每 5t 为一批，不足 5t 按一批抽样
硅酮和改性建筑密封胶	下垂度、表干时间、挤出性（单组分）、适用性（双组分）、弹性恢复率、拉伸模量、定伸黏结性、浸水后定伸黏结性	
聚氨酯建筑密封胶	流动度、表干时间、挤出性（单组分）、弹性恢复率、适用期（双组分）、拉伸模量、定伸黏结性、浸水后定伸黏结性	
聚硫建筑密封胶	流动度、表干时间、弹性恢复率、适用期、拉伸模量、定伸黏结性、浸水后定伸黏结性	
止水带	硬度（邵尔 A）、拉伸强度、拉断伸长率、撕裂强度	每月同标记的止水带产量为一抽样批，每批随机抽取 2m

施工单位应加强对装配整体式建筑外墙接缝进行施工质量验收，并对预制外墙接缝进行淋水试验记录。经试验发现背水面存在渗漏现象，应对渗漏部位进行修补，且充分干燥后，再重新对渗漏的部位进行淋水试验，直到不再出现渗漏水为止。现场淋水试验水压、喷淋时间等参数参照《建筑幕墙》（GB/T 21086—2007）。

淋水部位必须包括墙板十字接缝处、预制墙板与现浇结构连接处以及窗框部位。淋水试验报告按批检验，每 $1000m^2$ 外墙（含窗）划分一个检验批，至少抽查一处，抽查部位为相邻两层 4 块墙板形成的水平和竖向十字接缝区域，面积不少于 $10m^2$。应在精装修进场前完成，淋水量控制在 $3L/(m^2 \cdot min)$，持续时间 24h。若背水面存在渗漏，应对该检验批全部外墙进行整改处理，完成后重新进行淋水试验。淋水时使用消防水龙带对试验部位喷淋，外部检查打胶部位是否有脱胶、排水管是否排水顺畅，内侧仔细观察是否有水印、水迹。发现有局部渗漏部位必须认真做好记录并查找原因，及时处理。

第十六章
装配式建筑混凝土结构施工
现场质量检验与控制

第一节 ▶▶

预制混凝土构件进场检验

一、预制构件外观质量检验

预制构件外观质量应根据缺陷类型和缺陷程度进行分类，并应符合表 16-1 的分类规定。预制构件外观质量不应有严重缺陷，产生严重缺陷的构件不得使用。产生一般缺陷时，应由预制构件生产单位或施工单位进行修整处理，修整技术处理方案经监理单位确认后方可实施，经修整处理后的预制构件应重新检查。检查数量为全数检查。检查方法是观察和检查技术处理方案。

表 16-1 预制构件外观质量缺陷

名称	现象	严重缺陷	一般缺陷
露筋	构件内钢筋未被混凝土包裹而外露	主筋有露筋	其他钢筋有少量露筋
蜂窝	混凝土表面缺少水泥砂浆而形成石子外露	主筋部位和搁置点位置有蜂窝	其他部位有少量蜂窝
孔洞	混凝土中孔穴深度和长度均超过保护层厚度	构件主要受力部位有孔洞	非受力部位有孔洞
夹渣	混凝土中夹有杂物且深度超过保护层厚度	构件主要受力部位有夹渣	其他部位有少量夹渣
疏松	混凝土中局部不密实	构件主要受力部位有疏松	其他部位有少量疏松
裂缝	缝隙从混凝土表面延伸至混凝土内部	构件主要受力部位有影响结构性能或使用功能的裂缝	其他部位有少量不影响结构性能或使用功能的裂缝
连接部位缺陷	构件连接处混凝土缺陷,连接钢筋、连接件松动,灌浆套筒未保护	连接部位有影响结构传力性能的缺陷	连接部位有基本不影响结构传力性能的缺陷
外形缺陷	内表面缺棱掉角、棱角不直、翘曲不平等;外表面面砖黏结不牢、位置偏差、面砖嵌缝没有达到横平竖直、转角面砖棱角不直、面砖表面翘曲不平等	清水混凝土构件有影响使用功能或装饰效果的外形缺陷	其他混凝土构件有不影响使用功能的外形缺陷
外表缺陷	构件内表面麻面、掉皮、起砂、沾污等;外表面面砖污染、预埋门窗框破坏	具有重要装饰效果的清水混凝土构件、门窗框有外表缺陷	其他混凝土构件有不影响使用功能的外表缺陷,门窗框不宜有外表缺陷

二、预制构件尺寸偏差检验

预制剪力墙构件长度测量示意如图 16-1 所示，使用钢卷尺分别对预制剪力墙构件的上部、下部进行测量，测量的位置分别为从构件顶部下 500mm、底部以上 800mm 中取两者较大值作为该构件的偏差值，与预制构件厂的出厂检查记录对比，允许偏差为 5mm。

预制剪力墙构件高度、对角线尺寸测量示意如图 16-2 所示，预制剪力墙构件厚度尺寸测量示意如图 16-3 所示。用钢卷尺对构件的高度、厚度、对角线差进行测量，量其一端及中部，取其中偏差绝对值较大处；对角线差测量方法是采用钢尺量两个对角线。高度允许偏差为 4mm，厚度允许偏差为 3mm，对角线允许偏差为 5mm。

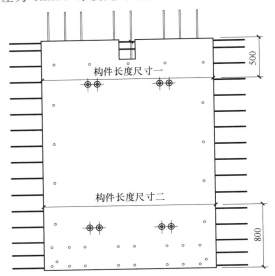

图 16-1 预制剪力墙构件长度测量示意

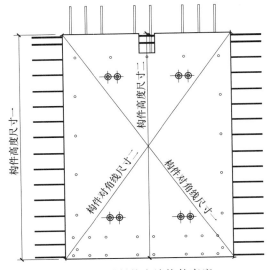

图 16-2 预制剪力墙构件高度、
对角线尺寸测量示意

预制剪力墙构件侧向弯曲测量示意如图 16-4 所示，使用拉线、钢尺对预制剪力墙构件最大侧向弯曲处进行测量，允许偏差为 $L/1000$（L 为构件长边的长度），且 $\leqslant 10\text{mm}$（与预制构件厂的出厂检查记录对比）。

预制剪力墙构件内、外平整度测量示意如图 16-5 所示，使用 2m 靠尺和金属塞尺对构件内外的平整度进行测量。墙板抹平面（内表面）允许误差为 5mm，模具面（外表面）允许误差为 3mm。

预制构件尺寸偏差应符合国家有关标准及设计规定，现以我国某地区的控制要求举例说明。预制墙板构件的尺寸允许偏差和检查方法应符合表 16-2 的规定。检查数量：对同类构件，按同日进场数量的 5% 且不少于 5 件抽查，少于 5 件则全数检查。检查方法：用钢尺、拉线、靠尺、塞尺检查。

预制柱、梁构件的尺寸允许偏差和检查方法应符合表 16-3 的规定。检查数量：对同类构件，按同日进场数量的 5% 且不少于 5 件抽查，少于 5 件则全数检查。检查方法：用钢尺、拉线、靠尺、塞尺检查。

叠合板、阳台板、空调板、楼梯构件的尺寸允许偏差和检查方法应符合表 16-4 的规定。检查数量：对同类构件，按同日进场数量的 5% 且不少于 5 件抽查，少于 5 件则全数检查。检查方法：用钢尺、拉线、靠尺、塞尺检查。

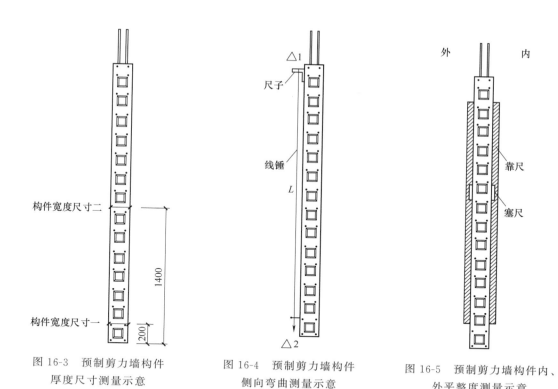

图 16-3 预制剪力墙构件
厚度尺寸测量示意

图 16-4 预制剪力墙构件
侧向弯曲测量示意

图 16-5 预制剪力墙构件内、
外平整度测量示意

表 16-2 预制墙板构件的尺寸允许偏差和检查方法

项 目		允许偏差/mm	检查方法
外墙板	高度	±3	钢尺检查
	宽度	±3	钢尺检查
	厚度	±3	钢尺检查
	对角线差	5	钢尺量两个对角线
	弯曲	$L/1000$ 且 $\leqslant 20$	拉线、钢尺量最大侧向弯曲处
	内表面平整	4	2m 靠尺和塞尺检查
	外表面平整	3	2m 靠尺和塞尺检查

注：L 为构件长边的长度。

预埋件和预留孔洞的尺寸允许偏差和检查方法应符合表 16-5 的规定。检查数量：根据抽查的构件数量进行全数检查。检查方法：用钢尺、靠尺、塞尺检查。

表 16-3 预制柱、梁构件的尺寸允许偏差和检查方法

项 目		允许偏差/mm	检查方法
预制柱	长度	±5	钢尺检查
	宽度	±5	钢尺检查
	弯曲	$L/750$ 且 $\leqslant 20$	拉线、钢尺量最大侧向弯曲处
	表面平整	4	2m 靠尺和塞尺检查
预制梁	高度	±5	钢尺检查
	长度	±5	钢尺检查
	弯曲	$L/750$ 且 $\leqslant 20$	拉线、钢尺量最大侧向弯曲处
	表面平整	4	2m 靠尺和塞尺检查

注：L 为构件长边的长度。

表 16-4　叠合板、阳台板、空调板、楼梯构件的尺寸允许偏差和检查方法

项　目		允许偏差/mm	检查方法
叠合板、阳台板、空调板、楼梯	长度	±5	钢尺检查
	宽度	±5	钢尺检查
	厚度	±3	钢尺检查
	弯曲	$L/750$ 且 ≤20	拉线、钢尺量最大侧向弯曲处
	表面平整	4	2m 靠尺和塞尺检查

注：L 为构件长边的长度。

表 16-5　预埋件和预留孔洞的尺寸允许偏差和检查方法

项　目		允许偏差/mm	检查方法
预埋钢板	中心线位置	5	钢尺检查
	安装平整度	2	靠尺和塞尺检查
预埋管、预留孔	中心线位置	5	钢尺检查
预埋吊环	中心线位置	10	钢尺检查
	外露长度	+8.0	钢尺检查
预留洞	中心线位置	5	钢尺检查
	尺寸	±3	钢尺检查
预埋螺栓	螺栓位置	5	钢尺检查
	螺栓外露长度	±5	钢尺检查

　　预制构件预留钢筋规格和数量应符合设计要求，预留钢筋位置及尺寸允许偏差和检查方法应符合表 16-6 的规定。检查数量：根据抽查的构件数量进行全数检查。检查方法：观察、用钢尺检查。

表 16-6　预制构件预留钢筋位置及尺寸允许偏差和检查方法

项　目		允许偏差/mm	检查方法
预留钢筋	间距	±10	钢尺量连续三挡，取最大值
	排距	±5	钢尺量连续三挡，取最大值
	弯起点位置	20	钢尺检查
	外露长度	+8.0	钢尺检查

　　预制构件饰面板（砖）的尺寸允许偏差和检查方法应符合表 16-7 的规定。检查数量：根据抽查的构件数量进行全数检查。检查方法：用钢尺、靠尺、塞尺检查。

表 16-7　预制构件饰面板（砖）的尺寸允许偏差和检查方法

项　目	允许偏差/mm	检查方法
表面平整度	2	2m 靠尺和塞尺检查
阳角方正	2	2m 靠尺检查
上口平直	2	拉线、钢尺检查
接缝平直	3	钢尺和塞尺检查
接缝深度	1	
接缝宽度	1	钢尺检查

　　预制构件门框和窗框的尺寸允许偏差和检查方法应符合表 16-8 的规定。检查数量：根据抽查的构件数量进行全数检查。检查方法：用钢尺、靠尺。

三、预制构件预埋件检验

　　预制剪力墙构件预埋件检查示意如图 16-6 所示，使用量尺检查。预埋件安装的吊环中

表 16-8　预制构件门框和窗框的尺寸允许偏差和检查方法

项　目		允许偏差/mm	检查方法
门窗框	位置	±1.5	钢尺检查
	高、宽	±1.5	钢尺检查
	对角线	±1.5	钢尺检查
	平整度	1.5	靠尺检查
锚固脚片	中心线位置	5	钢尺检查
	外露长度	+5.0	钢尺检查

心线位置允许误差为 10mm，外露长度为 +10mm、0mm。预埋内螺母中心线位置允许误差为 10mm，与混凝土平面高差为 0mm、−5mm。预埋木砖中心线位置允许误差为 10mm，预埋钢板中心线位置允许误差为 5mm，与混凝土平面高差为 0mm、−5mm。预留孔洞中心线位置允许误差为 5mm，洞口尺寸允许误差为 +10mm、0mm。

依据预制构件制作图确认甩出钢筋的长度是否正确，支撑用预埋件是否漏埋、是否堵塞。预留钢筋中心线位置、外露长度等都要用尺量检查，预埋套筒的中心线位置、与混凝土表面高差等都要用尺量检查，并且与预制构件厂的出厂检查记录对比。预留插筋中心线位置允许误差为 5mm，主筋外留长度允许误差：竖向主筋（套筒连接用）为 10mm，非套筒连接为 10mm、−5mm。预埋套筒与混凝土平面高差为 0mm、−5mm，支撑、支模用预埋螺栓以及预埋套筒中心线位置允许误差为 2mm。

四、预制构件灌浆孔检查

预制构件灌浆孔检查示意如图 16-7 所示。检查灌浆孔是否通畅，检查方法如下：使用细钢筋丝从上部灌浆孔伸入套筒，如从底部可伸出，并且从下部灌浆孔可看见细钢丝，即畅通。检查完后要与预制构件厂的出厂检查记录对比。预制剪力墙构件套筒灌浆孔是否畅通必须全数 100% 检查。

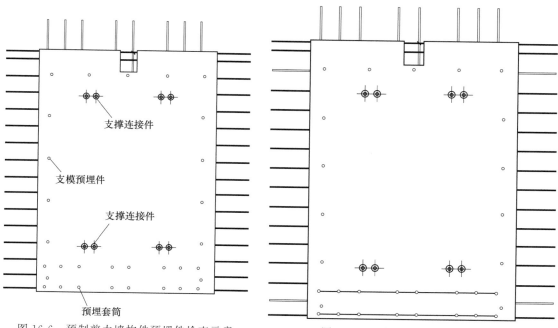

图 16-6　预制剪力墙构件预埋件检查示意　　　　图 16-7　预制构件灌浆孔检查示意

预制构件吊装质量检验

一、预制构件外墙板与构件、配件的连接

① 检查数量：全数检查。

② 检查方法：观察检查。

二、后浇连接部分的钢筋品种、级别、规格、数量和间距

① 检查数量：全数检查。

② 检验方法：观察，钢尺检查。

后浇连接部分钢筋的品种、级别、规格、数量和间距对结构的受力性能有重要影响，必须符合设计要求。

三、承受内力的接头和拼缝

当其混凝土强度未达到设计要求时，不得吊装上一层结构构件；当设计无具体要求时，应在混凝土强度不小于10MPa或具有足够的支撑时方可吊装上一层结构构件。对于已安装完毕的装配整体式混凝土结构，应在混凝土强度达到设计要求后，方可承受全部设计荷载。

① 检查数量：全数检查。

② 检验方法：观察，检查混凝土同条件试件强度报告。

装配整体式混凝土结构施工时，尚未形成完整的结构受力体系。本条提出了对接头混凝土尚未达到设计强度时，施工中应该注意的事项。

四、预制构件与主体结构检验

施工前应对接头施工进行工艺检验。

① 检查数量：全数检查。

② 检查方法：观察检查，检查施工记录和检测报告。

a. 采用机械连接时，接头质量应符合现行行业标准《钢筋机械连接技术规程》（JGJ 107—2016）的要求；采用灌浆套筒时，接头抗拉强度及残余变形应符合现行行业标准《钢筋机械连接技术规程》（JGJ 107—2016）中Ⅰ级接头的要求；采用浆锚搭接时，工艺检验应按相关要求进行。

b. 采用焊接连接时，接头质量应符合现行行业标准《钢筋焊接及验收规程》（JGJ 18—2012）的要求，检查焊接产生的焊接应力和温差是否造成结构性能质量缺陷，对已出现的缺陷，应处理合格后再进行混凝土浇筑。

c. 钢筋接头对装配整体式混凝土结构受力性能有着重要影响，本条提出对接头质量的控制要求。

五、钢筋套筒接头灌浆料配合比检验

① 检查数量：全数检查。

② 检查方法：观察检查。

六、装配整体式混凝土结构钢筋套筒连接或浆锚搭接连接检验

① 检查数量：全数检查。

② 检查方法：观察检查。

本条要求验收时对套筒连接或浆锚搭接连接灌浆饱满情况进行检验，通常的检验方式为观察溢流口浆料情况，当出现浆料连续冒出时，可视为灌浆饱满。

七、施工现场钢筋套筒接头灌浆料应留置同条件养护试块

施工现场钢筋套筒接头灌浆料应留置同条件养护试块，试块强度应符合《水泥基灌浆材料应用技术规范》（GB/T 50448—2015）的规定。

① 检查数量：同种直径，每班灌浆接头施工时留置一组试件，每组 3 个试块，试块规格为 40mm×40mm×160mm。

② 检查方法：检查试件强度试验报告。

八、装配整体式混凝土结构安装检验

预制构件安装的尺寸允许偏差及检验方法见表 16-9。

表 16-9　预制构件安装的尺寸允许偏差及检验方法

项目			允许偏差/mm	检验方法
构件中心线对轴线位置	基础		15	尺量检查
	竖向构件（柱、墙板、桁架）		10	
	水平构件（梁、板）		5	
构件标高	梁、板底面或顶面		±5	水准仪或尺量检查
	柱、墙板顶面		±3	
构件垂直度	柱、墙板	<5m	5	经纬仪量测
		≥5m 且<10m	10	
		≥10m	20	
构件倾斜度	梁、桁架		5	垂线、尺量检查
相邻构件平整度	板端面		5	钢尺、塞尺量测
	梁、板下表面	抹灰	3	
		不抹灰	5	
	柱、墙板侧表面	外露	5	
		不外露	10	
构件搁置长度	梁、板		±10	尺量检查
支座、支垫中心位置	板、梁、柱、墙板、桁架		±10	尺量检查
接缝宽度			±5	尺量检查

检查数量：按楼层、结构缝或施工段划分检验批。在同一检验批内，对于梁、柱，应抽查构件数量的 10%，且不少于 3 件；对于墙和板，应按有代表性的自然间抽查 10%，且不少于 3 间；对于大空间结构，墙可按相邻轴线间高度 5m 左右划分检查面，板可按纵、横轴线划分检查面，抽查 10%，且均不少于 3 面。

九、预制构件节点与接缝防水检验

外墙板接缝的防水性能应符合设计要求。

① 检查数量：按批检验。每 1000m² 外墙面积应划分为一个检验批，不足 1000m² 时也

应划分为一个检验批；每个检验批每 $100m^2$ 应至少抽查一处，每处不得少于 $10m^2$。

② 检验方法：检查现场淋水试验报告。

a. 预制墙板拼接水平节点钢制模板与预制构件之间、构件与构件之间应粘贴密封条，节点处模板在混凝土浇筑时不应产生明显变形和漏浆。检查数量：全数检查。检查方法。观察检查。

b. 预制构件拼缝处防水材料应符合设计要求，并具有合格证及检测报告。与接触面材料进行相容性试验。必要时提供防水密封材料进场复试报告。检查数量：全数检查。检查方法：观察检查，检查出厂合格证及相关质量证明文件。

表 16-10　装配式结构预制构件检验批质量验收记录

工程名称					检验批部位			施工执行标准 名称及编号	
施工单位					项目经理			专业工厂	
执行标准				《混凝土结构工程施工质量验收规范》(GB 50204—2015)				施工单位检查 评定记录	监理(建设) 单位验收记录
主控项目	1		对于预制构件,应在明显部位标明生产单位、构件型号、生产日期和质量验收标志。预制构件上的预埋件、插筋和预留孔洞的规格、位置及数量应符合标准图或设计的要求				9.2.1 条		
	2		预制构件的外观质量不应有严重缺陷				9.2.2 条		
	3		预制构件不应有影响结构性能和安装、使用功能的尺寸偏差				9.2.4 条		
一般项目	1		预制构件的外观不宜有一般缺陷				9.2.4 条		
	2	(1)	长度	板、梁	+10，−5				
				柱	+5，−10				
				墙板	±5				
				薄腹梁、桁梁	+15，−10				
		(2)	宽度、高(厚)度	板、梁、柱、墙板、薄腹梁、桁架	+5				
		(3)	侧向弯曲	梁、柱、板	$L/750$ 且≤20				
				板墙、薄腹梁、桁架	$L/1000$ 且≤20				
		(4)	预埋件	中心线位置	10				
				螺栓位置	5				
				螺栓外漏长度	+10，−5				
		(5)	预留孔	中心线位置	5				
		(6)	预留洞	中心线位置	15				
		(7)	主筋保护层厚度	板	+5，−3				
				梁、柱、墙板、薄腹梁、桁架	+10，−5				
		(8)	对角线差	板、墙板	10				
		(9)	对面平整度	板、墙板、柱、梁	5				
		(10)	预应力构件预留孔道位置	梁、墙板、薄腹梁、桁架	3				
		(11)	翘曲	板	$L/750$				
		(12)		墙板	$L/1000$				
施工单位检查 评定结果		项目专业质量检查员：						年　　月　　日	
监理(建设)单位 验收结论		监理工程师(建设单位项目专业技术负责人)：						年　　月　　日	

注：L 为板或梁、柱的长度。

c. 密封胶打注应饱满、密实、连续、均匀、无气泡，宽度和深度符合要求。检查数量：全数检查。检查方法：观察检查、钢尺检查。

d. 预制构件拼缝防水节点基层应符合设计要求。检查数量：全数检查。检查方法：观察检查。

e. 密封胶缝应横平竖直、深浅一致、宽窄均匀、光滑顺直。检查数量：全数检查。检查方法：观察检查。

f. 防水胶带粘贴面积、搭接长度、节点构造应符合设计要求。检查数量：全数检查。检查方法：观察检查。

装配式结构预制构件检验批、预制构件安装检验批等质量验收记录表见表16-10～表16-14。

表 16-11　预制板类构件（含叠合板构件）安装检验批质量验收记录

单位(子单位)工程名称						
分部(子分部)工程名称				验收部位		
施工单位				项目经理		
执行标准名称及编号	《装配式混凝土结构工程施工与质量验收规程》(DB11/T 1030—2021)					
施工质量验收规程的规定				施工单位检查评定记录		监理(建设)单位验收记录
主控项目	1	预制构件安装临时固定措施	第9.3.9条			
	2	预制构件螺栓连接	第9.3.10条			
	3	预制构件焊接连接	第9.3.11条			
一般项目	1	预制构件水平位置偏差/mm	5			
	2	预制构件标高偏差/mm	±3			
	3	预制构件垂直度偏差/mm	3			
	4	相邻构件高低差/mm	3			
	5	相邻构件平整度/mm	4			
	6	板叠合面	无损害、无浮灰			
施工单位检查评定结果	专业工长(施工员)			施工班组长		
	项目专业质量检查员				年　月　日	
监理(建设)单位验收结论	专业监理工程师(建设单位项目专业技术负责人)				年　月　日	

表 16-12　预制梁、柱构件安装检验批质量验收记录

单位(子单位)工程名称					
分部(子分部)工程名称				验收部位	
施工单位				项目经理	
执行标准名称及编号	《装配式混凝土结构工程施工与质量验收规程》(DB11/T 1030—2021)				
施工质量验收规程的规定				施工单位检查评定记录	监理(建设)单位验收记录
主控项目	1	预制构件安装临时固定措施	第9.3.9条		
	2	预制构件螺栓连接	第9.3.10条		
	3	预制构件焊接连接	第9.3.11条		
	4	套筒灌浆机械接头力学性能	第9.3.12条		

施工质量验收规程的规定				施工单位检查评定记录				监理(建设)单位验收记录
主控项目	5	套筒灌浆接头灌浆料配合比	第9.3.13条					
	6	套筒灌浆接头灌浆饱满度	第9.3.14条					
	7	套筒灌浆料同条件试块强度	第9.3.15条					
一般项目	1	预制柱水平位置偏差/mm	5					
	2	预制柱标高偏差/mm	3					
	3	预制柱垂直度偏差/mm	3 与 $H/1000$ 的较小值					
	4	建筑全高垂直度/mm	$H/2000$					
	5	预制梁水平位置偏差/mm	5					
	6	预制梁标高偏差/mm	3					
	7	梁叠合面	无损害、无浮灰					
施工单位检查评定结果	专业工长				施工班组长			
	项目专业质量检查员						年 月 日	
监理(建设)单位验收结论	专业监理工程师(建设单位项目专业技术负责人)						年 月 日	

注：H 为预制柱高度或建筑高度。

表 16-13　预制墙板构件安装检验批质量验收记录

单位(子单位)工程名称						
分部(子分部)工程名称			验收部位			
施工单位			项目经理			
执行标准名称及编号	《装配式混凝土结构工程施工与质量验收规程》(DB11/T 1030—2021)					

施工质量验收规程的规定				施工单位检查评定记录				监理(建设)单位验收记录
主控项目	1	预制构件安装临时固定措施	第9.3.9条					
	2	预制构件螺栓连接	第9.3.10条					
	3	预制构件焊接连接	第9.3.11条					
	4	套筒灌浆机械接头力学性能	第9.3.12条					
	5	套筒灌浆接头灌浆料配合比	第9.3.13条					
	6	套筒灌浆接头灌浆饱满度	第9.3.14条					
	7	套筒灌浆料同条件试块强度	第9.3.15条					
一般项目	1	单块墙板水平位置偏差/mm	5					
	2	单块墙板顶标高偏差/mm	±3					
	3	单块墙板垂直度偏差/mm	3					
	4	相邻墙板高低差/mm	2					
	5	相邻墙板拼缝空腔构造偏差/mm	±3					
	6	相邻墙板平整度偏差/mm	4					
	7	建筑物全高垂直度/mm	$H/20000$					
施工单位检查评定结果	专业工长				施工班组长			
	项目专业质量检查员						年 月 日	
监理(建设)单位验收结论	专业监理工程师(建设单位项目专业技术负责人)						年 月 日	

表 16-14　预制构件接缝防水节点检验批质量验收记录

单位(子单位) 工程名称						
分部(子分部) 工程名称				验收部位		
施工单位				项目经理		
执行标准 名称及编号		《装配式混凝土结构工程施工与质量验收规程》(DB11/T 1030—2021)				
		施工质量验收规程的规定		施工单位检查 评定记录		监理(建设) 单位验收记录
主控项目	1	预制构件与模板间密封	第 9.3.19 条			
	2	防水材料质量证明文件 及复试报告	第 9.3.20 条			
	3	密封胶打注	第 9.3.21 条			
一般项目	1	防水节点基层	第 9.3.22 条			
	2	密封胶胶缝	第 9.3.23 条			
	3	防水胶带黏结面积、搭接长度	第 9.3.24 条			
	4	防水节点空胶排水构造	第 9.3.25 条			
施工单位检 查评定结果		专业工长(施工员)			施工班组长	
		项目专项质量检查员			年　　月　　日	
监理(建设) 单位验收结论		专业监理工程师 (建设单位项目 专业技术负责人)			年　　月　　日	

第三节 ▶▶

现场灌浆施工质量检验

一、进场材料验收

1. 套筒灌浆料形式检验报告

检验报告应符合《钢筋连接用套筒灌浆料》(JG/T 408—2019)的要求,同时应符合预制构件内灌浆套筒的接头形式检验报告中灌浆料的强度要求。在灌浆施工前,应提前将灌浆料送至指定检测机构进行复验。

2. 灌浆套筒进场检验

① 灌浆套筒进场时,应抽取套筒,采用与之匹配的灌浆料制作对中连接接头,并进行抗拉强度检验,检验结果应符合《钢筋机械连接技术规程》(JGJ 107—2016)中Ⅰ级接头对抗拉强度的要求。

a. 检查数量:同一原材料、同一炉(批)号、同一类型、同一规格的灌浆套筒检验批量不应大于 1000 个,每批随机抽取 3 个灌浆套筒制作接头,并应制作不少于 1 组 40mm×40mm×160mm 灌浆料强度试件。

b. 检验方法:检查质量证明文件和抽样检验报告。

其中质量证明文件包括灌浆套筒、灌浆料的产品合格证、产品说明书、出厂检验报告(含材料力学性能报告)。试件制作同形式检验试件制作,应采用与有效形式检验报告匹配的灌浆料。考虑到套筒灌浆连接接头无法在施工过程中截取抽检,故增加了灌浆套筒进场时的抽检要求,以防止不合格灌浆套筒在工程中的应用。对于进入预制构件的灌浆套筒,此项工作应在灌浆套筒进入预制构件生产企业时进行。

② 灌浆套筒进场时，应抽取试件检验外观质量和尺寸偏差，检验结果应符合现行建筑工业行业标准《钢筋连接用灌浆套筒》（JG/T 398—2019）的有关规定。

a. 检查数量：同一原材料、同一炉（批）号、同一类型、同一规格的灌浆套筒，检验批量不应大于 1000 个，每批随机抽取 10 个灌浆套筒。

b. 检验方法：观察，尽量检查。

3. 灌浆料进场检验

此项主要对灌浆料拌和物（按比例加水制成的浆料）30min 流动度、泌水率、1d 抗压强度、28d 抗压强度、3h 竖向膨胀率、24h 与 3h 竖向膨胀率差值进行检验。检验结果应符合《钢筋连接用套筒灌浆料》（JG/T 408—2019）的有关规定，见表 16-15～表 16-17。

① 检查数量：同一成分、同一工艺、同一批号的灌浆料，检验批量不应大于 50t，每批按现行建筑工业行业标准《钢筋连接用套筒灌浆料》（JG/T 408—2019）的有关规定随机抽取灌浆料制作试件。

② 检验方法：检查质量证明文件和抽样检验报告。

表 16-15　灌浆料拌和物流动度要求

项　　目		工作性能要求
流动度/mm	初始	≥300
	30min	≥260
泌水率/%		0

表 16-16　灌浆料抗压强度要求

时间（龄期）	抗压强度/MPa
1 天	≥35
28 天	≥85

表 16-17　灌浆料竖向膨胀率要求

项　　目	竖向膨胀率/%
3h	≥0.02
24h 与 3h 差值	0.02～0.50

二、构件专项检验

此项检验主要检查灌浆套筒内腔和灌浆、出浆管路是否通畅，保证后续灌浆作业顺利。检查要点包括以下内容。

① 用气泵或钢棒检测灌浆套筒内有无异物，管路是否通畅。

② 确定各个进、出浆管孔与各个灌浆套筒的对应关系。

③ 了解构件连接面实际情况和构造，为制定施工方案做准备。

④ 确认构件另一端面伸出连接钢筋长度符合设计要求。

⑤ 对发现的问题构件提前进行修理，达到可用状态。

三、套筒灌浆施工质量检验

1. 抗压强度检验

施工现场灌浆施工中，需要检验灌浆料的 28d 抗压强度符合设计要求并应符合《钢筋连接用套筒灌浆料》（JG/T 408—2019）的有关规定。用于检验抗压强度的灌浆料试件应在施工现场制作、实验室条件下进行标准养护。

① 检查数量：每工作班取样不得少于 1 次，每楼层取样不得少于 3 次。每次抽取 1 组试件，每组 3 个试块，试块规格为 40mm×40mm×160mm，标准养护 28d 后进行抗压强度试验。

② 检验方法：检查灌浆施工记录及试件强度试验报告。

2. 灌浆料充盈度检验

灌浆料凝固后，对灌浆接头 100% 进行外观检查。检查项目包括灌浆、排浆孔口内灌浆料充满状态。取下灌、排浆孔封堵胶塞，检查孔内凝固的灌浆料上表面应高于排浆孔下缘 5mm 以上。

3. 灌浆接头抗拉强度检验

如果在构件厂检验灌浆套筒抗拉强度，采用的灌浆料与现场所用一样，试件制作也是模拟施工条件，那么，该项试验就不需要再做；否则就要重做，做法如下。

① 检查数量：同一批号、同一类型、同一规格的灌浆套筒，检验批量不应大于 1000 个，每批随机抽取 3 个灌浆套筒制作对中接头。

② 检验方法：有资质的实验室进行拉伸试验。

③ 检验结果：结果应符合《钢筋机械连接技术规程》（JGJ 107—2016）中对Ⅰ级接头抗拉强度的要求。

4. 施工过程检验

采用套筒灌浆连接时，应检查套筒中连接钢筋的位置和长度满足设计要求，套筒和灌浆材料应采用经同一厂家认证的配套产品，套筒灌浆施工还应符合以下规定。

① 灌浆前应制定套筒灌浆操作的专项质量保证措施，被连接钢筋偏离套筒中心线偏移不超过 5mm，灌浆操作全过程应有专门人员旁站监督施工。

② 灌浆料应由经培训合格的专业人员按配置要求计量灌浆材料和水的用量，经搅拌均匀后测定其流动度，满足设计要求后方可灌注。

③ 浆料应在制备后半小时内用完，灌浆作业应采取压浆法，从下口灌注，当浆料从上口流出时应及时封堵，持压 30s 后再封堵下口。

④ 冬期施工时环境温度应在 5℃ 以上，并应对连接处采取加热保温措施，保证浆料在 48h 凝结硬化过程中连接部位温度不低于 10℃。

⑤ 灌浆连接施工全过程检查项目见表 16-18。

表 16-18　灌浆连接施工全过程检查项目

检查项目	要求
灌浆料	确保灌浆料在有效期内，且无受潮结块现象
钢筋长度	确保钢筋伸出长度满足相关规定的最小锚固长度
套筒内部	确保套筒内部无松散杂质和水
灌排浆嘴	确保灌浆通道顺畅
拌和水	确保拌和水干净，符合用水标准，且满足灌浆料的用水量要求
搅拌时间	不少于 5min
搅拌温度	确保在灌浆料的使用温度范围（5～40℃）
灌浆时间	不超过 30min
流动度	确保灌浆料流动扩展直径为 300～380mm
灌浆情况	确保所有套筒均充满灌浆料，从灌浆孔灌入，排浆孔流出
灌浆后	确保所有灌浆套筒及灌浆区域填满灌浆料，并填写灌浆记录表

⑥ 灌浆连接施工常见问题及解决方法见表 16-19。

表 16-19　灌浆连接施工中常见问题及解决方法

问　题	解决方法
灌浆口或排浆口未露出混凝土构件表面	(1)检查并标记灌浆口或排浆口可能所在的位置 (2)剔除标记位置的混凝土,找到隐藏的过浆口 (3)用空压机或水清洗灌浆通道,确保从进浆口到排浆口通道的畅通
由于封缝或坐浆的原因,导致坐浆砂浆进入套筒下口,堵塞进浆通道	(1)用錾子剔除灌浆口处的砂浆 (2)重复问题 1 中步骤(3) (3)对此套筒进行单个灌浆
灌浆口或排浆口堵塞(混凝土碎屑或其他异物等)	(1)如果是混凝土碎渣或石子等硬物堵塞,用钢錾子或手枪钻剔除 (2)如果是密封胶塞或 PE 棒等塑料,用钩状的工具或尖嘴钳从灌浆口或排浆口处挖出 (3)重复问题 1 中步骤(3)
灌浆过程中,封缝砂浆或坐浆砂浆的移动造成灌浆料的渗漏	(1)用碎布、环氧树脂或快干砂浆堵住漏浆处 (2)用高压水清洗套筒内部,确保灌浆孔道畅通 (3)重新灌浆
套筒内部堵塞(石子、碎屑等)	(1)用高压水清洗掉套筒内部的灌浆料 (2)保证灌浆通道畅通,降低灌浆速度,重新灌浆
钢筋紧靠套筒内壁,堵塞灌浆口或排浆口	用钢棒插入排浆孔,然后用重锤敲击,以减少限制
灌浆完成后,由于基面吸水或排气造成的灌浆不饱满	采用较细的灌浆管从排浆口插入套筒进行缓慢补浆

第十七章

装配式建筑混凝土结构施工安全措施

第一节 ▶▶

预制构件运输堆放安全措施

一、预制构件运输安全要点

　　构件运输车辆驾驶员在运输前应熟悉现场道路情况，驾驶运输车辆时应按照现场规划的行车路线行驶（图 17-1），避免由于驾驶员对场地内道路情况不熟悉而导致车辆中途无法掉头等问题，造成可能的安全隐患。

　　预制构件卸车时，应首先确保车辆平衡，并按照一定的装卸顺序进行卸车，避免由于卸车顺序不合理导致车辆倾覆等安全事故。预制构件卸车后，应按照现场要求，将构件按编号或按使用顺序依次存放于构件堆放场地，严禁乱摆乱放，从而造成构件倾覆等安全事故。构件堆放场地应设置合理，有稳妥的临时固定措施，避免构件存放时因固定措施不足而导致可能的安全隐患。

图 17-1　预制构件运输

二、预制构件安全堆放要点

　　装配整体式混凝土结构施工，构件堆场在施工现场占有较大的面积，预制构件较多，必须合理有序地对预制构件进行分类布置管理。施工现场构件堆放场地不平整、刚度不够、存放不规范等都有可能使预制构件歪倒，引发人身伤亡事故。因此，构件存放场地宜为混凝土硬化地面或经人工处理的自然地坪，应满足平整度和地基承载力的要求。不同类型构件之间应留有不少于 0.7m 的人行通道，预制构件装卸、吊装工作范围内不应有障碍物，并应有满足构件的吊装、运输、作业、周转等工作内容的相关要求。

　　（1）预制墙板的放置

　　预制墙板根据其受力特点和结构特点，宜采用专用钢制靠放架对称插放或靠放存放，靠放架应有足够的刚度，并支垫稳固。预制外墙板宜对称靠放，外墙挂板往往外表面有饰面层，外饰面应朝外放置，用模塑聚苯板或其他轻质材料包覆，预制内外墙板与地面倾斜角不宜小于 80°，构件与刚性搁置点之间应设置柔性垫片，防止构件歪倒、砸伤作业人员。

（2）预制板类构件放置

预制板类构件可采用叠放方式平稳存放，其叠放高度应按构件强度、地面耐压力、垫木强度以及垛堆的稳定性而确定，构件层与层之间应垫平、垫实，各层支垫应上下对齐，最下

面一层支垫应通长设置，楼板、阳台板预制构件储存宜平放，采用专用存放架支撑，叠放储存不宜超过 6 层。

（3）梁、柱构件放置

梁、柱等构件宜水平堆放，预埋吊装孔的表面朝上，且采用不少于两条垫木支撑，构件底层支垫高度不低于 100mm，且应采取有效的防护措施，防止构件侧翻，造成安全事故。

预制构件堆放效果如图 17-2 所示。

图 17-2　预制构件堆放效果

第二节 ▶▶

起重机械设施安全管理

吊装设备选型及布置应满足最不利构件吊装要求，严禁超载吊装。起吊前应检查吊装机械、吊具、钢索是否完好，吊环及吊装螺栓旋入内置螺母的深度应满足施工验算要求，并加强检查频率。吊装作业时应设置吊装区，周围设置警戒区，非作业人员严禁入内。起重臂和重物下方严禁有人停留、作业或通过。开始起吊时，应先将构件吊离地面 200～300mm 后停止起吊，并检查吊装机械设备的稳定性、制动装置的可靠性、构件的平衡性和绑扎的牢固性等，待确认符合要求后方可继续起吊。在做吊装回转、俯仰吊臂、起落吊钩等动作前，应鸣声示意。

吊运过程应平稳，不应有大幅度摆动，不应突然制动（图 17-3）。构件应采用垂直吊运方式，严禁采用斜拉、斜吊，吊起的构件应及时就位；吊运预制构件时，下方禁止站人，不得在构件顶面上行走，必须待吊物降落至离地 1m 以内方准靠近，就位固定后，方可脱钩；吊装作业不宜在夜间进行。在风力达到 5 级及以上或大雨、大雪、大雾等恶劣天气时，应停止露天吊装作业。重新作业前，应先试吊，并应确认各种安全装置灵敏可靠后进行作业；起重机停止工作时，应刹住回转和行走机构，

图 17-3　塔式起重机安全控制

关闭、锁好驾驶室门；吊钩上不得悬挂物件，并应升到高处，以免其摆动伤人。

一、塔式起重机安全使用管理

1. 做好安全技术交底

对塔式起重机驾驶员和起重工做好安全技术交底，以加强安全意识，每一台塔式起重

机，必须有 1 名以上专职、经培训合格后持证上岗的指挥人员；指挥信号明确，必须用旗语或对讲机进行指挥。塔式起重机应由专职人员操作和管理，严禁违章作业和超载使用，宜采用可视化系统操作和管理预制构件吊装就位工序。

2. 塔式起重机与输电线之间的安全距离应符合要求

塔式起重机与输电线的安全距离达不到规定要求的，通过搭设非金属材料防护架进行安全防护。

3. 提前绘制现场平面图并确定塔式起重机的具体内容

当多台塔式起重机在同一工程中使用时，要充分考虑相邻塔式起重机之间的吊运方向、塔臂转动位置、起吊高度、塔臂作业半径内的交叉作业、相邻塔式起重机的水平安全距离，由专业信号工设限位哨，加强彼此之间的安全控制。

4. 施工地点有两台以上塔式起重机的情况

当同一施工地点有两台以上塔式起重机时，应保持两机间任何接近部位（包括吊重物）距离不得小于 2m。

5. 动臂式和尚未附着的自升式塔式起重机

对于动臂式和尚未附着的自升式塔式起重机，夜间施工要有足够的照明。

6. 坚持"十"不吊

作业完毕，应断电锁箱，做好机械的"十字"作业工作。十不吊的内容：斜吊不吊；超载不吊；散装物装得太满或捆扎不牢不吊；吊物边缘无防护措施不吊；吊物上站人不吊；指挥信号不明不吊；埋在地下的构件不吊；安全装置失灵不吊；光线阴暗看不清吊物不吊；六级以上强风不吊。

7. 塔式起重机安全操作管理规定

① 塔式起重机起吊前，应对吊具与索具进行检查，确认合格后方可起吊。

② 塔式起重机使用前，应检查各金属结构部件和外观情况是否完好。现场安装完毕后应按有关规定进行试验和试运转，确保空载运转时声音正常、重载试验制动可靠。

③ 塔式起重机在现场安装完毕后应重新调节好各种保护装置和限位开关；各安全限位和保护装置齐全完好，动作灵敏可靠。塔式起重机传动装置、指示仪表、主要部位连接螺栓、钢丝绳磨损情况、供电电缆等必须符合有关规定。

④ 多台塔式起重机同时作业时，要听从指挥人员的指挥，必须保持往同一方向放置，不能随意旋转。塔式起重机的转向制动，要经常保持完好状态。当塔式起重机进行回转作业时，要密切留意塔式起重机起吊臂工作位置，留有适当的回转位置空间。

⑤ 机械出现故障或运转不正常时应立即停止使用。作业中遇突发故障，应采取措施将吊物降落到安全地点，严禁吊物长时间悬挂在空中；及时在塔臂前端设置明显标志，并及时停机维修，绝不能带病转动。

⑥ 预制构件吊装时，应根据预先设置的吊点挂稳吊钩，零星材料起吊时，应用吊笼或钢丝绳绑扎牢固；在吊钩提升、起重小车或行走大车运行到限位装置前，均应减速缓行到停止位置，并应与限位装置保持一定距离。严禁采用限位装置作为停止运行的控制开关。

⑦ 操作各控制器时，应依次逐步操作，严禁越挡操作。在变换运转方向时，应将操作手柄归零，待电机停止转动后再换向操作，力求平稳，严禁急开急停。

⑧ 起重吊装作业中，操作人员临时离开操纵室时，必须切断电源。起重吊装作业完毕后，起重臂应转到顺风方向，并松开回转制动器，小车及平衡重应置于非工作状态，吊钩宜

升到离起重臂顶端 2~3m 处。应将每个控制器都拨回零位，依次断开各开关，关闭操纵室门窗，断开电源总开关，打开高空指示灯。

8. 塔式起重机资料管理

施工企业或塔式起重机产权单位应将塔式起重机的生产许可证、产品合格证、安装许可证、地质勘查资料、使用说明书、电气原理图、液压系统图、司机操作证、塔式起重机基础图、塔式起重机安装方案、安全技术交底、主要零部件质保书（钢丝绳、高强连接螺栓、地脚螺栓及主要电气元件等）经地方特种设备检测中心检测合格后，获得安全使用证。

日常使用中要加强对塔式起重机的动态跟踪管理，做好台班记录、检查："三录"和维修保养记录（包括小修、中修、大修）并有相关责任人签字，在维修过程中所更换的材料及易损件要有合格证或质量保证书，并将上述材料及时整理归档，建立一机一档台账。

9. 塔式起重机拆装安全管理

塔式起重机的拆装是事故的多发阶段，因拆装不当和安装质量不合格而引起的安全事故占有很大的比重。塔式起重机拆装必须由具有资质的拆装单位进行作业，拆装要编制专项的拆装安全方案，方案要有安装单位技术负责人审核签字。拆装人员要经过专门的业务培训，有一定的拆装经验并持证上岗，同时要各工种人员齐全，岗位明确，各司其职，听从统一指挥，安排专人指挥，无关人员禁止入场，严格按照拆装程序和说明书的要求进行作业。当遇风力超过 4 级时要停止拆装，风力超过 5 级，塔式起重机要停止起重作业。特殊情况确实需要在夜间作业的要有足够的照明。

10. 塔式起重机安全装置设置管理

塔式起重机必须安装的安全装置主要有：起重力矩限制器、起重量限制器、高度限位装置、幅度限位器、回转限位器、吊钩保险装置、卷筒保险装置、风向风速仪、钢丝绳脱槽保险装置、小车防断绳装置、小车防断轴装置和缓冲器等。这些安全装置要确保完好且灵敏可靠，不得私自解除或任意调节，保证塔式起重机的安全使用。

11. 塔式起重机电气安全管理

按照《建筑施工安全检查标准》（JGJ 59—2011）要求，塔式起重机的专用开关箱也要满足"一机、一箱、一闸、一漏"的要求，漏电保护器的脱扣额定动作电流应不大于 30mA，额定动作时间不超过 0.1s。司机室里的配电盘不得裸露在外。电气柜应完好，关闭严密、门锁齐全，柜内电气元件应完好，线路清晰，操作控制机构灵敏可靠，各限位开关性能良好，定期安排专业电工进行检查维修。

12. 塔式起重机报废与年限

为保证塔式起重机安全使用，对于使用时间超过一定年限的塔式起重机应由有资质的评估机构进行安全性能评估。起重力矩在 630kN·m（不含 630kN·m）以下且出厂年限超过 10 年、起重力矩在 630~1250kN·m（不含 1250kN·m）且出厂年限超过 15 年、起重力矩在 1250N·m 及以上且出厂年限 20 年的塔式起重机，经有资质单位评估合格后，做出合格、降级使用和不合格判定。对于合格、降级使用塔式起重机，起重力矩在 630N·m（不含 630kN·m）以下且出厂年限超过 10 年的塔式起重机，评估有限期不得超过 1 年；起重力矩在 630~1250kN·m（不含 1250kN·m）且出厂年限超过 15 年的塔式起重机，评估有限期不得超过 2 年；起重力矩在 1250kN·m 及以上且出厂年限超出 20 年的塔式起重机，评估有限期不得超过 3 年。

二、履带式起重机安全使用管理

履带式起重机工作时起重吊装的指挥人员必须持证上岗。履带式起重机作业时应与操作人员密切配合，操作人员按照指挥人员的信号进行作业，当信号不清或错误时，操作人员可拒绝执行。履带式起重机应在平坦坚实的地面上作业、行走和停放。在正常作业时，坡度不得大于30°，并应与沟渠、基坑保持安全距离。履带式起重机启动前重点检查项目应符合下列要求。

① 各安全防护装置及各指示仪表齐全完好。

② 钢丝绳及连接部位符合规定。

③ 燃油、润滑油、液压油、冷却水等添加充足。

④ 各连接件无松动。

履带式起重机必须在平坦坚实的地面上作业，当起吊荷载达到额定重量的80％及以上时，工作动作应慢速进行，先将重物吊离地面200～300mm，检查确认起重机的稳定性、制动器的可靠性、构件的绑扎牢固性后方可继续吊装，并禁止同时进行两种及以上动作；采用双机抬吊作业时，应选用起重性能相似和起重量相近的两台履带式起重机进行。抬吊时应统一指挥，动作应配合协调，载荷应分配合理，单机的起吊载荷不得超过允许载荷的70％。在吊装过程中，两台履带式起重机的吊钩滑轮组应保持垂直状态。

当履带式起重机需带载行走时，行走道路应坚实平整，载荷不得超过允许起重量的70％，重物应在履带式起重机正前方向，重物离地面不得大于500mm，并应拴好拉绳，缓慢行驶。严禁长距离带载行驶。履带式起重机行走时，转弯不应过急；当转弯半径过小时，应分次转弯；当路面凹凸不平时，不得转弯。履带式起重机的变幅指示器、力矩限制器、起重量限制器以及各种行程限位开关等安全保护装置，应完好齐全、灵敏可靠，不得随意调整或拆除。严禁利用限制器和限位装置代替操纵机构。

履带式起重机作业时，起重臂和重物下方严禁有人停留、作业或通过；重物吊运时，严禁从人上方通过；严禁用履带式起重机载运人员。严禁使用履带式起重机进行斜拉、斜吊和起吊地下埋设或凝固在地面上的重物以及其他不明重量的物体。对于现场浇筑的混凝土预制构件，必须全部脱模后方可起吊。严禁起吊重物长时间悬挂在空中，作业中遇突发故障，应采取措施将重物降落到安全地方，并关闭发动机或切断电源后进行检修。在突然停电时，应立即把所有控制器拨到零位，断开电源总开关，并采取措施使重物降到地面。

操纵室远离地面的履带式起重机，在正常指挥发生困难时，地面及作业层（高空）的指挥人员均应使用对讲机等有效的通信工具联络进行指挥。在露天有5级及以上大风或大雨、大雪、大雾等恶劣天气时，应停止起重吊装作业。雨雪天气过后，在起吊作业工作前，应先试吊，确认制动器等部件灵敏可靠后方可进行作业。

履带式起重机的安全使用如图17-4所示。

图17-4　履带式起重机的安全使用

第十八章

装配式建筑混凝土结构施工
常见质量问题及处理

一、接头工艺检验不符合要求

1. 问题

① 工艺检验试件未在构件生产制作前完成。

② 竖向钢筋套筒灌浆连接试件制作时未采用竖直放置接头，未能真实模拟灌浆施工条件，试件制作方法错误。

③ 采用半灌浆套筒时，钢筋丝头加工方法不正确。

2. 处理

① 套筒灌浆连接接头的工艺检验须在预制构件生产（套筒预埋）前完成并进行送检。以免因工艺检验不合格，造成重大损失。同时要求接头试件及灌浆料试件应在标准养护条件下养护 28 天，试件送检应符合现行行业标准《钢筋套筒灌浆连接应用技术规程》（JGJ 355—2015）的相关要求。

② 工艺检验目的是通过模拟实际灌浆作业工况来检验接头质量，因此在人员、设备、材料、环境等方面应真实模拟实际施工状态。要求灌浆姿态、封堵方式、材料性能等制作条件均应符合实际施工要求。

③ 半灌浆套筒机械连接端加工时，应按现行行业标准《钢筋机械连接技术规程》（JGJ 107—2016）的规定对丝头加工质量及拧紧的力矩进行检查。操作人员应进行培训后上岗。

二、进厂检验不符合要求

1. 问题

① 在预制构件生产加工前，未对预埋吊件进行进厂检验。

② 预埋吊件的拉拔试验，在加载过程中的加载方式及加载速率不符合要求。

2. 处理

① 预埋吊件进厂时应进行外观质量检查以及受拉性能检验。预埋吊件受拉性能应满足产品要求。

② 在试验中为了消除初始误差，宜采用预加载的方式，预加载的值为预计极限荷载的 5%，在连续加载过程中加载速率为 2kN/s，但加载时间不应小于 1min，应避免突然加载。

三、平行试件制作不满足要求

1. 问题

① 预制构件生产单位未进行保温连接件抗拉、抗剪承载力复检，相应检验报告缺项。

② 试件的检验数量与批次不合规，试件的制作尺寸与形式不满足要求。

2. 处理

① 夹芯保温连接件进厂时应提供形式检验报告，预制构件生产单位应按批次抽取样品制作平行试件，对连接件抗拉、抗剪性能进行复检。

② 夹芯保温连接件检验批可参照预埋件的检验批进行划分，且同一批次应制作 5 个平行试件。平行试件应结合连接件的类型、尺寸进行制作，可参考上海市工程建设规范《预制混凝土夹芯保温外墙板应用技术标准》（DGTJ 08-2158—2017）附录 A。

四、套筒内饱满度不足

1. 问题

① 灌浆施工过程中一般不能更换注浆孔，所以注浆孔是最后一个用软塞封堵的孔洞，当灌浆软管枪嘴拔出的瞬间，浆料也会随之流出，如果堵孔不及时会造成套筒内浆料液面普遍下降。

② 灌浆过程中发生已出浆并塞紧的套筒下部孔道软塞被顶出现象，操作人员虽及时将漏浆孔道再次塞紧，但此时该套筒内部浆料液面已下降，造成后续检查发现套筒内饱满度缺陷。

③ 灌浆施工过程是浆料与空气体积置换的过程，如果灌浆速度过快，会使得空气不能及时排出，灌浆后随着浆料逐渐下沉，也会造成套筒内饱满度缺陷。

2. 处理

① 灌浆作业应不少于 2 人同时配合，当灌浆孔枪嘴拔出时应及时封堵塞紧。若流出浆料较多，应再次灌注并持压一段时间后再拔出枪嘴。

② 灌浆过程中若有个别套筒的下部孔软塞被顶出，在及时回堵的同时应拔除该套筒的上端孔软塞，待上部孔再次出浆后重新塞紧。

③ 浆料拌制均匀后应静置排气且刮除表面上浮气泡（图 18-1），控制灌浆压力不宜大于 0.4MPa，使得空气有足够的时间置换出去。灌浆施工结束后约 15min 应拔除个别出浆孔软塞进行抽检，发现饱满度不足的应及时补浆。出浆孔除了用软塞封堵以外，还可以在孔道口接上弯软管或塑料小斗起到重力补浆作用（图 18-2）

图 18-1　浆料拌匀后静置排气

图 18-2　孔道口接上弯软管

五、斜撑杆及配件样式繁多

1. 问题

① 各施工单位根据自身习惯使用不同的斜撑形式，而施工单位介入时往往设计已完成，有时构件也已生产，就会产生施工方式不适应或施工单位自配的斜撑杆与预制墙板预埋件不匹配的情况发生。施工单位有时会对已有产品进行简易改造，如斜撑杆切割变短或焊接加长等（图18-3），质量难以保证。

② 接驳连接金属件未按照设计图纸加工制作，随意变更，如金属环钩直径变细、环钩横筋无故取消等（图18-4），使得斜撑杆未起到应有作用，导致预制墙板走位偏移。

图 18-3　斜撑杆随意切割拼接

图 18-4　预埋环钩无横筋、变形

2. 处理

① 施工单位应事先熟读设计图纸，了解预制构件的特点及设计意图，配置适合工程要求的斜撑形式及预埋件，不应对成品支撑杆件随意改造。

② 当设计图纸有明确配件形式要求时，应严格按图纸选购或加工配件，在预埋配件时应与设计要求的材料、位置、做法相符（图18-5）。如设计无要求时，施工单位应提前对支撑系统及预埋件进行策划，并提供资料给深化设计单位。

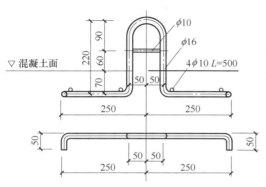

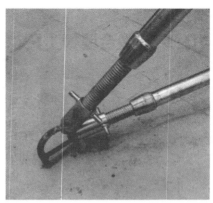

图 18-5　斜撑下端预埋环钩

ϕ—钢筋直径；L—环钩长度

六、水平接缝过窄

1. 问题

① 现浇楼面水平标高控制不当，预制竖向构件下部现浇面标高过高，导致预制构件与现浇楼面之间水平缝间距过小（图18-6），连通腔灌浆时浆料无法流淌到位。

② 叠合楼板采用预制层厚度60mm＋现浇层厚度70mm的做法，当管线密集且需交叉时，70mm现浇层无法满足管线埋设要求（图18-7），为了楼面"不露筋、不露管"，现浇混凝土浇筑时局部浇厚，使得楼面标高过高。

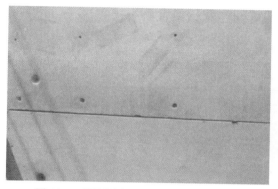
图18-6　预制墙板底部水平缝间距过小

图18-7　暗埋管线交叉密集

2. 处理

① 施工时严格控制楼板下部模板支撑的水平标高，同时严格控制现浇混凝土楼面标高。预制构件安装之前应测量标高，对于现浇楼面标高偏差较大的应进行整改，复测标高合格后方可吊装构件。

② 当设计采用叠合楼板埋设管线的，现浇层厚度不宜小于80mm。设计时应提前考虑管线走向的合理规划，避免施工时管线随意交叉。

③ 推荐采用结构与管线分离体系，即管线不埋于结构楼板内。

七、预制构件堆场条件、堆放方式不满足施工要求

1. 问题

① 预制构件随意堆放，水平预制构件叠放支点位置不合理，导致构件开裂损坏（图18-8）。

② 堆放架刚度不足且未固定牢靠，导致构件倾倒（图18-9）。

③ 预制构件堆放距离过近，预制构件之间成品保护措施设置不当，使得构件以及伸出钢筋相互碰撞而破损。

④ 施工现场预制构件堆放场地未硬化（图18-10），周围没有设置隔离围栏。

⑤ 预制构件堆放顺序未考虑吊装顺序，多次翻找影响效率。

⑥ 叠合楼板堆放支点垫块未上下对齐，且未设置软垫（图18-11）。

2. 处理

① 应根据预制构件类型，有针对性地制定现场堆放方案。一般竖向构件采用立放（图18-12），水平构件采用叠放（图18-13），应明确堆放架体形式以及叠放层数。

图 18-8 构件堆放破损

图 18-9 堆放架倒塌

图 18-10 堆场无硬化

图 18-11 叠合楼板垫块设置不合理

图 18-12 竖向构件堆放

图 18-13 叠合楼板堆放

② 堆放架应具有足够的强度、刚度和稳定性，以及满足抗倾覆要求并进行验算。

③ 构件堆垛之间应空出宽度不小于 0.6m 的通道。钢架与构件之间应衬垫软质材料，以免磕碰损坏构件。

④ 构件堆放场地应平整、硬化，满足承载要求，堆场周围应设置隔离围栏，悬挂标识标牌。堆场面积宜满足一个楼层构件数量的存放。当构件堆场位于地下室顶板上部时，应对

顶板的承载力进行验算，不足时需考虑顶板支撑加固措施。

⑤ 预制构件堆放位置及顺序应考虑供货计划和吊装顺序，按照先吊装的竖向构件放置外侧、先吊装的水平构件放置上层的原则进行合理放置。当场地受限时也可直接从运输车上起吊构件（图18-14），对车上构件堆放顺序也需进行提前策划。

⑥ 叠合楼板下部搁置点位置宜与设计吊点位置保持一致。预应力水平构件，如预应力双T板、预应力空心板堆放时，应根据构件起拱位置放置层间垫块，一般在构件端部放置独立垫块（图18-15）。

图18-14 从运输车直接起吊墙板

图18-15 预应力混凝土
双T板端部垫块

八、吊点位置不合理

1. 问题

现场吊装过程中，产生明显裂缝，预制构件产生破坏，如图18-16所示。

图18-16 吊装不合理

① 预制构件本身设计不合理。
② 吊点设计不合理。

2. 处理

① 构件设计时对吊点位置进行分析计算，确保吊装安全，吊点合理。
② 对于漏埋吊点或吊点设计不合理的构件，返回工厂进行处理。

九、预制墙板偏位

1. 问题

预制墙体偏位比较严重，严重影响工程质量，如图18-17所示。

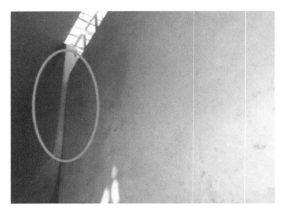

图 18-17　偏位

① 墙体安装时未严格按照控制线进行控制，导致墙体落位后偏位。

② 构件本身存在一定质量问题，厚度不一致。

2. 处理

① 做好定位放线工作、校正墙体位置。

② 施工单位加强现场施工管理、避免发生类似问题。

③ 监理单位加强现场检查监督工作。

第十九章

装配式建筑混凝土结构
施工实例详解

第一节 ▶▶

某装配式高层住宅楼施工过程实例解读

一、场内外准备

1. 场内准备

如图 19-1 所示，施工现场做好"三通一平"（路通、水通、电通和平整场地）的准备，搭建好现场临时设施和装配式混凝土结构的堆场准备；为了配合装配式混凝土结构施工和装配式混凝土结构单块构件的最大重量的施工需求，确保满足每栋房子装配式混凝土结构的吊装距离，以及按照施工进度和现场的场布要求，本项目 1～4 号楼配备 4 台 STC7015 塔吊，合理布置在每栋房子的附近，确保平均吊装每 5～6 天一层的节点。

(a) 道路制作　　　　　　　(b) 现场示意　　　　　　　(c) 道路与场地隔断示意

图 19-1　场地准备现场

2. 场外准备

场外做好随时与装配式混凝土结构厂家和装配式混凝土结构相关构件厂家沟通，准确了解各个装配式混凝土结构厂家的地址，准确预测装配式混凝土结构厂家距离本项目的实地距离，以便于更准确联系装配式混凝土结构厂家发送装配式混凝土结构时间，有助于整体施工的安排；实地确定各个厂家生产装配式混凝土结构的类型，实地考察装配式混凝土结构厂家的生产能力，根据不同的生产厂家实际情况，做出合理的整体施工计划、装配式混凝土结构进场计划等；考察各个厂家之后，再请装配式混凝土结构厂家到施工现场实地了解情况，了解装配式混凝土结构运输线路，了解现场道路宽度、厚度和转角等情况；具体施工前公司和监理部门派遣质量人员去装配式混凝土结构厂家进行质量验收，将不合格的装配式混凝土结构构件排除现场施工、有问题的装配式混凝土结构构件进行工厂整改、有缺陷的装配式混凝土结构构件进行工厂修补，工厂实地验收如图 19-2 所示。

图 19-2　工厂实地验收

二、装配式混凝土施工

1. 构件单位选择以及生产范围

预制装配式构件实行工厂化生产，选择专业预制构件生产单位；装配式预制构件在工厂加工后，运送到工地现场由总包单位吊装安装。

按构件形式和数量，划分为外墙装配式预制外墙板、预制楼梯、阳台板、凸窗板和设备平台等装配式混凝土结构构件。

2. 装配式混凝土结构运输、堆场及成品保护

（1）运输

① 装配式混凝土结构应考虑垂直运输，因为这样既可以避免不必要的损坏，同时又避免了后期的施工难度。装车前先安装吊装架，将装配式混凝土结构放置在吊装架子上，然后将装配式混凝土结构和架子采用软隔离固定在一起，保证装配式混凝土结构在运输的过程中不出现不必要的损坏。

为了装配式混凝土结构进入施工现场以及能够在施工现场运输畅通，设置进入现场主大门道路至少 8m 宽，施工现场道路设置 5m 宽，保证装配式混凝土结构运输车辆能够在主大门道路双向通行，保证在施工现场转弯、直走等方式的畅通，如图 19-3 所示。

图 19-3　构件运输

② PC 阳台板、PC 空调板、PC 楼梯板、设备平台采用平放运输，放置时构件底部设置通长木条，并用紧绳与运输车固定。阳台板、空调板可叠放运输，叠放块数不得超过 6 块，叠放高度不得超过限高要求，阳台板、楼梯板不得超过 3 块，如图 19-4 所示。

③ 运输预制构件时，车启动应慢，车速应匀，转弯变道时要减速，以防墙板倾覆。

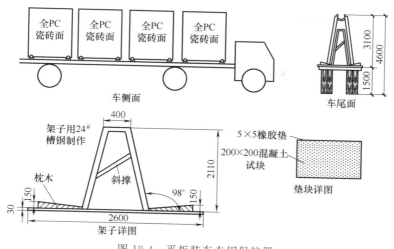

图 19-4　平板装车专用保护器

④ 部分运输线路覆盖地下车库，运输车通过地下车库顶板的，在底部用 16# 工字钢对梁底部做支撑加固，确保地下车库静荷载重量满足装配式混凝土结构运输重量。

3. 堆场

本工程的特点是装配式混凝土结构的单层量多、重量大，图纸显示每栋号房装配式混凝土结构最长 4m 左右，质量 4.6t 左右。根据上述施工要求以及装配式混凝土结构吊装施工的方便，装配式混凝土结构管理小组计划每栋号房设置 1 个装配式混凝土结构堆场，堆场为地下室顶板（利用消防车道，且底部有加固措施），地下室其余周边施工道路采用 200mm 厚 C20 混凝土浇筑而成，其中非地库上主干道与装配式混凝土结构堆场均须铺设 $\phi18@150$ 单层双向钢筋。钢筋运输车及装配式混凝土结构堆场都必须借助地库顶板作为施工道路及材料堆场，根据要求并结合实际情况，对车行道路及装配式混凝土结构堆场涉及范围内的地库顶板进行加固，特别是车行线使用钢管加密加固，所有排架钢管待结构封顶后拆除。

预制结构运至施工现场后，由塔吊或汽车吊按施工吊装顺序有序吊至专用堆放场地内，预制结构堆放必须在构件上加设枕木，场地上的构件应做防倾覆措施。

墙板采用竖放，用槽钢制作满足刚度要求的支架，墙板搁支点应设在墙板底部两端处，堆放场地须平整、结实。搁支点可采用柔性材料，堆放好以后要采取临时固定，场地做好临时围挡措施。因人为碰撞或塔吊机械碰撞倾倒，堆场内装配式混凝土结构会形成"多米诺骨牌式"倒塌，本堆场按吊装顺序交错有序堆放，板与板之间留出一定间隔，如图 19-5 所示。

4. 成品保护

本项目中装配式混凝土结构在运输、堆放和吊装的过程必须要注意成品保护措施。运输过程中采用钢架辅助运输，运输墙板时，车启动慢，车速应匀，转弯变道时要减速，以防墙板倾覆，由于本项目中装配式混凝土结构构件较重，堆场、运输成品保护难度较大，在装配式混凝土结构与钢架结合处采用棉纱或者橡胶块等，保证在运输的过程中装配式混凝土结构与钢架因为碰撞而破损。

堆放过程中采用钢扁担，使得装配式混凝土结构在吊装过程保持平衡，保持平稳和轻放，在轻放前也要在装配式混凝土结构堆放的位置放置棉纱或者橡胶块或者枕木等，将装配

图 19-5　堆场预制板的放置

式混凝土结构的下部保持柔性结构；楼梯、阳台等装配式混凝土结构必须单块堆放，叠放时用四块尺寸大小统一的木块衬垫，木块高度必须大于叠合板外露马镫筋和棱角等的高度，以免装配式混凝土结构受损，同时衬垫上适度放置棉纱或者橡胶块，保持装配式混凝土结构下部为柔性结构。在吊装施工的过程中更要注意成品保护的方法，在保证安全的前提下，要使装配式混凝土结构轻吊轻放，同时安装前先将塑料垫片放在装配式混凝土结构微调的位置，塑料垫片为柔性结构，这样可以有效降低装配式混凝土结构的受损。施工过程中楼梯、阳台等装配式混凝土结构需用木板覆盖保护。

　　浇筑前套筒连接锚固钢筋采用 PVC 管成品保护，防止在混凝土浇捣过程中污染连接筋，影响后期装配式混凝土结构吊装施工，如图 19-6 所示。

图 19-6　成品保护

三、装配式混凝土结构现场施工流程

　　装配式混凝土结构现场施工流程如图 19-7 所示。

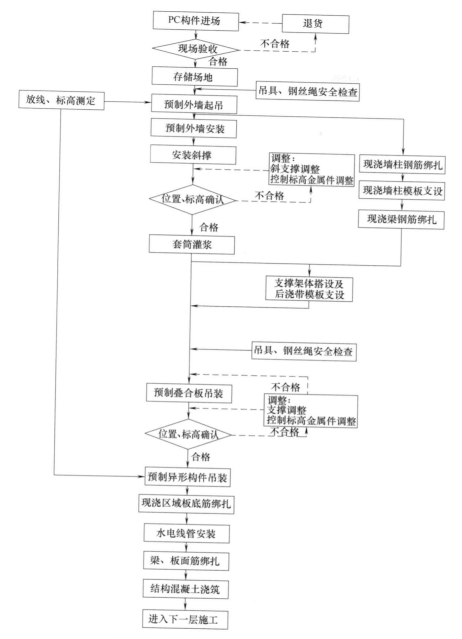

图 19-7 装配式混凝土结构现场施工流程

四、预制构件的吊装方案

1. 吊装准备的材料

吊装准备的材料见表 19-1。

2. 吊装施工工艺

（1）预制墙体的吊装工艺

吊装流程如图 19-8 所示。

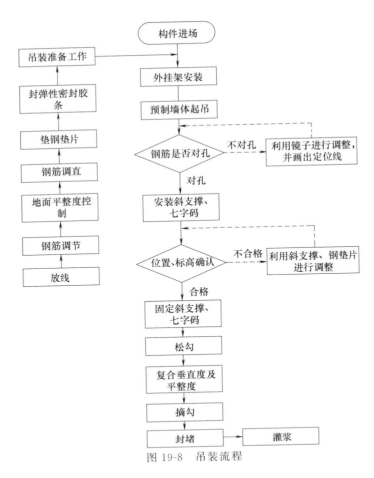

图 19-8　吊装流程

表 19-1　吊装准备的材料

名　　　称	数　　　量	备　　　注
2m 钢丝绳	4 根	φ20
4m 钢丝绳	4 根	φ20
6m 钢丝绳	4 根	φ20
U 形卡环	8 个	2t
U 形卡环	8 个	5t
小型吊钩	6 个	2t
预制剪力墙、梁吊具	1 个	工字钢焊接
叠合板吊具	1 个	工字钢焊接
PCF 板吊具	1 个	工字钢焊接
塔吊	1 台	TCT7015
外挂架	2 层	
预制墙体斜支撑	2～3 个/预制剪力墙	预制墙专用可调支撑
叠合板独立支撑	板底按照 1200mm 的立杆间距进行布置	叠合板专用可调支撑
叠合梁底支撑	梁底按照 900mm 的立杆间距进行布置	普通扣件式脚手架
灌浆机	1 台	
灌浆料	—	套筒连接区灌浆料采用强度不低于 85MPa 的高强灌浆料、非套筒连接区采用强度不低于 40MPa 的灌浆料
粘贴式防水卷材	—	粘贴在预制外墙的外叶墙内侧,代替挤塑板,防止后浇构件在浇筑过程中出现漏浆、跑浆

名　　称	数　　量	备　　注
高强水泥砂浆	—	预制剪力墙与下层楼板之间的嵌缝封浆
防水密封胶	—	用于外墙板缝封堵
PE 橡胶棒	D18/D20/D24	用于外墙板缝封堵和预制墙体与楼板面缝隙的封堵
垫铁	—	放置在预制构件下方控制标高
钢筋限位装置	—	控制套筒连接钢筋的位置
撬棍	2 根	对预制墙体进行微调
经纬仪	1 台	J2
水准仪	1 台	DS32
全站仪	1 台	—

（2）预制外墙起吊前准备工作

清理结合面，根据定位轴线，在已施工完成的楼层板上放出预制墙体定位边线及 200mm 控制线。并做一个 200mm 控制线的标识牌，用于现场标注说明该线为 200mm 控制线，方便施工操作及墙体控制，如图 19-9 所示。

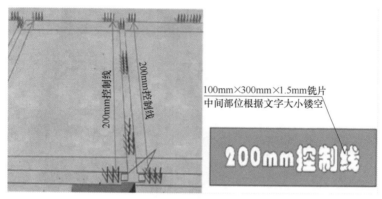

图 19-9　弹出墙体边线及 200mm 控制线

用自制钢筋卡具对钢筋的垂直度、定位及高度进行复核，对不符合要求的钢筋进行校正，确保上层预制外墙上的套筒与下一层的预留钢筋能够顺利对孔，如图 19-10 所示。

图 19-10　卡具图示

（3）预制外墙起吊

吊装时设置 2 名信号工，起吊处 1 名，吊装楼层上 1 名。另外墙吊装时配备 1 名挂钩人员，楼层上配备 3 名安放及固定外墙人员。

吊装前由质量负责人核对墙板型号和尺寸，检查质量无误后，由专人负责挂钩，待挂钩人员撤离至安全区域时，由下面信号工确认构件四周安全情况，确认无误后进行试吊，指挥缓慢起吊，起吊到距离地面 0.5m 左右时，塔吊起吊装置确定安全后，继续起吊，如图 19-11 所示。

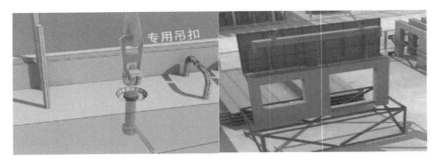

图 19-11 起吊

（4）预制外墙安装（图 19-12）

待墙体下放至距楼面 0.5m 处，根据预先定位的导向架及控制线微调，微调完成后减缓下放。由 2 名专业操作工人手扶引导降落，降落至 100mm 时 1 名工人利用专用目视镜观察连接钢筋是否对孔（工作面上吊装人员提前按构件就位线和标高控制线及预埋钢筋位置调整好，将垫铁准备好，构件就位至控制线内，并放置垫铁）。

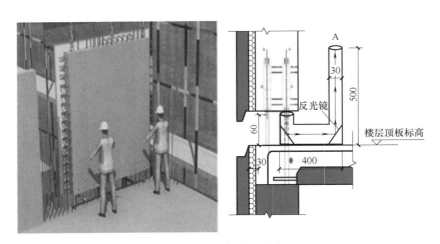

图 19-12 预制外墙安装

使用水准仪测出待吊装层所有预制外墙落位处的放置垫片四个角落处的标高，由技术人员计算出该层预制外墙落位处的平均值，如最低处与最高处差值过大，可取平均区间，或者将几处最低和最高的部位进行处理后再取平均值。

将各点的标高 a 值与平均标高 b 值记录清楚，待对应的预制外墙进场后，通过验收后可得出对应垫片位置的内叶墙高度 c 值，然后根据层高 2900mm 进行等式计算，可得出放置垫片的高度值 d。

需要注意的是，由于垫片的原始放置面和与上层预制外墙的下侧接触面均为粗糙面，在测量标高前，需人工对放置面进行处理，确保其水平。对待吊装预制外墙下侧的垫片接触面同样进行处理，确保此处的水平，且与对应的内叶墙外边缘在一条水平线上，如凸出或凹陷太多，在最后放置垫片时可进行相应调整。

此方法可确保每一层的外墙横缝在一条水平线上，确保横缝可一次性达到最优效果。

同时，如果一块预制外墙能够满足进场验收的标准，则其对角线值可达到设计要求，反映到预制外墙上就是该构件无限接近一个规正的矩形，同时也满足了外墙竖缝在一条垂线上。由于预制外墙之间的横缝和竖缝的设计要求为 20mm，在确保外墙缝通直的同时，仍需满足设计图纸中预制外墙吊装、安装就位和连接施工中的误差允许值，即预制墙板水平/竖向缝宽度≤2mm。

当首层吊装完毕后，可通过测量平均标高值，控制以上每一层的标高，最终控制整栋楼的高度。如在二层底板浇筑完毕后，得出标高比原设计标高高出 5mm，可通过调节垫片的高度或浇筑混凝土的高度，每一次消化掉 1mm 的误差，到第六层施工完毕后可完全消化掉 5mm 的误差。

（5）支撑体系的安装

墙体停止下落后，由专人安装斜支撑和七字码，利用斜支撑和七字码固定并调整预制墙体，确保墙体安装垂直度。构件调整完成，复核构件定位及标高无误后，由专人负责摘钩，斜支撑最终固定前，不得摘除吊钩（预制墙体上需预埋螺母，以便斜支撑固定）。

斜支撑固定完成后在墙体底部安装七字码，用于加强墙体与主体结构的连接，确保后续作业时墙体不产生位移。每块墙体安装两根可调节斜支撑和两个七字码，如图 19-13 和图 19-14 所示。

图 19-13　斜撑示意

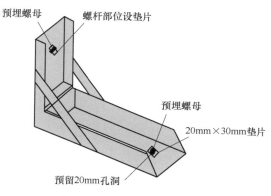

图 19-14　七子码安装示意

第二节 ►►

某村镇项目装配式建筑

一、项目概况

某村镇地块商品房项目，总建筑面积 70210m²，高层住宅（16～18 层）11 栋，低层住宅（3～4 层）25 栋，其中一栋为自持住宅，一栋为保障房。根据土地出让合同：本项目装配式建筑面积比例 100%，建筑单体预制装配率不低于 40%，除保障房外，本项目采用预制夹芯保温外墙，保温材料采用 XPS，厚度为 40mm。

二、联拼单体示例

由 12#、16# 楼二层预制构件拆分平面图如图 19-15 所示。

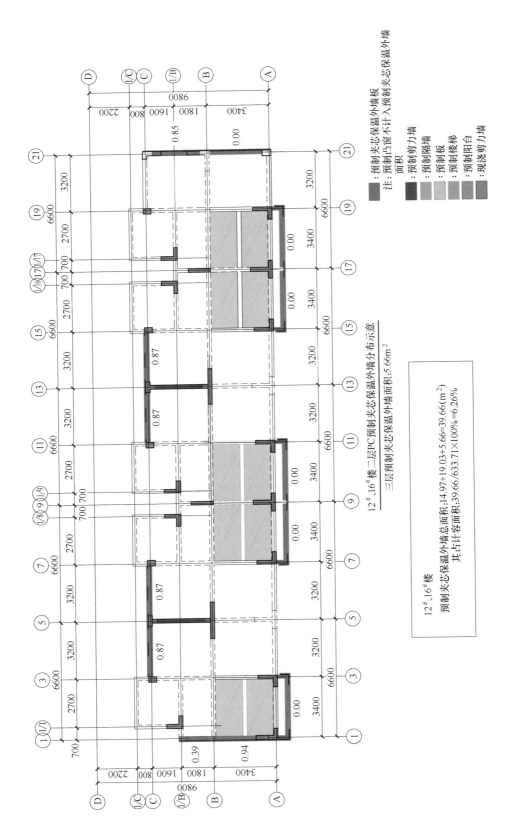

图 19-15　由 12#、16# 楼二层预制构件拆分平面图

三、联拼标准层连接

联拼标准层连接如图 19-16～图 19-19 所示。

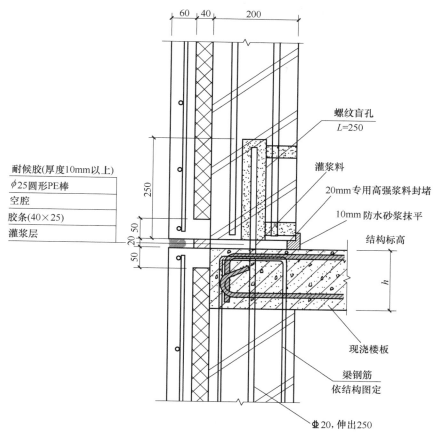

图 19-16　竖向连接大样图

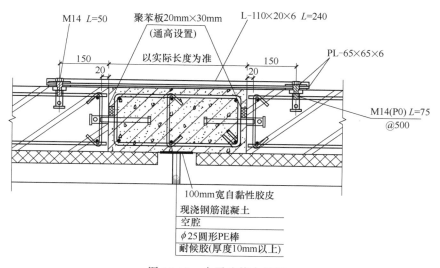

图 19-17　水平连接大样图

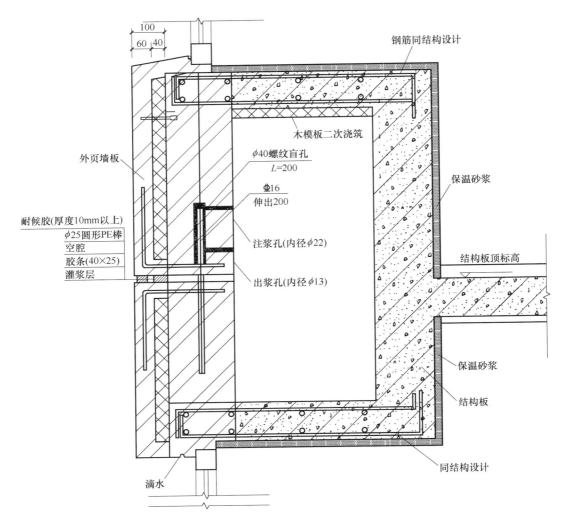

图 19-18　预制凸窗连接

图中标注文字：

100
60　40

钢筋同结构设计

木模板二次浇筑

外页墙板

$\phi40$螺纹盲孔
L=200

保温砂浆

$\underline{\Phi}16$
伸出200

耐候胶(厚度10mm以上)
$\phi25$圆形PE棒
空腔
胶条(40×25)
灌浆层

注浆孔(内径$\phi22$)

结构板顶标高

出浆孔(内径$\phi13$)

保温砂浆

结构板

同结构设计

滴水

四、现浇转预制层处节点

现浇转预制层处节点如图 19-20 和图 19-21 所示。

五、夹芯保温外墙

夹芯保温外墙如图 19-22 所示。

六、夹芯保温墙连接件

夹芯保温墙连接件如图 19-23 所示。

七、保温墙封边

保温墙封边如图 19-24 所示。

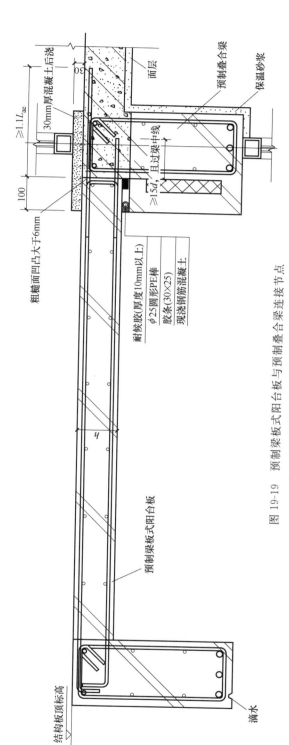

图 19-19　预制梁板式阳台板与预制叠合梁连接节点

L_{ac} —受拉钢筋锚固长度；d —钢筋直径

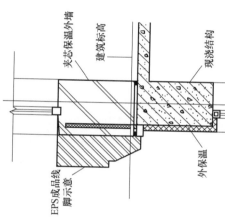

图 19-20　现浇转预制层处节点大样示意

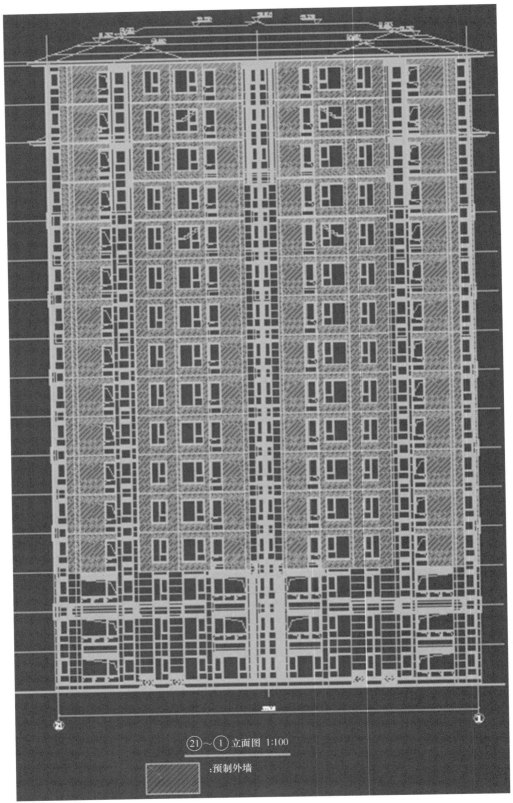

(21)~(1) 立面图 1:100

:预制外墙

图 19-21　预制外墙

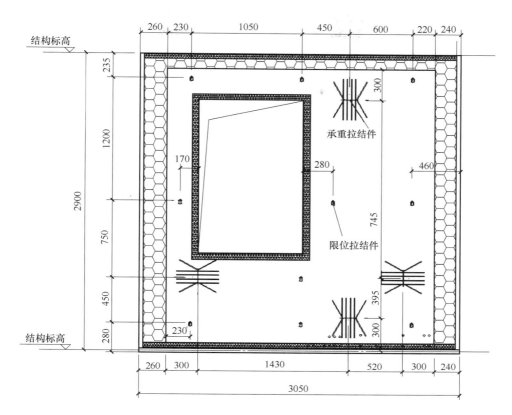

图 19-22　夹芯保温外墙示意

图 19-23　夹芯保温墙连接件

八、装配式建设过程的问题

① 垫块位置错误如图 19-25 所示。

② 吊具偏心，吊装时呈斜面，安装难以就位，如图 19-26 所示。

③ 构件信息放在预制与现浇相交截面处，如图 19-27 所示。

④ 预埋插筋偏位，如图 19-28 所示。

图 19-24 保温墙封边施工现场

图 19-25 垫块位置错误

图 19-26 吊具偏心

图 19-27 构件信息错放

图 19-28 预制插筋偏位

参 考 文 献

[1] 中华人民共和国住房和城乡建设部. 装配式混凝土结构技术规程：JGJ 1—2014 [S]. 北京：中国建筑工业出版社，2014.

[2] 中华人民共和国住房和城乡建设部. 装配式混凝土建筑技术标准：GB/T 51231—2016 [S]. 北京：中国建筑工业出版社，2017.

[3] 中国工程建设标准化协会标准. 装配式多层混凝土结构技术规程（T/CECS 604—2019）[S]. 中国建筑工业出版社，2019.

[4] 中华人民共和国住房和城乡建设部. 预制预应力混凝土装配整体式框架结构技术规程：JGJ 224—2010 [S]. 北京：中国建筑工业出版社，2010.

[5] 王光炎. 建筑结构 [M]. 北京：中国建筑工业出版社，2019.

[6] 中国建筑标准设计研究院. 15G107-1 装配式混凝土结构表示方法及示例（剪力墙结构）[M]. 北京：中国计划出版社，2015.

[7] 刘海成. 装配式剪力墙结构深化设计、构件制作与施工安装技术指南，2 版 [M]. 北京：中国建筑工业出版社，2019.

[8] 中国建筑标准设计研究院. 15J939-1 装配式混凝土结构住宅建筑设计示例（剪力墙结构）[M]. 北京：中国计划出版社，2015.

[9] 庄伟，匡亚川，廖平平. 装配式混凝土结构设计与工艺深化设计从入门到精通 [M]. 北京：中国建筑工业出版社，2016.

[10] 中国建筑标准设计研究院. 15G368-1 预制钢筋混凝土阳台板、空调板及女儿墙 [M]. 北京：中国计划出版社，2015.

[11] 张金树，王春长. 装配式建筑混凝土预制构件生产与管理 [M]. 北京：中国建筑工业出版社，2017.

[12] 中国建筑标准设计研究院. 15G367-1 预制钢筋混凝土板式楼梯 [M]. 北京：中国计划出版社，2015.

[13] 文林峰. 装配式混凝土结构技术体系和工程案例汇编 [M]. 北京：中国建筑工业出版社，2017.

[14] 中国建筑材料联合会，建筑用绝热材料性能选定指南：GB/T 17369—2014 [S]. 北京：中国标准出版社，2014.

[15] 吴耀清，鲁万卿. 装配式混凝土预制构件制作与运输 [M]. 郑州：黄河水利出版社，2017.

[16] 中华人民共和国住房和城乡建设部. 混凝土结构用钢筋间隔件应用技术规程：JGJ/T 219—2010 [S]. 北京：中国建筑工业出版社，2011.

[17] 陈锡宝，杜国城. 装配式混凝土建筑概论 [M]. 上海：上海交通大学出版社，2017.

[18] 中国钢铁工业协会. 钢筋混凝土用钢 第 1 部分：热轧光圆钢筋：GB 1499. 1—2017 [S]，北京：中国标准出版社，2017.

[19] 夏峰，张弘. 装配式混凝土建筑生产工艺与施工技术 [M]. 上海：上海交通大学出版社，2017.

[20] 中国钢铁工业协会. 钢筋混凝土用钢 第 3 部分：钢筋焊接网：GB/T 1499. 3—2010 [S]. 北京：中国标准出版社，2011.

[21] 高中. 装配式混凝土建筑口袋书：构件制作 [M]. 北京：机械工业出版社，2019.

[22] 刘晓晨，王鑫，李洪涛，等. 装配式混凝土建筑概论 [M]. 重庆：重庆大学出版社，2018.

[23] 中国钢铁工业协会. 钢筋混凝土用钢 第 2 部分：热轧带肋钢筋：GB 1499. 2—2018 [S]. 北京：中国标准出版社，2018.

[24] 张波. 装配式混凝土结构工程 [M]. 北京：北京理工大学出版社，2016.

[25] 郭学明. 装配式混凝土结构建筑的设计、制作与施工 [M]. 北京：机械工业出版社，2017.

［26］　中国建筑材料工业协会. 通用硅酸盐水泥：GB 175—2007 ［S］. 北京：中国标准出版社，2008.

［27］　中华人民共和国住房和城乡建设部. 钢筋套筒灌浆连接应用技术规程：JGJ 355—2015 ［S］. 北京：中国建筑工业出版社，2015.

［28］　邓凯. 某装配式建筑外墙防水设计及节点构造处理 ［J］. 中国建筑防水，2016（24）：15-17.

［29］　中华人民共和国住房和城乡建设部. 关于进一步强化住宅工程质量管理和责任的通 ［S］. 北京：住房和城乡建设部，2010.

［30］　中华人民共和国住房和城乡建设部. JGJ/T 258 预制带肋底板混凝土叠合楼板技术规程 ［S］. 北京：中国建筑工业出版社，2011.

［31］　张勇. 装配式混凝土建筑防水技术概述 ［J］. 中国建筑防水，2015（13）（6）：1-6.

［32］　中华人民共和国住房和城乡建设部. GB 50204. 混凝土结构工程施工质量验收规范 ［S］. 北京：中国建筑工业出版社，2015.

［33］　建设部标准定额研究所. 房屋建筑工程施工旁站监理管理办法 ［S］. 北京：中国建筑工业出版社，2002.

［34］　中华人民共和国建设部. 建筑起重机械安全监督管理规定 ［M］. 北京：中国建筑工业出版社，2008.

［35］　张喆. 预制装配式建筑外墙防水构造及施工要点 ［J］. 中华建设，2015（4）：120-121.

［36］　重庆市城乡建设委员会. DBJ 50193 装配式混凝土住宅建筑结构设计规程 ［S］. 北京：中国建筑工业出版社，2014.

［37］　龙飞. 装配式建筑外墙拼缝用密封胶的性能对比研究 ［J］. 中国建筑防水，2017，14（7）：04.

［38］　中华人民共和国住房和城乡建设部. 房屋市政工程质量事故报告和调查处理 ［R］. 北京：住房和城乡建设部，2011.

［39］　北京市住房和城乡建设委员会，北京市质量技术监督局. DB11/T 1030 装配式混凝土结构工程施工与质量验收规程 ［S］. 北京：中国建筑工业出版社，2013.

［40］　中华人民共和国住房和城乡建设部. 建筑施工安全检查标准 ［S］. 北京：中国建筑工业出版社，2011.

［41］　傅申森. 浅议装配式外墙板接缝密封胶的选用 ［J］. 中国住宅设施，2015，4（2）：111-115.

［42］　中华人民共和国住房和城乡建设部. 建设工程高大模板支撑系统施工安全监督管理导 ［M］. 北京：中国建筑工业出版社，2009.

［43］　孙剑. 高层住宅预制装配式混凝土结构应用 ［J］. 施工技术，2011，40（11）：79-82.

［44］　中华人民共和国住房和城乡建设部. 建筑施工工具式脚手架安全技术规范 ［S］. 北京：光明日报出版社，2009.

［45］　叶浩文，叶明，樊则森. 装配式混凝土建筑设计 ［M］. 北京：中国建筑工业出版社，2017.

［46］　中国建筑工业出版社. 著译编校工作手册 ［M］. 北京：中国建筑工业出版社，2006.

［47］　山东省住房和城乡建设厅，山东省质量技术监督局. DB 3715016 建筑外窗工程建筑技术规范 ［S］. 北京：中国建材工业出版社，2014.

［48］　中华人民共和国住房和城乡建设部. 钢筋连接用灌浆套筒. JG/T 398—2019 ［S］. 北京：中国标准出版社，2019.

［49］　阎明伟. 装配式混凝土结构施工组织管理和施工技术体系介绍 ［J］. 工程质量，2014，32（6）：13-18.

［50］　中华人民共和国住房和城乡建设部. 关于落实建设工程安全生产监理责任的若干意见 ［S］. 北京：住房和城乡建设部，2006.

［51］　薛伟辰，胡翔. 上海市装配整体式混凝土住宅结构体系研究 ［J］. 住宅科技，2014，34（6）：5-9.

［52］　陈建伟，苏幼坡. 预制装配式剪力墙结构及其连接技术 ［J］. 世界地震工程，2013，29（1）：38-48.

［53］　叶浩文. 装配式混凝土建筑施工技术 ［M］. 北京：中国建筑工业出版社，2017.

［54］　宋亦工. 装配整体式混凝土结构工程施工组织管理 ［M］. 北京：中国建筑工业出版社，2017.

[55] 张金树，王春长. 装配式建筑混凝土预制构件生产与管理 [M]. 北京：中国建筑工业出版社，2017.

[56] 薛伟辰，古徐莉，胡翔，等. 螺栓连接装配整体式混凝土剪力墙低周反复试验研究 [J]. 土木工程学报，2014，47（s2）：221-226.

[57] 蔡小宁. 新型预应力预制混凝土框架结构抗震能力及设计方法研究 [D]. 南京：东南大学，2012.

[58] 朱张峰，郭正兴. 预制装配式剪力墙结构墙板节点抗震性能研究 [J]. 地震工程与工程振动，2011，31（1）：35-40.

[59] 尹衍樑，詹耀裕，黄绸辉. 台湾地区润泰预制结构施工体系介绍 [J]. 混凝土世界，2012（7）：42-52.

[60] 张军，侯海泉，董年才，等. 全预制装配整体式剪力墙住宅结构设计及应用 [J]. 施工技术，2009，38（5）：22-24.

[61] 李振宝，董挺峰，闫维明，等. 混合连接装配式框架内节点抗震性能研究 [J]. 北京工业大学学报，2006（10）：895-900.

[62] 姜洪斌，张海顺，刘文清，等. 预制混凝土结构插入式预留孔灌浆钢筋锚固性能 [J]. 哈尔滨工业大学学报，2011，43（4）：28-31.

[63] 梁培新. 预应力装配式混凝土框架结构的抗震性能试验及施工工艺研究 [D]. 南京：东南大学，2008.

[64] 刘炯. 新型预制钢筋混凝土梁柱节点抗震性能测试与研究 [J]. 特种结构，2009（1）：16-20.

[65] 陈耀钢. 工业化全预制装配整体式剪力墙结构体系节点研究 [J]. 建筑技术，2010，41（2）：153-156.

[66] 刘家彬，陈云钢，郭正兴，等. 装配式混凝土剪力墙水平拼缝 U 形闭合筋连接抗震性能试验研究 [J]. 东南大学学报：自然科学版，2013，43（3）：565-570.

[67] 姜洪斌，张海顺，刘文清，等. 预制混凝土插入式预留孔灌浆钢筋搭接试验 [J]. 哈尔滨工业大学学报，2011，43（10）：18-23.

[68] 陈云钢，刘家彬，郭正兴，等. 装配式剪力墙水平拼缝钢筋浆锚搭接抗震性能试验 [J]. 哈尔滨工业大学学报，2013，45（6）：83-89.

[69] 种迅，叶献国，蒋庆，等. 水平拼缝部位采用强连接叠合板式剪力墙抗震性能研究 [J]. 建筑结构，2015（10）：43-48.

[70] 杨勇. 带竖向结合面预制混凝土剪力墙抗震性能试验研究 [D]. 哈尔滨：哈尔滨工业大学，2011.

[71] 李爱群，王维，贾洪，等. 预制钢筋混凝土框架结构抗震性能研究进展（Ⅱ）：结构性能研究 [J]. 工业建筑，2014，44（7）：137-140.

[72] 李爱群，王维，贾洪，等. 预制钢筋混凝土剪力墙结构抗震性能研究进展（Ⅰ）：接缝性能研究 [J]. 防灾减灾工程学报，2013，33（5）：600-605.

[73] 连星，叶献国，王德才，等. 叠合板式剪力墙的抗震性能试验分析 [J]. 合肥工业大学学报：自然科学版，2009，32（8）：1219-1223.

[74] 种迅，叶献国，徐勤，等. 工字形横截面叠合板式剪力墙低周反复荷载下剪切滑移机理与数值模拟分析 [J]. 土木工程学报，2013（5）：111-116.

[75] 中国建筑标准设计研究院. 15G366-1 桁架钢筋混凝土叠合板（60mm 厚底板）[M]. 北京：中国计划出版社，2015.

[76] 中国建筑标准设计研究院. 15G365-2 预制混凝土剪力墙内墙板 [M]. 北京：中国计划出版社，2015.

[77] 中国建筑标准设计研究院. 15G365-1 预制混凝土剪力墙外墙板 [M]. 北京：中国计划出版社，2015.